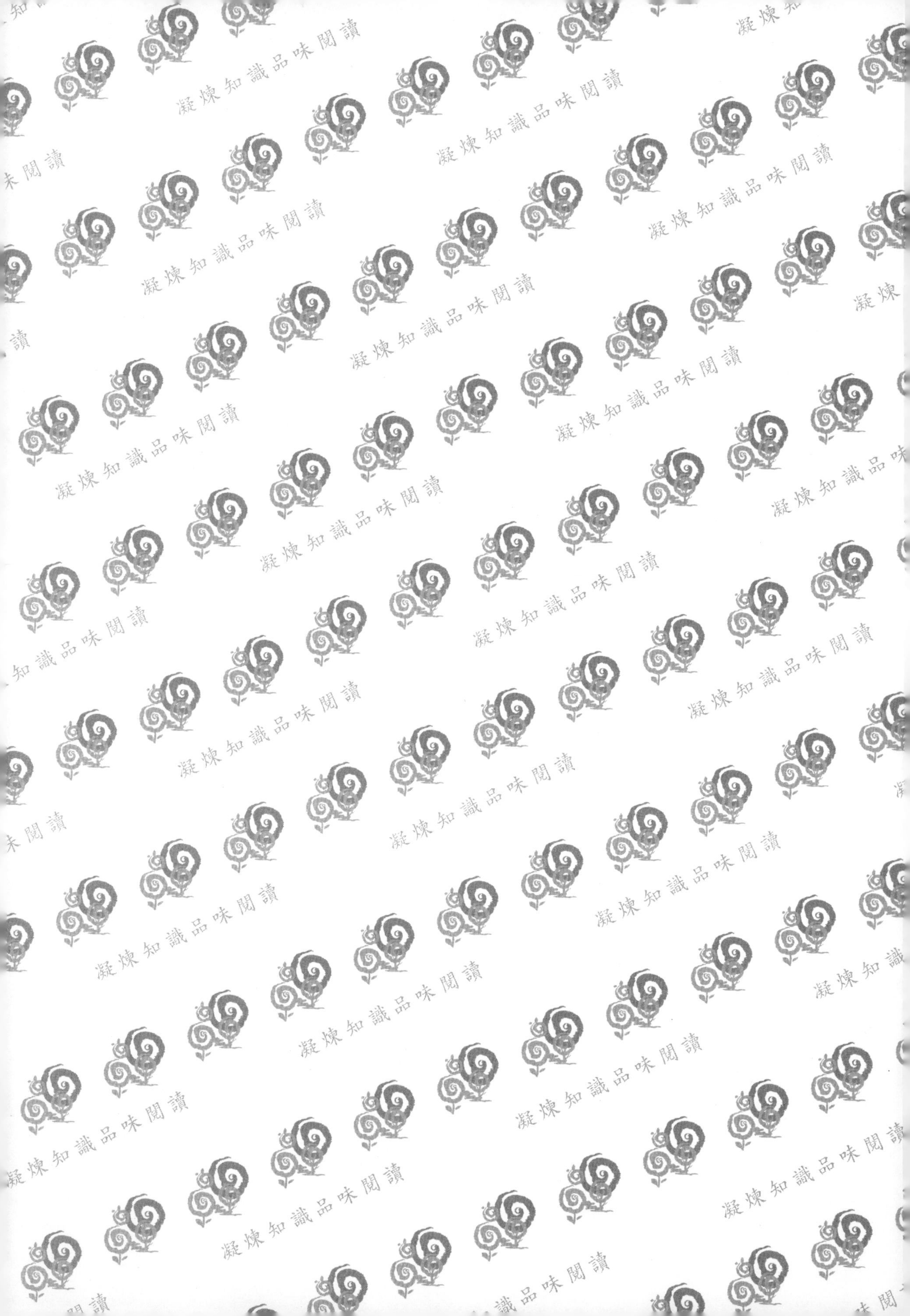
凝煉知識品味閱讀

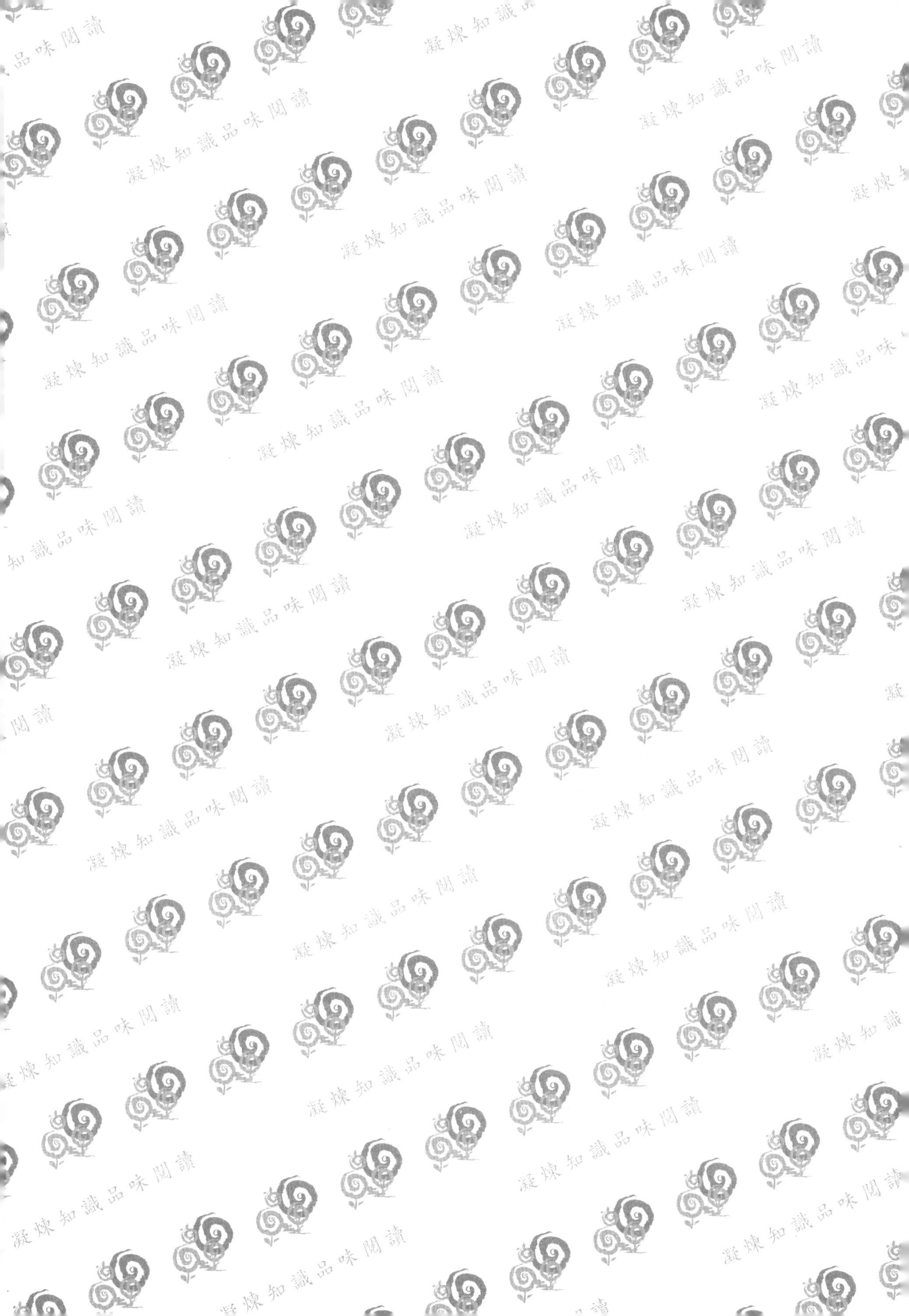
凝煉知識品味閱讀

交流電機控制回路設計

帶你掌握電機控制系統設計的最關鍵技能！

葉志鈞 著

五南圖書出版公司 印行

本書獻給我的祖父母

葉永財 先生 與 葉范玉完 女士

感謝您們對我無私的愛，讓我成長茁壯。

序言

在交流電機控制領域中，數位控制回路的設計向來是個具挑戰性的議題。隨著技術的進步，對於高效且穩定的馬達控制系統的需求愈來愈高，這也促使我們需要更深入地研究並應用經典的控制理論，以滿足現代應用的要求。

數位控制系統是實現交流電機控制技術的主流方式，而數位系統先天就不可避免的會產生延遲效應，如運算延遲、取樣延遲、輸出延遲等，而延遲必然會減少系統的穩定度，若在控制回路設計階段，未將延遲納入考慮，則設計的系統頻寬與穩定度將與系統的實際值有相當大的出入，因此本書會從經典控制理論中的頻寬（Bandwidth）、相位裕度（Phase margin）與增益裕度（Gain margin）出發，並考慮數位系統的延遲效應來設計交流電機控制回路（電流、速度、位置回路），設計完成的模擬系統將非常接近真實馬達控制系統，建構接近真實物理系統的模擬工具，不僅可大幅降低研發與測試成本，也可作為建立自主智慧財產權的有效載體，提升自主化創新能力與核心競爭力。

我們深知，在交流電機控制技術的領域中，理論與實務之間存在著一道看似難以跨越的鴻溝，本書正是為了幫助讀者逐步跨越這道障礙而誕生的，本書不僅提供了豐富的理論知識，也結合了 MATLAB/SIMULINK 模擬工具與 ODrive 硬體平台為讀者提供了一套完整的交流電機控制系統模擬與實務經驗，透過閱讀本書並操作每章節所提供的範例程序，讀者將能夠逐步掌握交流電機控制技術的核心理念，並學會如何將這些理念運用於實際應用，因此本書應可提供讀者關於交流電機控制技術的全面理解與實踐知識，同時幫助各位經典釐清控制理論中令人感到一知半解的重要觀念。

本書內容安排如下：

第一章，我們先對交流馬達的空間向量模型進行詳細的探討，從直流分激式馬達的原理開始，逐漸深入到空間向量表示法與座標轉換，為後續章節打下堅實的理論基礎。

第二章，我們專注於交流馬達控制回路的設計。你會了解到磁場導向控制策略、考慮延遲效應的 PI 控制器設計、控制器的抗擾動性能分析，並且將前饋補償技術與控制器設計結合起來，建構響應速度更快的控制回路。

在第三章，我們將探討三相逆變器調變策略，包括 SPWM 、三次諧波注入、加入偏移值調變等多種調變策略，並結合 SIMULINK 模擬驗證其效果。

在第四章中，我們將使用 ODrive 硬體平台進行真實系統的驗證。你將看到如何設定 ODrive，如何利用它進行控制回路的驗證。

第五章，我們將深入探討控制實務中常見的議題，包括馬達參數的自學習技術、不同 PWM 採樣方式的延遲效應分析、數位濾波器的設計流程、以及如何設計 Luenberger 估測器，並進行相關的仿真與實務驗證。

最後，在第六章，我們回顧經典控制理論，重新檢視控制理論中的核心觀念，如穩定性、拉氏轉換與轉移函數的差異、數位控制系統中的取樣與 Z 轉換等、標準二階系統的本質與特性、穩態誤差的本質與分析、非最小相位系統的意義等重要觀念。

無論您是電機專業的學生、教師，還是工程師，都將從本書中獲得寶貴的知識和實踐經驗，並期望能為廣大工程師、學者和愛好者提供實用的知識和技能，以攜手共創造一個更環保、更有效率的世界，希望本書能為您的學習和工作帶來實質的幫助，若有不足之處，請讀者指正。

範例程式

筆者已將本書的範例程式上傳至 GitHub，各位可使用 git 在終端機下鍵入下列指令下載本書所有 MATLAB/SIMULINK 範例程式。

命令：

```
$ git clone
https://github.com/RealJackYeh/AC_motor_control_loop_design
```

或是到筆者的 GitHub 空間：

https://github.com/RealJackYeh/ AC_motor_control_loop_design

下載範例程式 ZIP 檔。

注意：

筆者使用的 MATLAB 版本為 R2022b，請各位讀者使用適合的 MATLAB 版本或是使用 MATLAB 線上版（免費）來開啓本書範例程式。

簡中／繁中專有名詞對照表

英文名詞	簡中用語	繁中用語
Bandwidth	带宽	頻寬
Bode plot	伯德图	波德圖
Transfer function	传递函数	轉移函數
Open loop	开环	開回路
Close loop	闭环	閉回路
Digital	数字	數位
Analog	模拟	類比
Sampling	采样	取樣
Signal	信号	訊號
Overshoot	超调量	最大超越量
Robustness	鲁棒性	強健性
Sensor/Transducer	传感器	感測器
Phase margin	相位裕度	相位邊限
Gain margin	增益裕度	增益邊限
Feedback	反馈	回授
Vector	矢量	向量

目錄

目錄

CHAPTER 1

交流電機空間向量模型

「如果你無法用簡單的語言解釋一件事，那就代表你並未眞正理解它。」

——理查．費曼

當今世界，約有 60% 的電能被用在電機上，而其中的 80% 又被用於感應電機，由於缺乏可用的控制理論 [1]，早期感應電機是無法被有效控制的，感應電機的「磁場導向控制理論」（說明：磁場導向控制又被稱作向量控制）最早是由達姆施塔特工業大學的 K. Hasse[2] 及西門子公司的 F. Blaschke[3] 分別在 1969 年及 1972 年所提出，Hasse 提出的是「間接磁場導向控制」；Blaschke 提出的是「直接磁場導向控制」，從此交流馬達驅動器開始有機會取代直流馬達驅動器，然而當時雖然理論已經完備，但當時的計算機與功率半導體技術還尙未成熟，無法實現，因此眞正將交流電機驅動器商品化是在 80 年代，而在交流電機驅動器尙未商品化前，分激式直流電機是高性能電機驅動的主流，分激式直流電機的特點是其磁場與轉矩能被解耦合分開獨立控制，利用控制理論能進行高性能與高精度控制，但直流電機先天上具有換向器與碳刷，而換向器與碳刷需要定期更換成爲其一大缺點，另外由於直流馬達是藉由換向器與碳刷進行物理換向，碳刷換向時會產生火花，因此直流馬達並無法用於許多易燃與易爆的應用場合。然而雖然直流馬達具有先天的限制，但其控制特性相當優異，即磁場與轉矩能被解耦合分開控制，因此「磁場導向控制理論」的目的也是讓三相感應電機的磁場跟轉矩可以分別被獨立控制，達到如同分激式直流電機的控制效果，而得益於磁場導向控制理論的提出與計算機與電力電子技術的持續發展，由直流電機轉向交流電機的趨勢將會繼續，預計未來交流電機的應用將會更加廣泛。

在進行交流電機控制回路設計以前，本章將對交流電機控制的主流理論：磁場導向控制（Field Oriented Control，FOC）所需要的基本觀念，如直流分激式馬達原理、空間向量觀念、座標轉換以及根據空間向量法所推導的交流電機模型進行回顧，以期爲後續章節的學習打下堅實的基礎。感應電機與永磁同步電機是目前主流的二種交流電機類型，因此本章將對其進行探討與建模。

1.1 直流分激式馬達原理

在正式介紹交流電機控制理論之前，我們有必要先了解直流分激式馬達的控制原理，因爲交流電機控制的主流方法：「磁場導向控制（Field Oriented Control, FOC）」，即是以直流分激式馬達控制原理爲目標發展而成[1, 2, 4]。

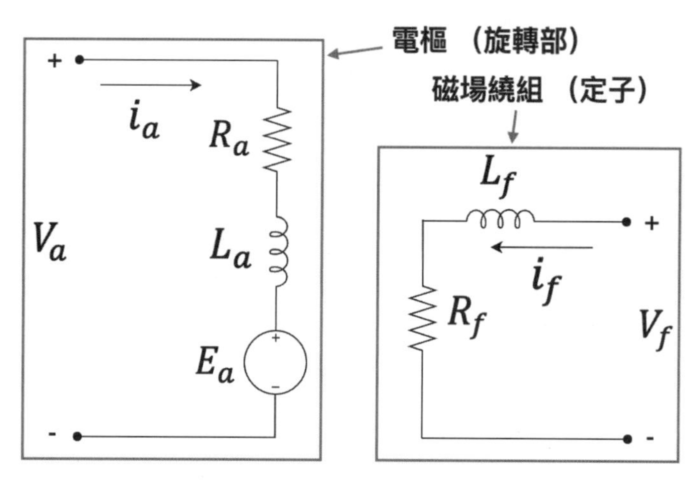

圖 1-1-1

直流分激式馬達可以等效成二個獨立電路，分別爲電樞電路與磁場繞組電路，如圖 1-1-1 所示[1, 4]，磁場繞組電路在馬達內部固定不動，主要功能是爲電樞繞組提供穩定且持續的磁場，而電樞電路則爲連接轉子的旋轉部，在定子磁場的作用下，當外部提供電壓產生電樞電流時，將與定子磁場發生電磁作用而產生電磁轉矩使馬達旋轉。

電樞電路的電壓方程式可以表示成

$$V_a = R_a i_a + L_a \frac{di_a}{dt} + E_a \tag{1.1.1}$$

其中，V_a 為電樞電壓，i_a 為電樞電流，E_a 為電樞反電動勢，R_a、L_a 分別為電樞電阻與電樞電感。

而電樞反電動勢 E_a 可以表示成

$$E_a = K_e \lambda_f \omega_m \tag{1.1.2}$$

其中，K_e 為馬達反電動勢常數，λ_f 為磁場繞組所產生的磁通鏈，ω_m 為馬達機械轉速（單位：rad/s）。

磁場繞組的電壓方程式可以表示成

$$V_f = R_f i_f + L_f \frac{di_f}{dt} \tag{1.1.3}$$

其中，V_f 為磁場電壓，i_f 為磁場電流，R_f、L_f 分別為磁場繞組的電阻與電感。

在穩態下，磁場繞組的穩態電流 I_f 可以表示成

$$I_f = \frac{V_f}{R_f} \tag{1.1.4}$$

而磁場繞組所產生的磁通鏈 λ_f 可以表示成

$$\lambda_f = L_f i_f \tag{1.1.5}$$

直流分激式馬達的電磁轉矩可以表示成

$$T_e = K_t \lambda_f i_a \tag{1.1.6}$$

其中，K_t 為馬達的轉矩常數。

馬達的機械方程式為

$$T_e = K_t \lambda_f i_a = J\frac{d\omega_m}{dt} + B\omega_m + T_L \tag{1.1.7}$$

其中，J 爲總轉動慣量，單位爲 kg · m^2；B 爲摩擦系數，單位爲 N · m/(rad/s)；T_L 爲負載轉矩，單位爲 N · m。分激式直流馬達系統方塊可以表示成圖 1-1-2，圖中 $K = K_e\,\lambda_f = K_t\lambda_f$，在 MKS 單位下，$K_e = K_t$，$K_e$ 的單位爲 V/(rad/s)，K_t 的單位爲 Nm/A。

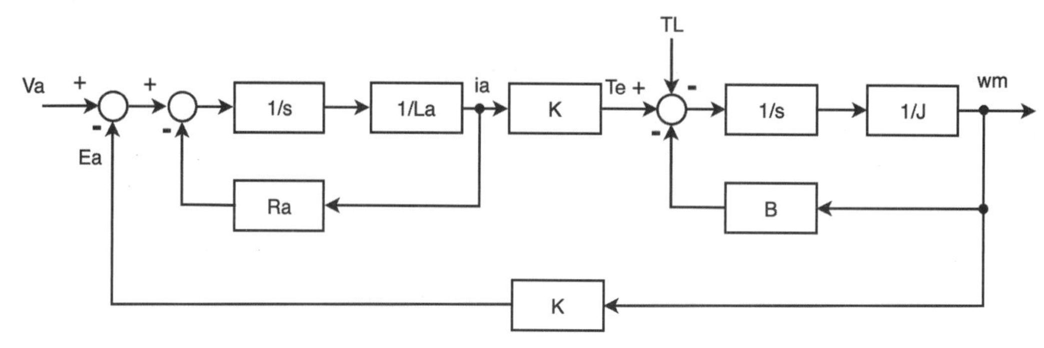

圖 1-1-2 分激式直流馬達系統方塊 [1]

說明：

對於分激式直流馬達而言，當電樞電流流入反電動勢時，代表功率注入，假設所注入的功率全部轉換成輸出功率，則可以表示爲 $E_a\,i_a = T_e\,\omega_m$，可以展開爲 $K_e\,\omega_m\,i_a = K_t\,i_a\,\omega_m$ 兩邊同除除 $\omega_m\,i_a$，則可以得到 $K_e = K_t$。

從直流分激式馬達的物理模型可知，磁場繞組可由一直流電壓 V_f 所激磁，穩態下的激磁電流爲 $I_f = \dfrac{V_f}{R_f}$，且磁場繞組所產生的磁通鏈爲 $\lambda_f = L_f\,i_f$，因此控制 i_f 就等於控制磁場 λ_f（即磁通鏈），當磁場 λ_f 固定時，馬達的電磁轉矩 T_e 可以由電樞電流 i_a 來獨立控制，即 $T_e = K_t\,\lambda_f\,i_a$，因此直流分激式馬達的磁場與轉矩可分別由磁場電流 i_f 與轉矩電流 i_a 分開控制，這樣的控制特性也是「磁場導向控制（FOC）理論」所追求的目標，「磁場導向控制」可以看成是一套能讓感應馬達（或交流馬達）擁有如同分激式直流馬達一樣的控制特性（磁場與轉矩能被解耦合分開控制）的控制理論。

要讓感應馬達的磁場與轉矩被解耦合獨立控制，若使用三相系統中所推導的感應馬達模型，很難發展出磁場與轉矩的解耦合控制法則，而必須通過空間向量的觀念與方法對感應馬達重新建模，建立感應馬達的空間向量模型，得到空間向量模型後，再根據馬達的空間向量模型推導磁場導向控制（FOC）法則[1, 2, 5]。

Tips：

參考圖 1-1-2，從控制系統的角度來說，R_a 與 B 可以看作是阻尼元件，R_a 是電氣阻尼元件，而 B 爲機械阻尼元件，雖然阻尼元件會降低系統效率，但有助於增加系統穩定性，若沒有阻尼元件，即 $R_a = 0$，$B = 0$ 則系統會無衰減的振盪[1]。

1.2 空間向量表示法與座標轉換

前面提到，若使用三相系統中所推導的感應馬達模型，很難發展出磁場與轉矩的解耦合控制法則，因此若要發展感應馬達磁場與轉矩的解耦合控制法則，我們必須使用空間向量的方法對感應馬達進行建模，建立感應馬達的空間向量模型，得到空間向量模型後，再根據馬達的空間向量模型推導磁場導向控制法則[1, 2, 5]，所謂的空間向量就是將馬達三相繞組的物理量，如電壓、電流或磁通，合成一個在空間中旋轉的物理量。

使用空間向量之前，須先確保三相繞組的物理量滿足（1.2.1）式（即三相平衡條件）。

$$f_a(t) + f_b(t) + f_c(t) = 0 \quad (1.2.1)$$

其中 $f_a(t)$、$f_b(t)$ 與 $f_c(t)$ 是馬達三相繞組的物理量。

若滿足三相平衡條件（1.2.1 式），則空間向量定義如下：

$$F_{abc} = \frac{2}{3}\left[f_a(t) + a f_b(t) + a^2 f_c(t)\right] \quad (1.2.2)$$

其中，$a = e^{j\frac{2\pi}{3}}$，$a^2 = e^{j\frac{4\pi}{3}}$。

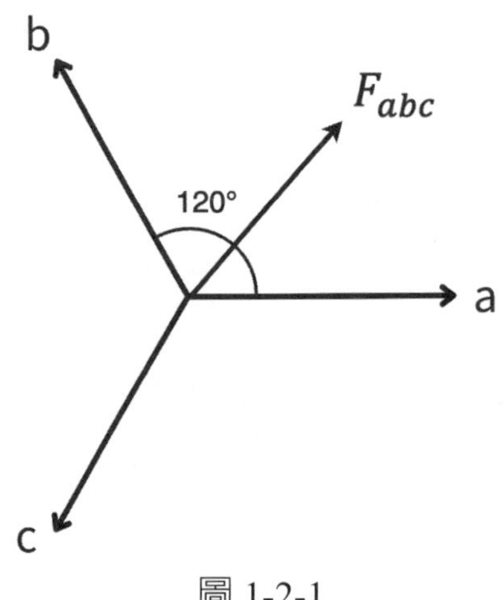

圖 1-2-1

（1.2.2）式是將三相繞組各自的弦波物理量分別以空間對稱的方式來合成一個空間向量，換句話說，是將$f_a(t)$放在空間0°的位置（圖1-2-1的a軸）；$f_b(t)$ 放在空間 120° 的位置（圖 1-2-1 的 b 軸）；$f_c(t)$ 放在空間 240° 的位置（圖 1-2-1 的 c 軸），同時 $f_a(t)$、$f_b(t)$ 與 $f_c(t)$ 是隨時間而變的弦波量，因此所合成的空間向量 F_{abc} 將會在空間中旋轉，空間向量旋轉一圈的時間剛好是弦波的一個週期。

Tips：

空間向量是一個實際產生的物理量 [5]，當三相感應馬達的繞組輸入平衡三相電流時，即會產生一個旋轉磁場，旋轉磁場的角頻率 ω_e（即旋轉速度）即爲輸入電流的角頻率，此角頻率 ω_e 又被稱爲同步速度（synchronous speed），因此（1.2.2）式即是使用數學向量的觀念將此物理現象量化的方法。

三相弦波正相序的定義爲 a-b-c，代表以 a 相爲基準，b 相落後 a 相 120°，c 相落後 b 相 120°。

在此我們考慮一組正相序（a-b-c），峰值爲 311V，頻率爲 50Hz 的平衡三相電壓波形（說明：120° 爲$\frac{2\pi}{3}$ rad，240° 爲$\frac{4\pi}{3}$ rad）。

$$v_a(t) = 311 \times \sin(2 \times \pi \times 50 \times t)$$
$$v_b(t) = 311 \times \sin(2 \times \pi \times 50 \times t - 120°)$$
$$v_c(t) = 311 \times \sin(2 \times \pi \times 50 \times t - 240°)$$

Tips：
三相弦波正相序的定義爲 a-b-c，代表以 a 相爲基準，b 相落後 a 相 120°，而 c 相落後 b 相 120°。而負相序的定義爲 a-c-b，代表以 a 相爲基準，c 相落後 a 相 120°，而 b 相落後 c 相 120°。

我們可以使用以下的 MATLAB 程式碼將三相正相序電壓波形畫出，如圖 1-2-2。

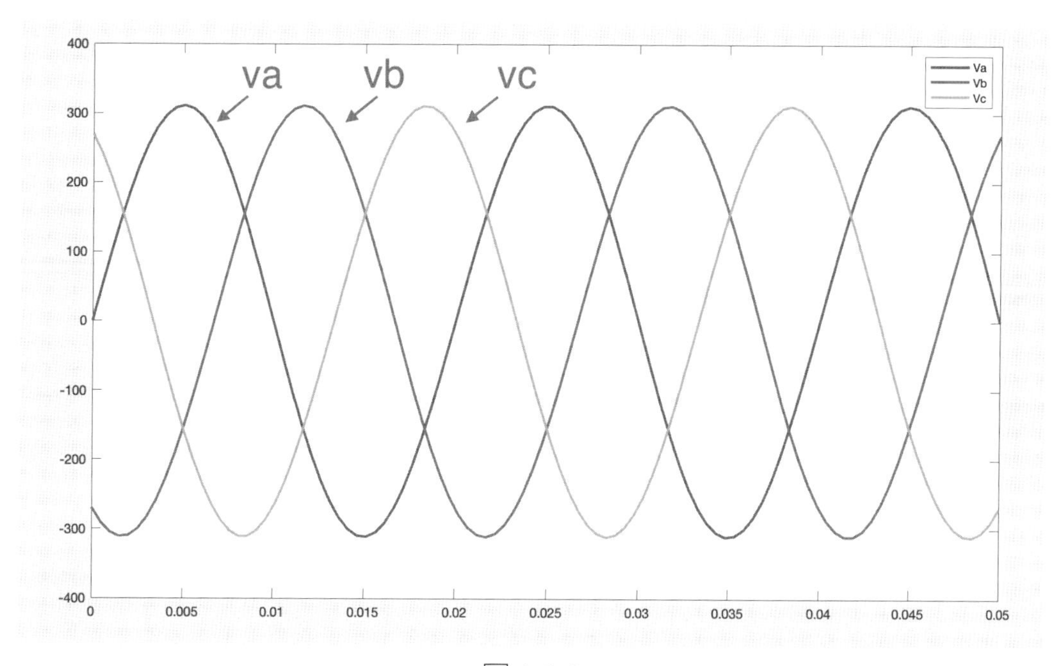

圖 1-2-2

MATLAB m-file 範例程式 m1_2_1.m：

```
t = linspace(0, 0.05, 100);
```

```
va = 220*1.414*sin(2*pi*50*t);
vb = 220*1.414*sin(2*pi*50*t-2*pi/3);
vc = 220*1.414*sin(2*pi*50*t-4*pi/3);
plot(t, va, t, vb, t, vc);
legend('Va', 'Vb', 'Vc')
```

我們接下來將 $v_a(t)$、$v_b(t)$ 與 $v_c(t)$ 分別代入（1.2.2）式中的 $f_a(t)$、$f_b(t)$ 與 $f_c(t)$，可以得到電壓向量 V_{abc}。

$$V_{abc} = \frac{2}{3}\left[v_a(t) + e^{j\frac{2\pi}{3}} \times v_b(t) + e^{j\frac{4\pi}{3}} \times v_c(t)\right] \qquad (1.2.3)$$

空間向量 V_{abc} 在二維空間的表示法，如圖 1-2-3，但此空間向量並非靜止不動，而是以弦波角速度以逆時鐘的方向繞著原點旋轉。（說明：正相序弦波會讓空間向量以逆時鐘的方向旋轉，若是使用負相序弦波，則會讓空間向量以順時鐘的方向旋轉）

可以使用以下的 MATLAB 程式碼（範例程式 m1_2_2.m），將這個電壓向量畫出來，如圖 1-2-4。

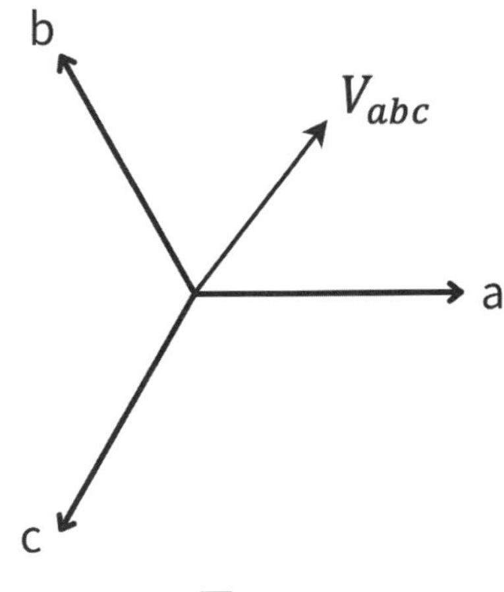

圖 1-2-3

MATLAB m-file 範例程式 m1_2_2.m：

```
t = linspace(0, 0.02, 100);
va = 220*1.414*sin(2*pi*50*t);
vb = 220*1.414*sin(2*pi*50*t-2*pi/3);
vc = 220*1.414*sin(2*pi*50*t-4*pi/3);
vabc = 2/3*(va + exp(1j*2*pi/3)*vb + exp(1j*4*pi/3)*vc);
polarplot(vabc);
```

```
hold on
t1 = 0;
va1 = 220*1.414*sin(2*pi*50*t1);
vb1 = 220*1.414*sin(2*pi*50*t1-2*pi/3);
vc1 = 220*1.414*sin(2*pi*50*t1-4*pi/3);
vabc1 = 2/3*(va1 + exp(1j*2*pi/3)*vb1 + exp(1j*4*pi/3)*vc1);
polarplot(vabc1, '-o');
legend('Vabc', 'starting point')
```


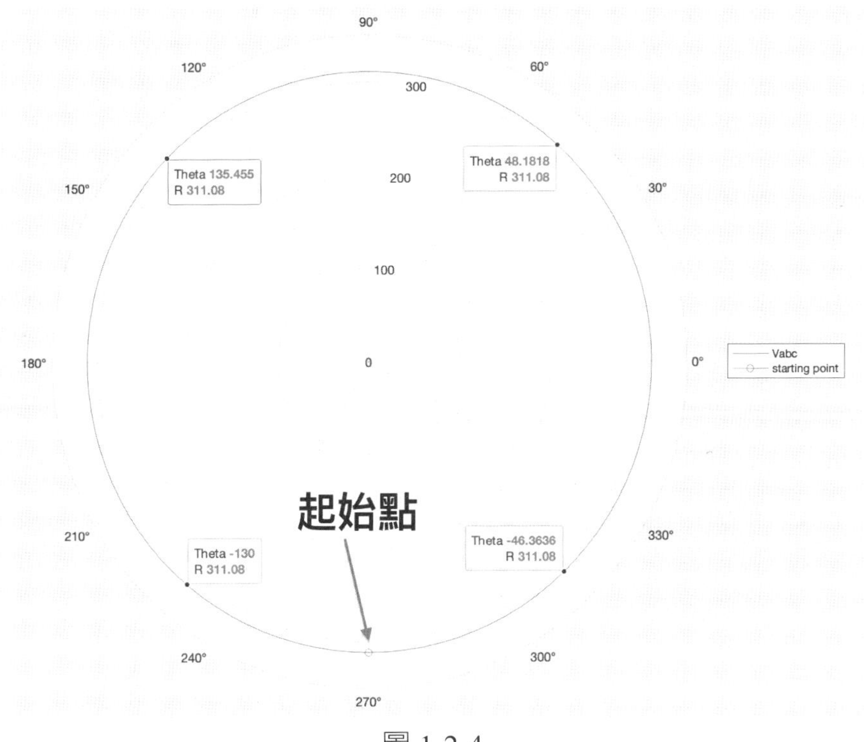

圖 1-2-4

從圖 1-2-4 可以得知，利用（1.2.3）式所合成的空間向量 V_{abc}，是一個在空間中旋轉的向量，向量長度為 311，正好與三相弦波的峰值一致，當時間 t = 0 時，空間向量從負 90° 位置出發，逆時鐘旋轉，旋轉一圈的時間正好為弦波週期 0.02 秒（說明：1/50 = 0.02），因此空間向量的角速度 $\omega = 2\times\pi\times50$

= 314.16(rad/s)，也正好與弦波角速度一致。

Tips：
若使用負相序三相弦波，所合成的空間向量是從 90° 位置出發，順時鐘旋轉一圈，正好與正相序所合成的空間向量相反。

■ Clarke 轉換（abc to $\alpha\beta$）

每一個空間向量都可以使用二軸靜止座標（α-β）來表示，即實部與虛部的和來表示，如（1.2.4）式：

$$F_{abc} = f_\alpha + jf_\beta \tag{1.2.4}$$

我們可以將空間向量及其實部與虛部表現在二維空間座標，如圖 1-2-5。

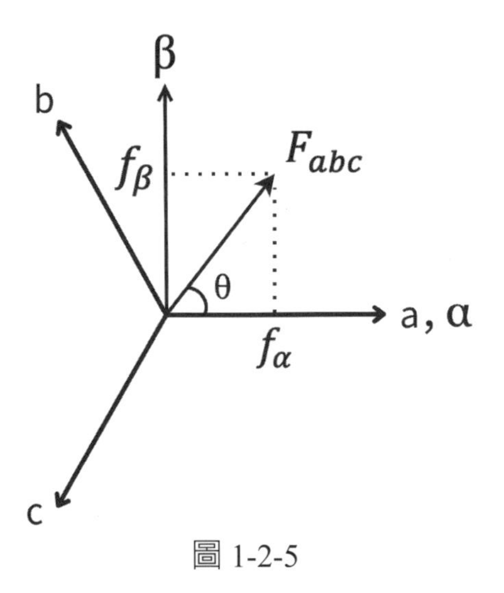

圖 1-2-5

在二軸靜止座標（α-β）平面上，α 軸是與 a 軸重合並且固定不動，β 軸則是垂直於 α 軸並且也固定不動，因此 α 與 β 軸形成一個靜止的垂直座標系，此 α-β 座標系又被稱作二軸靜止參考座標系。

由於 F_{abc} 是一個旋轉的空間向量，在任何時刻，它在 α 與 β 軸都會有相對應的投影量 f_α 與 f_β，利用投影分量 f_α 與 f_β 可以完整描述空間向量 F_{abc} 的大小與位置。

目前我們知道一個空間向量的定義如下：

$$F_{abc}=\frac{2}{3}\left[f_a(t)+e^{j\frac{2\pi}{3}}f_b(t)+e^{j\frac{4\pi}{3}}f_c(t)\right] \tag{1.2.5}$$

而且，我們也知道

$$f_\alpha=\mathrm{Re}\left[\frac{2}{3}\left(f_a(t)+e^{j\frac{2\pi}{3}}f_b(t)+e^{j\frac{4\pi}{3}}f_c(t)\right)\right] \tag{1.2.6}$$

$$f_\beta=\mathrm{Im}\left[\frac{2}{3}\left(f_a(t)+e^{j\frac{2\pi}{3}}f_b(t)+e^{j\frac{4\pi}{3}}f_c(t)\right)\right] \tag{1.2.7}$$

經過推導，可以得到

$$f_\alpha=\frac{2}{3}\left[f_a(t)-\frac{1}{2}f_b(t)-\frac{1}{2}f_c(t)\right] \tag{1.2.8}$$

$$f_\beta=\frac{2}{3}\left[\frac{\sqrt{3}}{2}f_b(t)-\frac{\sqrt{3}}{2}f_c(t)\right] \tag{1.2.9}$$

可以用矩陣型式表示成（說明：以下將 $f_a(t)$、$f_b(t)$、$f_c(t)$ 表示成 f_a、f_b、f_c）

$$\begin{bmatrix} f_\alpha \\ f_\beta \end{bmatrix}=\frac{2}{3}\begin{bmatrix} 1 & \frac{-1}{2} & \frac{-1}{2} \\ 0 & \frac{\sqrt{3}}{2} & \frac{-\sqrt{3}}{2} \end{bmatrix}\begin{bmatrix} f_a \\ f_b \\ f_c \end{bmatrix} \tag{1.2.10}$$

（1.2.10）式稱作 Clarke 轉換，爲 a-b-c（三軸靜止座標）轉 α-β（二軸靜止座標）的轉換式，它的反轉換式爲

CHAPTER 1

$$\begin{bmatrix} f_a \\ f_b \\ f_c \end{bmatrix} = \begin{bmatrix} 1 & 0 \\ -\frac{1}{2} & \frac{\sqrt{3}}{2} \\ -\frac{1}{2} & -\frac{\sqrt{3}}{2} \end{bmatrix} \begin{bmatrix} f_\alpha \\ f_\beta \end{bmatrix} \tag{1.2.11}$$

在此我們引入零序分量來讓轉換矩陣為方陣，我們可以將（1.2.10）式修改成

$$\begin{bmatrix} f_\alpha \\ f_\beta \\ f_0 \end{bmatrix} = \frac{2}{3} \begin{bmatrix} 1 & -\frac{1}{2} & -\frac{1}{2} \\ 0 & \frac{\sqrt{3}}{2} & -\frac{\sqrt{3}}{2} \\ \frac{1}{2} & \frac{1}{2} & \frac{1}{2} \end{bmatrix} \begin{bmatrix} f_a \\ f_b \\ f_c \end{bmatrix} \tag{1.2.12}$$

（1.2.12）式的反轉換式為

$$\begin{bmatrix} f_a \\ f_b \\ f_c \end{bmatrix} = \begin{bmatrix} 1 & 0 & 1 \\ -\frac{1}{2} & \frac{\sqrt{3}}{2} & 1 \\ -\frac{1}{2} & -\frac{\sqrt{3}}{2} & 1 \end{bmatrix} \begin{bmatrix} f_\alpha \\ f_\beta \\ f_0 \end{bmatrix} \tag{1.2.13}$$

Tips：
在正常狀況下，零序分量 f_0 為零，除非三相不平衡，零序分量 f_0 才不為零。

因此，我們得到了 Clarke 的轉換式（1.2.10 式或 1.2.12 式）與 Clarke 的反轉換式（1.2.11 式或 1.2.13 式）。

最後，我們利用以下 MATLAB 程式（範例程式 m1_2_3.m）來驗證 Clarke 轉換與 Clarke 反轉換的功能，程式先將 a-b-c 三軸的弦波量轉換成 α-β 分量（使用 Clarke 轉換），再將 α-β 分量還原成 a-b-c 三軸分量（使用 Clarke 反轉換），最後將 a-b-c 三軸分量、$\alpha\beta$ 分量與還原的 a-b-c 三軸分量分別畫出，如圖 1-2-6，可以發現，透過 Clarke 轉換與 Clarke 反轉換，可以將 a-b-c 三軸

分量成功無誤的還原回來，同時也可以觀察到，α 與 β 分量是弦波值，當空間向量旋轉一圈，α 與 β 分量也各自完成一個週期的變化，由於我們使用正相序三相弦波輸入，因此空間向量是從 $-90°$ 出發，因此當時間爲零時，α 分量是從零開始增加，β 分量則是從負的最大值開始減少，透過使用極座標向量投影到 α-β 軸的觀念與方法，各位應該可以逐步建立空間向量投影的幾何觀念。

MATLAB m-file 範例程式 m1_2_3.m：

```
t = linspace(0, 0.02, 100);
va = 220*1.414*sin(2*pi*50*t);
vb = 220*1.414*sin(2*pi*50*t-2*pi/3);
vc = 220*1.414*sin(2*pi*50*t-4*pi/3);
v_alpha = 2/3*(1*va - 0.5*vb - 0.5*vc);
v_beta = 2/3*(sqrt(3)/2*vb - sqrt(3)/2*vc);
v_zero = 2/3*(0.5*va + 0.5*vb + 0.5*vc);
va1 = v_alpha + v_zero;
vb1 = -0.5*v_alpha + sqrt(3)/2*v_beta + v_zero;
vc1 = -0.5*v_alpha - sqrt(3)/2*v_beta + v_zero;
subplot(3,1,1);
plot(t, va, t, vb, t, vc, 'LineWidth', 2);
legend('va', 'vb', 'vc');
title('Original abc');
subplot(3,1,2);
plot(t, v_alpha, t, v_beta, 'LineWidth', 2);
legend('v_\alpha', 'v_\beta');
title('\alpha\beta');
subplot(3,1,3);
plot(t, va1, t, vb1, t, vc1, 'LineWidth', 2);
legend('va', 'vb', 'vc');
title('abc-\alpha\beta-abc');
```

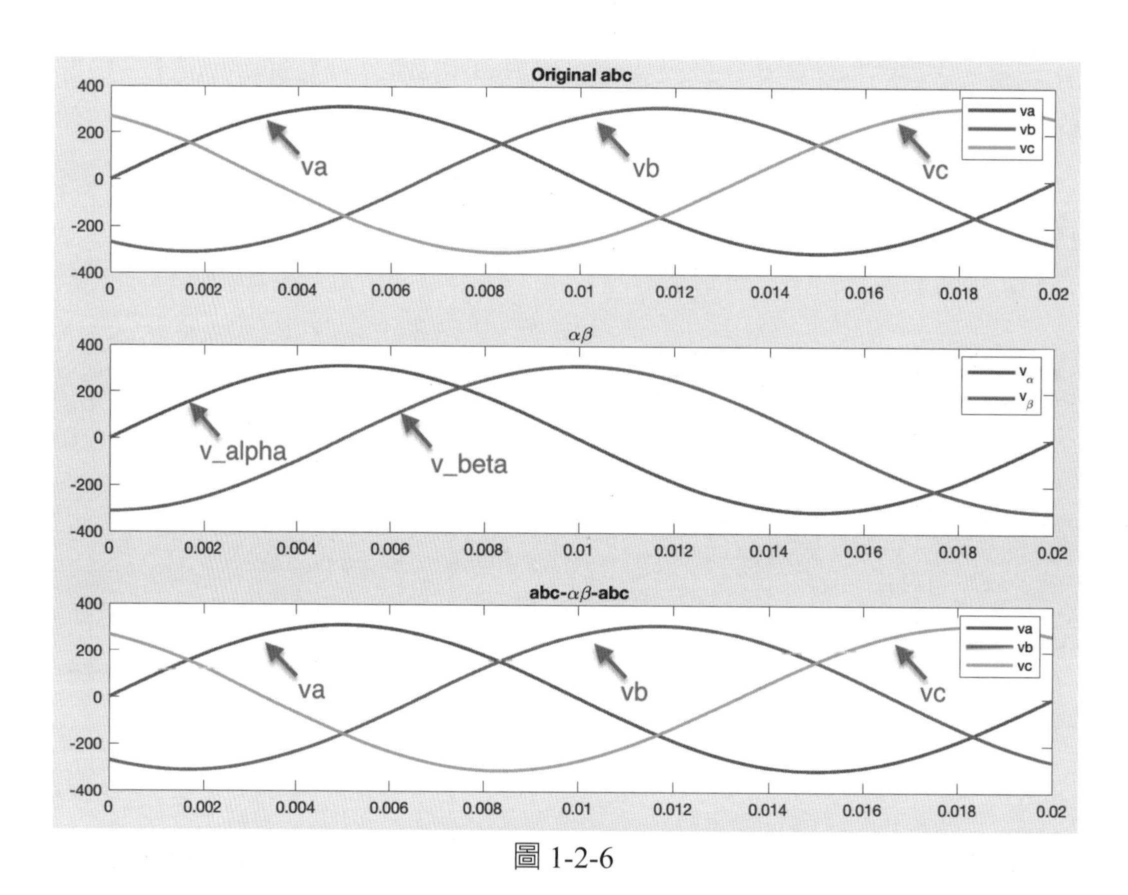

圖 1-2-6

爲了能更加深各位對空間向量投影法的理解，我們使用一電壓向量爲各位進行幾何投影，假設有一電壓向量 V_{abc} 爲 311 $\angle -72°$，此時我們可以直觀的使用投影法來得到 a-b-c 三軸與 α-β 二軸的分量，如圖 1-2-7。

若角度 θ 爲容易計算的角度，可使用觀察法輕鬆得到 a-b-c 與 α-β 各軸的投影分量，但本例中的角度爲 $-72°$，並非容易計算的角度，因此可以使用以下的 MATLAB 程式（範例程式 m1_2_4.m）來精確得到各軸的分量，如下：

$v_\alpha = 96.13$

$v_\beta = -295.8$

$v_a = 96.13$

$v_b = -304.3$

$v_c = 208.15$

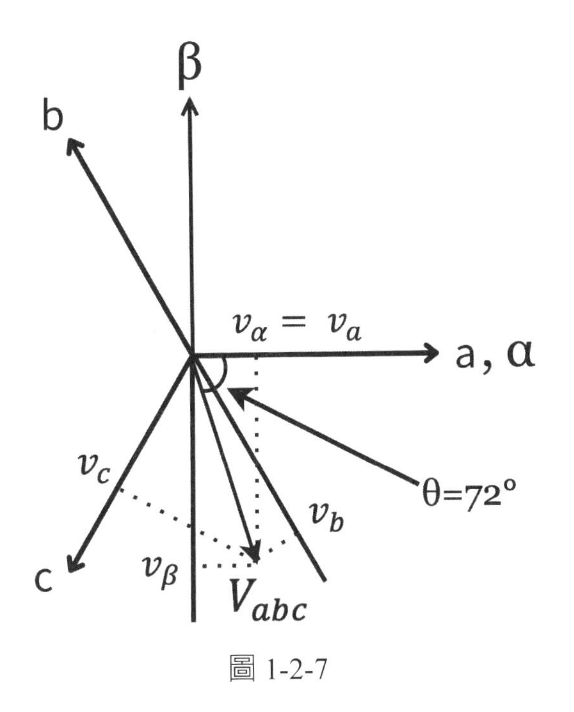

圖 1-2-7

MATLAB m-file 範例程式 m1_2_4.m：

```
t1 = 0.001;
va = 220*1.414*sin(2*pi*50*t1);
vb = 220*1.414*sin(2*pi*50*t1-2*pi/3);
vc = 220*1.414*sin(2*pi*50*t1-4*pi/3);
vabc1 = 2/3*(va + exp(1j*2*pi/3)*vb + exp(1j*4*pi/3)*vc);
rho = abs(vabc1);
theta = angle(vabc1)*180/pi;
v_alpha = 2/3*(1*va - 0.5*vb - 0.5*vc);
v_beta = 2/3*(sqrt(3)/2*vb - sqrt(3)/2*vc);
v_zero = 2/3*(0.5*va + 0.5*vb + 0.5*vc);
va1 = v_alpha + v_zero;
vb1 = -0.5*v_alpha + sqrt(3)/2*v_beta + v_zero;
vc1 = -0.5*v_alpha - sqrt(3)/2*v_beta + v_zero;
fprintf('The space vector Vabc: abs(aVbc) = %6.2f, angle(Vabc) = %6.2f\n',rho,
theta)
```

```
fprintf('V_alpha of Vabc is %6.2f, V_beta of Vabc is %6.2f\n',v_alpha, v_beta)
fprintf('Va of Vabc is %6.2f, Vb of Vabc is %6.2f, Vc of Vabc is %6.2f\n',va1, vb1, vc1)
```

■ Park 轉換（$\alpha\beta$ to dq）

Clarke 轉換是將空間向量的 a-b-c 三軸分量（三軸靜止座標系）轉換到 α-β 軸（二軸靜止座標系），但轉換後的 α 與 β 分量仍爲弦波值，因爲 α 與 β 分量本質上是旋轉的空間向量在某一時刻在 α 與 β 軸的投影量，也造就 α 與 β 分量的弦波角速度 ω 與空間向量的角速度一致（說明：也與三相弦波角速度一致）。

讓我們假設一種情況，在時間 $t = 0$ 時，有一個座標軸 d 與 α 軸重疊，座標軸 q 垂直於 d 軸，當 $t > 0$ 後，d-q 軸開始以空間向量相同的方向與角速度 ω 旋轉，則此時我們在 d-q 軸上所看到的投影量 f_d 與 f_q 就是直流量，如圖 1-2-8 所示。

Park 轉換就是將 α-β 軸的分量 f_α 與 f_β 轉換到旋轉的 d-q 軸座標的分量 f_d 與 f_q 的座標轉換式（說明：在此將 d-q 軸旋轉的角速度與空間向量一致）。

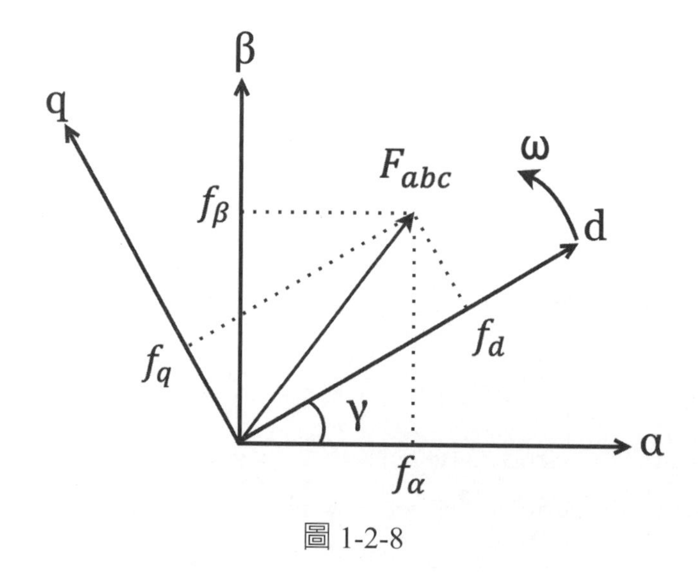

圖 1-2-8

我們可以使用 d-q 軸座標系將空間向量 F_{abc} 表示成

$$F_{abc} = f_d + jf_q \tag{1.2.14}$$

透過幾何關係，可以將（1.2.14）式表示成

$$F_{abc} = [f_\alpha \cos(\gamma) + f_\beta \sin(\gamma)] + j[f_\beta \cos(\gamma) - f_\alpha \sin(\gamma)] \tag{1.2.15}$$

因此，我們可以得到 Park 轉換式

$$F_{abc} = \begin{bmatrix} f_d \\ f_q \end{bmatrix} = \begin{bmatrix} \cos(\gamma) & \sin(\gamma) \\ -\sin(\gamma) & \cos(\gamma) \end{bmatrix} \begin{bmatrix} f_\alpha \\ f_\beta \end{bmatrix} \tag{1.2.16}$$

Park 反轉換式為

$$F_{abc} = \begin{bmatrix} f_\alpha \\ f_\beta \end{bmatrix} = \begin{bmatrix} \cos(\gamma) & -\sin(\gamma) \\ \sin(\gamma) & \cos(\gamma) \end{bmatrix} \begin{bmatrix} f_d \\ f_q \end{bmatrix} \tag{1.2.17}$$

接下來我們可以使用以下的 MATLAB 程式（範例程式 m1_2_5.m）來練習 Park 轉換式與 Park 反轉換式，並且觀察程式的執行結果。

MATLAB m-file 範例程式 m1_2_5.m：

```
t = linspace(0, 0.02, 100);
va = 220*1.414*sin(2*pi*50*t);
vb = 220*1.414*sin(2*pi*50*t-2*pi/3);
vc = 220*1.414*sin(2*pi*50*t-4*pi/3);
v_alpha = 2/3*(1*va - 0.5*vb - 0.5*vc);
v_beta = 2/3*(sqrt(3)/2*vb - sqrt(3)/2*vc);
v_zero = 2/3*(0.5*va + 0.5*vb + 0.5*vc);
gamma = 2*pi*50*t;
```

```
v_d = cos(gamma).*v_alpha + sin(gamma).*v_beta;
v_q = -sin(gamma).*v_alpha + cos(gamma).*v_beta;
subplot(3,1,1);
plot(t, va, t, vb, t, vc, 'LineWidth', 2);
legend('va', 'vb', 'vc');
title('Original abc');
subplot(3,1,2);
plot(t, v_alpha, t, v_beta, 'LineWidth', 2);
legend('v_\alpha', 'v_\beta');
title('\alpha-\beta');
subplot(3,1,3);
plot(t, v_d, t, v_q, 'LineWidth', 2);
ylim([-350 50])
legend('v_d', 'v_q');
title('d-q');
```

範例程式 m1_2_5 的執行結果顯示如圖 1-2-9，從波形可以看出，三相弦波所合成的空間向量 V_{abc} 投影到 d-q 軸的分量爲直流量，分別是 $v_d = 0$、$v_q = -311$，要如何解釋這個結果呢？很簡單，當 $t \geq 0$ 時，空間向量 V_{abc} 是從負 90° 出發，但此時 d 軸則是從 α 軸的位置出發，由於 d-q 軸與空間向量 V_{abc} 同步旋轉，因此 d 軸永遠領先空間向量 V_{abc} 90°，在 $t > 0$ 後，空間向量 V_{abc} 與 d-q 軸二者是以同方向與同速度旋轉，但由於 d 軸永遠領先空間向量 V_{abc} 90°，因此空間向量 V_{abc} 投影到 d 軸的分量永遠爲零，而在 q 軸的投影量則爲負的最大值。

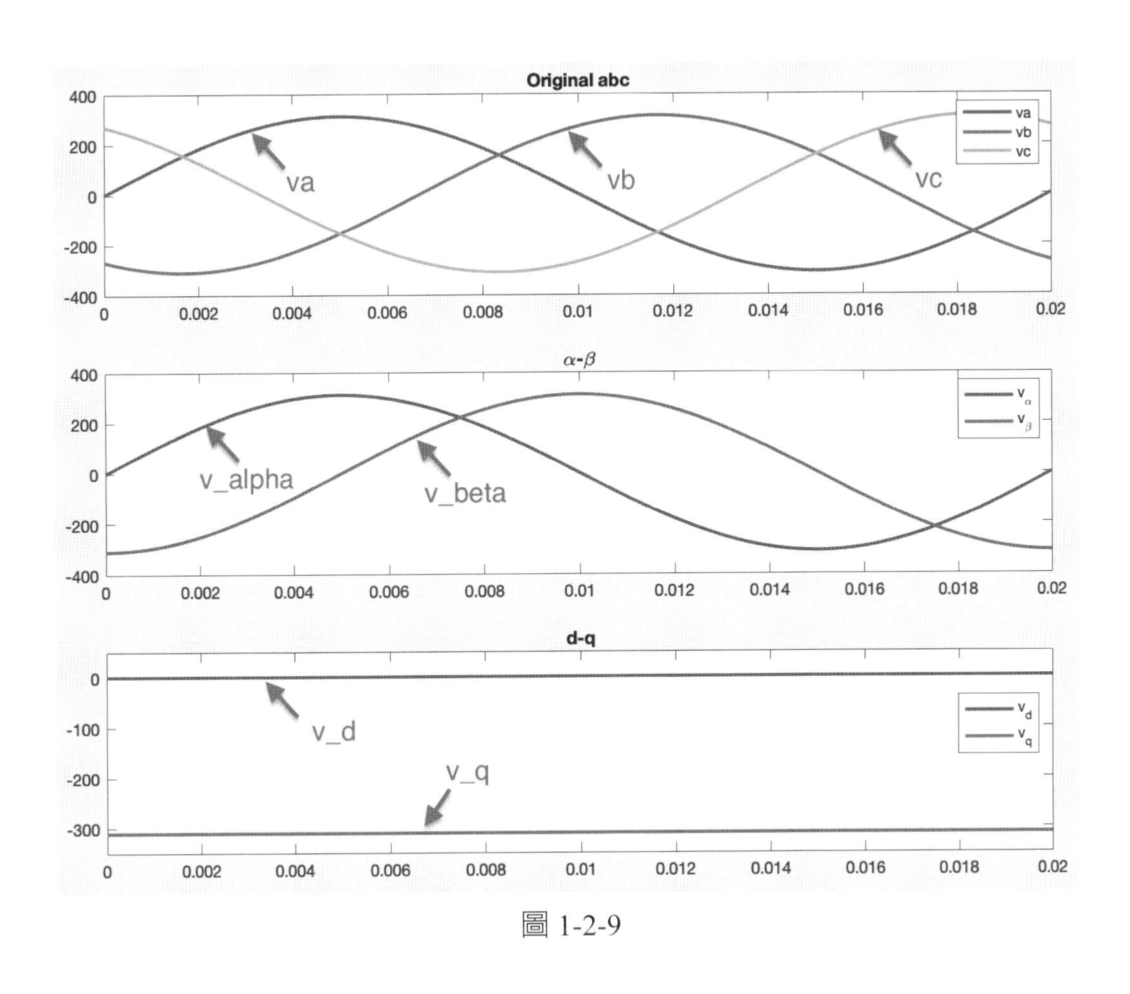

圖 1-2-9

1.3 三相鼠籠式感應馬達空間向量模型

對於三相感應馬達來說，單純使用三相系統的狀態變數所得到的馬達模型是時變模型，並且變數間彼此耦合，難以用於控制法則的推導，因此，爲了得到非時變且更加簡潔的數學模型，須使用空間向量的方式對三相感應馬達進行建模，而三相感應馬達的空間向量模型的推導過程較爲繁雜 [1, 4]，在此不加贅述，有興趣的讀者可以參考本章後的參考文獻，一個推導完成的三相鼠籠式感應馬達的空間向量模型可以表示如下 [1, 4]：

$$R_s I_{abcs} + L_s \frac{dI_{abcs}}{dt} + L_m \frac{dI_{abcr}}{dt} e^{j\theta_r} + j\omega_r L_m I_{abcr} e^{j\theta_r} = V_{abcs} \tag{1.3.1}$$

$$R_r I_{abcr} + L_r \frac{dI_{abcr}}{dt} + L_m \frac{dI_{abcs}}{dt} e^{-j\theta_r} - j\omega_r L_m I_{abcs} e^{-j\theta_r} = 0 \tag{1.3.2}$$

其中，R_s、R_r、L_s、L_r、L_m 分別是馬達定子電阻值、馬達轉子電阻值、馬達定子電感值、馬達轉子電感值與馬達互感值，而 I_{abcs}、I_{abcr} 與 V_{abcs} 分別為定子電流空間向量、轉子電流空間向量與定子電壓空間向量，定義如下：

$$I_{abcs} = \frac{2}{3}\left[i_{as}(t) + e^{j\frac{2\pi}{3}} \times i_{bs}(t) + e^{j\frac{4\pi}{3}} \times i_{cs}(t)\right] \tag{1.3.3}$$

$$I_{abcr} = \frac{2}{3}\left[i_{ar}(t) + e^{j\frac{2\pi}{3}} \times i_{br}(t) + e^{j\frac{4\pi}{3}} \times i_{cr}(t)\right] \tag{1.3.4}$$

$$V_{abcs} = \frac{2}{3}\left[v_{as}(t) + e^{j\frac{2\pi}{3}} \times v_{bs}(t) + e^{j\frac{4\pi}{3}} \times v_{cs}(t)\right] \tag{1.3.5}$$

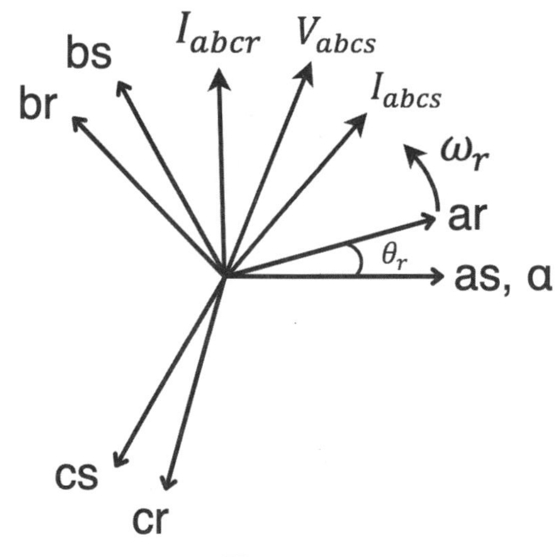

圖 1-3-1

我們可以在二維向量空間平面，將空間向量 I_{abcs}、I_{abcr} 與 V_{abcs} 畫出，如圖 1-3-1 所示，如圖所示，as-bs-cs 是定子靜止 a-b-c 三軸座標（說明：因為定子是不動的，故稱為「靜止」三軸座標），對應到定子的三相平衡繞組，相對於靜止三軸座標，ar-br-cr 是轉子三軸 a-b-c 座標，它是 ω_r 以的速度旋轉，I_{abcs} 與 V_{abcs} 是由 as-bs-cs 三軸的電流與電壓所合成的空間向量；而 I_{abcr} 則是由 ar-br-cr 三軸的電流所合成的空間向量。

此時，我們將二軸（d^a-q^a）任意旋轉座標引入，若二軸（d^a-q^a）任意旋轉座標以的角速度旋轉，d^a 軸與 as 軸的夾角爲，在二軸（d^a-q^a）任意旋轉座標系下，空間向量 I_{abcs}、I_{abcr} 與 V_{abcs} 可以表示爲 I^a_{abcs}、I^a_{abcr} 與 V^a_{abcs}（說明：上標 a 代表任意旋轉座標系），它們具有以下關係[1, 4]：

$$I_{abcs} = I^a_{abcs}\, e^{j\theta} \tag{1.3.6}$$

$$I_{abcr} = I^a_{abcr}\, e^{j(\theta-\theta_r)} \tag{1.3.7}$$

$$V_{abcs} = V^a_{abcs}\, e^{j\theta} \tag{1.3.8}$$

說明：
對於 I_{abcr} 來說，它是轉子側所合成的電流空間向量，由於轉子也在旋轉，會產生 θ_r 的角度，因此轉子側的電流空間向量 I_{abcr} 與I^a_{abcr}之間的關係爲$I^a_{abcr} = I^s_{abcr}\, e^{-j\theta} = I_{abcr}\, e^{j\theta_r}\, e^{-j\theta} = I_{abcr}\, e^{j(\theta_r-\theta)}$，因此可得$I_{abcr} = I^a_{abcr}\, e^{j(\theta-\theta_r)}$（說明：$I^s_{abcr}$爲在靜止參考座標下的值，上標 s 代表靜止參考座標）。

將（1.3.6）～（1.3.8）式代入（1.3.1）、（1.3.2）式，化簡整理後可以得到以下方程式：

$$R_s I^a_{abcs} + L_s \frac{dI^a_{abcs}}{dt} + j\omega L_s I^a_{abcs} + L_m \frac{dI^a_{abcr}}{dt} + j\omega L_m I^a_{abcr} = V^a_{abcs} \tag{1.3.9}$$

$$R_r I^a_{abcr} + L_r \frac{dI^a_{abcr}}{dt} + j(\omega-\omega_r) L_r I^a_{abcr} + L_m \frac{dI^a_{abcs}}{dt} + j(\omega-\omega_r) L_m I^a_{abcr} = 0 \tag{1.3.10}$$

（1.3.9）、（1.3.10）式爲推導完成的三相鼠籠式感應馬達在任意旋轉座標系（d^a-q^a）中的空間向量電壓方程式，其中，（1.3.9）式爲定子空間向量電壓方程式，（1.3.10）式爲轉子空間向量電壓方程式（說明：由於鼠籠式感應馬達的轉子爲短路，故轉子電壓爲零）。

其中，ω 爲任意旋轉座標軸（d^a-q^a）的角速度；ω_r 爲轉子電氣角速度。（說明：$\omega_r=\frac{P}{2}\omega_{rm}$，其中 P 爲馬達極數，ω_{rm} 爲馬達機械轉速，單位 rad/s）

對於使用任意旋轉座標所表示的空間向量I_{abcs}^a、I_{abcr}^a與V_{abcs}^a皆可以表示成在任意旋轉座標系的複數型式：

$$I_{abcs}^a=i_{ds}^a+ji_{qs}^a \tag{1.3.11}$$

$$I_{abcr}^a=i_{dr}^a+ji_{qr}^a \tag{1.3.12}$$

$$V_{abcs}^a=v_{ds}^a+jv_{qs}^a \tag{1.3.13}$$

將（1.3.11）～（1.3.13）式代入（1.3.9）與（1.3.10）式中，可以得到如下結果。

$$R_s i_{ds}^a+L_s\frac{di_{ds}^a}{dt}-\omega L_s i_{qs}^a+L_m\frac{di_{dr}^a}{dt}-\omega L_m i_{qr}^a=v_{ds}^a \tag{1.3.14}$$

$$\omega L_s i_{ds}^a+R_s i_{qs}^a+L_s\frac{di_{qs}^a}{dt}+\omega L_m i_{dr}^a+L_m\frac{di_{qr}^a}{dt}=v_{qs}^a \tag{1.3.15}$$

$$L_m\frac{di_{ds}^a}{dt}-(\omega-\omega_r)L_m i_{qs}^a+R_r i_{dr}^a+L_r\frac{di_{dr}^a}{dt}-(\omega-\omega_r)L_r i_{qr}^a=0 \tag{1.3.16}$$

$$(\omega-\omega_r)L_m i_{ds}^a+L_m\frac{di_{qs}^a}{dt}+(\omega-\omega_r)L_r i_{qr}^a+R_r i_{qr}^a+L_r\frac{di_{qr}^a}{dt}=0 \tag{1.3.17}$$

（1.3.14）～（1.3.17）式爲以（i_{ds}^a、i_{qs}^a、i_{dr}^a、i_{qr}^a）四個狀態變數所表示的三相鼠籠式感應馬達的定子與轉子電壓方程式（說明：v_{ds}^a與v_{qs}^a並非狀態變數，而是輸入訊號），但實務上，我們很難測量到轉子電流，因此（1.3.14）～（1.3.17）式的感應馬達模型並不容易使用，爲了克服此問題，我們使用以下的磁通鏈方程式，將轉子電流狀態變數用定子電流與磁通來表示。

$$\Phi_{abcs}^a=L_s I_{abcs}^a+L_m I_{abcr}^a \tag{1.3.18}$$

$$\Phi_{abcr}^a=L_m I_{abcs}^a+L_r I_{abcr}^a \tag{1.3.19}$$

（1.3.18）、（1.3.19）式爲定子與轉子磁通鏈空間向量方程式，可以將它們展開成在任意旋轉座標（d^a-q^a）下的型式：

$$\phi_{ds}^a = L_s i_{ds}^a + L_m i_{dr}^a \quad (1.3.20)$$

$$\phi_{qs}^a = L_s i_{qs}^a + L_m i_{qr}^a \quad (1.3.21)$$

$$\phi_{dr}^a = L_m i_{ds}^a + L_r i_{dr}^a \quad (1.3.22)$$

$$\phi_{qr}^a = L_m i_{qs}^a + L_r i_{qr}^a \quad (1.3.23)$$

我們可以使用（1.3.22）與（1.3.23）式將轉子電流代換成定子電流與轉子磁通，如下：

$$i_{dr}^a = \frac{\phi_{dr}^a - L_m i_{ds}^a}{L_r} \quad (1.3.24)$$

$$i_{qr}^a = \frac{\phi_{qr}^a - L_m i_{qs}^a}{L_r} \quad (1.3.25)$$

我們可以將（1.3.24）與（1.3.25）式取代（1.3.14）～（1.3.17）式中的i_{dr}^a與i_{qr}^a，可以整理成以下結果。

$$R_s i_{ds}^a + L_\sigma \frac{di_{ds}^a}{dt} - \omega L_\sigma i_{qs}^a + \frac{L_m}{L_r}\frac{d\phi_{dr}^a}{dt} - \frac{\omega L_m}{L_r}\phi_{qr}^a = v_{ds}^a \quad (1.3.26)$$

$$\omega L_\sigma i_{ds}^a + R_s i_{qs}^a + L_\sigma \frac{di_{qs}^a}{dt} + \omega \frac{L_m}{L_r}\phi_{dr}^a + \frac{L_m}{L_r}\frac{d\phi_{qr}^a}{dt} = v_{qs}^a \quad (1.3.27)$$

$$-R_r L_m i_{ds}^a + R_r \phi_{dr}^a + L_r \frac{d\phi_{dr}^a}{dt} - (\omega - \omega_r) L_r \phi_{qr}^a = 0 \quad (1.3.28)$$

$$-R_r L_m i_{qs}^a + (\omega - \omega_r) L_r \phi_{dr}^a + R_r \phi_{qr}^a + L_r \frac{d\phi_{qr}^a}{dt} = 0 \quad (1.3.29)$$

其中，$L_\sigma = L_s - \dfrac{{L_m}^2}{L_r}$。（1.3.26）～（1.3.29）式爲以（$i_{ds}^a$、$i_{qs}^a$、$\phi_{dr}^a$、$\phi_{qr}^a$）四個狀態變數所表示的三相鼠籠式感應馬達模型，這也是感應馬達磁場導向控制最常使用的馬達模型。根據（1.3.26）～（1.3.29）式，可以畫出三相鼠籠式感應馬達在任意旋轉座標（d^a-q^a）下的 d-q 軸等效電路 [1, 4]，如圖 1-3-2。

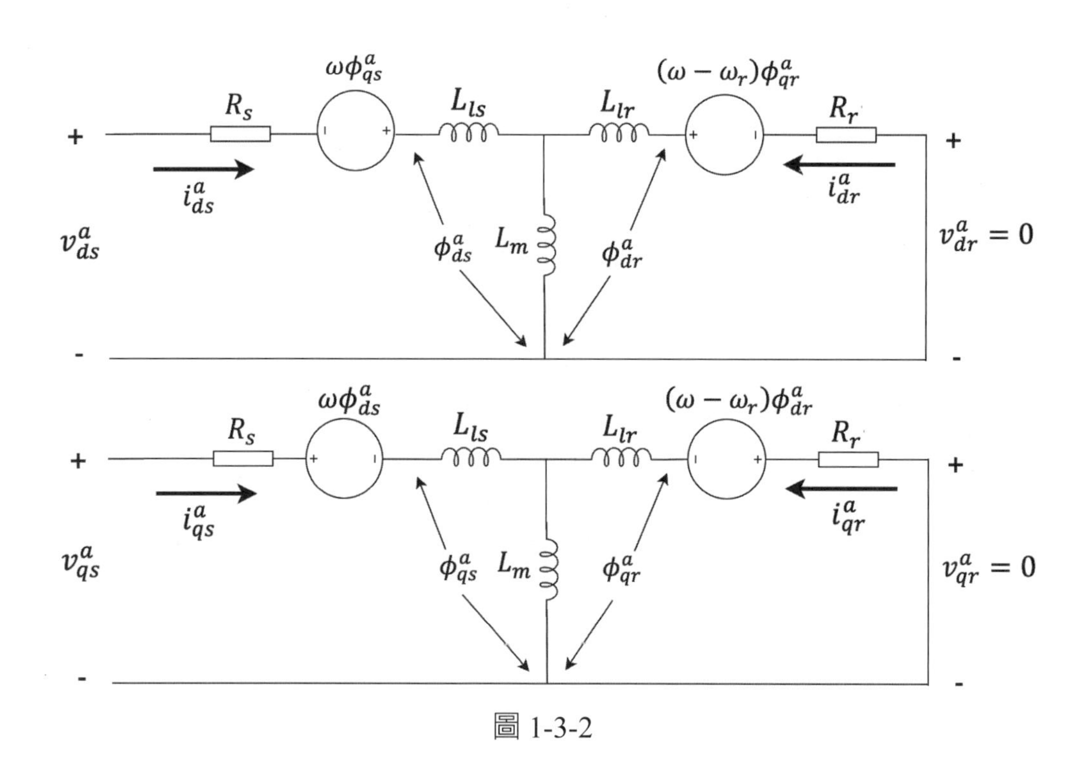

圖 1-3-2

要完整描述三相感應馬達的行爲模式，我們還需要一個轉矩方程式，三相感應馬達的轉矩方程式可以表示如下：

$$T_e=\frac{3P}{4}\frac{L_m}{L_r}(i_{qs}^a\phi_{dr}^a-i_{ds}^a\phi_{qr}^a) \tag{1.3.30}$$

T_e 爲馬達轉軸輸出的電磁轉矩，單位爲 N · m，馬達電磁轉矩 T_e 與馬達機械轉速 ω_{rm} 之間的關係可用機械方程式來表示：

$$T_e=J\frac{d\omega_{rm}}{dt}+B\omega_{rm}+T_L \tag{1.3.31}$$

其中，J 爲總轉動慣量，單位爲 kg · m^2；B 爲摩擦系數，單位爲 N · m/(rad/s)；T_L 爲負載轉矩，單位爲 N · m。

（注意：馬達模型中所使用的 ω_r 爲馬達的電氣角速度，它與馬達機械轉

速 ω_{rm} 的關係爲$\omega_r=\frac{P}{2}\omega_{rm}$，二者單位皆爲 rad/s，其中 P 爲馬達極數）

綜合以上內容，所得到的（1.3.26）～（1.3.30）式爲完整的三相鼠籠式感應馬達在任意旋轉座標（d^a-q^a）下的數學模型，配合機械方程式（1.3.31），可以完整的描述三相鼠籠式感應馬達帶動負載時的動態行爲。

■使用 MATLAB/SIMULINK 建立感應馬達 Subsystem 模型

在進行 MATLAB/SIMULINK 建模之前，我們需要先將（1.3.26）～（1.3.30）式整理一下，首先（1.3.26）～（1.3.29）式爲任意旋轉座標下的感應馬達電壓模型，因此我們可將設爲 0，即可得到二軸靜止座標下（α-β）的感應馬達電壓模型，此時$i^a_{ds}=i_{s\alpha}$、$i^a_{qs}=i_{s\beta}$、$\phi^a_{dr}=\phi_{r\alpha}$、$\phi^a_{qr}=\phi_{r\beta}$、$v^a_{ds}=v_{s\alpha}$、$v^a_{qs}=v_{s\beta}$，先將方程式（1.3.28）與（1.3.29）整理如下：

$$\frac{d\phi_{r\alpha}}{dt}=\frac{R_rL_m}{L_r}i_{s\alpha}-\frac{R_r}{L_r}\phi_{r\alpha}-\omega_r\phi_{r\beta} \tag{1.3.32}$$

$$\frac{d\phi_{r\beta}}{dt}=\frac{R_rL_m}{L_r}i_{s\beta}+\omega_r\phi_{r\alpha}-\frac{R_r}{L_r}\phi_{r\beta} \tag{1.3.33}$$

請將（1.3.32）與（1.3.33）式代入（1.3.26）與（1.3.27）式，可以得到

$$\frac{di_{s\alpha}}{dt}=K_1i_{s\alpha}+K_2\phi_{r\alpha}+K_3\omega_r\phi_{r\beta}+K_4v_{s\alpha} \tag{1.3.34}$$

$$\frac{di_{s\beta}}{dt}=K_1i_{s\beta}-K_3\omega_r\phi_{r\alpha}+K_2\phi_{r\beta}+K_4v_{s\beta} \tag{1.3.35}$$

其中，$K_1=\frac{-R_sL_r^2-R_rL_m^2}{L_rw}$、$K_2=\frac{R_rL_m}{L_rw}$、$K_3=\frac{L_m}{w}$、$K_4=\frac{L_r}{w}$、$w=L_rL_s-L_m^2$（說明：$L_\sigma=\frac{w}{L_r}$）。

再將（1.3.32）與（1.3.33）式整理如下：

$$\frac{d\phi_{r\alpha}}{dt}=K_5i_{s\alpha}+K_6\phi_{r\alpha}-\omega_r\phi_{r\beta} \tag{1.3.36}$$

CHAPTER 1

$$\frac{d\phi_{r\beta}}{dt}=K_5 i_{s\beta}+\omega_r\,\phi_{r\alpha}+K_6\,\phi_{r\beta} \quad (1.3.37)$$

其中，$K_5=\frac{R_r L_m}{L_r}$、$K_6=-\frac{R_r}{L_r}$。

將（1.3.30）與（1.3.31）式整理如下：

$$\frac{d\omega_{rm}}{dt}=\frac{1}{J}(T_e-T_L-B\omega_{rm}) \quad (1.3.38)$$

$$T_e=\frac{3P}{4}\frac{L_m}{L_r}(i_{s\beta}\,\phi_{r\alpha}-i_{s\alpha}\,\phi_{r\beta}) \quad (1.3.39)$$

其中，$\omega_{rm}=\frac{2}{P}\omega_r$，$P$ 爲馬達極數。

接下來我們要在 SIMULINK 環境下，使用（1.3.34）～（1.3.39）式建立感應馬達模型（使用 SIMULINK 的 Subsystem 來建構），在實際建立三相鼠籠式感應馬達 SIMULINK 模型之前，我們先使用 MATLAB m-file 建立 SIMULINK 感應馬達模型所需要用到的馬達參數 [4]，如表 1-3-1 所示。

表 1-3-1　感應馬達參數

馬達參數	值
定子電阻Rs	0.8 Ω
轉子電阻Rr	0.6 Ω
定子電感Ls	0.085 H
轉子電感Lr	0.085 H
互感Lm	0.082 H
馬達極數pole	4
轉動慣量J	0.033 kg · m^2
摩擦系數B	0.00825 N · m · sec/rad

MATLAB m-file 範例程式 im_params.m：

```
Rs = 0.8;
Rr = 0.6;
Ls = 0.085;
Lr = 0.085;
Lm = 0.082;
pole = 4;
J = 0.033;
B = 0.00825;
w = Ls*Lr - Lm^2;
Lsigma = w/Lr;
K1 = (-Rs*Lr^2-Rr*Lm^2)/(Lr*w);
K2 = (Rr*Lm)/(Lr*w);
K3 = Lm/w;
K4 = Lr/w;
K5 = Rr*Lm/Lr;
K6 = -Rr/Lr;
```


各位將 m-file 建立完成後，可以執行此程式，先將馬達參數載入 MATLAB 環境。

接下來，請使用 SIMULINK 建立如圖 1-3-3 的 Subsystem 模型。

建立完成後，選取所有方塊（可以使用 CTRL + A），按滑鼠右鍵並選擇「Create Subsystem from Selection」，即可建立單一 Subsystem 元件，如圖 1-3-4 所示，將其取名為「im_model_is_phir」後將其存檔。

建立好感應馬達模型後，我們還需要建立 Clarke 轉換、Clarke 反轉換、Park 轉換與 Park 反轉換的 SIMULINK Subsystem 模型，以建立完整的感應馬達磁場導向控制系統模擬程式。

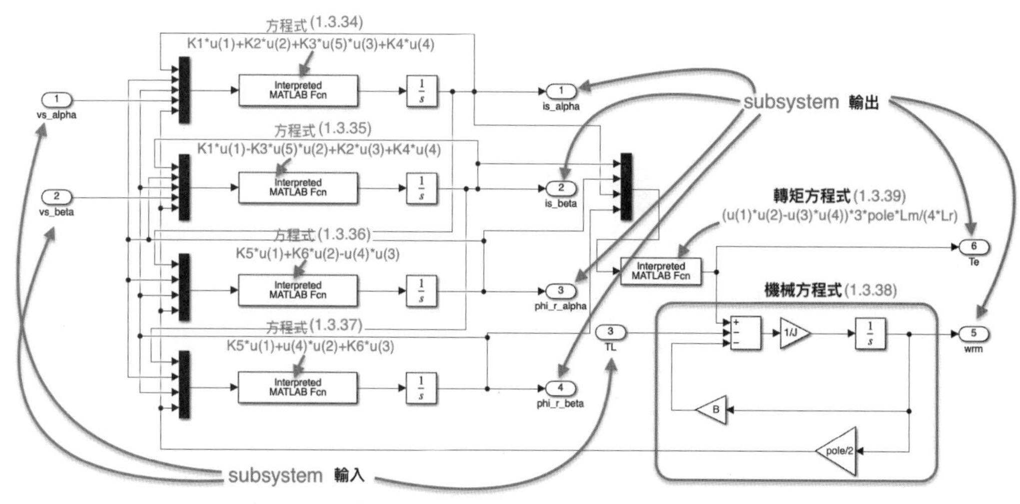

圖 1-3-3（範例程式：im_model_is_phir.slx）

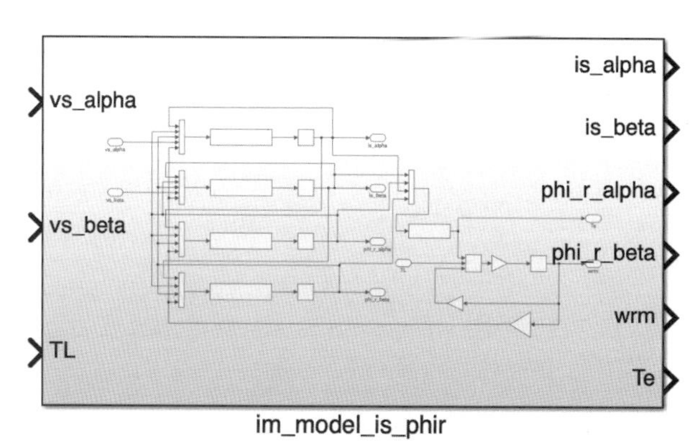

圖 1-3-4（範例程式：im_model_is_phir.slx）

■建立 Clarke 轉換與 Clarke 反轉換的 SIMULINK Subsystem 模型

首先，我們先建立 Clarke 轉換（1.2.10）式，請建立一個空白的 SIMULINK 檔案，將方塊建立如圖 1-3-5 所示，建立完成後，選取所有方塊（可以使用 CTRL + A），按滑鼠右鍵並選擇「Create Subsystem from Selection」建立單一 Subsystem 元件，如圖 1-3-6，將其取名爲「clarke」後將其存檔。

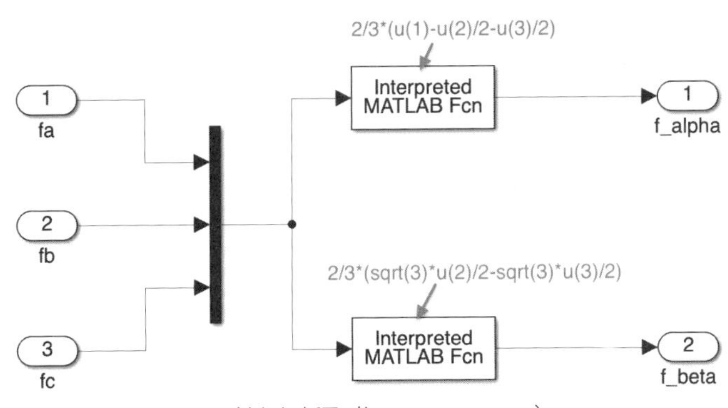

圖 1-3-5（範例程式：clarke.slx）

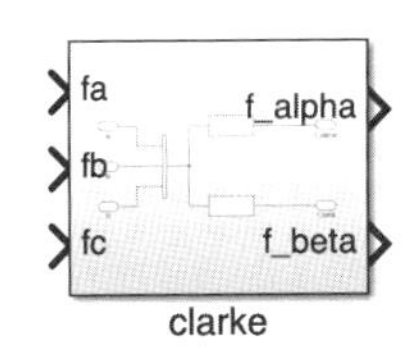

圖 1-3-6（範例程式：clarke.slx）

接著，我們建立 Clarke 反轉換（1.2.11）式，請建立一個空白的 SIMULINK 檔案，將方塊建立如圖 1-3-7 所示，建立完成後，選取所有方塊（可以使用 CTRL + A），按滑鼠右鍵並選擇「Create Subsystem from Selection」建立單一 Subsystem 元件，如圖 1-3-8，將其取名為「inv_clarke」後將其存檔。

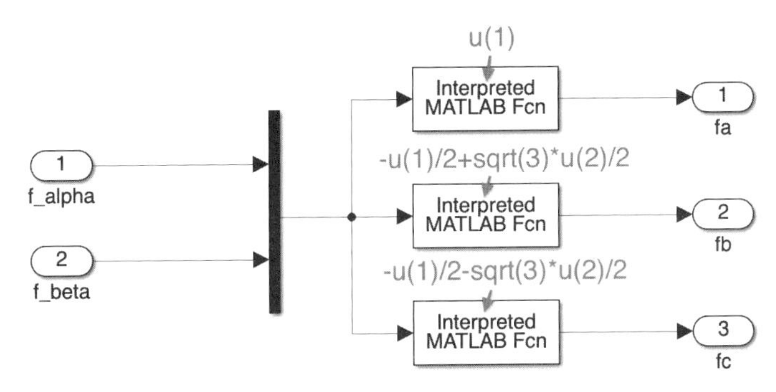

圖 1-3-7（範例程式：inv_clarke.slx）

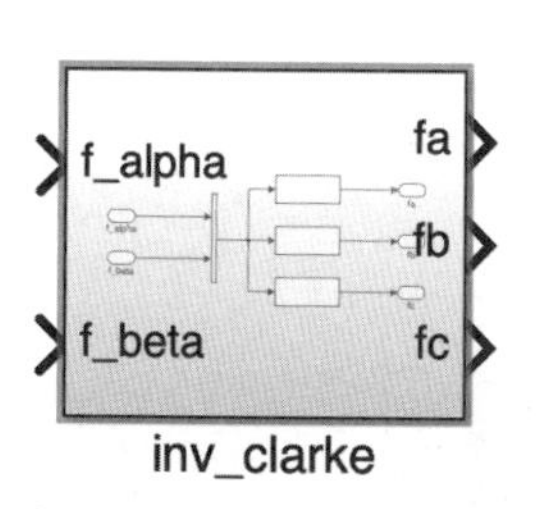

圖 1-3-8（範例程式：inv_clarke.slx）

■建立 Park 轉換與 Park 反轉換的 SIMULINK Subsystem 模型

接著，我們建立 Park 轉換（1.2.16）式，請建立一個空白的 SIMULINK 檔案，將方塊建立如圖 1-3-9 所示，建立完成後，選取所有方塊（可以使用 CTRL + A），按滑鼠右鍵並選擇「Create Subsystem from Selection」建立單一 Subsystem 元件，如圖 1-3-10，將其取名爲「park」後將其存檔。

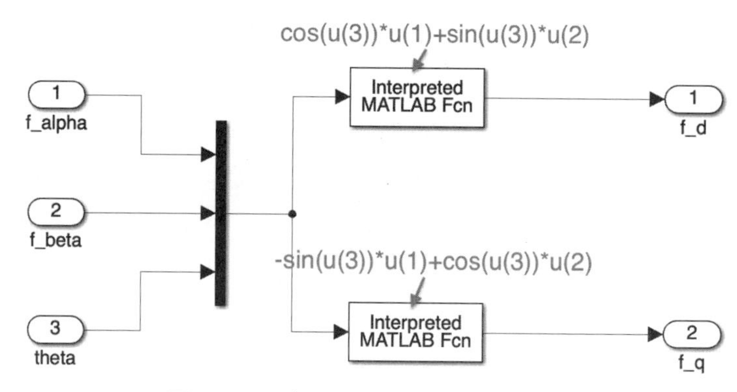

圖 1-3-9（範例程式：park.slx）

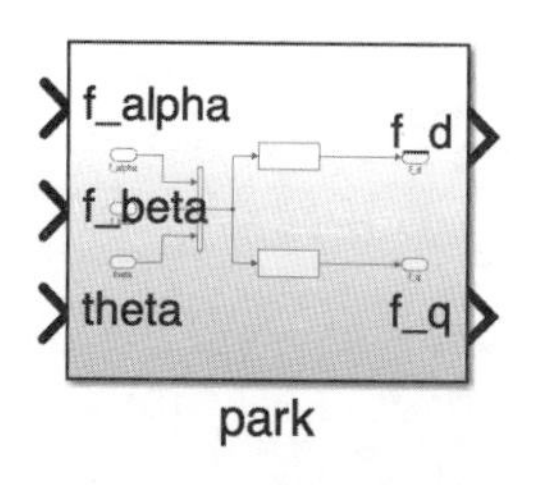

圖 1-3-10（範例程式：park.slx）

接著，我們建立 Park 反轉換（1.2.17）式，請建立一個空白的 SIMU-

LINK 檔案，將方塊建立如圖 1-3-11 所示，建立完成後，選取所有方塊（可以使用 CTRL + A），按滑鼠右鍵並選擇「Create Subsystem from Selection」建立單一 Subsystem 元件，如圖 1-3-12，將其取名為「inv_clarke」後將其存檔。

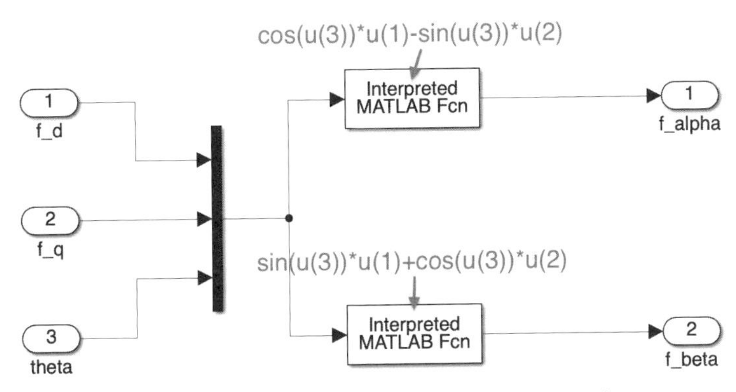

圖 1-3-11（範例程式：inv_park.slx）

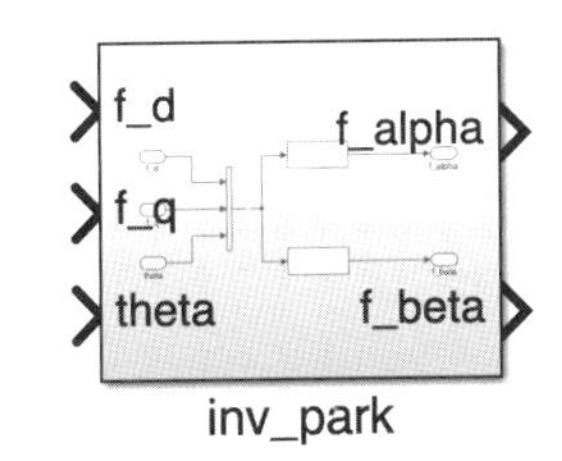

圖 1-3-12（範例程式：inv_park.slx）

■ 測試座標轉換（Clarke 與 Park）與感應馬達模型

STEP 1：

接下來，我們使用已經建構完成的馬達與座標轉換模型，模擬將三相電壓輸入感應馬達，使馬達運轉的動態行為，將輸入電壓設定成有效值 220 伏特，50Hz 的正相序（a-b-c）的平衡三相電壓，馬達參數與 im_params.m 內容一致，如表 1-5-1，輸入給馬達的負載為定轉矩負載，大小為 8（Nm），且負載在初始狀態即加入，請開啓一個空白的 SIMULINK 檔案，將系統連接如圖 1-3-13 所示。

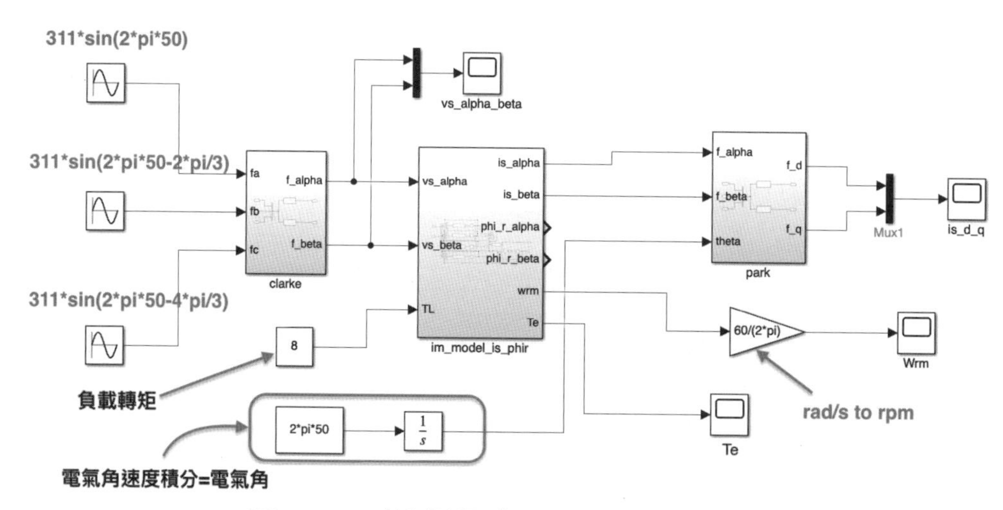

圖 1-3-13（範例程式：im_model_test1.slx）

STEP 2：

將 SIMULINK 方塊建立完成後，將 SIMULINK 模擬求解器設成「Variable-step」的 auto，將最大步距設成 0.0005，將總模擬時間設爲 0.5 秒。設定完成後，按下「Run」執行系統模擬。（注意：模擬前請先執行 im_params.m 檔案，否則會欠缺感應馬達參數，無法模擬）

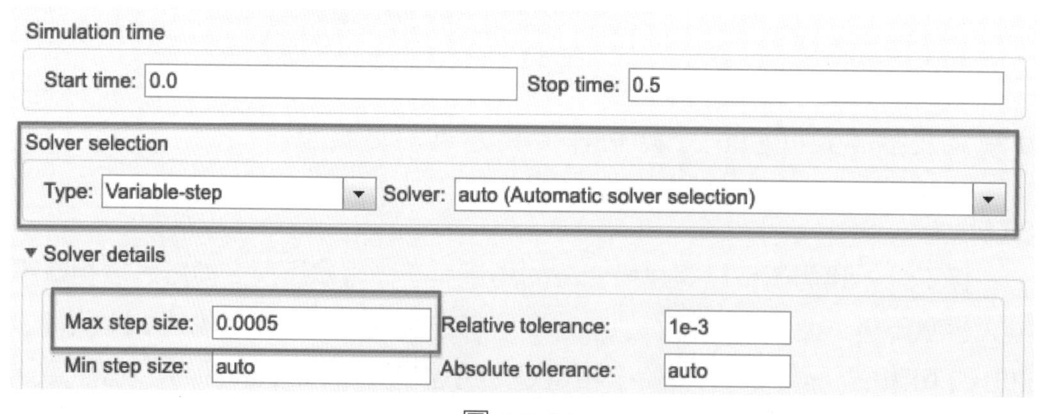

圖 1-3-14

STEP 3：

若順利完成模擬，請先雙擊 vs_alpha_beta 示波器方塊，它會顯示三相輸入電壓的 Clarke 轉換的結果，我們觀看 0～0.1 秒的波形，如圖 1-3-15，由於我們輸入的三相弦波電壓為正相序，因此可以看到，v_β 是從負的最大值開始減少，而 v_α 則是從零開始增加，這符合正相序電壓的空間向量的變化方向（說明：可參考圖 1-2-6 的結果），因此所建立的 Clarke 轉換 Subsystem 的功能得到驗證。

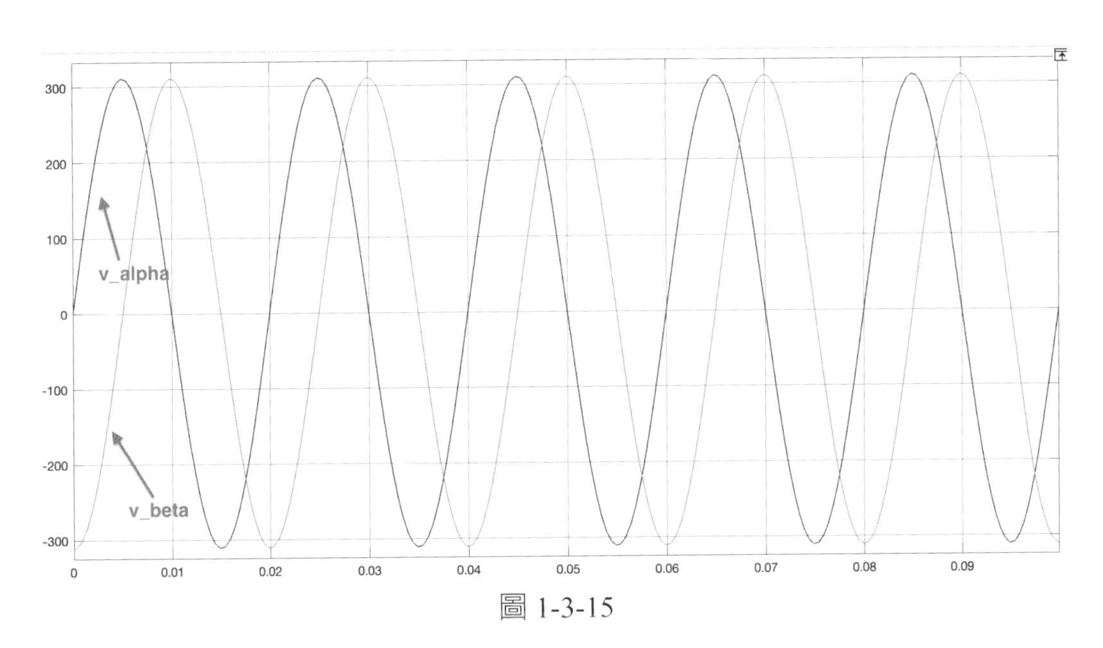

圖 1-3-15

STEP 4：

接著，請雙擊 Wrm 示波器方塊，可以看到如圖 1-3-16 的波形，馬達轉速在 0.2 秒後穩定在約 1500rpm 的位置，此時可以將穩態轉速放大，可以發現最後的穩定轉速值約為 1490rpm，這個轉速是合理的，因為對於輸入 50Hz 的交流電來說，4 極感應馬達的電氣同步轉速為 1500（rpm）（說明：同步轉速 $RPM=\dfrac{120\times f}{\text{極數}}$，因此 $120\times\dfrac{50}{4}=1500\text{rpm}$），但由於感應馬達存在滑差（說明：同步轉速與機械轉速的差值為滑差轉速），因此機械轉速會略低於同步轉速；再雙擊 Te 示波器方塊，可以發現電磁轉矩的穩態值為 9.2Nm 左右，略大於負載轉矩 8Nm，這是因為電磁轉矩還需要克服摩擦力所致。故此模擬結果也間接驗證了所建立的感應馬達 Subsystem 模型運作正常。

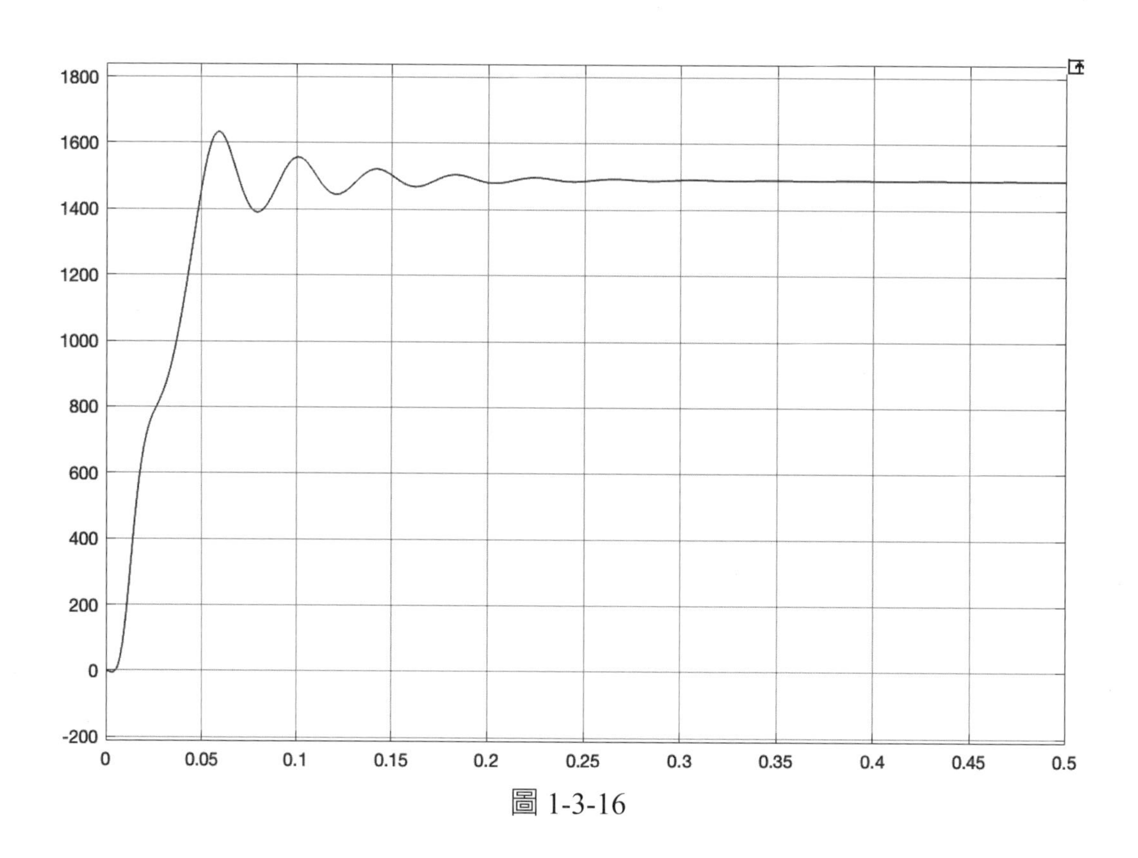

圖 1-3-16

STEP 5：

接著請雙擊 is_d_q 示波器方塊觀察經由 Park 轉換後的馬達定子電流，如圖 1-3-17，從波形以可發現，經過約 0.25 秒的暫態階段後，馬達定子電流在同步旋轉座標下〔說明：Park 轉換所輸入的電氣角頻率（50Hz）與輸入電壓同步〕的 d、q 軸分量穩定為直流量，這也代表所建立的 Park 轉換方塊運作正常，在本例中，定子電流的 d 軸分量約為 -11.5 左右，q 軸分量約為 –3.4，計算一下峰值電流約為 12A（說明：$\sqrt{(-11.5)^2+(-3.4)^2}=12$），此時我們可以利用 Park 反轉換與 Clark 反轉換來還原定子三相電流，來驗證電流峰值是否為 12A。

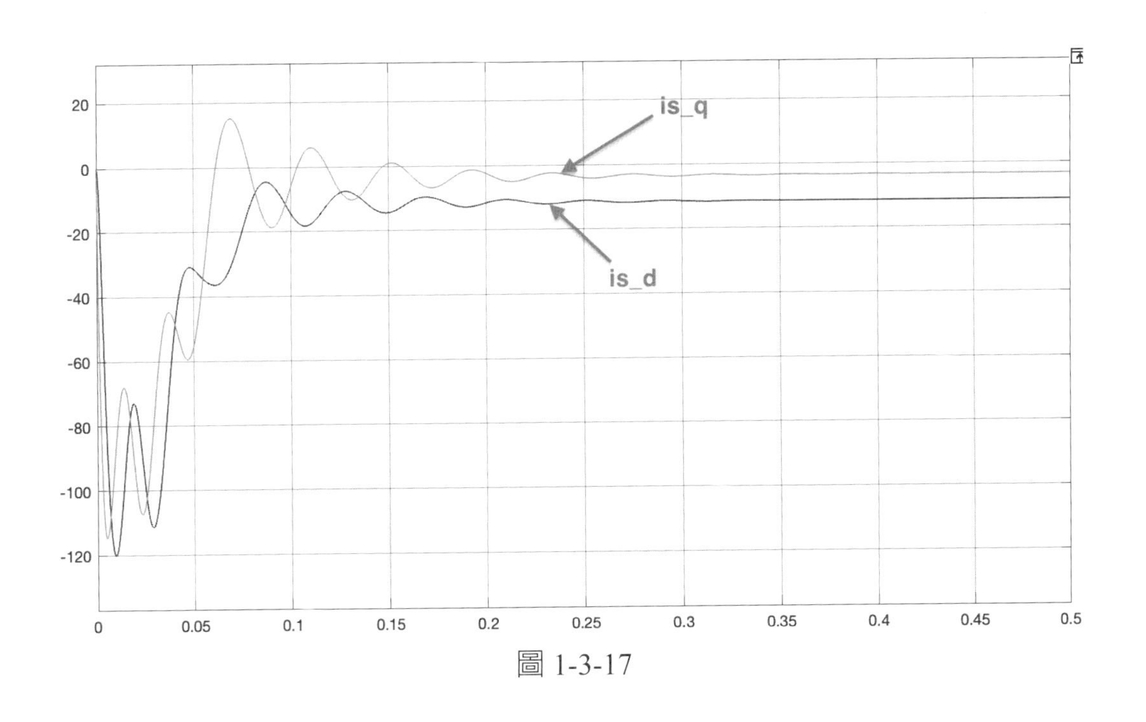

圖 1-3-17

STEP 6：

請將先前所建立的 inv_park 與 inv_clarke 加入到 SIMULINK 環境中，如圖 1-3-18，加入完後請再執行一次模擬。

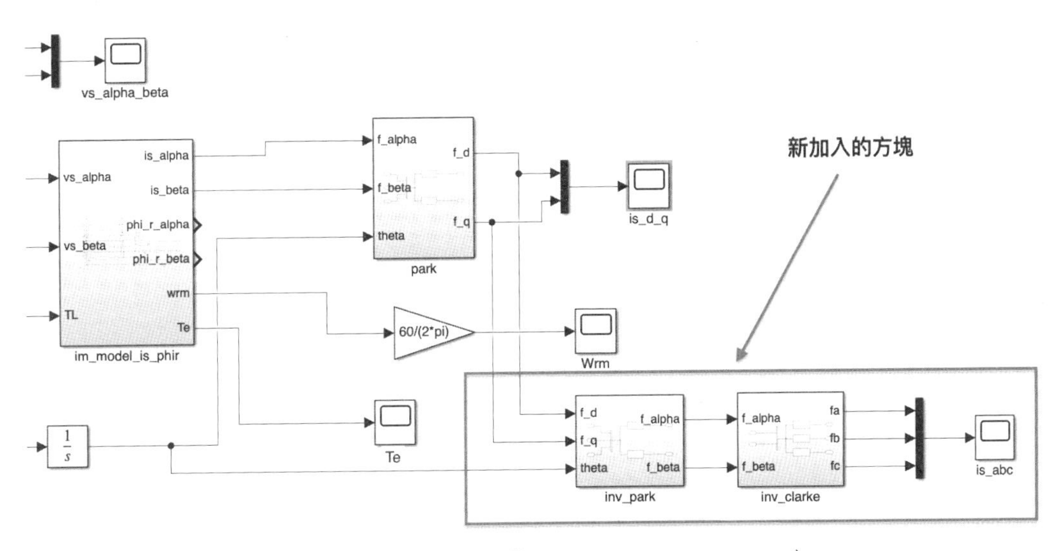

圖 1-3-18（範例程式：im_model_test1.slx）

模擬完成後，雙擊 is_abc 示波器方塊，將穩態的弦波電流放大，如圖 1-3-19，三相電流的峰值約爲 12A，與 STEP 5 的計算結果相吻合，這也間接驗證了，我們所建立的 inv_park 與 inv_clarke 方塊運作正常。

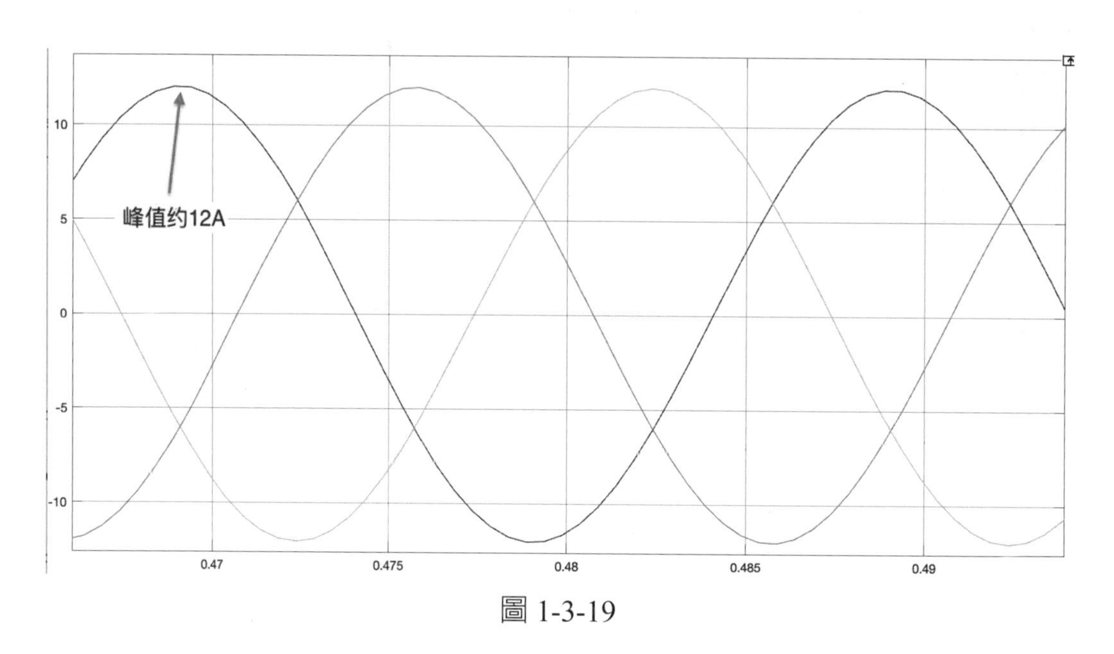

圖 1-3-19

■驗證功率因數角 φ

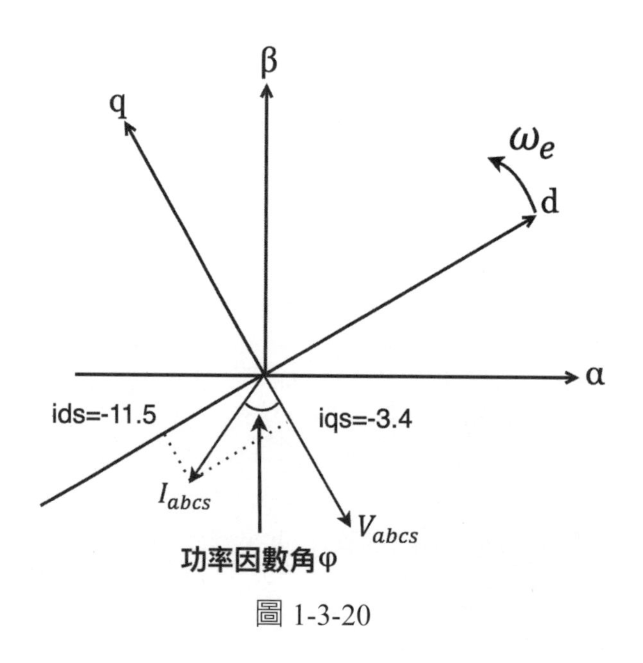

圖 1-3-20

STEP 1：

首先，我們可以將定子的三相輸入電壓所合成的空間向量 V_{abcs} 與定子電流空間向量 I_{abcs} 畫在二維座標平面上（說明：下標 s 代表定子物理量），如圖 1-3-20，其中，d-q 軸、定子電壓空間向量 V_{abcs} 與定子電流空間向量 I_{abcs} 三者皆以電氣角速度同步旋轉，但彼此間存在相位差，在 1.2 節，我們驗證過，正相序的電壓空間向量在同步旋轉 d-q 軸的投影量爲：d 軸的分量爲零，q 軸分量爲負的最大值（可參考圖 1-2-2 的結果），如圖 1-3-20 中的 V_{abcs}。在本例中，定子電流空間向量的 d 軸分量約爲 −11.5 左右，q 軸分量約爲 −3.4，因此將其畫在座標平面，如圖 1-3-20 中的 I_{abcs}，而 V_{abcs} 與 I_{abcs} 之間的夾角就是功率因數角，我們可以利用以下公式算出：

$$\varphi = \tan^{-1}\left(\frac{11.5}{3.4}\right) = 1.28 \text{ rad} = 73° \qquad (1.3.40)$$

藉由簡單的三角函數運算，可以得到功率因數 φ 角爲 73°。

STEP 2：

爲了驗證功率因數角的正確性，我們可以在 SIMULINK 程式區再加入一個示波器方塊，觀察 vas（即定子 a 相電壓）與 ias（即定子 a 相電流）的波形，如圖 1-3-21。

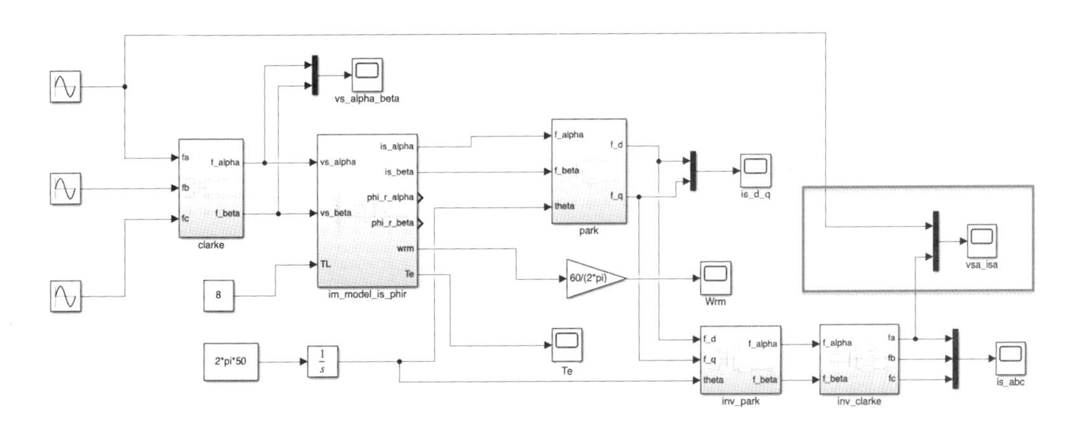

圖 1-3-21（範例程式：im_model_test1.slx）

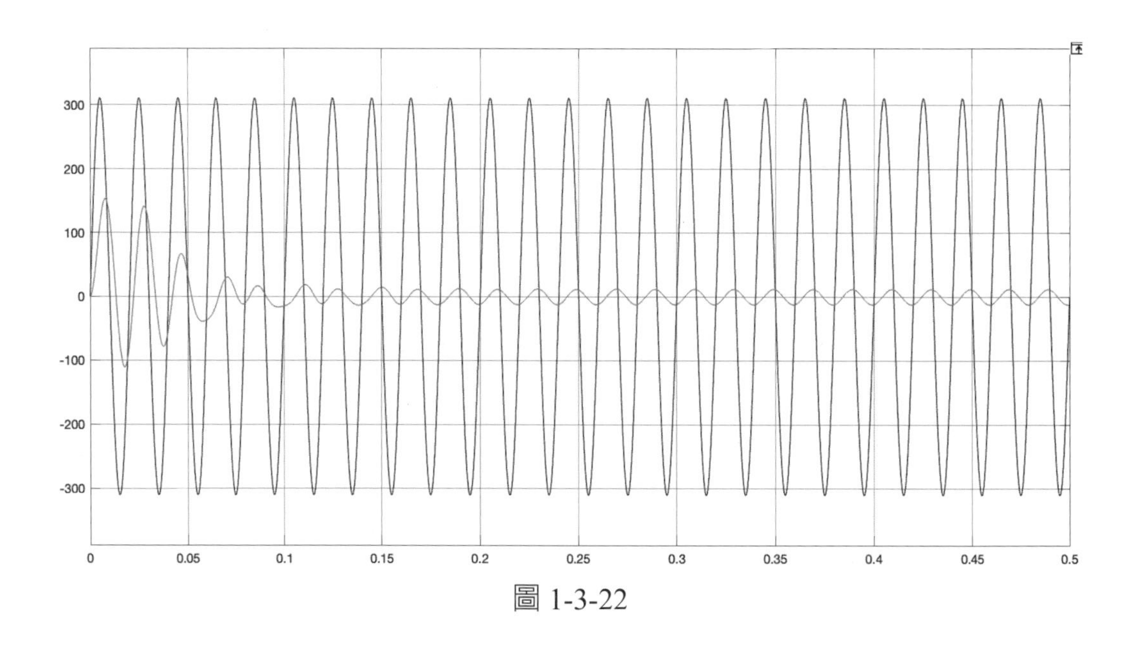

圖 1-3-22

STEP 2：

加入方塊後，再執行一次模擬，完成後，雙擊 vsa_isa 示波器方塊，可以看到如圖 1-3-22 的波形。此時，使用滑鼠放大 0.45 秒附近的波形，我們可以發現 vsa 與 isa 在過零點之間的時間差約爲 0.004068 秒（說明：電壓領先電流 0.004068 秒），因此，我們利用下式算出電壓與電流之間的相位差，而這個相位差就是功率因數角。

$$\text{電壓與電流之間相位差} = \text{功率因數角}\ \varphi$$
$$= 0.004068 \times 2 \times \pi \times 50 = 1.278\ \text{rad} = 73^\circ$$

算出的功率因數角爲 73°，與（1.3.40）式的計算結果吻合，因此完成功率因數角的模擬驗證。

1.4 三相永磁馬達空間向量模型

感應馬達（Induction Motor）和永磁同步馬達（Permanent Magnet Synchronous Motor）是兩種不同的交流馬達類型，其主要差別在於馬達轉子上的磁場形式。感應馬達的轉子是由導體製成，當感應馬達的定子上通過交流電時會產生旋轉磁場，轉子中的導體會因此產生感應電流，進而產生反向的磁場，這個反向的磁場與定子產生的磁場相互作用產生轉矩，驅動轉子旋轉。

相反地，永磁同步馬達的轉子上有永久磁鐵，並且轉子產生的磁場與定子磁場精確地同步，因此稱爲「同步」馬達。當永磁同步馬達的定子上通過交流電時，透過定子產生的磁場與轉子磁場相互作用，可以驅動轉子旋轉。總體而言，永磁同步馬達因爲具有永久磁鐵，可以提供較高的效率和較高的功率密度，通常被使用在高性能和高精度應用中，例如電動車、機器人、工業驅動系統等。而感應馬達則通常用於性能與精度要求不高的應用中，例如家用電器、泵浦、風扇等。

若永磁同步馬達的磁鐵貼於轉子表面，此馬達又稱作表面貼磁型永磁同步馬達（SPMSM），若磁鐵置於轉子內部，此馬達則稱作內嵌式永磁同步馬達（IPMSM）。由於永磁同步馬達的轉子磁場轉速 ω_r（說明：此爲電氣轉速）與定子磁場轉速 ω_e（說明：此爲電氣轉速）同步，因此可將一任意旋轉座標（d^a-q^a 軸）置於轉子，並將 d^a 軸對齊轉子磁極方向，並將此任意旋轉座標的轉速 ω 設定爲轉子磁場轉速 ω_r，也代表 $\omega = \omega_r = \omega_e$，則此任意旋轉座標將綁定轉子並與其同步旋轉，因此在永磁同步馬達下的同步旋轉座標系又稱作轉子參考座標系。

由於三相永磁同步馬達的空間向量模型的推導過程較爲繁雜[1, 4]，在此不加贅述，一個推導完成的表面貼磁型三相永磁同步馬達（SPMSM）的空間向量模型可以表示如下[1, 4]：

$$R_s I_{abcs} + L_s \frac{dI_{abcs}}{dt} + j\omega_e \lambda_f e^{j\theta_e} = V_{abcs} \tag{1.4.1}$$

其中，I_{abcs} 爲定子電流空間向量，V_{abcs} 爲定子電壓空間向量，λ_f 爲轉子（永久磁鐵）在定子繞組所產生的磁通鏈，R_s 爲定子電阻值（相電阻），L_s 爲定子電感值（相電感）。

轉子（永久磁鐵）在定子繞組所產生的磁通鏈 λ_f 可以表示成

$$\lambda_f = L_m I_f \tag{1.4.2}$$

其中，L_m 爲轉子與定子繞組的互感值，由於轉子的永久磁鐵能提供恆定磁場，故可以等效爲一個定電流源 I_f，其與定子繞組交互作用產生磁通鏈 λ_f。

由於我們已知：$I_{abcs} = i_{ds}^r + j i_{qs}^r$，$V_{abcs} = v_{ds}^r + j v_{qs}^r$，因此可以將（1.4.1）式展開成 d-q 軸型式如下：

$$v_{ds}^r = R_s i_{ds}^r + L_s \frac{di_{ds}^r}{dt} - \omega_r L_s i_{qs}^r \tag{1.4.3}$$

$$v_{qs}^r = R_s i_{qs}^r + L_s \frac{di_{qs}^r}{dt} + \omega_r (L_s i_{ds}^r + \lambda_f) \tag{1.4.4}$$

其中，$L_s = L_{ls} + L_m$，L_{ls} 爲定子漏感值，L_m 爲定子與轉子的互感值，而$L_s i_{qs}^r = \lambda_{qs}^r$ 爲定子的 q 軸磁通鏈，$L_s i_{ds}^r + \lambda_f$則爲定子的 d 軸磁通鏈。

另外，表面貼磁型三相永磁同步馬達（SPMSM）的轉矩方程式可以表示成：

$$T_e = \frac{3}{2}\frac{P}{2}\lambda_f i_{qs}^r \tag{1.4.5}$$

其中，P 爲馬達極數。

此外，對於內嵌式三相永磁同步馬達（IPMSM）而言，由於 d、q 軸電感不一致，（1.4.3）、（1.4.4）式的電壓方程式需要改寫成（1.4.6）、（1.4.7）式：

$$v_{ds}^r = R_s i_{ds}^r + L_d \frac{di_{ds}^r}{dt} - \omega_r L_q i_{qs}^r \tag{1.4.6}$$

$$v_{qs}^r = R_s i_{qs}^r + L_q \frac{di_{qs}^r}{dt} + \omega_r (L_d i_{ds}^r + \lambda_f) \tag{1.4.7}$$

相較於 SPMSM，由於內嵌式永磁同步馬達（IPMSM）的 d、q 軸電感不一致，因此會產生額外的磁阻轉矩，因此其轉矩方程式須表示爲：

CHAPTER 1

$$T_e = \frac{3}{2}\frac{P}{2}\ [\lambda_f i_{qs}^r + (L_d - L_q) i_{ds}^r i_{qs}^r] \qquad (1.4.8)$$

內嵌式永磁同步馬達的 q 軸電感會大於 d 軸電感，即 $L_q > L_d$，此特性又稱爲凸極性（Saliency），在 q 軸電流爲正的情況下，施加負的 d 軸電流可以得到正的磁阻轉矩，一般來說，當內嵌式永磁同步馬達操作在 MPTA 模式或弱磁區時，可以得到這個額外的磁阻轉矩。

說明：

對表面貼磁型永磁同步馬達（SPMSM）來說，d、q 軸電感相同，即 $L_d = L_q = L_s$。

可將（1.4.6）與（1.4.7）式畫成 d-q 軸的等效電路，如圖 1.4.1[1, 6]。

Tips：

可以將內嵌式永磁同步馬達的數學模型作爲永磁同步馬達模型的泛用型式，當使用 $L_d = L_q = L_s$ 代入時，可以得到表面貼磁型永磁同步馬達（SPMSM）的數學模型（1.4.3 式與 1.4.4 式）。

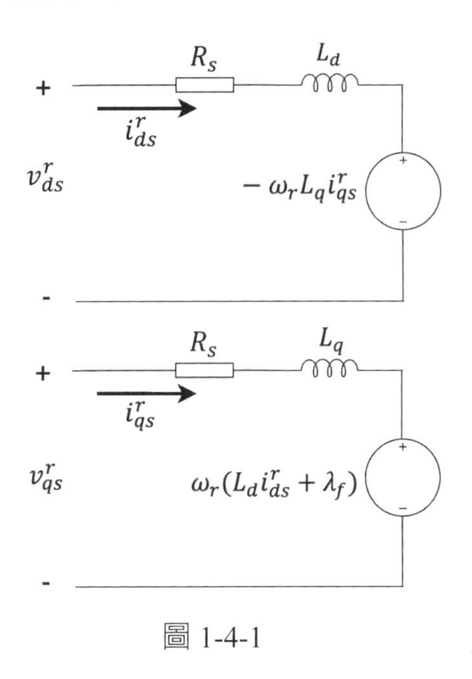

圖 1-4-1

CHAPTER 1

■使用 MATLAB/SIMULINK 建立永磁同步馬達模型

接下來我們會使用 MATLAB/SIMULINK 來建立永磁同步馬達模型，我們會使用（1.4.6）與（1.4.7）式來建構內嵌式永磁同步馬達（IPMSM）數學模型，理由是內嵌式永磁馬達模型較具通用性，當我們將參數設定成 $L_d = L_q$ 時，內嵌式永磁馬達模型就會變成表面貼磁型永磁馬達（SPMSM）的型式。

在實際建立 SIMULINK 模型之前，我們先使用 MATLAB m-file 建立 SIMULINK 永磁同步馬達（IPMSM）模型所需要用到的所有參數，如表 1-4-1。

表 1-4-1　永磁同步馬達參數 [6]

馬達參數	值
定子電阻Rs	1.2（Ω）
定子d軸電感Ld	0.0057（H）
定子q軸電感Lq	0.0125（H）
磁通鏈λ_f	0.123（Wb）
馬達極數pole	4
轉動慣量J	0.0002（N · m · sec^2/rad）
摩擦系數B	0.0005（N · m · sec^2/rad）

MATLAB m-file 範例程式 pm_params.m：

```
Rs = 1.2;
Ld = 0.0057;
Lq = 0.0125;
Lamda_f = 0.03;
pole = 4;
J = 0.00016;
B = 0.0000028;
```

以上我們將電感參數 L_d 與 L_q 設定成不一致，來模擬內置磁鐵型永磁馬達（IPMSM）的行爲，各位將 m-file 建立完成後，先執行此程式，將馬達參數載入 MATLAB 環境。接下來，請使用 SIMULINK 建立如圖 1-4-2 的 Subsystem 模型。

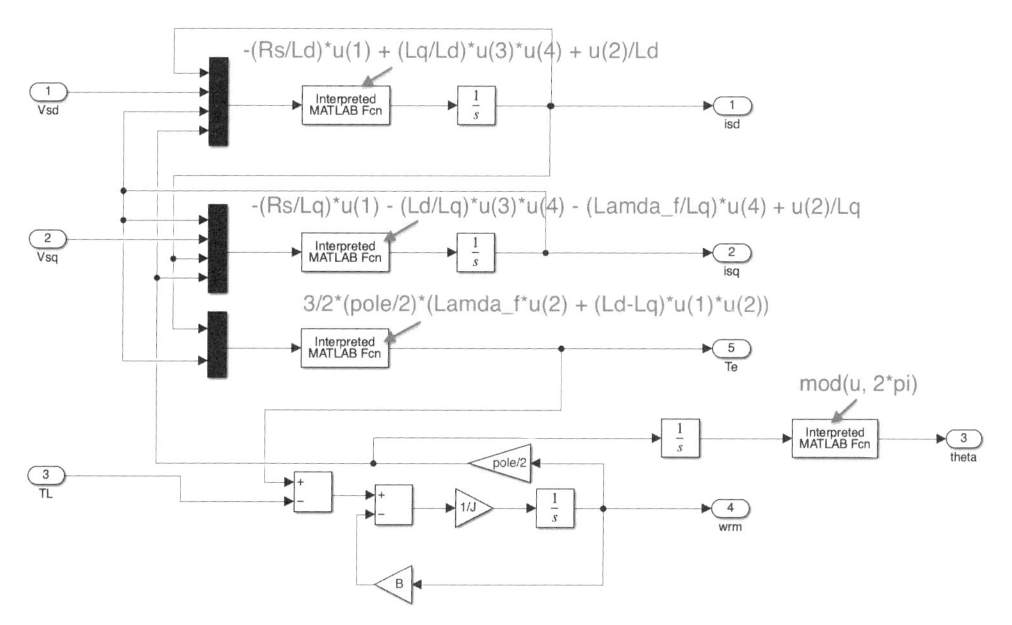

圖 1-4-2（範例程式：pm_model_dq.slx）

建立完成後，選取所有方塊（可以使用 CTRL + A），按滑鼠右鍵並選擇「Create Subsystem from Selection」，即可建立單一 Subsystem 元件，如圖 1-4-3 所示，將其取名爲「pm_model_dq」後將其存檔，以上就完成了三相永磁同步馬達的建模工作。

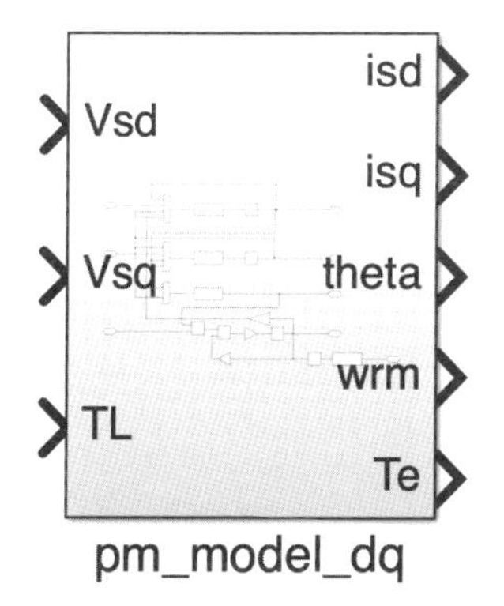

圖 1-4-3（範例程式：pm_model_dq.slx）

CHAPTER 1

1.5. 結論

- 現實世界中感應馬達可直接輸入三相交流電運轉（說明：如同 1.3 節的模擬程式），但永磁同步馬達是無法直接使用三相交流電的，因爲它需要轉子位置回授才能將 dq 軸電流解耦合，因此需要使用磁場導向控制方法才能順利運作，在下一章中，我們將分別介紹感應馬達與永磁同步馬達的磁場導向控制理論，並且使且 MATLAB/SIMULINK 來進行磁場導向控制系統的模擬。
- 圖 1-3-2 與圖 1-4-1 分別爲感應馬達與永磁同步馬達的 d-q 軸等效電路，它們是馬達 dq 軸模型的電路型式，具有相當重要的物理內涵，當發展馬達控制與馬達參數自學習算法時，經常會用到它們。
- 磁場導向控制所使用的馬達參數值（如表 1-3-1 與表 1-4-1），如定子電阻、轉子電阻、定子電感與轉子電感值等，皆爲馬達繞組等效 Y 接後的每相（per phase）值 [1, 5, 6]。

參考文獻

[1] （韓）薛承基，電機傳動系統控制，北京：機械工業出版社，2013。

[2] K. Hasse, “On the Dynamics of Speed control of a Static AC Drive with a Squirrel-cage induction machine”, PhD dissertation, Tech. Hochsch. Darmstadt, 1969.

[3] F. Blaschke, “The principle of field orientation as applied to the new TRANSVECTOR closed loop control system for rotating field machines,” Siemens Rev., vol. 34, pp. 217–220, 1972.

[4] N. Mohan, T. M. Undeland, and W. P. Robbins, Power Electronics: Converters, Applications and Design, Second ed. New York:Wiley, 1995.

[5] 劉昌煥，交流電機控制：向量控制與直接轉矩控制原理，台北：東華書局，2001。

[6] 王順忠、陳秋麟，電機機械基本原理：第四版，台北：東華書局，2006。

[7] R. Krishnan, Permanent Magnet Synchronous and Brushless DC Motor Drives, CRC Press, Boca Raton, Florida, 2010.

CHAPTER 2

交流電機控制回路設計

「賺錢的二條規則：第一條規則：在有魚的地方釣魚。第二條規則：永遠記住第一條規則。」

——查理・蒙格

在第一章中，我們已經對交流電機的磁場導向控制（Field Oriented Control, FOC）所需要的基本觀念[1-3]，如直流分激式馬達原理、空間向量觀念、座標轉換以及根據空間向量法所推導的交流電機模型進行回顧，並且對目前二種主流的交流電機類型：感應電機與永磁同步電機，進行探討與建模。

在本章中，首先，我們將分別對感應電機與永磁同步電機的磁場導向控制策略進行探討，並且在磁場導向控制架構下，進行交流電機控制回路設計[4, 5, 7]，由於控制回路設計技術具有相當高的互通性，因此我們將選擇永磁同步電機[3, 5, 6]作爲控制回路的設計對象，而本章所有的控制回路設計的觀念與技巧皆可應用於感應電機的控制回路設計中。

2.1 交流電機磁場導向控制策略

2.1.1 鼠籠式感應馬達的磁場導向控制

磁場導向控制（Field-oriented Control）的目的在於讓三相感應馬達的磁場跟轉矩可以分別被獨立控制[1-3]，達到如同分激式直流馬達的控制效果，讓我們重新檢視一下在第一章所建立的二軸任意旋轉座標下的三相鼠籠式感應馬達模型[1-3]：

$$R_s i_{ds}^a + L_\sigma \frac{di_{ds}^a}{dt} - \omega L_\sigma i_{qs}^a + \frac{L_m}{L_r}\frac{d\phi_{dr}^a}{dt} - \frac{\omega L_m}{L_r}\phi_{qr}^a = v_{ds}^a \qquad (2.1.1)$$

$$\omega L_\sigma i_{ds}^a + R_s i_{qs}^a + L_\sigma \frac{di_{qs}^a}{dt} + \omega \frac{L_m}{L_r}\phi_{dr}^a + \frac{L_m}{L_r}\frac{d\phi_{qr}^a}{dt} = v_{qs}^a \qquad (2.1.2)$$

$$-R_r L_m i_{ds}^a + R_r \phi_{dr}^a + L_r \frac{d\phi_{dr}^a}{dt} - (\omega - \omega_r) L_r \phi_{qr}^a = 0 \qquad (2.1.3)$$

$$-R_r L_m i_{qs}^a + (\omega - \omega_r) L_r \phi_{dr}^a + R_r \phi_{qr}^a + L_r \frac{d\phi_{qr}^a}{dt} = 0 \qquad (2.1.4)$$

其中，$L_\sigma = L_s - \frac{L_m{}^2}{L_r}$。

當二軸任意旋轉座標（d^a-q^a）的轉速 ω 等於同步轉速時，即 $\omega = \omega_e$，（2.1.1）～（2.1.4）式可以寫成：

$$R_s i_{ds}^e + L_\sigma \frac{di_{ds}^e}{dt} - \omega_e L_\sigma i_{qs}^e + \frac{L_m}{L_r}\frac{d\phi_{dr}^e}{dt} - \frac{\omega L_m}{L_r}\phi_{qr}^e = v_{ds}^e \qquad (2.1.5)$$

$$\omega_e L_\sigma i_{ds}^e + R_s i_{qs}^e + L_\sigma \frac{di_{qs}^e}{dt} + \omega_e \frac{L_m}{L_r}\phi_{dr}^e + \frac{L_m}{L_r}\frac{d\phi_{qr}^e}{dt} = v_{qs}^e \qquad (2.1.6)$$

$$-R_r L_m i_{ds}^e + R_r \phi_{dr}^e + L_r \frac{d\phi_{dr}^e}{dt} - (\omega_e - \omega_r) L_r \phi_{qr}^e = 0 \qquad (2.1.7)$$

$$-R_r L_m i_{qs}^e + (\omega_e - \omega_r) L_r \phi_{dr}^e + R_r \phi_{qr}^e + L_r \frac{d\phi_{qr}^e}{dt} = 0 \qquad (2.1.8)$$

在（2.1.5）～（2.1.8）式中變數的上標 e 代表在二軸同步旋轉座標（d^e-q^e）下的狀態變數與輸入值，如定子電流、轉子磁通磁鏈與定子電壓，皆爲直流量，這是因爲我們在一個與它們的空間向量等速旋轉的座標系（d^e-q^e）中觀測它們。

說明：
由於定子電流、定子電壓與轉子磁通磁鏈的空間向量是以同步轉速 ω_e 在空間中旋轉，因此若使用同步旋轉座標來觀測它們，它們就變成直流量。

對於磁場導向控制法則的推導，需先做一個很重要的假設（在此我們使用直接轉子磁場導向控制法[1, 3, 5, 7-9]）：

假設在任何時刻我們都可以知道轉子磁通鏈的大小與位置，並且將二軸同步旋轉座標的d^e軸對齊轉子磁通鏈，並與其同步旋轉，此時，$\phi_{dr}^e = |\Phi_{abcr}^e| = \Phi_r$，而此時$\phi_{qr}^e = 0$。[1, 3, 5, 7-9]

則我們可以將（2.1.5）~（2.1.8）式表示成

$$R_s i_{ds}^e + L_\sigma \frac{di_{ds}^e}{dt} - \omega_e L_\sigma i_{qs}^e + \frac{L_m}{L_r}\frac{d\phi_{dr}^e}{dt} - \frac{\omega L_m}{L_r} \times 0 = v_{ds}^e \tag{2.1.9}$$

$$\omega_e L_\sigma i_{ds}^e + R_s i_{qs}^e + L_\sigma \frac{di_{qs}^e}{dt} + \omega_e \frac{L_m}{L_r} \times \phi_{dr}^e + \frac{L_m}{L_r} \times 0 = v_{qs}^e \tag{2.1.10}$$

$$-R_r L_m i_{ds}^e + R_r \phi_{dr}^e + L_r \times \frac{d\phi_{dr}^e}{dt} - (\omega_e - \omega_r) L_r \times 0 = 0 \tag{2.1.11}$$

$$-R_r L_m i_{qs}^e + (\omega_e - \omega_r) L_r \phi_{dr}^e + R_r \times 0 + L_r \times 0 = 0 \tag{2.1.12}$$

可整理如下

$$\frac{di_{ds}^e}{dt} = \left(-\frac{R_s}{L_\sigma} - \frac{1-\sigma}{\sigma\tau_r}\right) i_{ds}^e + \omega_e i_{qs}^e + \frac{1-\sigma}{\sigma\tau_r L_m}\Phi_r + \frac{v_{ds}^e}{L_\sigma} \tag{2.1.13}$$

$$\frac{di_{qs}^e}{dt} = -\frac{R_s}{L_\sigma} i_{qs}^e - \omega_e i_{ds}^e - \frac{(1-\sigma)}{\sigma L_m}\omega_e \Phi_r + \frac{v_{qs}^e}{L_\sigma} \tag{2.1.14}$$

$$\frac{d\Phi_r}{dt} = -\frac{R_r}{L_r}\Phi_r + R_r \frac{L_m}{L_r} i_{ds}^e \tag{2.1.15}$$

$$-R_r \frac{L_m}{L_r} i_{qs}^e + \omega_{sl}\Phi_r = 0 \tag{2.1.16}$$

Tips：

要得到（2.1.13）式，需將（2.1.15）式代入（2.1.9）式，用$-\frac{R_r}{L_r}\Phi_r + R_r \frac{L_m}{L_r} i_{ds}^e$取代$\frac{d\phi_{dr}^e}{dt}$項項。

其中，$\sigma = 1 - \frac{L_m^2}{L_s L_r}$、$L_\sigma = \sigma L_s$、$\tau_r = \frac{L_r}{R_r}$，$\omega_{sl}$ = 滑差速度 = $\omega_e - \omega_r$。

CHAPTER 2

由於$\phi_{qr}^e=0$、$\phi_{dr}^e=\Phi_r$，此時轉矩方程式（1.3.30）式可以寫成

$$T_e=T_e=\frac{3P}{4}\frac{L_m}{L_r}(i_{qs}^e\phi_{dr}^e-i_{ds}^e\phi_{qr}^e)=\frac{3P}{4}\frac{L_m}{L_r}(i_{qs}^e\Phi_r) \quad (2.1.17)$$

從（2.1.15）式，可以發現轉子磁通鏈 Φ_r 只與定子的 d^e 軸電流i_{ds}^e有關，而馬達轉矩方程式（2.1.17）則告訴我們，馬達轉矩正比於轉子磁通鏈 Φ_r 與定子電流i_{qs}^e的乘積，若轉子磁通鏈 Φ_r 被穩定控制，則馬達轉矩與定子電流i_{qs}^e成正比，因此感應馬達的磁通與轉矩就被成功解耦合，並且可以被獨立控制，達到類似分激式直流馬達的控制性能。

因此若要有效的控制感應馬達轉速，前提是轉子磁通鏈 Φ_r 被穩定控制，而控制轉子磁通鏈 Φ_r 需要靠定子電流i_{ds}^e，因此磁場需要二個控制回路如下：

- 轉子磁通鏈 Φ_r 控制回路
- 定子電流i_{ds}^e控制回路

當轉子磁通鏈 Φ_r 被穩定控制，則可以由定子電流i_{qs}^e來控制轉矩，我們可以利用轉速回路所產生的轉矩命令轉換成定子 q 軸電流命令i_{qs}^{e*}來作為定子電流i_{qs}^e控制回路的命令值，因此轉速控制還需要以下二個控制回路：

- 馬達速度 ω_{rm} 控制回路
- 定子電流i_{qs}^e控制回路

因此完整的感應馬達磁場導向控制總共需要 4 個控制回路（d 軸定子電流i_{ds}^e控制回路、q 軸定子電流i_{qs}^e控制回路、轉子磁通 Φ_r 控制回路與馬達速度 ω_{rm} 控制回路）。

接下來我們將依序設計以上各個控制回路（i_{ds}^e、i_{qs}^e、Φ_r 與 ω_{rm}）的控制器參數，設計的原則如下：

- 由內而外：先設計內回路，再設計外回路。
- 內回路頻寬需高於外回路頻寬至少 5 倍以上。（說明：當內回路頻寬設計成高於外回路頻寬 5 倍以上時，當設計外回路控制器參數時，可以假設內回路轉移函數為 1，以簡化設計）[1, 4]

■感應馬達磁場導向電流回路設計 [1, 4, 10]

一般來說，控制回路設計的順序是由內而外，若要建構完整的感應馬達磁

場導向控制系統，首先需建立 d^e 與 q^e 軸電流控制回路，因為它們是磁場與速度控制回路的內回路，檢視（2.1.13）與（2.1.14）式，發現定子 d 與 q 軸電流的微分方程式存在非線性耦合項，如圖 2-1-1。

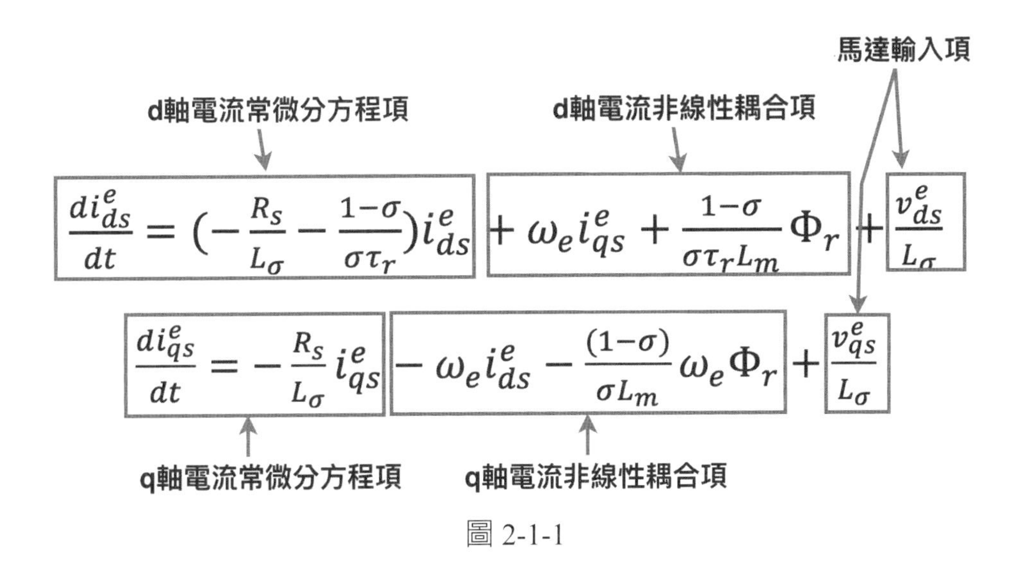

圖 2-1-1

在磁場導向控制中，由於定子電流和轉子磁場之間的相互作用，會產生非線性耦合效應。這些非線性耦合項在感應馬達的數學模型中表現為交叉項，例如，定子電流與轉子速度的乘積項。在實際控制過程中，這些非線性耦合項會影響電流回路的控制性能。

為了解決這一問題，需要在磁場導向控制中對非線性耦合項進行補償。通常，可以使用解耦控制策略來實現此目的。解耦控制是一種通過添加補償項來抵消非線性耦合效應的控制方法，使得磁通電流和扭矩電流之間的相互影響降到最低，從而提高控制性能。

■ 感應馬達 d 軸電流回路設計

為了讓各位讀者更容易理解，在此我們先假設非線性耦合項已經被完美的補償，以 d 軸為例，若非線性耦合項已經被完美的抵消掉，則 d 軸電流微分方程式可以寫成

$$\frac{di_{ds}^e}{dt}=\left(-\frac{R_s}{L_\sigma}-\frac{1-\sigma}{\sigma\tau_r}\right)i_{ds}^e+\frac{v_{ds}^e}{L_\sigma} \tag{2.1.18}$$

此時我們對（2.1.18）式求拉式轉換，得到

$$I_{ds}^{e}(s)=V_{ds}^{e}(s)\times\frac{\frac{1}{L_{\sigma}}}{s+\left(\frac{R_{s}}{L_{\sigma}}+\frac{1-\sigma}{\sigma\tau_{r}}\right)} \quad (2.1.19)$$

假設設計一個 d 軸的電流 PI 控制器，其輸出為$V_{ds}^{e}(s)$，則 d 軸電流回路可以表示成圖 2-1-2。

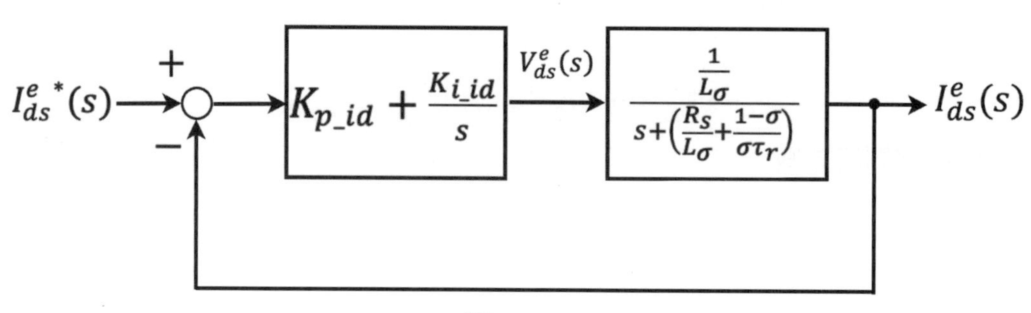

圖 2-1-2

其中，$I_{ds}^{e*}(s)$為 d 軸的電流命令，d 軸的電流 PI 控制器的比例參數為 K_{p_id}、積分參數為 K_{i_id}，感應馬達的 d 軸電流受控廠則為$\frac{\frac{1}{L_{\sigma}}}{s+\left(\frac{R_{s}}{L_{\sigma}}+\frac{1-\sigma}{\sigma\tau_{r}}\right)}$。

當 d 軸非線性耦合項已經被完美的抵消掉時，感應馬達的 d 軸電流回路可以表示成圖 2-1-2 的控制架構，在此架構下，我們可以設計 d 軸電流 PI 控制器的比例參數 K_{p_id} 與積分參數 K_{i_id} 來讓 d 軸電流回路滿足所需的頻寬規格，在此令$\frac{1}{L_{\sigma}}=N$、$\left(\frac{R_{s}}{L_{\sigma}}+\frac{1-\sigma}{\sigma\tau_{r}}\right)=D$，則感應馬達的 d 軸電流受控廠可以寫成

$$\frac{\frac{1}{L_{\sigma}}}{s+\left(\frac{R_{s}}{L_{\sigma}}+\frac{1-\sigma}{\sigma\tau_{r}}\right)}=\frac{N}{s+D} \quad (2.1.19)$$

我們可將 d 軸電流 PI 控制器整理成以下形式

$$K_{p\_id}+\frac{K_{i\_id}}{s}=K_{p\_id}\left(\frac{s+\frac{K_{i\_id}}{K_{p\_id}}}{s}\right) \quad (2.1.20)$$

假設 ω_d 為 d 軸電流回路所需要滿足的頻寬規格，利用極零點對消的方法，我們可將 d 軸電流 PI 控制器參數設計如下：

$$K_{p\_id}=\frac{\omega_d}{N}\text{、}K_{i\_id}=\frac{D\times\omega_d}{N} \quad (2.1.21)$$

代入 PI 控制器參數，d 軸電流回路的順向開回路轉移函數 G_{d_open} 變成

$$G_{d\_open}=\frac{\omega_d}{N}\left(\frac{s+D}{s}\right)\times\frac{N}{s+D}=\frac{\omega_d}{s} \quad (2.1.22)$$

因此可將 d 軸電流回路的閉回路轉移函數 G_{d_colse} 設計成截止頻率為 ω_d 的一階低通濾波器，如（2.1.23）式，到此完成了 d 軸電流回路的設計。

$$G_{d\_close}=\frac{G_{d\_open}}{1+G_{d\_open}}=\frac{\omega_d}{s+\omega_d} \quad (2.1.23)$$

■ 感應馬達 d 軸電流回路解耦合補償

在上述的感應馬達 d 軸電流回路的設計中，我們是假設 d 軸非線性耦合項已經被完美的補償，在此我們回過頭來進行非線性耦合項的補償 [1, 3]，我們可以重寫感應馬達 d 軸電流微分方程式如下：

$$\frac{di_{ds}^e}{dt}=\left(-\frac{R_s}{L_\sigma}-\frac{1-\sigma}{\sigma\tau_r}\right)i_{ds}^e+\omega_e i_{qs}^e+\frac{1-\sigma}{\sigma\tau_r L_m}\Phi_r+\frac{v_{ds}^e}{L_\sigma} \quad (2.1.24)$$

CHAPTER 2

由於 PI 控制器的輸出爲v_{ds}^{e}，而v_{ds}^{e}在進入馬達之前，加入一個前饋控制量 f_d 如下：

$$f_d = -L_\sigma\left(\omega_e i_{qs}^{e} + \frac{1-\sigma}{\sigma\tau_r L_m}\Phi_r\right) \tag{2.1.25}$$

因此實際進入馬達的 d 軸電壓爲$v_{ds}^{e*} = v_{ds}^{e} + f_d$，將$v_{ds}^{e*}$代入（2.1.24）式，可以得到

$$\frac{di_{ds}^{e}}{dt} = \left(-\frac{R_s}{L_\sigma} - \frac{1-\sigma}{\sigma\tau_r}\right) i_{ds}^{e} + \frac{v_{ds}^{e}}{L_\sigma} \tag{2.1.26}$$

從（2.1.26）式可以發現，我們所加入的前饋控制量 f_d 可以抵消掉馬達內部的非線性耦合項，讓原來非線性的 d 軸電流微分方程式變成如（2.1.26）式的線性微分方程式，因此可以使用如圖 2-1-2 的 PI 控制器架構來將 d 軸電流回路設計成一階低通濾波器，如（2.1.23）式，結合前饋補償後，d 軸電流回路可以表示成圖 2-1-3。

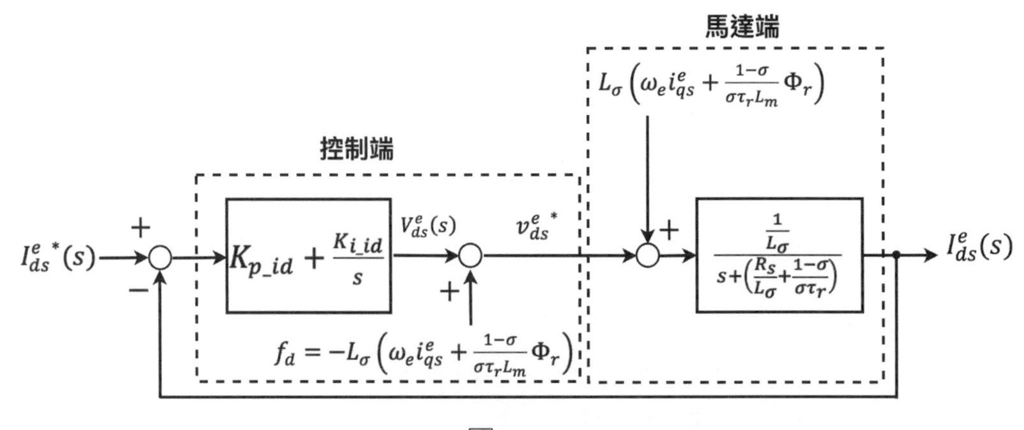

圖 2-1-3

■感應馬達 q 軸電流回路設計

接下來我們進行 q 軸的電流回路設計，在此也假設 q 軸的非線性耦合項已經被完美的抵消掉，則 q 軸電流微分方程式可以寫成

$$\frac{di_{qs}^{e}}{dt}=-\frac{R_s}{L_\sigma}i_{qs}^{e}+\frac{v_{qs}^{e}}{L_\sigma} \qquad (2.1.27)$$

此時我們對（2.1.27）式求拉式轉換，得到

$$I_{qs}^{e}(s)=V_{qs}^{e}(s)\times\frac{\frac{1}{L_\sigma}}{s+\frac{R_s}{L_\sigma}} \qquad (2.1.28)$$

假設設計一個 q 軸的電流 PI 控制器，其輸出爲$V_{qs}^{e}(s)$，則 q 軸電流回路可以表示成圖 2-1-4。

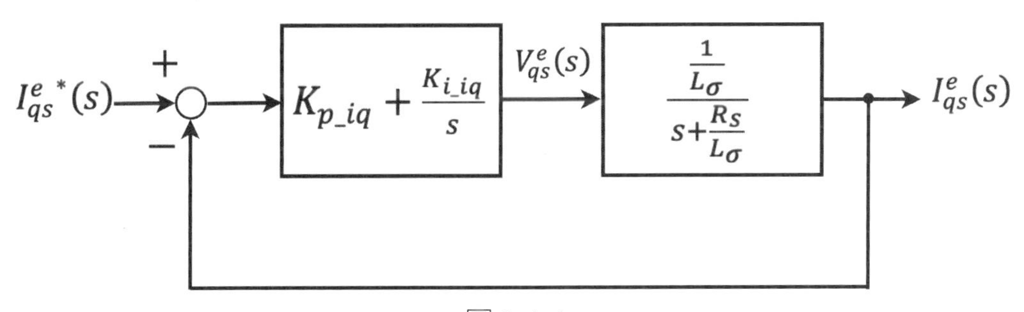

圖 2-1-4

其中，$I_{qs}^{e*}(s)$爲 q 軸的電流命令，q 軸的電流 PI 控制器的比例參數爲 K_{p_iq}、積分參數爲 K_{i_iq}，感應馬達的 q 軸電流受控廠則爲$\frac{\frac{1}{L_\sigma}}{s+\frac{R_s}{L_\sigma}}$。

當 q 軸非線性耦合項已經被完美的抵消掉時，感應馬達的 q 軸電流回路可以表示成圖 2-1-4 的控制架構，在此架構下，我們可以設計 q 軸電流 PI 控制器的比例參數 K_{p_iq} 與積分參數 K_{p_iq} 來讓 q 軸電流回路滿足所需的頻寬規格，

CHAPTER 2

在此令$\frac{1}{L_\sigma}=N$、$\frac{R_s}{L_\sigma}=D$，則感應馬達的 q 軸電流受控廠可以寫成

$$\frac{\frac{1}{L_\sigma}}{s+\frac{R_s}{L_\sigma}}=\frac{N}{s+D} \tag{2.1.29}$$

我們可將 q 軸電流 PI 控制器整理成以下形式

$$K_{p\_iq}+\frac{K_{i\_iq}}{s}=K_{p\_iq}\left(\frac{s+\frac{K_{i\_iq}}{K_{p\_iq}}}{s}\right) \tag{2.1.30}$$

假設 ω_q 為 q 軸電流回路所需要滿足的頻寬規格，利用極零點對消的方法，我們可將 q 軸電流 PI 控制器參數設計如下：

$$K_{p\_iq}=\frac{\omega_q}{N}、K_{i\_iq}=\frac{D\times\omega_q}{N} \tag{2.1.31}$$

代入 PI 控制器參數，q 軸電流回路的順向開回路轉移函數 G_{q_open} 變成

$$G_{q\_open}=\frac{\omega_q}{N}\left(\frac{s+D}{s}\right)\times\frac{N}{s+D}=\frac{\omega_q}{s} \tag{2.1.32}$$

因此可將 q 軸電流回路的閉回路轉移函數 G_{q_open} 設計成截止頻率為 ω_q 的一階低通濾波器，如（2.1.33）式，到此完成了 q 軸電流回路的設計。

$$G_{q\_close}=\frac{G_{q\_open}}{1+G_{q\_open}}=\frac{\omega_q}{s+\omega_q} \tag{2.1.33}$$

■感應馬達 q 軸電流回路解耦合補償

在上述的感應馬達 q 軸電流回路的設計中，我們是假設 q 軸非線性耦合項已經被完美的補償，在此我們回過頭來進行非線性耦合項的補償 [1, 3]，我們可以重寫感應馬達 q 軸電流微分方程式如下：

$$\frac{di_{qs}^e}{dt} = -\frac{R_s}{L_\sigma} i_{qs}^e - \omega_e i_{ds}^e + \frac{(1-\sigma)}{\sigma L_m}\omega_e \Phi_r + \frac{v_{qs}^e}{L_\sigma} \qquad (2.1.34)$$

由於 PI 控制器的輸出為v_{qs}^e，而v_{qs}^e在進入馬達之前，加入一個前饋控制量 f_q 如下：

$$f_q = L_\sigma\left(\omega_e i_{ds}^e + \frac{(1-\sigma)}{\sigma L_m}\omega_e \Phi_r\right) \qquad (2.1.35)$$

因此實際進入馬達的 q 軸電壓為$v_{qs}^{e\,*} = v_{qs}^e + f_q$，將$v_{qs}^{e\,*}$代入（2.1.34）式的$v_{qs}^e$，可以得到

$$\frac{di_{qs}^e}{dt} = -\frac{R_s}{L_\sigma} i_{qs}^e + \frac{v_{qs}^e}{L_\sigma} \qquad (2.1.36)$$

從（2.1.36）式可以發現，我們所加入的前饋控制量 f_q 可以抵消掉馬達內部的非線性耦合項，讓原來非線性的 q 軸電流微分方程式變成如（2.1.36）式的線性微分方程式，因此可以使用如圖 2-1-4 的 PI 控制器架構來將 q 軸電流回路設計成一階低通濾波器，如（2.1.33）式，結合前饋補償後，q 軸電流回路可以表示成圖 2-1-5。

■感應馬達磁場導向磁通回路

完成了電流回路設計後，我們需要接著設計感應馬達的磁通控制回路，重寫（2.1.15）式，感應馬達轉子磁通鏈 Φ_r 與轉子 d 軸電流的關係如下：

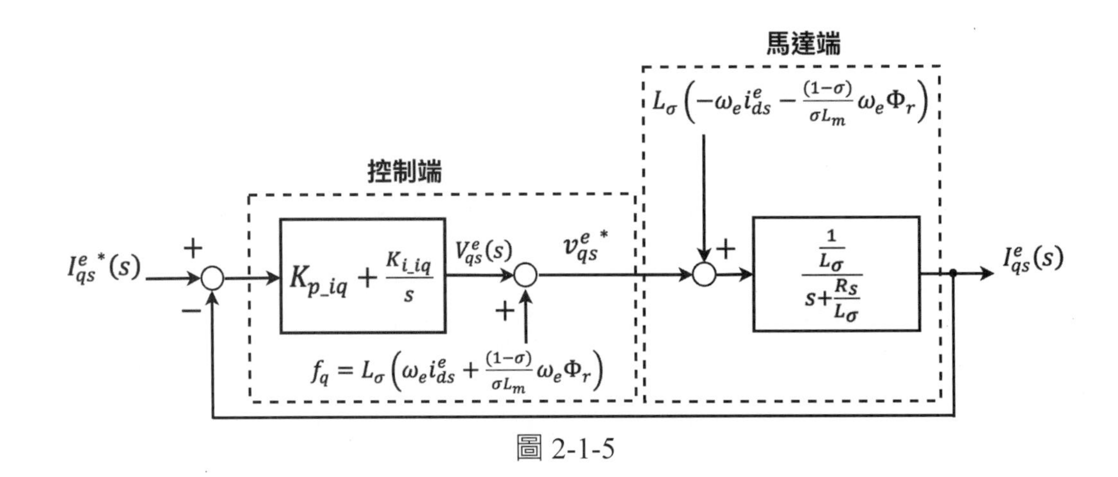

圖 2-1-5

$$\frac{d\Phi_r}{dt} = -\frac{R_r}{L_r}\Phi_r + R_r\frac{L_m}{L_r}i_{ds}^e \quad (2.1.37)$$

將（2.1.37）式作拉氏轉換，可以得到

$$\Phi_r(s) = i_{ds}^e(s) \times \frac{L_m}{\frac{L_r}{R_r}s+1} \quad (2.1.38)$$

從（2.1.38）可知，轉子磁通鏈 Φ_r 只與定子 d 軸電流有關，而且可由 d 軸電流產生，如圖 2-1-6。

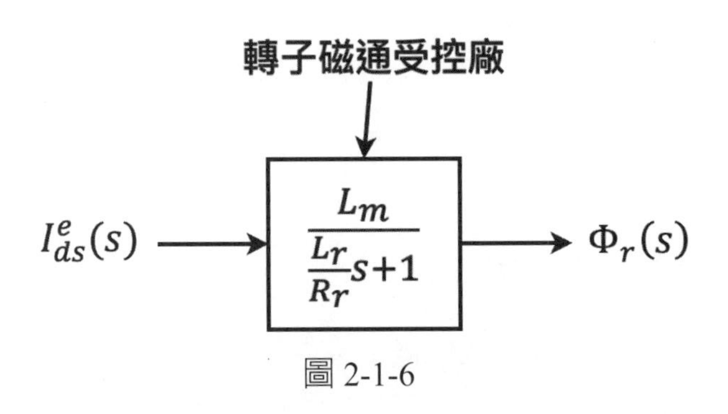

圖 2-1-6

若要穩定的控制轉子磁通鏈 Φ_r，我們需要一個轉子磁通回路，它是 d 軸定子電流回路的外回路，如圖 2-1-7 所示。

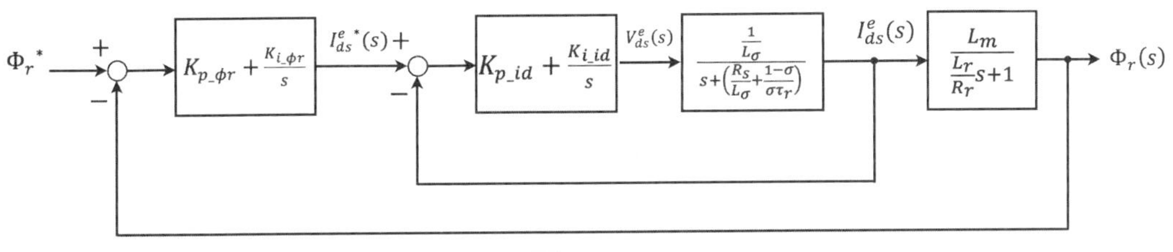

圖 2-1-7

其中，Φ_r^* 爲轉子磁通命令，轉子磁通 PI 控制器的比例參數爲 $K_{p\_\phi r}$、積分參數爲 $K_{i\_\phi r}$，感應馬達的轉子磁通鏈受控廠則爲 $\dfrac{L_m}{\frac{L_r}{R_r}s+1}$。

在此假設 d 軸定子電流回路的頻寬高於轉子磁通回路頻寬至少五倍，因此在設計轉子磁通 PI 控制器時，可將 d 軸定子電流回路的閉回路轉移函數簡化爲 1，在此架構下，我們可以設計轉子磁通 PI 控制器的比例參數 $K_{p\_\phi r}$ 與積分參數 $K_{i\_\phi r}$ 來讓轉子磁通回路滿足所需的頻寬規格，在此可將轉子磁通鏈受控廠表示如下：

$$\frac{L_m}{\frac{L_r}{R_r}s+1}=\frac{L_m\frac{R_r}{L_r}}{s+\frac{R_r}{L_r}} \qquad (2.1.39)$$

在此令 $L_m\dfrac{R_r}{L_r}=N$、$\dfrac{R_r}{L_r}=D$，則感應馬達的轉子磁通受控廠可以寫成

$$\frac{L_m\frac{R_r}{L_r}}{s+\frac{R_r}{L_r}}=\frac{N}{s+D} \qquad (2.1.40)$$

我們可將轉子磁通 PI 控制器整理成以下形式

CHAPTER 2

$$K_{p\_\phi r}+\frac{K_{i\_\phi r}}{s}=K_{p\_\phi r}\left(\frac{s+\dfrac{K_{i\_\phi r}}{K_{p\_\phi r}}}{s}\right) \tag{2.1.41}$$

假設 ω_{ϕ} 為轉子磁通回路所需要滿足的頻寬規格，利用極零點對消的方法，我們可將轉子磁通 PI 控制器參數設計如下：

$$K_{p\_\phi r}=\frac{\omega_{\phi}}{N}\text{、}K_{i\_iq}=\frac{D\times\omega_{\phi}}{N} \tag{2.1.42}$$

代入 PI 控制器參數，轉子磁通回路的順向開回路轉移函數 $G_{\phi r\_open}$ 變成

$$G_{\phi r\_open}=\frac{\omega_{\phi}}{N}\left(\frac{s+D}{s}\right)\times\frac{N}{s+D}=\frac{\omega_{\phi}}{s} \tag{2.1.43}$$

因此可將轉子磁通回路的閉回路轉移函數 $G_{\phi r\_close}$ 設計成截止頻率為 ω_{ϕ} 的一階低通濾波器，如（2.1.44）式，到此完成了轉子磁通回路的設計。

$$G_{\phi r\_close}=\frac{G_{\phi r\_open}}{1+G_{\phi r\_open}}=\frac{\omega_{\phi}}{s+\omega_{\phi}} \tag{2.1.44}$$

■感應馬達磁場導向速度回路

完成了 d、q 軸電流回路與轉子磁通回路設計後，最後需要設計感應馬達的速度控制回路，根據（2.1.17）式，我們知道感應馬達的電磁轉矩 T_e 與定子 q 軸電流 i_{qs}^{e} 與轉子磁通鏈 Φ_r 二者的乘積呈線性關係，如（2.1.45）式所示。

$$T_e=\frac{3P}{4}\frac{L_m}{L_r}(i_{qs}^{e}\Phi_r) \tag{2.1.45}$$

當轉子磁通鏈 Φ_r 被穩定控制時，電磁轉矩 T_e 將與定子 q 軸電流呈線性關係。

此外，參考馬達機械方程式（1.3.31 式），並重新整理如下：

$$T_e - T_L = J\frac{d\omega_{rm}}{dt} + B\omega_{rm} \tag{2.1.46}$$

對（2.1.46）求拉氏轉換，可得

$$\omega_{rm} = (T_e - T_L) \times \frac{1}{Js + B} \tag{2.1.47}$$

從（2.1.47）式可知，電磁轉矩 T_e 克服負載轉矩 T_L 後，再輸入至馬達機械受控廠$\frac{1}{Js+B}$後，可以得到馬達機械轉速 ω_{rm}。

因此綜合以上資訊，我們可以將感應馬達速度回路建構如圖 2-1-8。

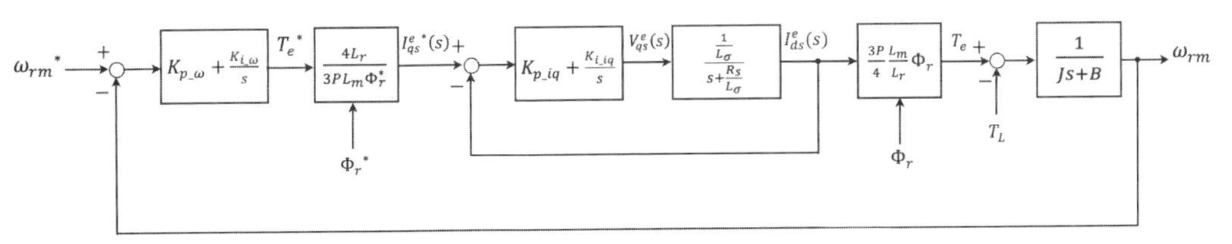

圖 2-1-8

其中，ω_{rm}^*為轉速命令，T_e^*為速度回路 PI 控制器所產生的轉矩命令，增益$\frac{4L_r}{3PL_m\Phi_r^*}$則是負責將轉矩命令轉換成 q 軸電流命令，功能類似於永磁馬達轉矩常數 K_T 的倒數，而 q 軸電流回路所輸出的 q 軸電流需再乘上增益$\frac{3P}{4}\frac{L_m}{L_r}\Phi_r$來轉換成馬達的電磁轉矩 T_e，增益$\frac{3P}{4}\frac{L_m}{L_r}\Phi_r$功能類似為永磁馬達的轉矩常數 K_T，當感應馬達的轉子磁通鏈被穩定控制時，即$\Phi_r^* = \Phi_r$，此時增益$\frac{4L_r}{3PL_m\Phi_r^*}$與增益$\frac{3P}{4}\frac{L_m}{L_r}\Phi_r$相乘為 1。

在此假設 q 軸定子電流回路的頻寬高於速度回路頻寬至少五倍，因此在設計速度回路 PI 控制器時，可將 q 軸定子電流回路的閉回路轉移函數簡化為 1，同時假設轉子磁通鏈被穩定控制，因此增益$\frac{4L_r}{3PL_m\Phi_r^*}$與增益$\frac{3P}{4}\frac{L_m}{L_r}\Phi_r$相乘為 1，在此架構下，我們可以設計速度回路 PI 控制器的比例參數 K_{p_ω} 與積分參數

K_{i_ω} 來讓速度回路滿足所需的頻寬規格，在此可將馬達機械受控廠表示如下：

$$\frac{1}{Js+B}=\frac{\frac{1}{J}}{s+\frac{B}{J}} \tag{2.1.48}$$

在此令 $\frac{1}{J}=N$、$\frac{B}{J}=D$，則感應馬達的轉子磁通受控廠可以寫成

$$\frac{\frac{1}{J}}{s+\frac{B}{J}}=\frac{N}{s+D} \tag{2.1.49}$$

我們可將速度回路 PI 控制器整理成以下形式

$$K_{p\_\omega}+\frac{K_{i\_\omega}}{s}=K_{p\_\omega}\left(\frac{s+\frac{K_{i\_\omega}}{K_{p\_\omega}}}{s}\right) \tag{2.1.50}$$

假設 ω_r 爲速度回路所需要滿足的頻寬規格，並且我們可以精確得到馬達機械參數 J（機械慣量）與 B（黏滯摩擦係數），利用極零點對消的方法，我們可將速度回路 PI 控制器參數設計如下：

$$K_{p\_\omega}=\frac{\omega_s}{N}\text{、}K_{i\_\omega}=\frac{D\times\omega_s}{N} \tag{2.1.51}$$

代入 PI 控制器參數，速度回路的順向開回路轉移函數 G_{ω_open} 變成

$$G_{\omega\_open}=\frac{\omega_s}{N}\left(\frac{s+D}{s}\right)\times\frac{N}{s+D}=\frac{\omega_s}{s} \tag{2.1.52}$$

因此可將速度回路的閉回路轉移函數 G_{ω_close} 設計成截止頻率爲 ω_s 的一階低通濾波器，如（2.1.53）式，到此完成了速度回路的設計。

$$G_{\omega\_close} = \frac{G_{\omega\_open}}{1 + G_{\omega\_open}} = \frac{\omega_s}{s + \omega_s} \tag{2.1.53}$$

■ MATLAB/SIMULINK 仿真驗證

接下來我們使用表2-1-1的感應馬達參數與頻寬設計規格來進行模擬驗證，

表 2-1-1　感應馬達參數與頻寬設計規格

馬達參數	值
定子電阻Rs	0.8（Ω）
轉子電阻Rr	0.6（Ω）
定子電感Ls	0.085（H）
轉子電感Lr	0.085（H）
互感Lm	0.082（H）
馬達極數pole	4
轉動慣量J	0.033（$kg \cdot m^2$）
摩擦系數B	0.00825（N · M · sec/rad）
d、q軸電流回路頻寬	500（rad/s）
磁場回路頻寬	50（rad/s）
速度回路頻寬	50（rad/s）

利用以下的範例程式可以將 d 軸電流回路的 PI 控制器參數求出，各位也可以適當的更改程式中 N、D 與 wd 的值來求行各回路的 PI 控制器參數，表 2-1-2 列出各控制回路的 PI 控制器參數值。

MATLAB 範例程式 m2_1_1.m：

```
Rs=0.8; Rr=0.6; Ls=0.085; Lr=0.085; Lm=0.082;
pole=4; J=0.033; B=0.00825;
w = Ls*Lr - Lm^2; Lsigma = w/Lr;
sigma = 1 - Lm^2/(Ls*Lr); Tr = Lr/Rr;
```

```
N = 1/Lsigma; D = Rs/Lsigma + (1-sigma)/(sigma*Tr);
wd = 500;
Kp_id = wd/N
Ki_id = D*wd/N
```

表 2-1-2 感應馬達向量控制回路 PI 控制器參數值

PI控制器參數	值
K_{p_id}	2.95
K_{i_id}	679.2
K_{p_iq}	2.95
K_{i_iq}	400
$K_{p\_\phi r}$	86.38
$K_{i\_\phi r}$	609.76
K_{p_ω}	1.65
K_{i_ω}	0.41

接著使用 SIMULINK 建立感應馬達轉移函數控制方塊，並將各控制回路的PI控制器輸入，建立完成的SIMULINK轉移函數控制系統如圖 2-1-9 所示。

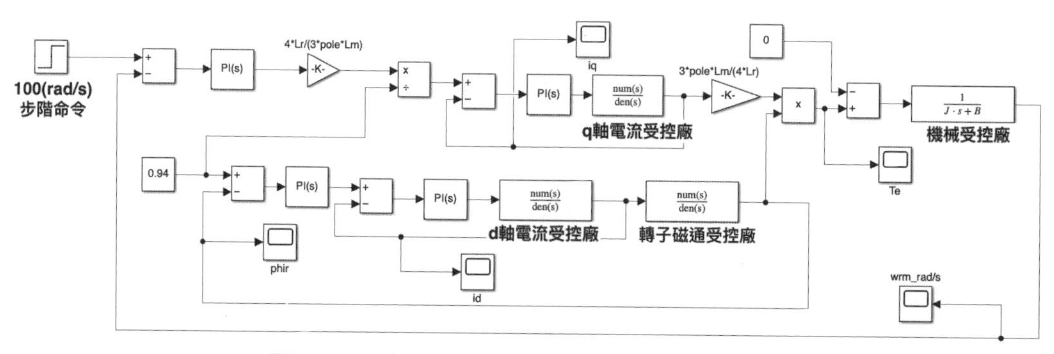

圖 2-1-9（範例程式：im_foc_loops.slx）

執行 SIMULINK 模擬，可以得到如圖 2-1-10 的馬達速度仿真結果。

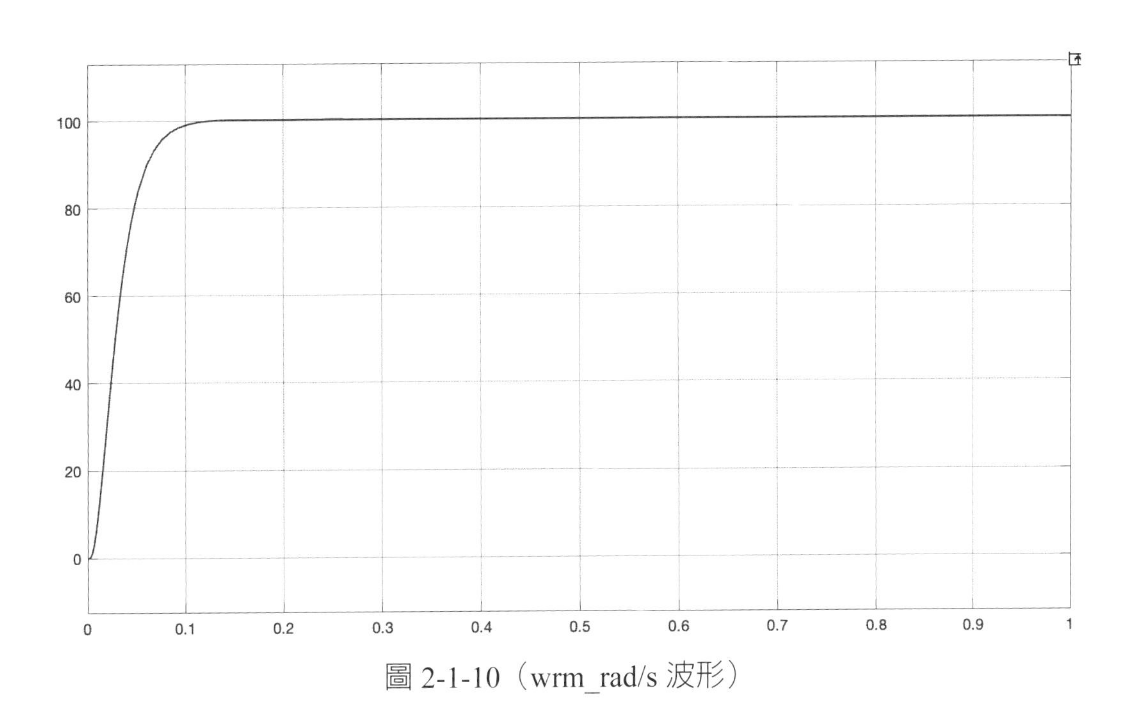

圖 2-1-10（wrm_rad/s 波形）

我們也可以使用第一章所建構的感應馬達向量控制模型來進行系統仿真，請先執行本節的範例程式 im_param.m 來載入感應馬達向量控制模型所需參數，建立完成的感應馬達向量控制仿真系統如圖 2-1-11 所示。

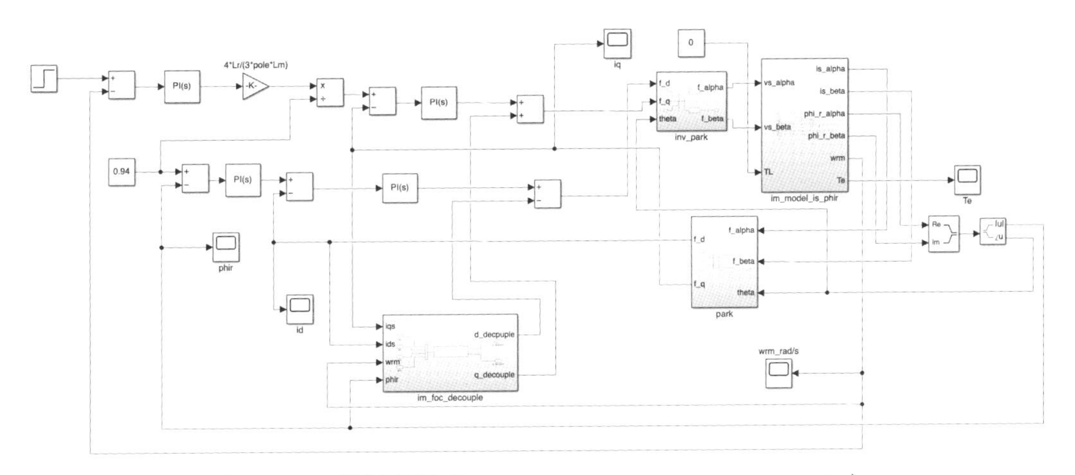

圖 2-1-11（範例程式：im_foc_models_decouple.slx）

執行 SIMULINK 模擬，可以得到如圖 2-1-12 的馬達速度仿真結果。

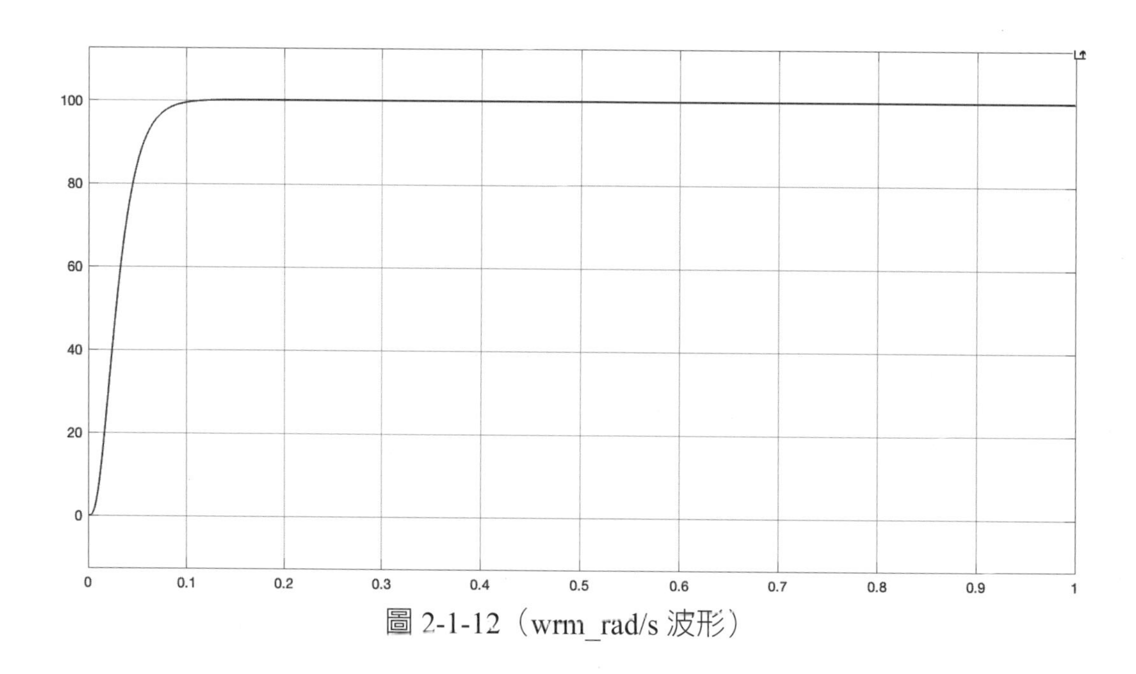

圖 2-1-12（wrm_rad/s 波形）

可以發現使用轉移函數的仿眞結果與感應馬達向量控制模型的仿眞結果是一致的，由於我們在圖 2-1-11 的仿眞系統中的 d、q 軸電流回路加入電流非線性解耦合補償，因此向量控制系統的仿眞結果會與轉移函數的仿眞結果一致。

2.1.2 永磁同步馬達磁場導向控制

磁場導向控制（Field-oriented Control）方法可以很有效的將三相感應馬達的轉矩跟磁場幾近於完美的解耦合，達到如同分激式直流馬達的控制效果，這點在上一節感應馬達磁場導向控制法則的推導與模擬中已經完整的體現了，對於同爲交流馬達的三相永磁同步馬達來說，磁場導向控制法依然適用[1, 3, 5, 6]，某種程度來說，三相永磁同步馬達與三相鼠籠式感應馬達，二者的定子結構幾乎完全相同，主要差別在於轉子結構，鼠籠式感應馬達的轉子結構是鼠籠形導體，能感應來自定子的磁場而產生感應電壓與電流，由於感應馬達的轉子需要感應電壓來產生電流，因此轉子轉速必須低於同步轉速，因此滑差必須存在；而永磁同步馬達的轉子結構是永久磁鐵，由於轉子不需要感應電壓，因此不需要滑差，轉子轉速等於同步轉速。

讓我們重新檢視一下在第二章所建立的二軸轉子旋轉座標下的三相內嵌式

永磁同步馬達（IPMSM）模型：

$$v_{ds}^r = R_s\, i_{ds}^r + L_d \frac{di_{ds}^r}{dt} - \omega_r\, L_q\, i_{qs}^r \quad (2.1.54)$$

$$v_{qs}^r = R_s\, i_{qs}^r + L_q \frac{di_{qs}^r}{dt} + \omega_r\,(L_d\, i_{ds}^r + \lambda_f) \quad (2.1.55)$$

其中，$L_q\, i_{qs}^r = \lambda_{qs}^r$ 爲定子的 q 軸磁通鏈，$L_d\, i_{ds}^r + \lambda_f$則爲定子的 d 軸磁通鏈。內嵌式永磁同步馬達（IPMSM）的轉矩方程式可以表示成：

$$T_e = \frac{3}{2}\frac{P}{2}\,[\lambda_f i_{qs}^r + (L_d - L_q)\, i_{ds}^r\, i_{qs}^r] \quad (2.1.56)$$

對永磁同步馬達而言，使用二軸轉子旋轉座標的意義是：**在任何時刻都需要知道永磁同步馬達轉子的位置，並將二軸同步旋轉座標的 d^e 軸對齊轉子，並與其同步旋轉**。

從（2.1.56）式可知，假設若將定子 d 軸電流 i_{ds}^r 控制爲零，磁阻轉矩項 $(L_d - L_q)i_{ds}^r i_{qs}^r$ 也會爲零，定子的 d 軸磁通鏈只剩下 λ_f，λ_f 是轉子磁場在定子繞組所產生的磁通鏈（見 1.4.2 式），爲一常數，轉矩將會與定子 q 軸電流 i_{qs}^r 成正比，因此就達成磁場與轉矩解耦合的目標。

我們可以將（2.1.54）與（2.1.55）式整理成

$$\frac{di_{ds}^r}{dt} = -\frac{R_s}{L_d}\, i_{ds}^r + \omega_r \frac{L_q}{L_d}\, i_{qs}^r + \frac{v_{ds}^r}{L_d} \quad (2.1.57)$$

$$\frac{di_{qs}^r}{dt} = -\frac{R_s}{L_q}\, i_{qs}^r - \omega_r \frac{(L_d\, i_{ds}^r + \lambda_f)}{L_q} + \frac{v_{qs}^r}{L_d} \quad (2.1.58)$$

（2.1.57）、（2.1.58）、（2.1.56）式與馬達機械方程式（1.3.31 式）告訴我們，若要有效控制三相永磁同步馬達的轉速，則需要三個控制回路，分別是 d 軸定子電流 i_{ds}^r 控制回路、q 軸定子電流 i_{qs}^r 控制回路、與馬達轉速 ω_{rm} 控制回路。與感應馬達磁場導向控制相比，永磁同步馬達少了一個轉子磁通回

CHAPTER 2

路，原因是永磁同步馬達轉子的磁鐵提供穩定的磁場，透過與定子之間的互感，可以產生幾近常數值的磁通鏈 λ_f，只要將永磁同步馬達的 d 軸定子電流 i_{ds}^r 控制爲零，馬達轉矩將會與定子 q 軸電流 i_{qs}^r 成正比，完成磁場與轉矩解耦合的目標。

接下來我們將依序設計永磁同步馬達磁場導向控制的各個控制回路（i_{ds}^r、i_{qs}^r 與 ω_{rm}）的控制器參數，設計的原則如下：

- 由內而外：先設計內回路，再設計外回路。
- 需要讓內回路的頻寬高於外回路頻寬至少 5 倍以上（說明：將內回路頻寬設計成高於外回路頻寬 5 倍以上的目的是，當設計外回路控制器參數時，可以假設內回路轉移函數爲 1，以簡化設計）[1, 4]。

■永磁同步馬達磁場導向電流回路設計

一般來說，控制回路設計的順序是由內而外，若要建構完整的永磁同步馬達磁場導向控制系統，首先需建立 d^r 與 q^r 軸電流控制回路，我們檢視（2.1.57）與（2.1.58）式，發現定子 d^r 與 q^r 軸電流的微分方程式存在非線性耦合項，如圖 2-1-13。

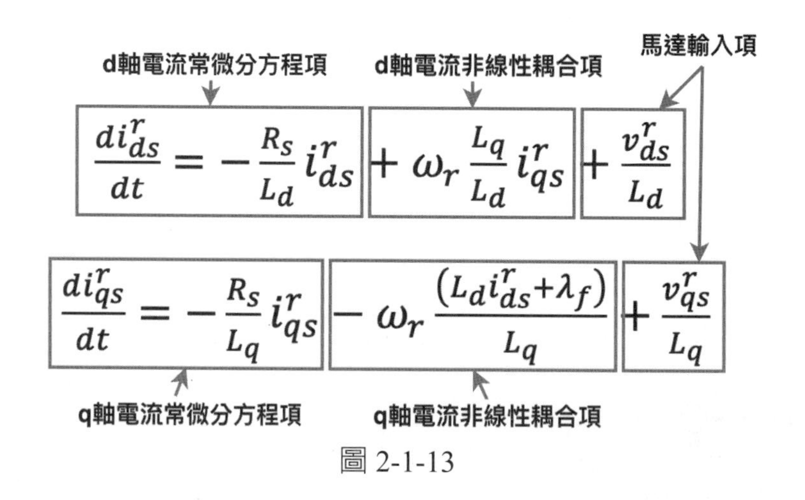

圖 2-1-13

在磁場導向控制中，由於定子電流和磁場之間的相互作用，會產生非線性耦合效應。這些非線性耦合項在永磁同步馬達的數學模型中表現爲交叉項，例如，定子電流與轉子速度的乘積項。在實際控制過程中，這些非線性耦合項會影響電流回路的控制性能。

爲了解決這一問題，需要在磁場導向控制中對非線性耦合項進行補償。通常，可以使用解耦控制策略來實現此目的。解耦控制是一種通過添加補償項來抵消非線性耦合效應的控制方法，使得磁通電流和扭矩電流之間的相互影響降到最低，從而提高控制性能。

■ 永磁同步馬達 d 軸電流回路設計

爲了讓各位讀者更容易理解，在此我們先假設非線性耦合項已經被完美的補償，以 d 軸爲例，若非線性耦合項已經被完美的抵消掉，則 d 軸電流微分方程式可以寫成

$$\frac{di_{ds}^r}{dt} = -\frac{R_s}{L_d} i_{ds}^r + \frac{v_{ds}^r}{L_d} \tag{2.1.59}$$

此時我們對（2.1.59）式求拉式轉換，得到

$$I_{ds}^r(s) = V_{ds}^r(s) \times \frac{\frac{1}{L_d}}{s + \frac{R_s}{L_d}} \tag{2.1.60}$$

假設設計一個 d 軸的電流 PI 控制器，其輸出爲$V_{ds}^r(s)$，則 d 軸電流回路可以表示成圖 2-1-14。

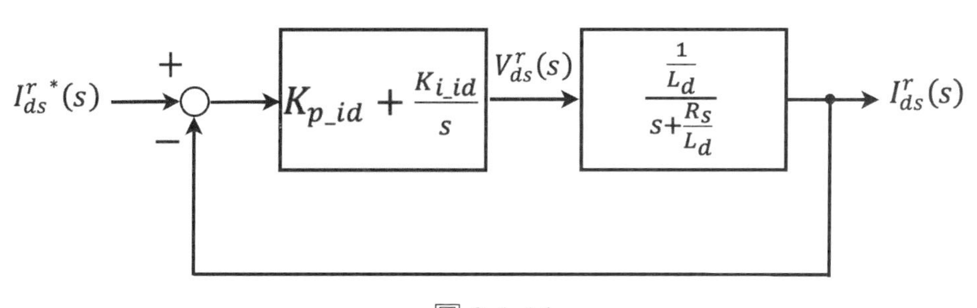

圖 2-1-14

其中，$I_{ds}^{r*}(s)$為 d 軸的電流命令，d 軸的電流 PI 控制器的比例參數為 K_{p_id}、積分參數為 K_{i_id}，感應馬達的 d 軸電流受控廠則為$\dfrac{\frac{1}{L_d}}{s+\frac{R_s}{L_d}}$。

當 d 軸非線性耦合項已經被完美的抵消掉時，永磁同步馬達的 d 軸電流回路可以表示成圖 2-1-14 的控制架構，在此架構下，我們可以設計 d 軸電流 PI 控制器的比例參數 K_{p_id} 與積分參數 K_{i_id} 來讓 d 軸電流回路滿足所需的頻寬規格，在此令$\frac{1}{L_d}=N$、$\frac{R_s}{L_d}=D$，則永磁同步馬達的 d 軸電流受控廠可以寫成

$$\frac{\frac{1}{L_d}}{s+\frac{R_s}{L_d}}=\frac{N}{s+D} \tag{2.1.61}$$

我們可將 d 軸電流 PI 控制器整理成以下形式

$$K_{p\_id}+\frac{K_{i\_id}}{s}=K_{p\_id}\left(\frac{s+\frac{K_{i\_id}}{K_{p\_id}}}{s}\right) \tag{2.1.62}$$

假設 ω_d 為 d 軸電流回路所需要滿足的頻寬規格，利用極零點對消的方法，我們可將 d 軸電流 PI 控制器參數設計如下：

$$K_{p\_id}=\frac{\omega_d}{N}\text{、}K_{i\_id}=\frac{D\times\omega_d}{N} \tag{2.1.63}$$

代入 PI 控制器參數，d 軸電流回路的順向開回路轉移函數 G_{d_open} 變成

$$G_{d\_open}=\frac{\omega_d}{N}\left(\frac{s+D}{s}\right)\times\frac{N}{s+D}=\frac{\omega_d}{s} \tag{2.1.64}$$

因此可將 d 軸電流回路的閉回路轉移函數 G_{d_close} 設計成截止頻率為 ω_d 的

一階低通濾波器，如（2.1.65）式，到此完成了 d 軸電流回路的設計。

$$G_{d\_close}=\frac{G_{d\_open}}{1+G_{d\_open}}=\frac{\omega_d}{s+\omega_d} \tag{2.1.65}$$

■永磁同步馬達 d 軸電流回路解耦合補償

在上述的永磁同步馬達 d 軸電流回路的設計中，我們是假設 d 軸非線性耦合項已經被完美的補償，在此我們回過頭來進行非線性耦合項的補償[1, 3]，我們可以重寫永磁同步馬達 d 軸電流微分方程式如下：

$$\frac{di_{ds}^r}{dt}=-\frac{R_s}{L_d}i_{ds}^r+\omega_r\frac{L_q}{L_d}i_{qs}^r+\frac{v_{ds}^r}{L_d} \tag{2.1.66}$$

由於 PI 控制器的輸出為$v_{ds}^{r\prime}$，而$v_{ds}^{r\prime}$在進入馬達之前，加入一個前饋控制量 f_d 如下：

$$f_d=-L_d\left(\omega_r\frac{L_q}{L_d}i_{ds}^r\right) \tag{2.1.67}$$

因此實際進入馬達的 d 軸電壓為$v_{ds}^{r*}=v_{ds}^{r\prime}+f_d$，將$v_{ds}^{r*}$代入（2.1.66）式，可以得到

$$\frac{di_{ds}^r}{dt}=-\frac{R_s}{L_d}i_{ds}^r+\frac{v_{ds}^{r\prime}}{L_d} \tag{2.1.68}$$

從（2.1.68）式可以發現，我們所加入的前饋控制量 f_d 可以抵消掉馬達內部的非線性耦合項，讓原來非線性的 d 軸電流微分方程式變成如（2.1.68）式的線性微分方程式，因此可以使用如圖 2-1-14 的 PI 控制器架構來將 d 軸電流回路設計成一階低通濾波器，如（2.1.65）式，結合前饋補償後，d 軸電流回路可以表示成圖 2-1-15。

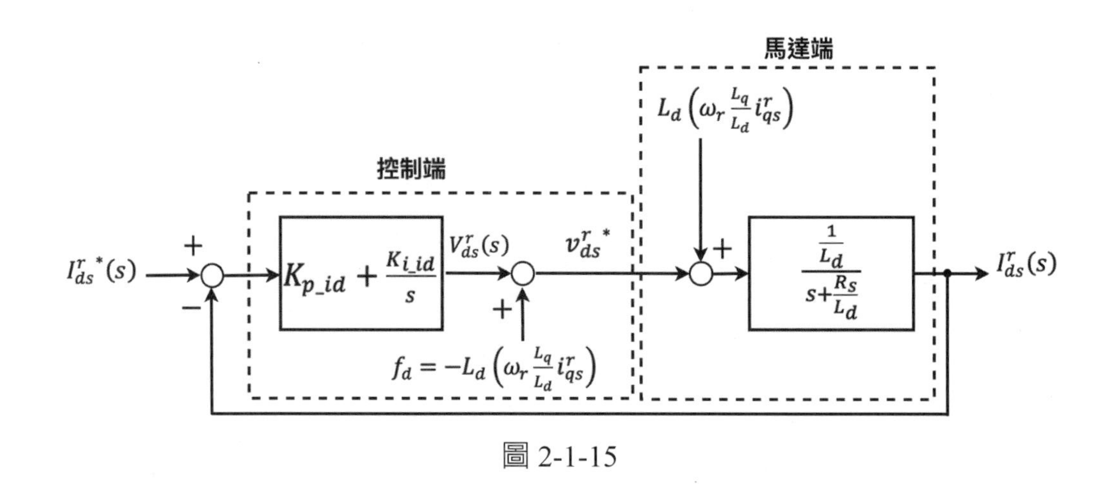

圖 2-1-15

■永磁同步馬達 q 軸電流回路設計

接下來我們進行 q 軸的電流回路設計，在此也假設 q 軸的非線性耦合項已經被完美的抵消掉，則 q 軸電流微分方程式可以寫成

$$\frac{di_{qs}^r}{dt}=-\frac{R_s}{L_q}i_{qs}^r+\frac{v_{qs}^r}{L_q} \tag{2.1.69}$$

此時我們對（2.1.27）式求拉式轉換，得到

$$I_{qs}^r(s)=V_{qs}^r(s)\times\frac{\frac{1}{L_q}}{s+\frac{R_s}{L_q}} \tag{2.1.70}$$

假設設計一個 q 軸的電流 PI 控制器，其輸出爲$V_{qs}^r(s)$，則 q 軸電流回路可以表示成圖 2-1-16。

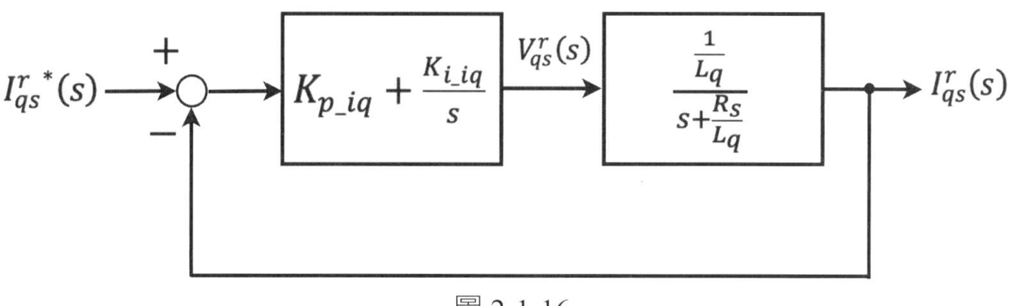

圖 2-1-16

其中，$I_{qs}^{r}{}^{*}(s)$爲 q 軸的電流命令，q 軸的電流 PI 控制器的比例參數爲 K_{p_iq} 積分參數爲 K_{i_iq}，永磁同步馬達的 q 軸電流受控廠則爲$\dfrac{\frac{1}{L_q}}{s+\frac{R_s}{L_q}}$。

當 q 軸非線性耦合項已經被完美的抵消掉時，永磁同步馬達的 q 軸電流回路可以表示成圖 2-1-16 的控制架構，在此架構下，我們可以設計 q 軸電流 PI 控制器的比例參數 K_{p_iq} 與積分參數 K_{i_iq} 來讓 q 軸電流回路滿足所需的頻寬規格，在此令$\frac{1}{L_q}=N$、$\frac{R_s}{L_q}=D$，則永磁同步馬達的 q 軸電流受控廠可以寫成

$$\frac{\frac{1}{L_q}}{s+\frac{R_s}{L_q}}=\frac{N}{s+D} \qquad (2.1.71)$$

我們可將 q 軸電流 PI 控制器整理成以下形式

$$K_{p\_iq}+\frac{K_{i\_iq}}{s}=K_{p\_iq}\left(\frac{s+\frac{K_{i\_iq}}{K_{p\_iq}}}{s}\right) \qquad (2.1.72)$$

假設 ω_q 爲 q 軸電流回路所需要滿足的頻寬規格，利用極零點對消的方法，我們可將 q 軸電流 PI 控制器參數設計如下：

$$K_{p\_iq}=\frac{\omega_q}{N}、K_{i\_iq}=\frac{D\times\omega_q}{N} \tag{2.1.73}$$

代入 PI 控制器參數，q 軸電流回路的順向開回路轉移函數 G_{q_open} 變成

$$G_{q\_open}=\frac{\omega_q}{N}\left(\frac{s+D}{s}\right)\times\frac{N}{s+D}=\frac{\omega_q}{s} \tag{2.1.74}$$

因此可將 q 軸電流回路的閉回路轉移函數 G_{q_closee} 設計成截止頻率爲 ω_q 的一階低通濾波器，如（2.1.75）式，到此完成了 q 軸電流回路的設計。

$$G_{q\_close}=\frac{G_{q\_open}}{1+G_{q\_open}}=\frac{\omega_q}{s+\omega_q} \tag{2.1.75}$$

■永磁同步馬達 q 軸電流回路解耦合補償

在上述的永磁同步馬達 q 軸電流回路的設計中，我們是假設 q 軸非線性耦合項已經被完美的補償，在此我們回過頭來進行非線性耦合項的補償[1, 3]，在此我們可以重寫永磁同步馬達 q 軸電流微分方程式如下：

$$\frac{di_{qs}^r}{dt}=-\frac{R_s}{L_q}i_{qs}^r-\omega_r\frac{(L_d i_{ds}^r+\lambda_f)}{L_q}+\frac{v_{qs}^r}{L_q} \tag{2.1.76}$$

由於 PI 控制器的輸出爲v_{qs}^r，而v_{qs}^r在進入馬達之前，加入一個前饋控制 f_q 如下：

$$f_q=L_q\left(\omega_r\frac{(L_d i_{ds}^r+\lambda_f)}{L_q}\right) \tag{2.1.77}$$

因此實際進入馬達的 q 軸電壓爲$v_{qs}^{r\,*}=v_{qs}^r+f_q$，將$v_{qs}^{r\,*}$代入（2.1.76）式的$v_{qs}^r$，可以得到

$$\frac{di_{qs}^{r}}{dt} = -\frac{R_s}{L_q} i_{qs}^{r} + \frac{v_{qs}^{r}}{L_q} \qquad (2.1.78)$$

從（2.1.78）式可以發現，我們所加入的前饋控制量 f_q 可以抵消掉馬達內部的非線性耦合項，讓原來非線性的 q 軸電流微分方程式變成如（2.1.78）式的線性微分方程式，因此可以使用如圖 2-1-16 的 PI 控制器架構來將 q 軸電流回路設計成一階低通濾波器，如（2.1.75）式，結合前饋補償後，q 軸電流回路可以表示成圖 2-1-17。

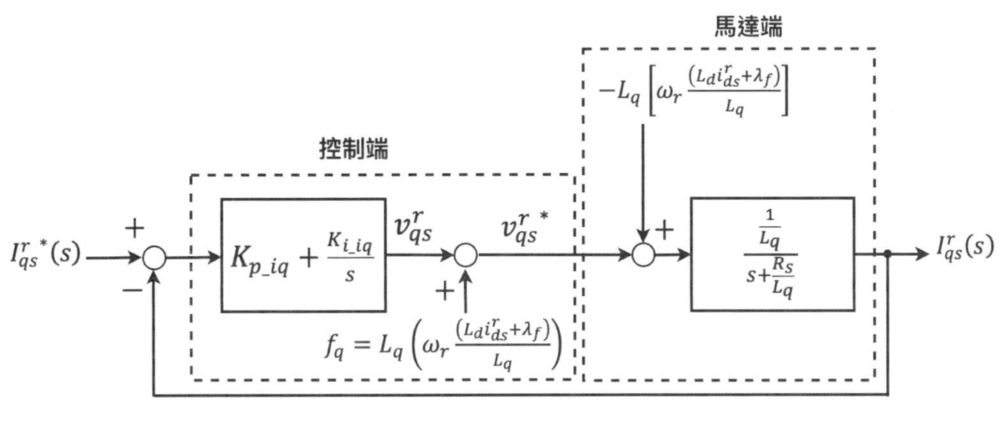

圖 2-1-17

■ 永磁同步馬達速度回路設計

完成了 d、q 軸電流回路設計後，最後需要設計永磁同步馬達的速度控制回路，根據（2.1.56）式，我們知道永磁同步馬達的電磁轉矩 T_e 與定子 q 軸電流 i_{qs}^{r} 呈線性關係，如（2.1.79）式所示。

$$T_e = \frac{3}{2}\frac{P}{2}\left[\lambda_f i_{qs}^{r}\right] \qquad (2.1.79)$$

此外，參考馬達機械方程式（1.3.31 式），並重新整理如下：

$$T_e - T_L = J\frac{d\omega_{rm}}{dt} + B\omega_{rm} \quad (2.1.80)$$

對（2.1.80）式求拉氏轉換，可得

$$\omega_{rm} = (T_e - T_L) \times \frac{1}{Js+B} \quad (2.1.81)$$

從（2.1.81）式可知，電磁轉矩 T_e 克服負載轉矩 T_L 後，再輸入至馬達機械受控廠$\frac{1}{Js+B}$後，可以得到馬達機械轉速 ω_{rm}。

因此綜合以上資訊，我們可以將永磁同步馬達速度回路建構如圖2-1-18。

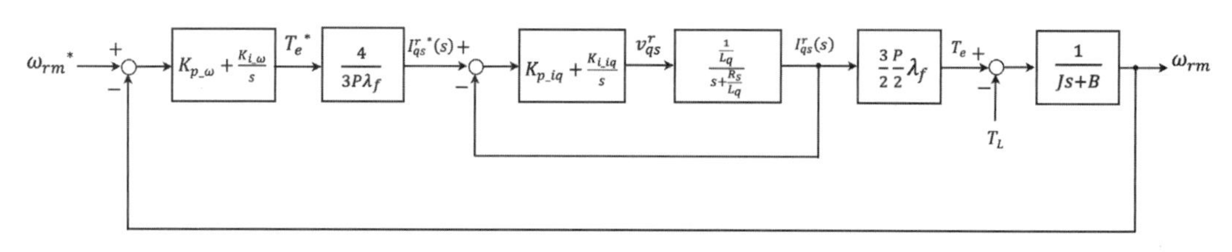

圖 2-1-18

其中，ω_{rm}^*為轉速命令，T_e^*為速度回路 PI 控制器所產生的轉矩命令，增益$\frac{4}{3P\lambda_f}$是永磁馬達轉矩常數 K_T 的倒數，負責將轉矩命令轉換成 q 軸電流命令，而 q 軸電流回路所輸出的 q 軸電流需再乘上增益$\frac{3}{2}\frac{P}{2}\lambda_f$來轉換成馬達的電磁轉矩 T_e，增益$\frac{3}{2}\frac{P}{2}\lambda_f$即為永磁馬達的轉矩常數 K_T，此時增益$\frac{4}{3P\lambda_f}$與增益$\frac{3}{2}\frac{P}{2}\lambda_f$相乘為 1。

在此假設 q 軸定子電流回路的頻寬高於速度回路頻寬至少五倍，因此在設計速度回路 PI 控制器時，可將 q 軸定子電流回路的閉回路轉移函數簡化為 1，在此架構下，我們可以設計速度回路 PI 控制器的比例參數 K_{p_ω} 與積分參數 K_{i_ω} 來讓速度回路滿足所需的頻寬規格，在此可將馬達機械受控廠表示如下：

$$\frac{1}{Js+B}=\frac{\frac{1}{J}}{s+\frac{B}{J}} \tag{2.1.82}$$

在此令$\frac{1}{J}=N$、$\frac{B}{J}=D$，則永磁同步馬達的機械受控廠可以寫成

$$\frac{\frac{1}{J}}{s+\frac{B}{J}}=\frac{N}{s+D} \tag{2.1.83}$$

我們可將速度回路 PI 控制器整理成以下形式

$$K_{p\_\omega}+\frac{K_{i\_\omega}}{s}=K_{p\_\omega}\left(\frac{s+\frac{K_{i\_\omega}}{K_{p\_\omega}}}{s}\right) \tag{2.1.84}$$

假設 ω_s 爲速度回路所需要滿足的頻寬規格，並且我們可以精確得到馬達機械參數 J（機械慣量）與 B（黏滯摩擦係數），利用極零點對消的方法，我們可將速度回路 PI 控制器參數設計如下：

$$K_{p\_\omega}=\frac{\omega_s}{N} 、 K_{i\_\omega}=\frac{D\times\omega_s}{N} \tag{2.1.85}$$

代入 PI 控制器參數，速度回路的順向開回路轉移函數 G_{ω_open} 變成

$$G_{\omega\_open}=\frac{\omega_s}{N}\left(\frac{s+D}{s}\right)\times\frac{N}{s+D}=\frac{\omega_s}{s} \tag{2.1.86}$$

因此可將速度回路的閉回路轉移函數 G_{ω_close} 設計成截止頻率爲 ω_s 的一階低通濾波器，如（2.1.87）式，到此完成了速度回路的設計。

$$G_{\omega\_close}=\frac{G_{\omega\_open}}{1+G_{\omega\_open}}=\frac{\omega_s}{s+\omega_s} \tag{2.1.87}$$

■MATLAB/SIMULINK 仿眞驗證

接下來我們使用表 2-1-3 的永磁同步馬達參數與頻寬設計規格來進行模擬驗證，

表 2-1-3　永磁同步馬達參數與頻寬設計規格

馬達參數	值
定子電阻 Rs	1.2（Ω）
定子 d 軸電感 L_d	5.7（mH）
定子 q 軸電感 L_q	12.5（mH）
轉子磁通鏈 λ_f	0.03（Wb）
馬達極數 pole	4
轉動慣量 J	0.00016（kg · m^2）
摩擦系數 B	0.0000028（N · m · sec/rad）
電流頻寬規格 $\omega_d = \omega_q$	1000（rad/s）
速度頻寬規格 ω_s	100（rad/s）

利用以下的範例程式可以將 d 軸電流回路的 PI 控制器參數求出，各位也可以適當的更改程式中 N、D 與 wd 的值來求行各回路的 PI 控制器參數，表 2-1-4 列出各控制回路的 PI 控制器參數值。

MATLAB 範例程式 m2_1_2.m：

```
Rs=1.2; Ld=0.0057; Lq=0.0125;
Lamda_f=0.03;
pole=4; J=0.00016; B=0.0000028;
N = 1/Ld; D = Rs/Ld;
wd = 1000;
Kp_id = wd/N
Ki_id = D*wd/N
```

表 2-1-4　永磁同步馬達向量控制回路 PI 控制器參數值

PI控制器參數	值
K_{p_id}	5.7
K_{i_id}	1200
K_{p_iq}	12.5
K_{i_iq}	1200
K_{p_ω}	0.016
K_{i_ω}	2.8e-4

接著使用 SIMULINK 建立永磁同步馬達轉移函數控制方塊，並將各控制回路的 PI 控制器輸入，建立完成的 SIMULINK 轉移函數控制系統如圖 2-1-19 所示。

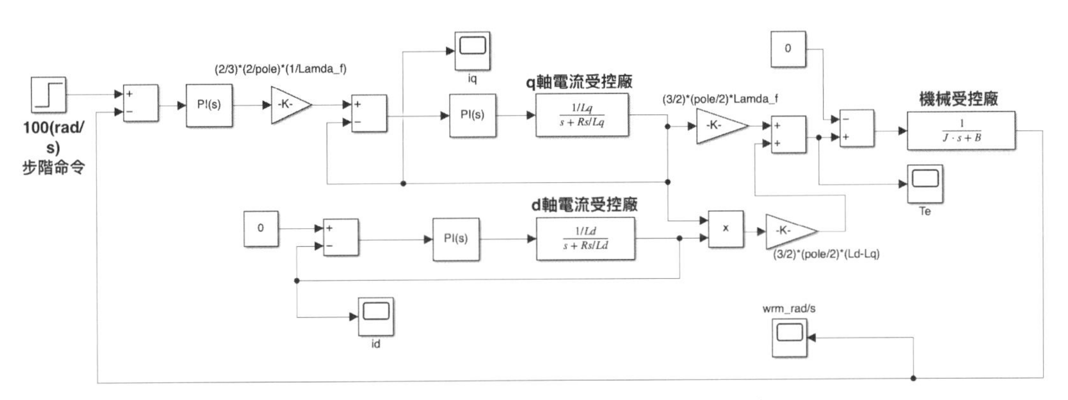

圖 2-1-19（範例程式：pm_foc_loops.slx）

執行 SIMULINK 模擬，可以得到如圖 2-1-20 的馬達速度仿真結果。

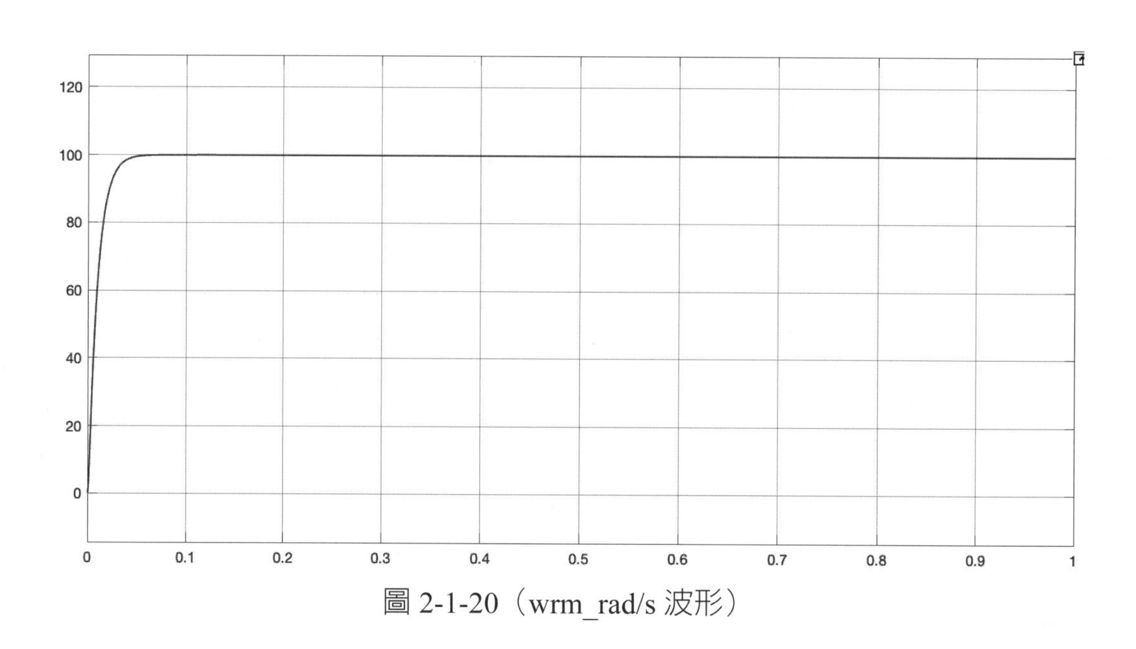

圖 2-1-20（wrm_rad/s 波形）

我們也可以使用第一章所建構的永磁同步馬達向量控制模型來進行系統仿眞，建立完成的永磁同步馬達向量控制仿眞系統如圖 2-1-21 所示。

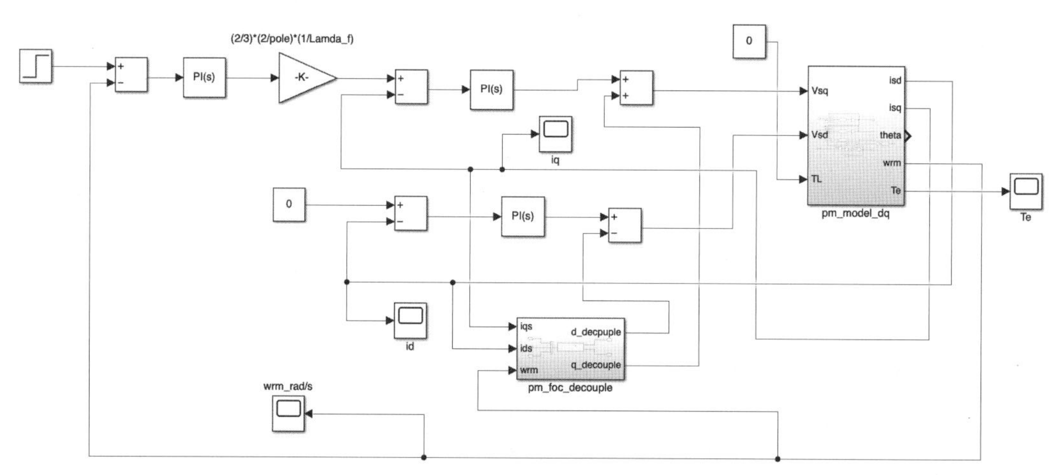

圖 2-1-21（範例程式：pm_foc_models_decouple.slx）

執行 SIMULINK 模擬，可以得到如圖 2-1-22 的馬達速度仿眞結果。

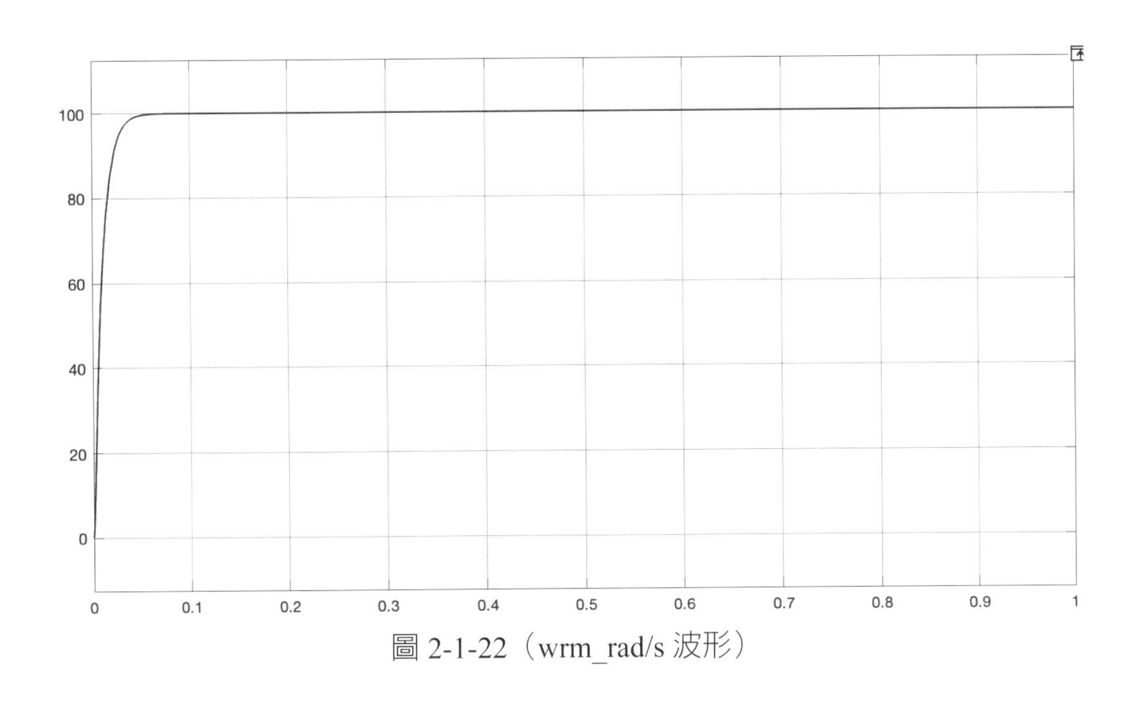

圖 2-1-22（wrm_rad/s 波形）

可以發現使用轉移函數的仿眞結果與永磁同步馬達向量控制模型的仿眞結果是一致的，由於在圖 2-1-21 的系統中，在 d、q 軸電流回路加入電流非線性解耦合補償，因此向量控制系統的仿眞結果會與轉移函數的仿眞結果一致。

2.2 考慮延遲效應的電流回路 PI 控制器設計

在上一節中，我們爲各位詳細介紹了感應電機與永磁同步電機的磁場導向控制策略（包括電流非線性耦合項的前饋補償法），對交流電機使用磁場導向控制的眞正目的在於推導交流電機的線性控制模型，並且讓轉矩跟磁場能夠被分開獨立控制，一旦得到交流電機的線性控制模型後，線性控制理論就能夠用於交流電機控制系統的設計上，因此在 2.1 節我們使用了極零點對消法來設計感應馬達與永磁同步馬達的控制回路 PI 控制器參數，以期滿足所需的頻寬規格，在實務上會使用數位控制系統來實現所設計的控制回路，而數位系統不可避免的會產生各種延遲（Delay）[4, 10]，主要產生的延遲如下：

- MCU 的計算延遲
- MCU 的 PWM 輸出延遲（ZOH, Zero Order Hold 延遲）

- ➢ 感測器信號回授的濾波延遲（一般使用一階或二階的低通濾波）
- ➢ 感測器信號回授的採樣延遲

■ 延遲效應對系統的影響

舉例，對於永磁同步馬達 q 軸電流回路，我們在上一節所設計的控制架構如圖 2-2-1 所示。

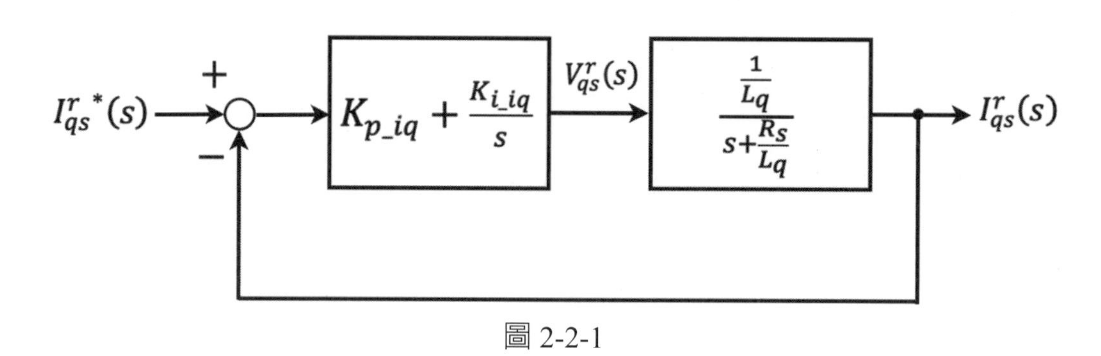

圖 2-2-1

圖 2-2-1 的電流控制回路並未包含延遲，但實際上它會包含上述的四種延遲效應 [4, 10]，如圖 2-2-2 所示。

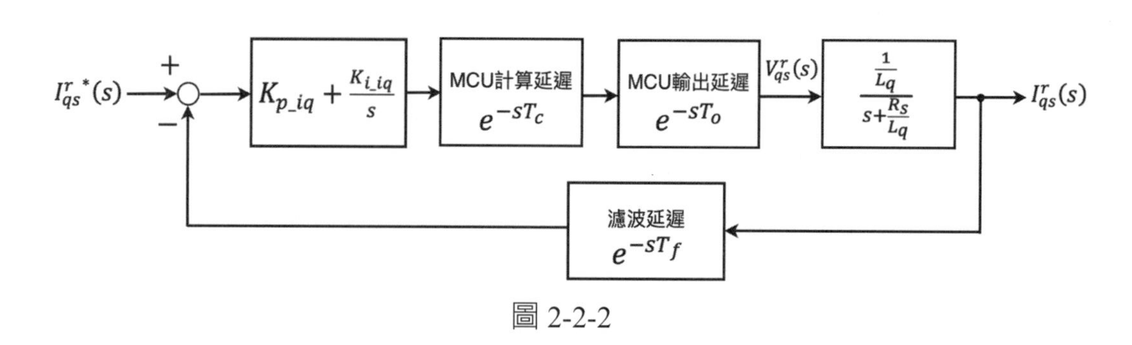

圖 2-2-2

在此假設 MCU 的電流採樣週期與 PWM 週期都使用 8kHz 的中斷執行速度，即

$$\text{採樣週期 } T_s=\frac{1}{8000}=1.25e-04\ (\text{s}) \qquad (2.2.1)$$

因此可知計算延遲 T_c 為 T_s，假設電流回路計算的電壓命令會在下一個電流採樣週期輸出電壓命令的 PWM 信號，則 MCU 的 PWM 輸出延遲（ZOH 延遲）為採樣週期的一半，即$T_o=\frac{T_s}{2}$。〔說明：關於不同 PWM 採樣方法所造成的延遲效應可以參考本書 5.4 節的內容〕

假設電流信號會經過截止頻率 ω_{fc} 為 2000（rad/s）的一階低通濾波器進行濾波，此一階低通濾波器可以表示成

$$\text{回授一階低通濾波器轉移函數}\frac{\omega_{fc}}{s+\omega_{fc}}=\frac{1}{T_{fs}+1} \quad (2.2.2)$$

其中，一階低通濾波器時間常數 T_f = 1/200 = 5e − 04，而一階低通濾波器造成的延遲可以等效為e^{-sT_f}。

最後，濾波後的信號將會經由採樣（Sample-and-Hold）進入 MCU，經由採樣進入 MCU 的信號，其採樣延遲時間可以等效為二分之一個採樣週期

$$\text{採樣延遲轉移函數}e^{-sT_{SH}}=e^{-s\times\frac{T_s}{2}} \quad (2.2.3)$$

（說明：延遲時間的選擇會與 PWM 取樣方法有關，請參考 5.4 節的內容）

若我們考慮以上的各種延遲效應，並使用 2.1 節所設計的永磁同步馬達 q 軸 PI 控制器參數，利用範例程式 m2_2_1 畫出閉回路系統的波德圖，並與未加入延遲的閉回路系統波德圖進行比較，可以得到如圖 2-2-3 的比較結果。

MATLAB 範例程式 m2_2_1.m：

```
Rs=1.2; Ld=0.0057; Lq=0.0125;
s = tf('s');
Ts = 1/8000;
lpf_T = 1/2000;
delay_computation = exp(-s*Ts);
delay_output = exp(-s*Ts/2);
tf_filter = tf(2000, [1 2000]);
```

```
delay_SH = exp(-s*Ts/2);
d_axis_plant = tf([1/Lq], [1 Rs/Lq]);
pi_controlller = tf([12.5 1200], [1 0]);
Go_no_delay = pi_controlller*d_axis_plant;
Gc_no_delay = Go_no_delay/(1+Go_no_delay);
Go_with_delay = pi_controlller*delay_computation*delay_output*d_axis_
plant;
Gc_with_delay = Go_with_delay/(1+Go_with_delay*tf_filter*delay_SH);
h=bodeoptions;
h.PhaseMatching='on';
h.Title.FontSize = 14;
h.XLabel.FontSize = 14;
h.YLabel.FontSize = 14;
h.TickLabel.FontSize = 14;
bodeplot(Gc_no_delay, '-b', Gc_with_delay, '-.r', {1, 10000}, h);
legend('NoDelay', 'WithDelay');
h = findobj(gcf, 'type', 'line');
set(h, 'linewidth', 2);
```


圖 2-2-3 中實線爲理想未加入延遲效應的 q 軸電流閉回路系統波德圖，從大小與相位圖可知，未加入延遲效應的 q 軸電流閉回路轉移函數特性爲一階低通濾波器，圖中虛線爲加入延遲效應的 q 軸電流閉回路系統波德圖，從大小與相位圖可知，加入延遲效應前，系統的頻寬被設計在 1000（rad/s），而加入延遲效應後，系統的頻寬被大幅的增加至 2070（rad/s），同時加入延遲效應後的閉回路轉移函數的阻尼特性與相位也已經被改變。

可用範例程式 m2_2_1b 畫出開回路系統的波德圖進行比較，如圖 2-2-4 所示，由於延遲元件會侵蝕系統的相位，因此從圖可以看出，加入延遲效應後，q 軸電流回路的相位裕度（Phase Margin）從原來的 90 度變成 52.5 度，相位裕度是控制系統的穩定度指標，而隨著操作頻率的增加，相位延遲會隨之

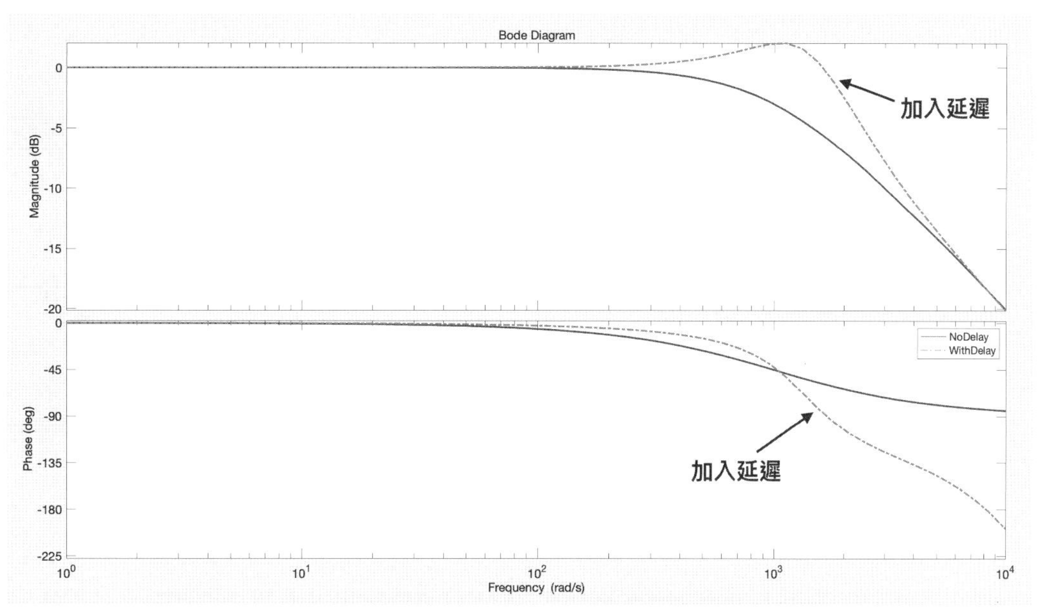

圖 2-2-3（加入延遲與未加延遲的閉回路系統波德圖比較）

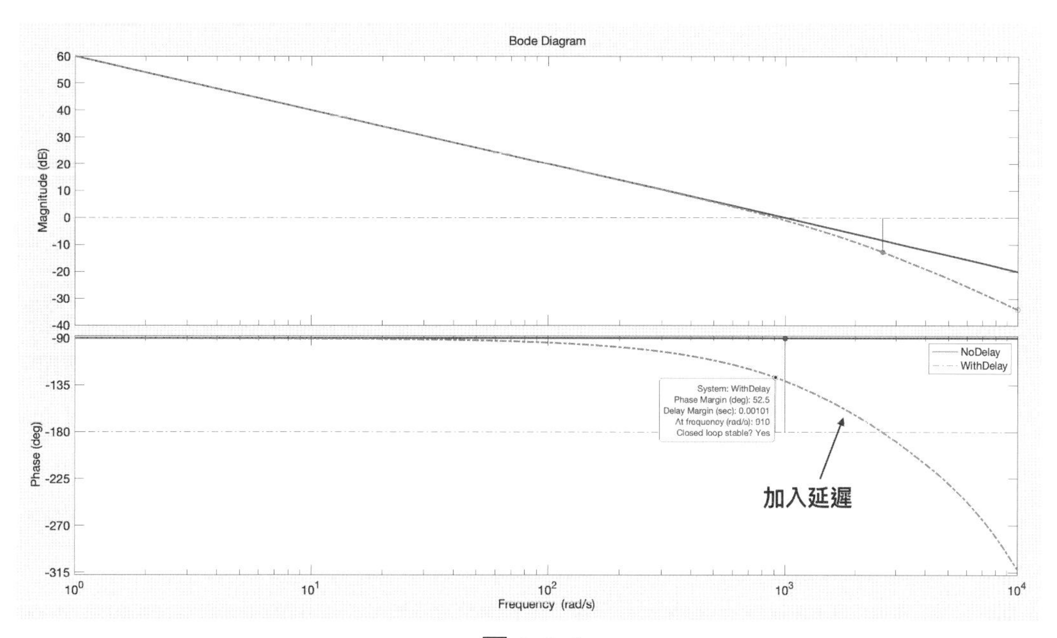

圖 2-2-4

增大，圖 2-2-5 顯示加入延遲後的系統步階響應波形，並與未加入延遲的響應進行比較，可以發現加入延遲效應後，由於系統的穩定度減少，同時也影響了系統的阻尼特性，造成時域響應的最大超越量增加，若延遲進一步增加，可能會造成系統振盪，甚至不穩定，

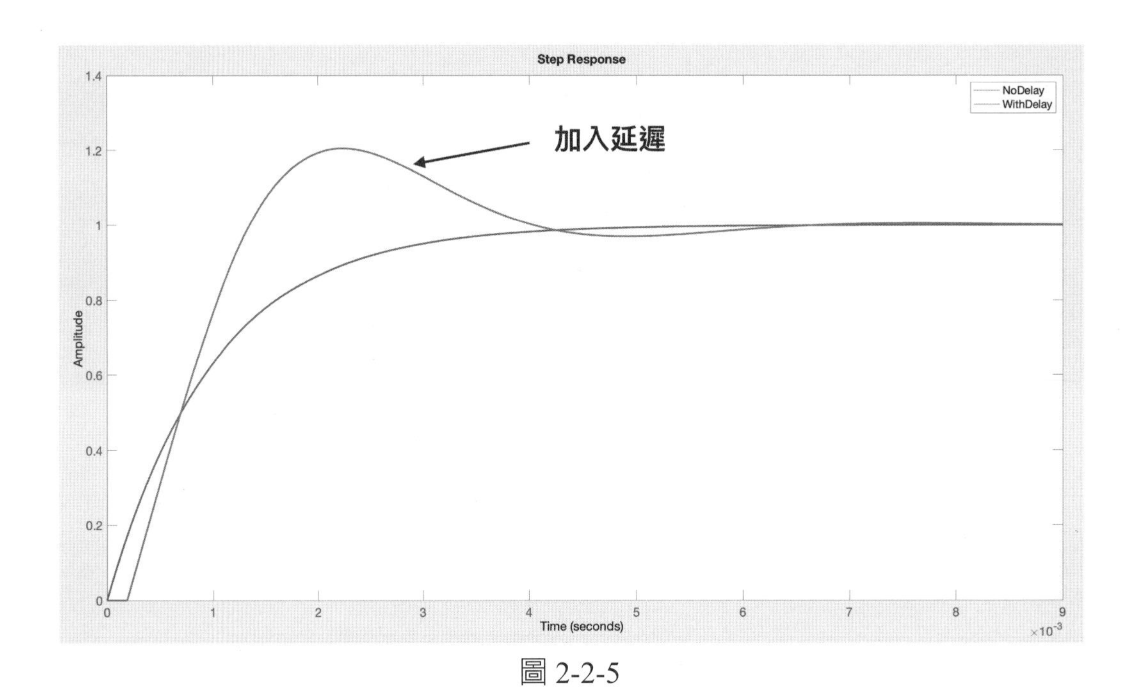

圖 2-2-5

一般來說，對數位控制系統而言，延遲是不可避免的，因此必然會減少系統的穩定度，若在控制回路設計階段，未將延遲納入考慮，則所設計的系統性能參數，如頻寬，將與系統的實際值有相當大的出入，這是不被允許的，因此在控制回路設計階段，就須將延遲納入考慮，所以我們需要對 2.1 節的方法進行修改，使所設計的頻寬規格與實際頻寬一致。

■考慮延遲效應的電流回路設計方法 [10]

首先，我們可將所有的延遲效應合併為一個總延遲e^{-sT_d}，其中 $T_d = T_c + T_o + T_f + T_{SH}$，因此我們可以得到考慮延遲效應的 q 軸電流開回路轉移函數 G_{q_open} 如下（說明：在此將計算延遲 T_c 與取樣延遲 T_{SH} 分開考慮，但在實務上，根據不同的 PWM 取樣方法，取樣延遲 T_{SH} 可合併至計算延遲 T_c 中，詳情請參考本書 5.4 節內容）

$$G_{qo\_delay}=\left(K_{p\_iq}+\frac{K_{i\_iq}}{s}\right)\times\frac{\frac{1}{L_q}}{s+\frac{R_s}{L_q}}\times e^{-sT_d} \quad (2.2.4)$$

假設 ω_q 爲 q 軸電流回路所需要滿足的頻寬規格，利用極零點對消的方法，我們可將 q 軸電流 PI 控制器參數設計如下：

$$K_{p\_iq}=\frac{\omega_q}{N}、K_{i\_iq}=\frac{D\times\omega_q}{N} \quad (2.2.5)$$

其中，$N=\frac{1}{L_q}$、$D=\frac{R_s}{L_q}$，則 q 軸電流回路的開回路轉移函數 G_{qo_delay} 變成

$$G_{qo\_delay}=\frac{\omega_q}{s}\times e^{-sT_d} \quad (2.2.6)$$

因爲$\omega_q=K_{p_iq}\times\frac{1}{L_q}$，因此 G_{qo_delay} 可以表示成

$$G_{qo\_delay}=\frac{K_{p\_iq}}{sL_q}\times e^{-sT_d} \quad (2.2.7)$$

將 G_{qo_delay} 的分子與分母同乘 T_d，並將 s 取代爲 $j\omega$，可得

$$G_{qo\_delay}=\frac{K_{p\_iq}\times T_d}{j\omega L_q\times T_d}\times e^{-j\omega T_d} \quad (2.2.8)$$

令$\alpha=\frac{K_{p_iq}\times T_d}{L_q}$、$\beta=\omega\times T_d$，則（2.2.8）可以表示成

$$G_{qo\_delay}=\alpha\times\frac{e^{-j\beta}}{j\beta} \quad (2.2.9)$$

q 軸電流回路的閉回路轉移函數 G_{qc_delay} 可以表示成

$$G_{qc\_delay}(j\omega)=\frac{\alpha\times\dfrac{e^{-j\beta}}{j\beta}}{1+\alpha\times\dfrac{e^{-j\beta}}{j\beta}}=\frac{\alpha}{\alpha+j\beta e^{j\beta}} \qquad (2.2.10)$$

使用歐拉公式$e^{j\theta}=\cos\theta+j\sin\theta$，可將（2.2.10）式改寫爲

$$G_{qc\_delay}(j\omega)=\frac{\alpha}{\alpha-\beta\sin(\beta)+j\beta\cos(\beta)} \qquad (2.2.11)$$

我們可將閉回路轉移函數 G_{qc_delay} 的幅值設計在$\frac{1}{\sqrt{2}}$，即

$$|G_{qc\_delay}(j\omega)|=\left|\frac{\alpha}{\alpha-\beta\sin(\beta)+j\beta\cos(\beta)}\right|=\frac{1}{\sqrt{2}} \qquad (2.2.12)$$

則滿足（2.2.12）式的頻率點即爲系統的頻寬值。

接著我們需要推導滿足（2.2.12）式的 α 與 β 的關係，將（2.2.12）式的分子分母分別求大小値

$$\left|\frac{\alpha}{\alpha-\beta\sin(\beta)+j\beta\cos(\beta)}\right|=\frac{\alpha}{\sqrt{\alpha^2-2\alpha\beta\sin(\beta)+[\beta\sin(\beta)]^2+[\beta\cos(\beta)^2}}=\frac{1}{\sqrt{2}} \qquad (2.2.13)$$

將等號左右二邊皆取平方，可得

$$\frac{\alpha^2}{\alpha^2-2\alpha\beta\sin(\beta)+\beta^2\sin^2(\beta)+\beta^2\cos^2(\beta)}=\frac{1}{2} \qquad (2.2.14)$$

利用三角函數公式：$\cos^2(\beta)=1-\sin^2(\beta)$，可對（2.2.14）式進行化簡

$$\frac{\alpha^2}{\alpha^2-2\alpha\beta\sin(\beta)+\beta^2\sin^2(\beta)+\beta^2[1-\sin^2(\beta)]}=\frac{1}{2} \qquad (2.2.15)$$

將（2.2.15）式整理後，可得

$$\alpha^2+2\alpha\beta\sin(\beta)-\beta^2=0 \tag{2.2.16}$$

求解方程式（2.2.16），可得

$$\alpha=\frac{-2\beta\sin(\beta)+\sqrt{(2\beta\sin(\beta))^2+4\beta^2}}{2} \tag{2.2.17}$$

化簡後，可得

$$\alpha=\beta(\sqrt{\sin^2(\beta)+1}-\sin(\beta)) \tag{2.2.18}$$

在此我們已經完成了公式推導，因此若要滿足（2.2.12）式的幅值條件，α 與 β 必須滿足（2.2.18）式的關係。

由於已知$\alpha=\frac{K_{p_iq}\times T_d}{L_q}$、$\beta=\omega\times T_d$，因此，假設控制回路需要的頻寬爲1000（rad/s），而控制回路的總延遲時間 $T_d = T_c + T_o + T_f + T_{SH} = 7.5e-0.4$，則$\beta=\omega\times T_d=1000\times7.5e-04=0.75$，$\beta$ 計算出來後，可以藉由（2.2.18）式，得到 $\alpha=0.3964$。

由於$\alpha=\frac{K_{p_iq}\times T_d}{L_q}$，因此

$$K_{p\_iq}=\frac{\alpha\times L_q}{T_d}=\frac{0.3964\times0.0125}{7.5e-04}=6.6073 \tag{2.2.19}$$

而積分增益 K_{i_iq} 可由下式計算得到

$$K_{i\_iq}=\frac{\alpha\times R_s}{T_d}=\frac{0.3964\times1.2}{7.5e-04}=634.297 \tag{2.2.20}$$

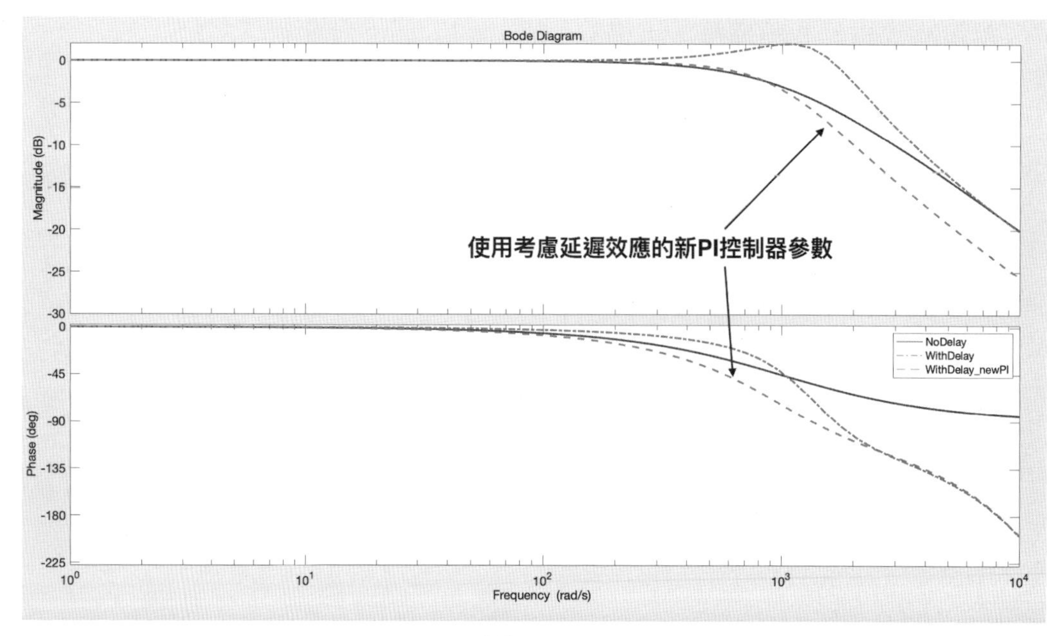

圖 2-2-6

我們可以將得到的新比例增益 K_{p_iq} 與新積分增益 K_{i_iq} 更新至 q 軸電流回路的 PI 控制器中，可用範例程式 m2_2_1c 並畫出新的閉回路系統波德圖，圖 2-2-6 顯三組波德圖（理想未加入延遲效應（實線）、加入延遲效應但使用舊的 PI 控制器（短虛線）、加入延遲效應且使用考慮延遲效應的 PI 控制器（長虛線）），箭頭指向的即爲加入延遲效應且使用考慮延遲效應的 PI 控制器的閉回路系統波德圖，從圖可知，使用考慮延遲效應的 PI 控制器的閉回路系統波德圖的頻寬更加貼近理想未加入延遲效應的波德圖，即更加貼近頻寬設計規格。

永磁同步馬達 d 軸電流回路設計也應考慮延遲效應，可使用本節的方法應用於 d 軸電流回路 PI 控制器設計上，而本節的設計方法也適用於感應馬達或其它具有類似情況的控制回路設計上。

2.3 考慮延遲效應的速度回路 PI 控制器設計

在 2.2 節，我們考慮了數位控制系統所產生的延遲效應而重新設計電流回路的 PI 控制器，讓回路的頻寬與規格值一致，由於馬達速度回路也是使用數位系統來實現的，因此相同的情況也會發生在速度回路，因此本節將進行考慮延遲效應的馬達速度控制回路的設計。

實務上，馬達黏滯摩擦係數 B 所造成的摩擦轉矩一般可以歸類爲馬達負載轉矩 T_L 的一部分 [1, 4, 10]，因此可將馬達機械受控廠簡化爲 $\frac{1}{Js}$，一個考慮延遲效應的永磁同步馬達速度控制回路可以表示如圖 2-3-1。

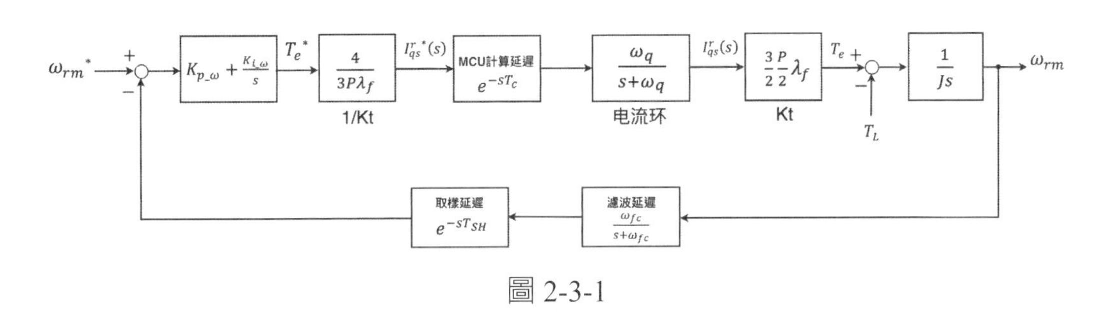

圖 2-3-1

一般來說，由於速度回路也是用微控制器（MCU）來實現，它的執行速度可能會低於電流回路，因此速度環也會有它自己的計算延遲 e^{-sT_c}，而對於速度回授信號，一般會使用低通濾波器將雜訊濾除再進入 MCU，而低通濾波器也會產生額外的延遲，假設回授使用一階低通濾波器，其轉移函數如下：

$$T_{filter}(s) = \frac{\omega_{fc}}{s + \omega_{fc}} \tag{2.3.1}$$

可將（2.3.1）式整理成

$$T_{filter}(s) = \frac{1}{T_f s + 1} \tag{2.3.2}$$

其中，$T_f = \frac{1}{\omega_{fc}}$，爲一階低通濾波器的時間常數，同時也可以近似爲一階低通濾波器的延遲時間，因此一階低通濾波器的延遲效應可以等效爲 e^{-sT_f}。

圖 2-3-1 中，假設電流環已包含 PWM 輸出延遲，其截止頻率爲電流環

的頻寬，在此使用 ω_q 代表 q 軸電流環的頻寬，因爲一般來說在向量控制系統中，q 軸電流環爲速度回路的內回路，其 PI 控制器需使用 2.2 節所介紹的方法進行設計，才能確保頻寬的正確性。

電流環也會產生延遲，假設電流環可以等效爲一階低通濾波器，其轉移函數如下：

$$T_{curr\_loop}(s)=\frac{\omega_q}{s+\omega_q} \tag{2.3.3}$$

可將（2.3.3）式整理成

$$T_{curr\_loop}(s)=\frac{1}{T_{curr}s+1} \tag{2.3.4}$$

其中，$T_{curr}=\frac{1}{\omega_q}$，爲電流環的時間常數，同時可以近似爲電流環的延遲時間，因此電流環的延遲效應可以等效爲$e^{-sT_{curr}}$。

最後，濾波後的信號將會經由採樣（Sample-and-Hold）進入 MCU，而採樣延遲可以表示成

$$\text{採樣延遲}\,e^{-sT_{sH}}=e^{-s\times\frac{T_s}{2}} \tag{2.3.5}$$

經由採樣（Sample-and-Hold）進入 MCU 的信號，其採樣延遲時間可以等效爲二分之一個採樣週期。

2.3.1 經典的速度回路 PI 控制器設計方法 [1]

對於圖 2-3-1 的系統，假設先不考濾延遲效應，則速度回路的開環轉移函數

$$G_{\omega\_open}=\left(K_{p\_\omega}+\frac{K_{i\_\omega}}{s}\right)\times\frac{\omega_q}{s+\omega_q}\times\frac{1}{Js} \tag{2.3.5}$$

一般來說，電流回路可以在低於它的頻寬範圍中被建模成單位增益，即

$$\frac{\omega_q}{s+\omega_q} \cong 1 \tag{2.3.6}$$

可將速度回路 PI 控制器整理如下

$$K_{p\_\omega} + \frac{K_{i\_\omega}}{s} = K_{p\_\omega}\left(\frac{s+\frac{K_{i\_\omega}}{K_{p\_\omega}}}{s}\right) = K_{p\_\omega}\left(\frac{s+\omega_{PI}}{s}\right) \tag{2.3.7}$$

其中，$\frac{K_{i_\omega}}{K_{p_\omega}}$一般被定義爲 PI 控制器的轉折頻率 ω_{PI}，假設 $K_{i\_\omega}=10$，$K_{p\_\omega}=1$，可以使用範例程式 m3_1_1 將 PI 控制器的波德圖畫出，如圖 2-3-2 所示。

MATLAB 範例程式 m2_3_1.m：

```
kpw=1; kiw–10;
tf_pi=tf([kpw kiw],[1 0]);
h=bodeoptions;
h.PhaseMatching=’on’;
h.Title.FontSize = 14;
h.XLabel.FontSize = 14;
h.YLabel.FontSize = 14;
h.TickLabel.FontSize = 14;
bodeplot(tf_pi,’-b’,{1,10000},h);
```

從圖 2-3-2 中，轉折頻率 ω_{PI} 爲 10（rad/s），低於轉折頻率 ω_{PI}，PI 控制器表現得像一個積分器，而高於轉折頻率，PI 控制器則表現得像一個比例控制器。

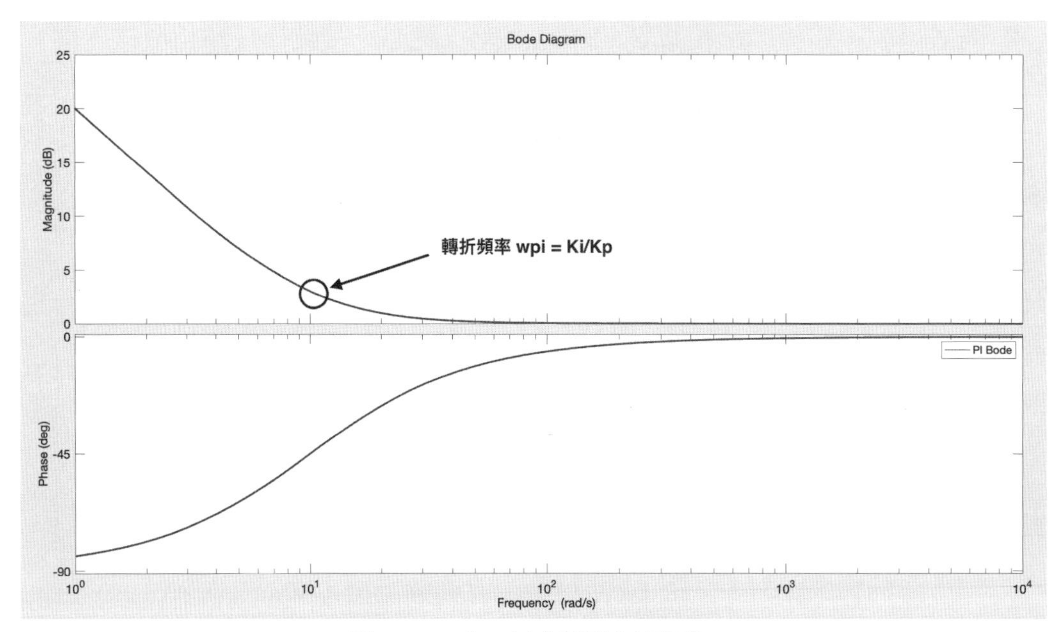

圖 2-3-2（PI 控制器波德圖）

假設使用 $K_{i\_\omega}=10$，$K_{p\_\omega}=1$ 與機械慣量 $J=0.00016$ 代入（2.3.5）式，可畫出速度開回路轉移函數波德圖，如圖 2-3-3 所示。

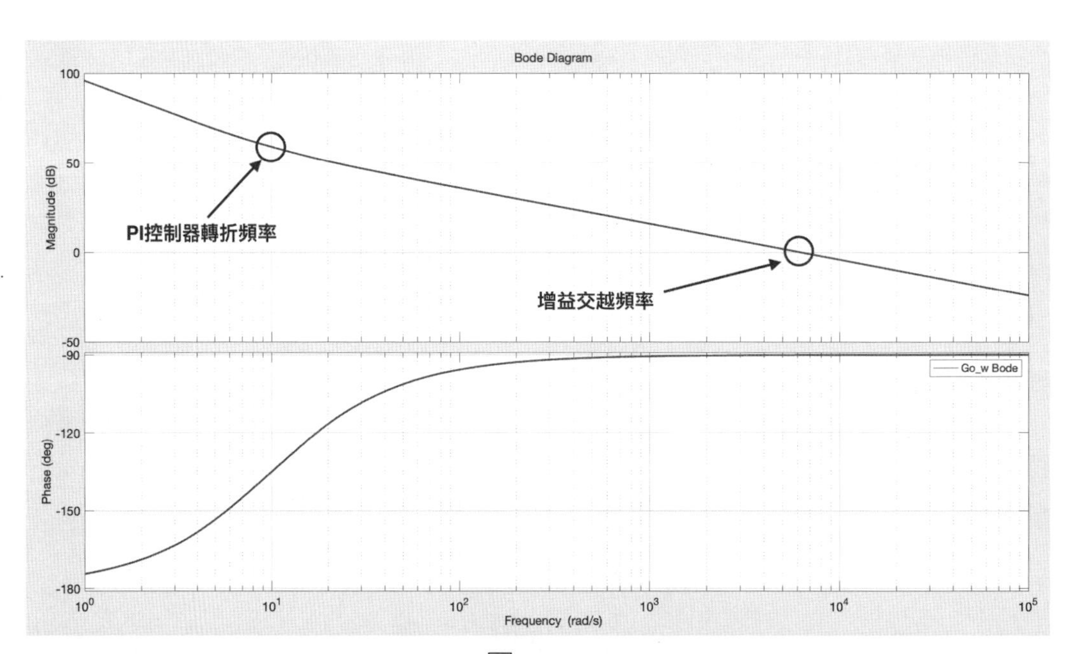

圖 2-3-3

圖 2-3-3 顯示，當頻率低於 PI 控制器的轉折頻率 10（rad/s）時，波德圖的斜率為 -40dB/decade，而當頻率高於 PI 控制器的轉折頻率 10（rad/s）時，波德圖的斜率為 -20dB/decade，而速度回路的增益交越頻率（cross-over frequency）ω_{sc} 約為 6250（rad/s）。

在速度回路的設計上，速度回路的增益交越頻率 ω_{sc} 可以作為速度頻寬的設計目標值 [1]，而 PI 控制器的轉折頻率 ω_{PI} 一般會遠低於回路的增益交越頻率 ω_{sc}。

當頻率 ω 在 ω_{sc} 附近時，即 $\omega \approx \omega_{sc}$，PI 控制器可以近似為 P 控制器，因此

$$G_{\omega\_open}(s) \approx K_{p\_\omega} \times \frac{1}{Js} \qquad (2.3.8)$$

當 $K_{p\_\omega} = J\omega_{sc}$ 時，速度開回路轉移函數會變成

$$G_{\omega\_open}(s) \approx \frac{\omega_{sc}}{s} \qquad (2.3.9)$$

因此當 $\omega \geq \omega_{sc}$，速度閉回路轉移函數可近似為截止頻率為 ω_{sc} 的一階低通濾波器

$$G_{\omega\_open}(s) \approx \frac{\omega_{sc}}{s+\omega_{sc}} \qquad (2.3.10)$$

到此完成了速度回路比例控制器 K_{p_ω} 的設計，接下來我們要設計積分增益 K_{i_ω}。

我們已知 PI 控制器的轉折頻率 ω_{PI} 一般會遠低於回路的增益交越頻率 ω_{sc}，在此假設轉折頻率 ω_{PI} 至少低於五分之一的增益交越頻率 ω_{sc}，即

$$\omega_{PI} = \frac{K_{i\_\omega}}{K_{p\_\omega}} \leq \frac{\omega_{sc}}{5} \qquad (2.3.11)$$

因此，可知

$$K_{i\_\omega} \le K_{p\_\omega} \times \frac{\omega_{sc}}{5} \qquad (2.3.12)$$

假設將積分增益 K_{i_ω} 設置如下

$$K_{i\_\omega} = K_{p\_\omega} \times \frac{\omega_{sc}}{5} \qquad (2.3.13)$$

則速度閉回路轉移函數爲

$$\frac{\omega_{rm}}{\omega_{rm}^*} = \frac{\frac{K_{p\_\omega}}{J}s + \frac{K_{i\_\omega}}{J}}{s^2 + \frac{K_{p\_\omega}}{J}s + \frac{K_{i\_\omega}}{J}} = \frac{\omega_{sc}s + \frac{\omega_{sc}^2}{5}}{s^2 + \omega_{sc}s + \frac{\omega_{sc}^2}{5}} \qquad (2.3.14)$$

由（2.3.14）式的分母可知，系統的阻尼比 ζ 爲 $\frac{\sqrt{5}}{2}$，爲過阻尼（over damping）響應，但由於分子有一個零點，會對輸入指令進行微分運算，因此會產生最大超越量（overshoot）。

以上我們完整的介紹經典的馬達速度回路 PI 控制器的設計方法，由於它是使用波德圖近似的方式來設計控制器，因此設計的頻寬值 ω_{sc} 會與實際的速度頻寬有一定的誤差，當 PI 控制器的轉折頻率 ω_{PI} 相較於增益交越頻率 ω_{sc} 愈小時，設計的頻寬值 ω_{sc} 與實際頻寬的誤差可以被有效的減小。

■MATLAB/SIMULINK 仿眞驗證

接下來我們使用實際的馬達參數進行速度回路設計，同樣使用馬達機械慣量 J = 0.00016，且欲設計的速度回路目標頻寬 ω_{sc} 爲 100（rad/s），則根據經典設計法，$K_{p\_\omega} = J\omega_{sc} = 0.00016 \times 100 = 0.016$，並使用（2.3.13）式計算 $K_{i\_\omega} = K_{p\_\omega} \times \frac{\omega_{sc}}{5} = 0.016 \times \frac{100}{5} = 0.32$，若不加入延遲效應，我們可以利用範例程式 m2_3_2 畫出速度開回路轉移函數波德圖，如圖 2-3-4 所示。

MATLAB 範例程式 m2_3_2.m：

```
wsc=100; J=0.00016;
Kp_w=J*wsc; Ki_w=Kp_w*wsc/5;
tf_pi=tf([Kp_w Ki_w],[1 0]);
tf_currLoop = tf(1000,[1 1000]);
tf_plant=tf(1,[J 0]);
Go_w = tf_pi*tf_currLoop*tf_plant;
h=bodeoptions;
h.PhaseMatching='on';
h.Title.FontSize = 14;
h.XLabel.FontSize = 14;
h.YLabel.FontSize = 14;
h.TickLabel.FontSize = 14;
bodeplot(Go_w,'-b',{1,100000},h);
h = findobj(gcf,'type','line');
set(h,'linewidth',2);
grid on;
```


從圖 2-3-4 可以看到，速度開回路的增益交越頻率為 101（rad/s），非常接近設計值 ω_{sc} = 100（rad/s）。接著我們加入延遲效應，假設速度回路在 MCU 的執行頻率為 4（kHz），則計算延遲 T_c 為 1/4000 = 2.5e-4（s），且若速度信號回授為一階低通濾波器，其截止頻率 ω_{fc} = 500（Hz），並假設電流回路可等效為截止頻率為 1000（rad/s）的一階低通濾波，即 ω_q = 1000（Hz），採樣延遲時間$T_{SH} = \frac{T_s}{2} = 1.25e-04$（s）。

我們將以上延遲加入速度開回路增益中，各位可以利用範例程式 m2_3_3 畫出加入延遲效應的波德圖，並與未加入延遲的波德圖進行比較，如圖 2-3-5 所示。

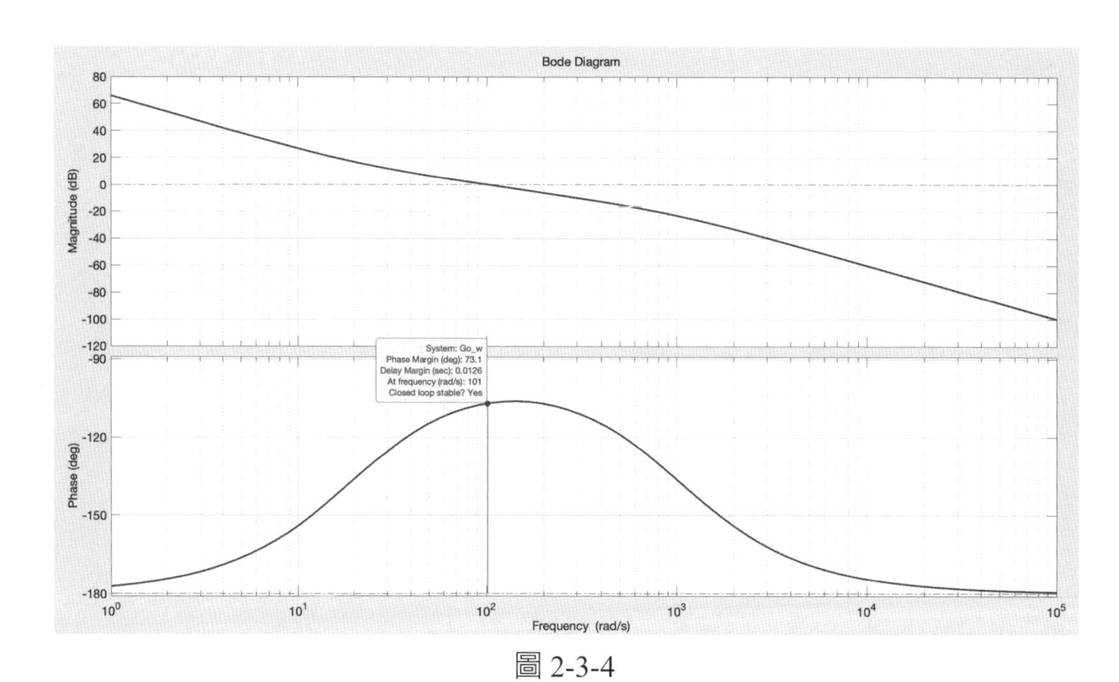

圖 2-3-4

MATLAB 範例程式 m2_3_3.m：

```
s=tf('s'); Ts=1/4000;
wsc=100; J=0.00016;
Kp_w=J*wsc; Ki_w=Kp_w*wsc/5;
tf_pi=tf([Kp_w Ki_w],[1 0]);
tf_plant=tf(1,[J 0]);
tf_compuDelay = exp(-s*Ts);
tf_filter= tf(500, [1 500]);
tf_currLoop = tf(1000, [1 1000]);
tf_shDelay = exp(-s*Ts/2);
Go_w_noDelay = tf_pi*tf_plant;
Go_w_withDelay = tf_pi*tf_plant*tf_compuDelay*tf_filter*tf_currLoop*tf_
shDelay;
h=bodeoptions; h.PhaseMatching='on';
h.Title.FontSize = 14;
```

```
h.XLabel.FontSize = 14;
h.YLabel.FontSize = 14;
h.TickLabel.FontSize = 14;
bodeplot(Go_w_noDelay,'-b',Go_w_withDelay,'-.b',{1,1000},h);
legend('Go_w-noDelay','Go_w-withDelay');
h = findobj(gcf,'type','line');
set(h,'linewidth',2);
grid on;
```

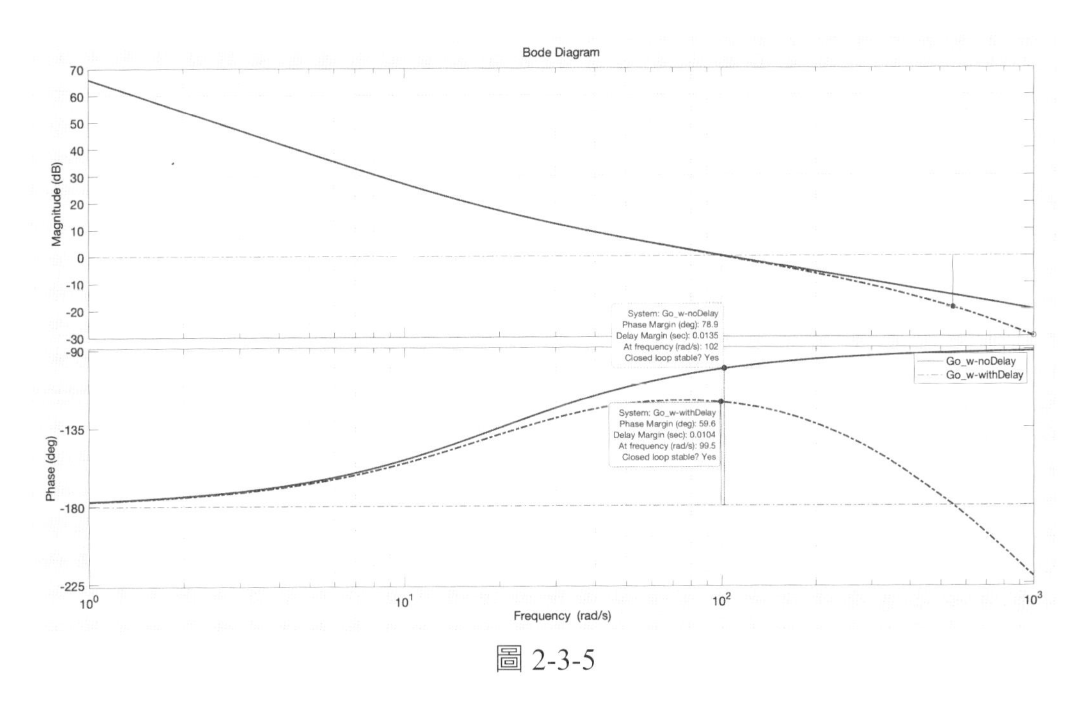

圖 2-3-5

從圖 2-3-5 可以得知，加入延遲效應後，並未影響到速度回路的增益交越頻率 ω_{sc}，但相位會受到延遲效應影響，隨著頻率增大，延遲會侵蝕相位裕度，未加入延遲前，系統的相位裕度（Phase Margin）為 78.9 度；加入延遲後，系統的相位裕度（Phase Margin）減少為 59.6 度，因此系統的穩定度降低，我們可以使用範例程式 mdl_speedLoop_delay 對二個系統進行 SIMULINK 仿真並觀察時域響應結果，SIMULINK 方塊如圖 2-3-6 所示，仿真後的速度響應如圖 2-3-7 所示。

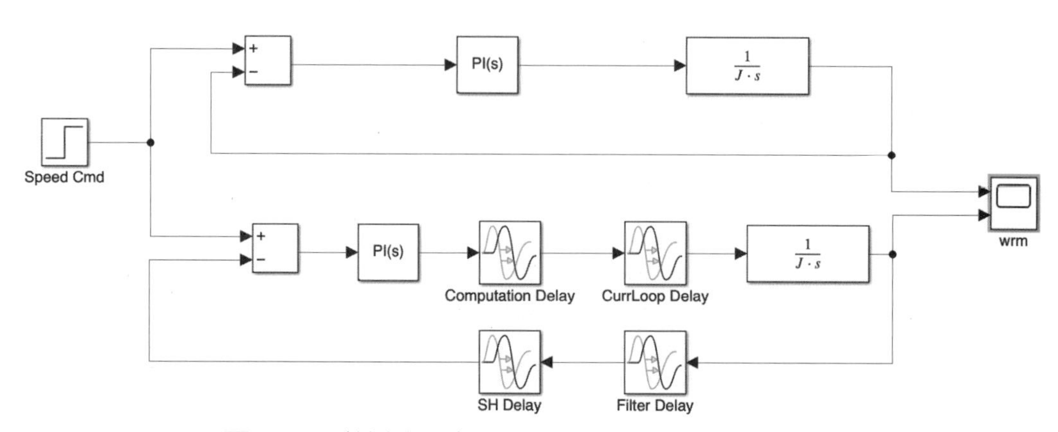

圖 2-3-6（範例程式：mdl_speedLoop_delay.slx）

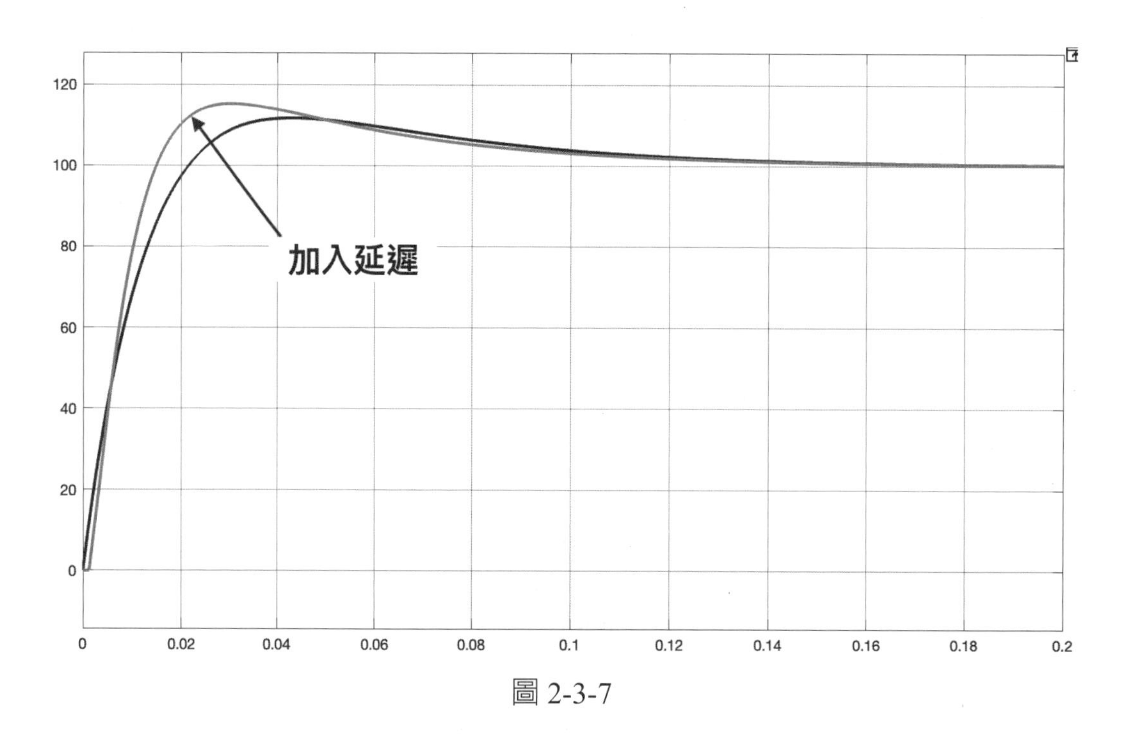

圖 2-3-7

從圖 2-3-7 的速度時域響應波形可以得知，加入延遲後，由於系統的相位裕度減少，同時也造成的更大的最大超越量（overshoot）。

使用經典的速度回路 PI 控制器設計法，通常是根據頻寬規格 ω_{sc} 將 PI 控制器設計完成後，再加入延遲效應才能知道系統的實際相位裕度大小，若相位裕度不符合設計規格，則需要視情況重新進行 PI 控制器設計，並無法在設計階段將所需的相位裕度規格納入考慮，這是本方法主要的缺點，在下一節我們將為各位介紹一種稱為「Symmetrical Optimum method」的速度回路設計技術，它是一種考慮時間延遲效應的速度回路 PI 控制器設計法，可以在設計階段就將所需的頻寬規格 ω_{sc} 與相位裕度（Phase Margin）規格納入考慮，根據「Symmetrical Optimum method」所設計的速度回路將精確的符合所要求的頻寬 ω_{sc} 與相位裕度（Phase Margin）規格。

2.3.2 考慮延遲效應的速度回路 PI 控制器設計方法

本節我們將為各位介紹名為「Symmetrical Optimum method」的速度回路設計技術 [10, 11]，它是一種考慮時間延遲效應的速度回路 PI 控制器設計法，並且在設計階段就可將所需的頻寬規格 ω_{sc} 與相位裕度（Phase Margin）規格納入考慮，首先，讓我們先重新檢視一下考慮延遲效應的速度回路系統方塊圖，如圖 2-3-8 所示。

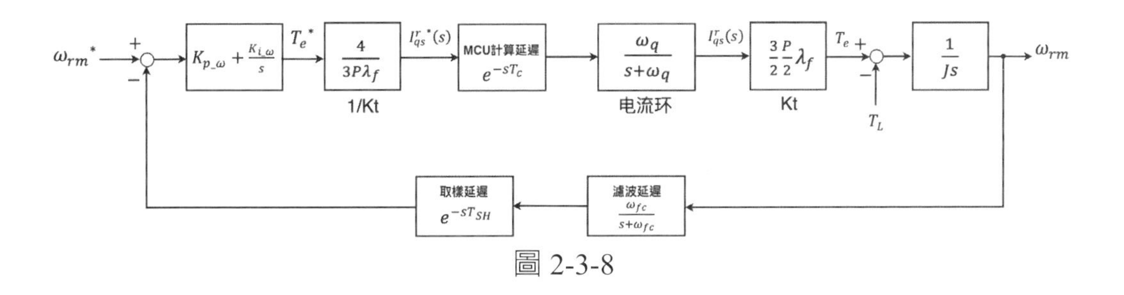

圖 2-3-8

速度開回路轉移函數 G_{ω_open} 可以表示為

$$G_{\omega\_open}(s)=\left(K_{p\_\omega}+\frac{K_{i\_\omega}}{s}\right)\times e^{-sT_c}\times\frac{\omega_q}{s+\omega_q}\times\frac{1}{Js}\times\frac{\omega_{fc}}{s+\omega_{fc}}\times e^{-sT_{SH}} \quad (2.3.15)$$

我們可將計算延遲、電流回路延遲、回授濾波延遲與採樣延遲合併成一個總延遲時間 T_{d_total}，即

$$T_{d\_total}=T_c+T_{curr}+T_{filter}+T_{SH}$$

其中，$T_{curr} = 1/\omega_q$，$T_{filter} = 1/\omega_{fc}$。

因此，（2.3.15）式可以表示為

$$G_{\omega\_open}(s) - \left(K_{p\_\omega} + \frac{K_{i\ \omega}}{s}\right) \times e^{-sT_{d\_total}} \times \frac{1}{Js} \qquad (2.3.16)$$

可以使用一階低通濾波器來近似 T_{d_total} 的延遲效應

$$G_{\omega\_open}(s) = \left(K_{p\_\omega} + \frac{K_{i\_\omega}}{s}\right) \times \frac{1}{T_{d\_total}s + 1} \times \frac{1}{Js} \qquad (2.3.17)$$

若可將控制回路整理成如（2.3.17）式的型式，根據「Symmetrical Optimum method」設計法 [10, 11]，可將 PI 控制器參數設計如下

$$K_{p\_\omega} = \frac{J}{\alpha T_{d\_total}}、K_{i\_\omega} = \frac{K_{p\_\omega}}{\alpha^2 T_{d\_total}} \qquad (2.3.18)$$

則設計完成的增益交越頻率 ω_{sc} 可以表示為

$$\omega_{sc} = \frac{1}{\alpha T_{d\_total}} \qquad (2.3.19)$$

設計完成的相位裕度 PM 可以表示為

$$\mathrm{PM} = 2\tan^{-1}\alpha - 90° \qquad (2.3.20)$$

以下介紹「Symmetrical Optimum method」的使用方式，「Symmetrical Optimum method」設計法建議的 α 值介於$\sqrt{4}$與$\sqrt{20}$之間，假設速度頻寬 ω_{sc} 的設計目標為 100（rad/s），總延遲時間 $T_{d\_total} = 0.0034(s)$，則根據（2.3.19）式，可以計算出相對應的 α 值，計算如下

$$\alpha = \frac{1}{\omega_{sc} T_{d\_total}} = \frac{1}{100 \times 0.0034} = 2.9412 \quad (2.3.21)$$

此時根據（2.3.20）式，可以計算在此頻寬下的相位裕度爲

$$\text{PM} = 2\tan^{-1}(2.9412) - 90° = 52.4442 \quad (2.3.22)$$

若此相位裕度滿足需求，則可以根據（2.3.18）式計算對應的 PI 控制器參數

$$K_{p\_\omega} = \frac{J}{\alpha T_{d\_total}} = 0.016 \text{、} K_{i\_\omega} = \frac{K_{p\_\omega}}{\alpha^2 T_{d\_total}} = 0.54 \quad (2.3.23)$$

我們可以使用範例程式 m2_3_4 來進行驗證，程式執行後可以畫出開回路系統波德圖，如圖 2-3-9 所示。

MATLAB 範例程式 m2_3_4.m：

```
s=tf('s'); Ts=1/4000;
wsc=100; J=0.00016;
Td_total=Ts+0.002+0.001+Ts/2;
alpha=1/(wsc*Td_total);
Kp_w=J/(alpha*Td_total); Ki_w=Kp_w/(alpha^2*Td_total);
tf_pi=tf([Kp_w Ki_w],[1 0]);
tf_plant=tf(1,[J 0]);
tf_compuDelay = exp(-s*Ts);
tf_filter = tf(500, [1 500]);
tf_currLoop = tf(1000, [1 1000]);
tf_shDelay = exp(-s*Ts/2);
Go_w_withDelay = tf_pi*tf_plant*tf_compuDelay*tf_filter*tf_currLoop* tf_shDelay;
```

CHAPTER 2

```
Gc_w_withDelay = Go_w_withDelay/(1+Go_w_withDelay);
h=bodeoptions; h.PhaseMatching='on';
h.Title.FontSize = 14;
h.XLabel.FontSize = 14;
h.YLabel.FontSize = 14;
h.TickLabel.FontSize = 14;
bodeplot(Go_w_withDelay,'-.b',{1,1000},h);
legend('Go_w-withDelay');
h = findobj(gcf,'type','line');
set(h,'linewidth',2);
grid on;
```


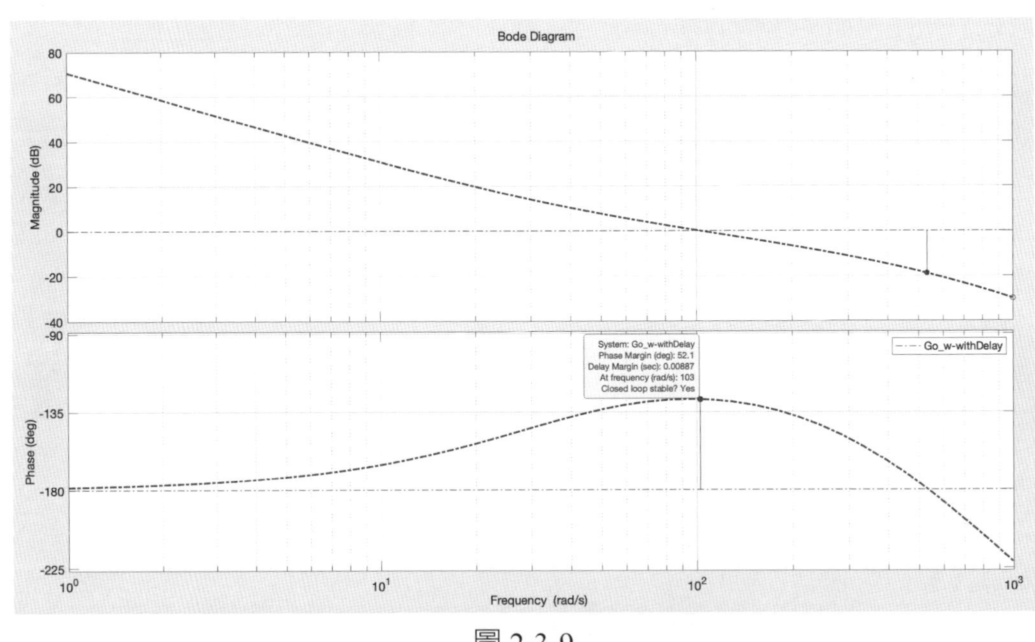

圖 2-3-9

從圖 2-3-9 可以得到開回路增益交越頻率為 103（rad/s），接近頻寬設計的目標值 100（rad/s），同時系統的相位裕度為 52.1°，與設計規格 52.4° 也相當接近，由於「Symmetrical Optimum method」設計法仍然使用某些近似技術，因此實際值與設計值之間存在些微誤差，但應可以滿足大部分的應用需求。

若各位已執行完成範例程式 m2_3_4，可以在 MATLAB 的命列執行以下指令可以將步階響應畫出，如圖 2-3-10 所示。

```
step(Gc_w_withDelay)
```

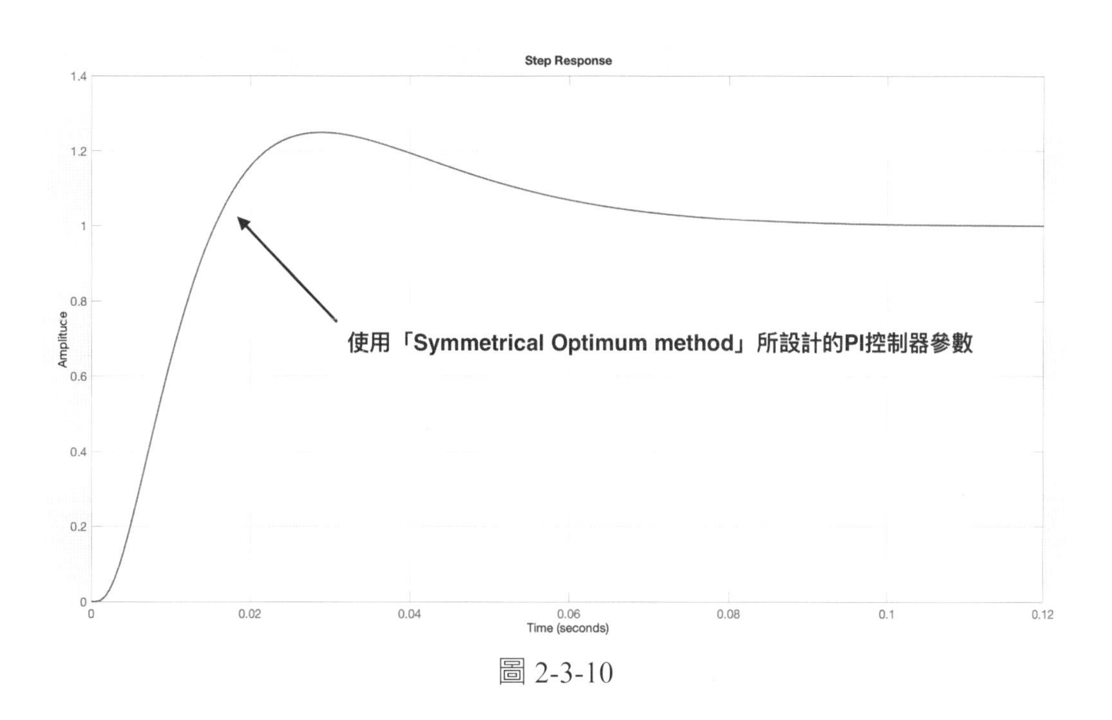

圖 2-3-10

對於某些應用來說，若相位裕度是比較重要的設計規格，則在設計階段可以先使用（2.3.20）式計算出符合相位裕度規格的 α 值，再利用（2.3.19）式計算出對應的增益交越頻率 ω_{sc}，若符合需求，則可以使用（2.3.18）式計算出對應的 PI 控制器參數值，到此完成了考慮延遲效應的速度回路 PI 控制器的設計。

2.3.3 速度回路的 IP 控制器設計 [1, 4, 5]

在前二節（2.3.1 節與 2.3.2 節），我們已經爲各位介紹馬達速度回路 PI 控制器的二種設計方式，然而不管是使用哪種方式，使用 PI 控制器的速度閉回路轉移函數的分子都會存在一個零點，而這個零點會對速度命令進行微分運算，而造成速度響應的最大超越量，在此讓我們回顧一下使用 PI 控制器的典型永磁同步馬達速度控制回路架構，如圖 2-3-11（爲了簡化推導，在此省略了延遲效應）。

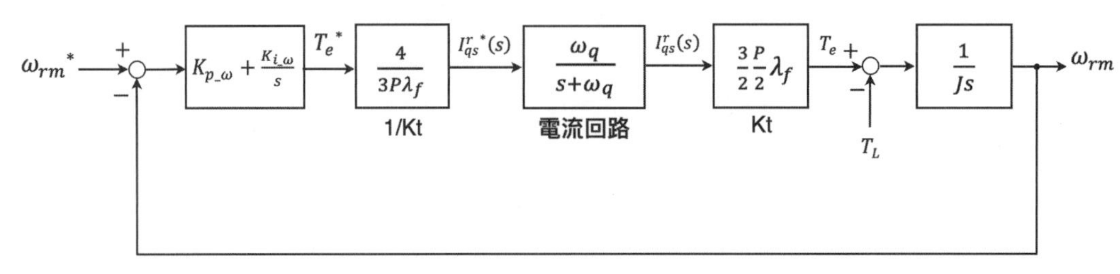

圖 2-3-11

由於速度回路頻寬遠低於電流回路頻寬，在此可以將電流回路轉移函數等效爲單位增益，即

$$\frac{\omega_q}{s+\omega_q} \cong 1 \tag{2.3.24}$$

圖 2-3-11 中的增益$\frac{4}{3P\lambda_f}$爲永磁同步馬達轉矩命令轉電流命令增益（即轉矩常數 K_T 的倒數），而增益$\frac{3P\lambda_f}{4}$爲永磁同步馬達電流轉轉矩增益（即轉矩常數 K_T），二者乘積正好爲 1。

經由推導，可得輸出轉速 ω_{rm} 與速度命令 ω_{rm}^* 之間的轉移函數爲

$$\frac{\omega_{rm}}{\omega_{rm}^*} = \frac{\frac{K_{p\_\omega}}{J}s + \frac{K_{i\_\omega}}{J}}{s^2 + \frac{K_{p\_\omega}}{J}s + \frac{K_{i\_\omega}}{J}} \tag{2.3.25}$$

由（2.3.25）式可知速度閉回路轉移函數的分子有一個零點，這個零點會對輸入命令進行微分運算，讓輸出響應產生最大超越量（overshoot），因此若能夠去除掉速度閉回路轉移函數中分子的零點，就能夠有效的減小最大超越量，在此我們可以使用 IP 控制器架構，如圖 2-3-12 所示。

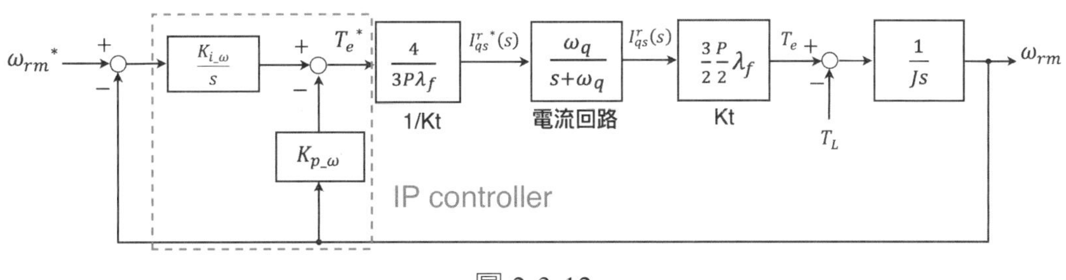

圖 2-3-12

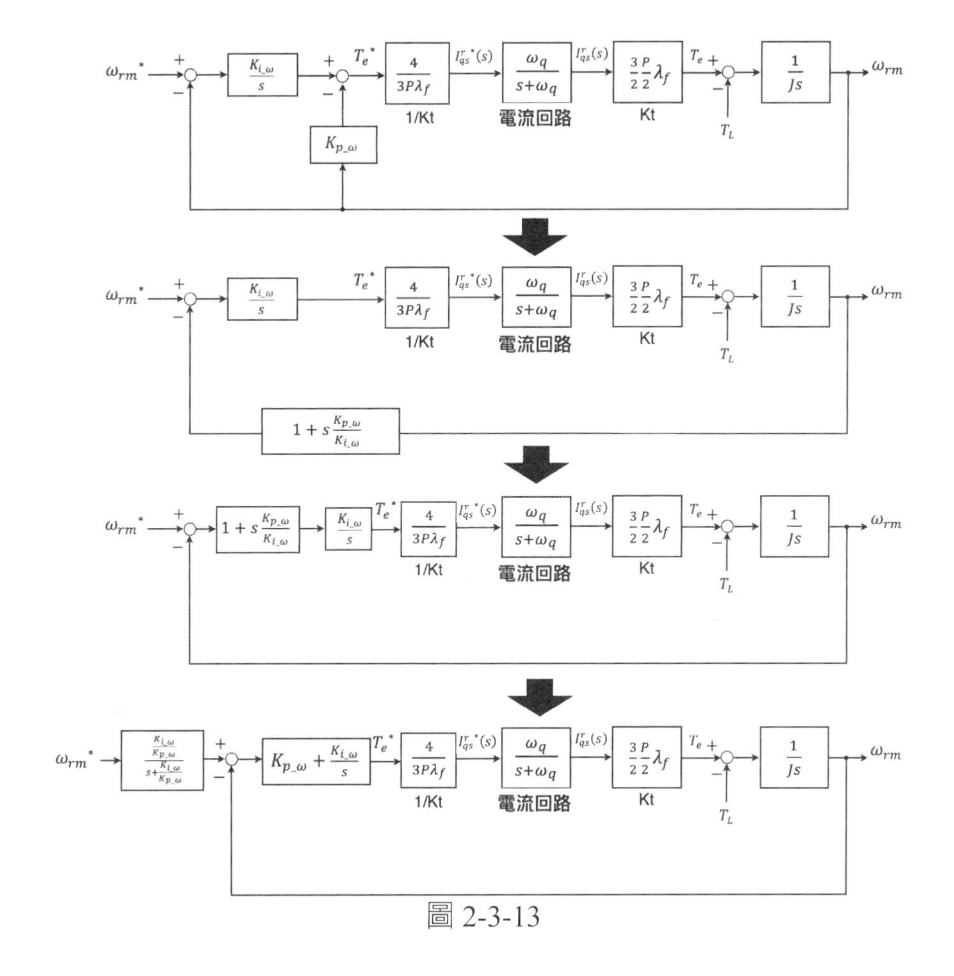

圖 2-3-13

如圖 2-3-12 的控制架構中，虛線所包圍的即爲 IP 控制器，利用圖 2-3-13 的等效變換流程，可以很容易推導出 IP 控制架構下輸出轉速 ω_{rm} 與速度命令 ω_{rm}^* 之間的轉移函數（在此假設 $\frac{\omega_q}{s+\omega_q} \cong 1$）

$$\frac{\omega_{rm}}{\omega_{rm}^*} = \frac{\frac{K_{i\_\omega}}{J}}{s^2 + \frac{K_{p\_\omega}}{J}s + \frac{K_{i\_\omega}}{J}} \tag{2.3.26}$$

從（2.3.26）式可以發現分子的零點被消去了，這是由於命令的低通濾波器的極點去抵消掉閉回路系統的零點所致，因此相較於 PI 控制器，使用 IP 控制器的速度控制回路的輸出振盪更小。從圖 2-3-13 可以得知，IP 控制器的本質上是由 PI 控制器與命令的低通濾波器所組成，若用信號處理的角度分析的話，IP 控制器的輸出響應振盪能夠比 PI 控制器更小的原因在於已先行對轉速命令進行了低通濾波處理。

CHAPTER 2

■MATLAB/SIMULINK 仿眞驗證

利用 2.3.1 節的經典 PI 控制器設計法所設計的 PI 控制器參數如下：

$$K_{p\_\omega} = 0.016$$
$$K_{i\_\omega} = 0.32$$

將其輸入 SIMULINK 方塊，在此假設電流回路可等效爲截止頻率爲 1000（rad/s）的一階低通濾波器，同時也建構 IP 控制器回路，建構完成的 SIMULINK 控制系統方塊如圖 2-3-14 所示。

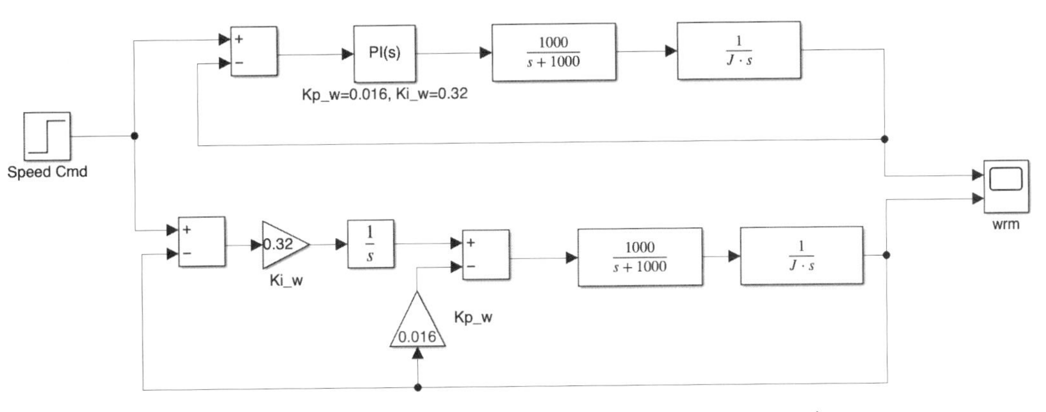

圖 2-3-14（範例程式：mdl_speedLoop_PI_IP.slx）

執行圖 2-3-14 的 SIMULINK 仿眞後，可以得到速度響應的比較圖，如圖 2-3-15 所示。

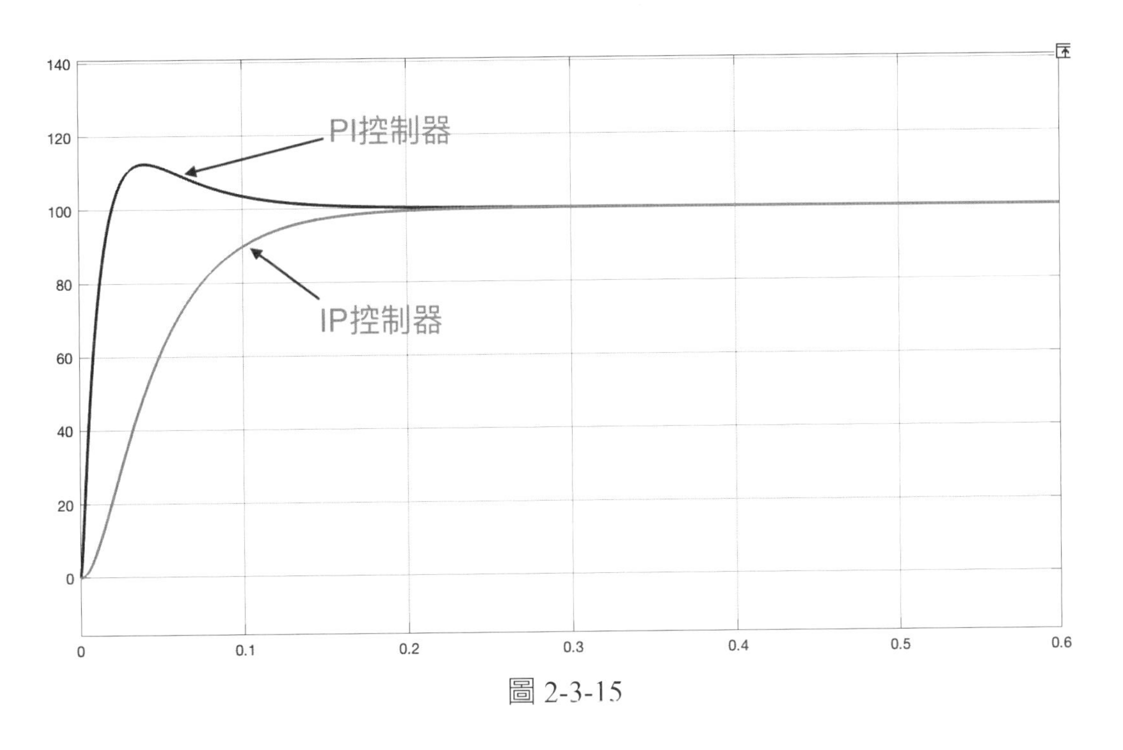

圖 2-3-15

由圖 2-3-15 的速度響應比較波形可以看出，使用 IP 控制器可以完全抑制 PI 控制器所產生的最大超越量。

回到圖 2-3-13 的 IP 控制器的等效變換的最後一種型態，若將 IP 控制器看成是命令的低通濾波器與 PI 控制器的組合的話，則速度命令的低通濾波器須被設計成（2.3.27）式。

$$\text{速度命令的低通濾波器} = \frac{\dfrac{K_{i\_\omega}}{K_{p\_\omega}}}{s+\dfrac{K_{i\_\omega}}{K_{p\_\omega}}} \tag{2.3.27}$$

其中，$\dfrac{K_{i\_\omega}}{K_{p\_\omega}}$ 即爲此低通濾波器的截止頻率，而分母的極點正好可以消去（2.3.25）式分子的零點，讓整體的閉回路轉移函數成爲（2.3.26）式的形式，若單獨將圖 2-3-13 中的 IP 控制器的 K_{i_ω} 調大，則 IP 控制器的命令的低通濾波器的頻寬會被提高，此舉可以增加 IP 控制器的響應速度，但代價是可能會產生最大超越量，原因是命令低通濾波器的極點不再能完整消去（2.3.25）式分子的零點所致。

而我們使用經典 PI 控制器設計法所設計的 PI 控制器參數（$K_{p\_\omega} = 0.016$，$K_{i\_\omega} = 0.32$），此組參數已將系統的阻尼比 ζ 設計爲 $\dfrac{\sqrt{5}}{2}$，爲過阻尼（over damping），因此使用這組參數的 IP 控制器僅單純將轉移函數分子的零點消去，此時系統的轉移函數就等效爲標準二階系統的型式

$$\frac{\omega_{rm}}{\omega_{rm}^{*}} = \frac{\dfrac{K_{i\_\omega}}{J}}{s^2+\dfrac{K_{p\_\omega}}{J}s+\dfrac{K_{i\_\omega}}{J}} \tag{2.3.28}$$

當系統爲過阻尼，（2.3.28）式的特性方程式的根爲二負實數根，因此系統不會發生振盪，但對 IP 控制器的正確理解應爲：「並非 IP 控制器不會產生振盪，振盪的產生與否是由特性方程式的阻尼比所決定的，IP 控制器最大的貢獻在於消去了會產生振盪的零點。」

雖然 IP 控制器較 PI 控制器產生的振盪更小，但由於 IP 控制器會對輸入命令進行低通濾波，因此需要更長的穩態時間，若用頻域分析的說法，就是

IP 控制回路的頻寬相較於 PI 控制回路更低，各位可以利用範例程式 m2_3_5 來畫出 IP 控制回路的閉回路轉移函數，並與 PI 控制回路作比較，如圖 2-3-15 所示。

MATLAB 範例程式 m2_3_5.m：

```
s=tf('s'); Ts=1/4000;
wsc=100; J=0.00016;
Kp_w=J*wsc; Ki_w=Kp_w*wsc/5;
tf_pi=tf([Kp_w Ki_w],[1 0]);
tf_plant=tf(1,[J 0]);
tf_currLoop = tf(1000, [1 1000]);
tf_cmdFilter = tf(Ki_w/Kp_w, [1 Ki_w/Kp_w]);
Go_w_PI = tf_pi*tf_currLoop*tf_plant;
Gc_w_PI = Go_w_PI/(1+Go_w_PI);
Gc_w_IP = tf_cmdFilter*Go_w_PI/(1+Go_w_PI);
h=bodeoptions; h.PhaseMatching='on';
h.Title.FontSize = 14;
h.XLabel.FontSize = 14;
h.YLabel.FontSize = 14;
h.TickLabel.FontSize = 14;
bodeplot(Gc_w_PI,'-b',Gc_w_IP,'-.b',{1,1000},h);
legend('Go_w-PI','Gc_w-IP');
h = findobj(gcf,'type','line');
set(h,'linewidth',2);
grid on;
```

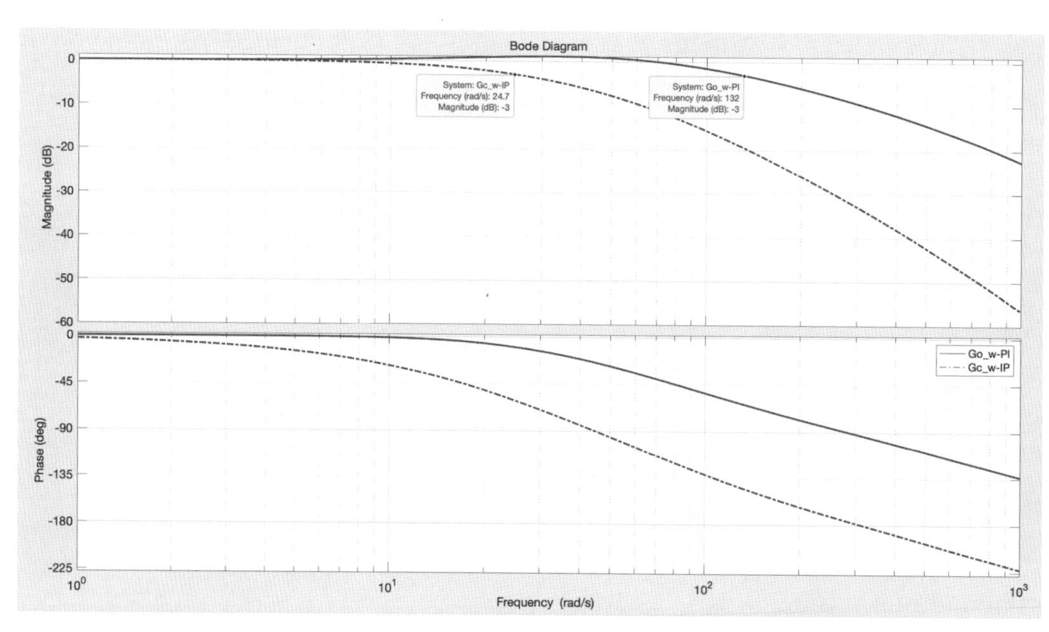

圖 2-3-16

圖 2-3-15 中，虛線部分爲 IP 控制回路的閉回路轉移函數波德圖，而實線部分爲 PI 控制回路的閉回路轉移函數波德圖，從圖可以得知，PI 控制回路的頻寬爲 132（rad/s）〔說明：經典設計法所設計的目標頻寬爲 100（rad/s），但由於是似近法，因此實際頻寬會與設計值有一定的誤差。〕，而 IP 控制回路的頻寬只有 24.7（rad/s），由此可知 IP 控制器所包含的命令低通濾波器對頻寬產生了仰制作用。

因此若要有效提升 IP 控制回路的頻寬，則需要同時設計命令低通濾波器與 PI 控制器參數，可以利用範例程式 m2_3_6，讓電腦自動找出符合目標頻寬的 IP 控制器參數。

MATLAB 範例程式 m2_3_6.m：

```
J=0.00016;
target_BW=200; % rad/s
for wsc=target_BW/3:0.1:target_BW*5
    Kp_w = J*wsc;
```

```
Ki_w = Kp_w*(wsc/5);
tf_cmdFilter = tf([Ki_w/Kp_w], [1 Ki_w/Kp_w]);
tf_PI = tf([Kp_w Ki_w],[1 0]);
tf_currLoop = tf(1000, [1 1000]);
tf_plant = tf(1,[J 0]);
Go_PI = tf_PI*tf_currLoop*tf_plant;
Gc_PI = Go_PI/(1+Go_PI);
G_IP = tf_cmdFilter*Gc_PI;
IP_BW = bandwidth(G_IP);
    if (abs(IP_BW - target_BW)<1)
        break;
    end
end
Kp_w
Ki_w
```


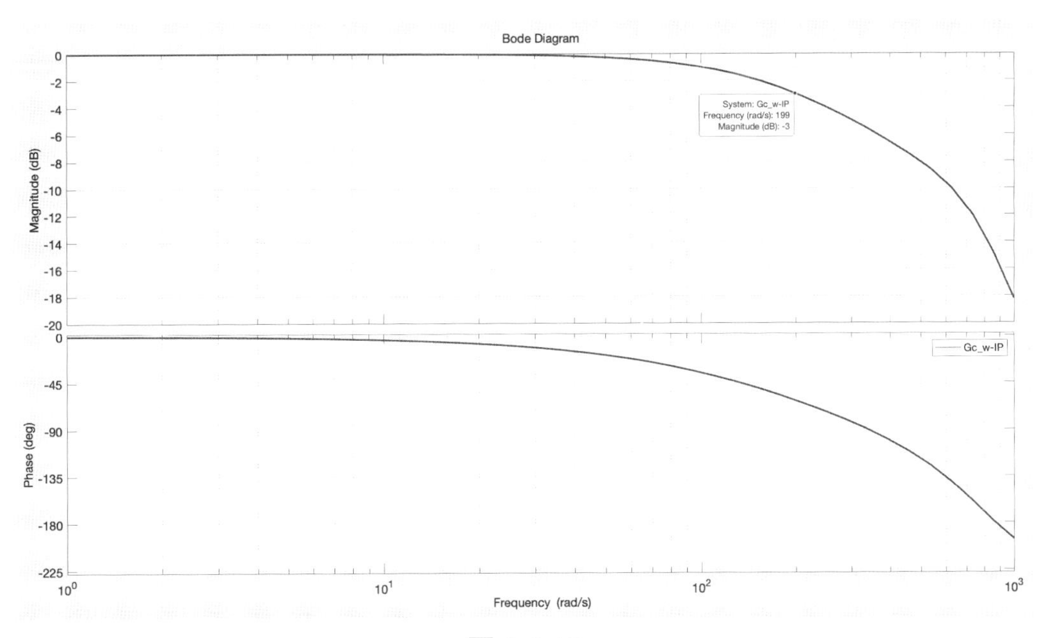

圖 2-3-17

執行範例程式 m2_3_6，可以讓電腦自動找出符合速度頻寬 200（rad/s）的 IP 控制器參數，得到的參數如下：

$$K_{p\_\omega} = 0.1202$$
$$K_{i\_\omega} = 18.0657$$

利用範例程式 m2_3_6b，可以畫出使用此組參數的 IP 控制回路波德圖，如圖 2-3-17，從波德圖可知，使用此組參數的 IP 控制回路的 -3dB 頻率爲 199（rad/s），相當接近控制回路的頻寬設計目標值。

請各位注意到範例程式 m2_3_6 中，Kp_w 與 Ki_w 與 wsc 的關係，Kp_w=J*wsc、Ki_w= Kp_w *wsc/5，這與 2-3-1 節使用經典設計法所設計的 PI 控制器相同，可以讓系統的阻尼比 ζ 設計爲 $\frac{\sqrt{5}}{2}$，爲過阻尼（over damping），再依此原則找出適合的 IP 控制器參數，因此所找到符合目標頻寬值的 IP 控制器也必然是能夠讓系統呈現過阻尼（over damping）響應的控制器參數。

使用 2.3.2 節的「Symmetrical Optimum method」所設計的 PI 控制器也可以利用 IP 控制器的觀念，在輸入命令端配置一個與 PI 控制器對應的低通濾波器，以減小分子零點所產生的振盪效應。

2.3.4 速度 PI 與 IP 控制器的抗擾動性能分析 [1, 4]

接下來我們來分析 PI 與 IP 控制器在面對擾動（負載轉矩）時的抗干擾性能，從圖 2-3-11 中，我們假設輸入 $\omega_{rm}^{*}=0$，可以很容易推導出在 PI 控制架構下的輸出轉速 ω_{rm} 與負載轉矩 T_L 間的轉移函數

$$\frac{\omega_{rm}}{T_L} = \frac{s}{Js^2 + K_{p\_\omega}s + K_{i\_\omega}} \quad (2.3.29)$$

從圖 2-3-12 與圖 2-3-13 中，也可以很容易推導出在 IP 控制架構下的輸出轉速 ω_{rm} 與負載轉矩 T_L 間的轉移函數

$$\frac{\omega_{rm}}{T_L}=\frac{s}{Js^2+K_{p\_\omega}s+K_{i\_\omega}} \qquad (2.3.30)$$

各位可以很清楚的看到，PI 與 IP 控制架構二者的抗干擾轉移函數是一致的，也意謂著二者的抗干擾能力是相同的，我們可以稍微修改圖 2-3-13 的系統方塊來進行驗證，修改後的系統方塊如圖 2-3-17 所示。

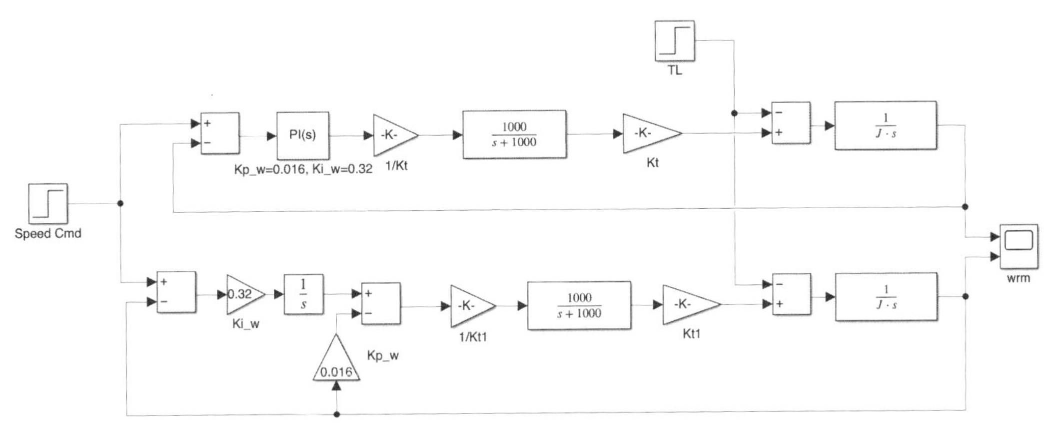

圖 2-3-18（範例程式：mdl_speedLoop_PI_IP_disturbance.slx）

使用 SIMULINK 對圖 2-3-18 的系統進行模擬，可以得到圖 2-3-19 的速度響應波形，從波形可以看出，當 0.5 秒施加 0.5（Nm）的衝擊性負載後，PI 與 IP 控制器的擾動響應是一致的，因此可知 PI 與 IP 控制器二者的抗干擾能力是相同的。

■擾動轉移函數分析

對（2.3.29）式的轉移函數來說，負載擾動是輸入項，當擾動發生，我們希望擾動對輸出的影響愈小愈好，因此通常希望系統的輸出對擾動的轉移函數〔如（2.3.29）式〕能夠愈小愈好。

接下來我們來分析一下（2.3.29）式在不同頻段下的特性〔使用 $s=j\omega$ 代入（2.3.29）式，並分析在不同頻段下，擾動轉移函數的近似特性。〕：

- 低頻段：當在低頻時，由於頻率 ω 很小，即 s 很小，而 s^2 則更小，分母將由 K_{i_ω} 項所主導，因此 $\frac{\omega_{rm}}{T_L}$ 轉移函數可近似爲 $\frac{s}{K_{i\_\omega}}$，即 $\frac{\omega_{rm}}{T_L}\cong\frac{s}{K_{i\_\omega}}$，當頻率

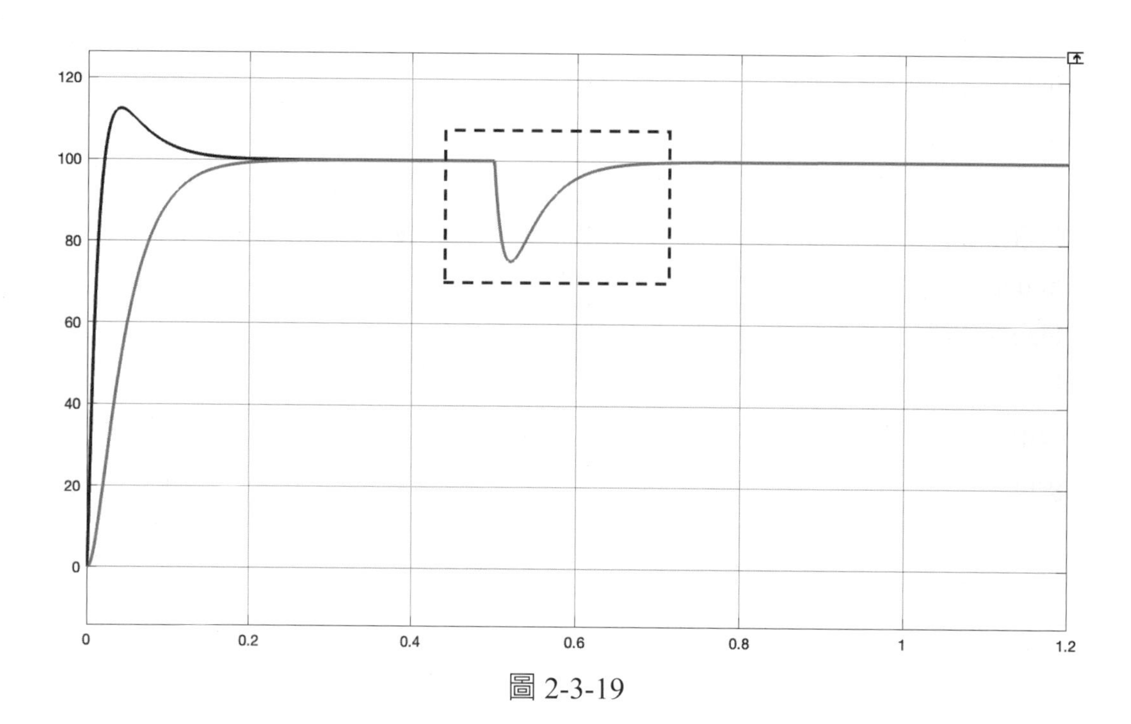

圖 2-3-19

愈低，$\frac{s}{K_{i_\omega}}$愈小。

➢ 高頻段：當在高頻時，由於頻率 ω 很大，即 s 很大，而 s^2 則更大，分母將由 Js^2 項所主導，因此$\frac{\omega_{rm}}{T_L}$轉移函數可近似爲$\frac{s}{Js^2}$，即$\frac{\omega_{rm}}{T_L} \cong \frac{s}{Js^2} = \frac{1}{Js}$，當頻率愈高，$\frac{1}{Js}$愈小。

➢ 中頻段：當在中頻時，分母由 $K_{p\_\omega}s$ 項所主導，因此$\frac{\omega_{rm}}{T_L}$轉移函數可近似爲$\frac{s}{K_{p_\omega}s}$，即$\frac{\omega_{rm}}{T_L} \cong \frac{s}{K_{p_\omega}s} = \frac{1}{K_{p_\omega}s}$。

MATLAB 範例程式 m2_3_7.m：

```
wsc=100; J=0.00016;
Kp_w=J*wsc; Ki_w=Kp_w*wsc/5;
tf_disturbance = tf([1 0],[J Kp_w Ki_w]);
h=bodeoptions;
h.PhaseMatching='on';
```

```
h.Title.FontSize = 14;
h.XLabel.FontSize = 14;
h.YLabel.FontSize = 14;
h.TickLabel.FontSize = 14;
bodeplot(tf_disturbance,'-b',{1,10000},h);
legend('TF-disturbance');
h = findobj(gcf,'type','line');
set(h,'linewidth',2);
grid on;
```

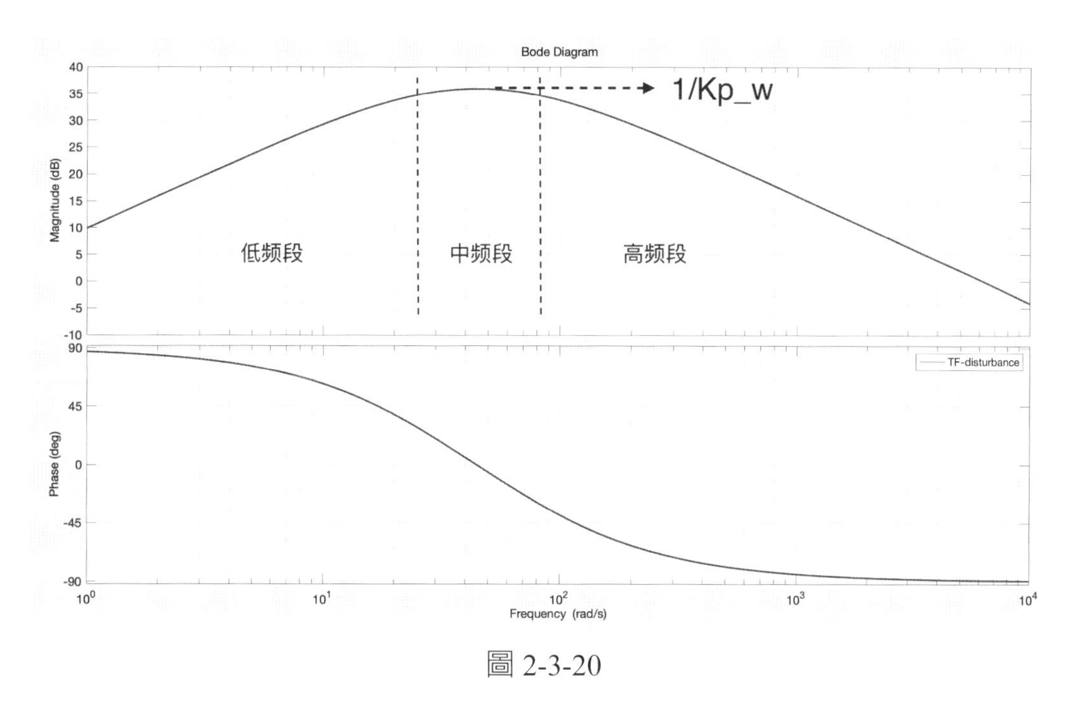

圖 2-3-20

各位可以使用範例程式 m2_3_7 畫出（2.3.29）式的轉移函數波德圖，如圖 2-3-20 所示。以上輸出對擾動轉移函數的近似分析，可以由圖 2-3-20 的波德圖所證明，在不同頻段，輸出對擾動的轉移函數可以被近似爲不同的型態，低頻與高頻段的大小都會隨著頻率增加而減小，而在中頻段，轉移函數的大小可以被近似爲$\frac{1}{K_{p_\omega}}$，本例中，$K_{p\_\omega} = 0.016$，換算成 dB 值如下

$$20\log\left(\frac{1}{K_{p\omega}}\right)=20\log\left(\frac{1}{0.016}\right)=35.91(\text{dB})$$

中頻段的大小可以由圖 2-3-20 的波德圖得到證明，當控制回路的頻寬愈高，代表回路的增益愈大，即 K_{p_ω} 愈大，而當 K_{p_ω} 愈大，也意謂著 $\frac{1}{K_{p\_\omega}}$ 愈小，擾動轉移函數的波德圖幅值可以進一步往下平移，讓擾動對輸出的影響變得更小，因此控制回路的頻寬愈大，抗擾動的能力愈好。

圖 2-3-21 顯示當 K_{p_ω} 從原來的 0.016 增加到原來的二倍 0.032 時，擾動轉移函數的波德圖幅值的變化，從圖可以看出，當比例增益變大，擾動轉移函數的波德圖幅值可以進一步往下平移，讓擾動對輸出的影響變得更小，這也意謂著當控制器的增益愈大，控制回路對擾動的抑制能力就愈好。

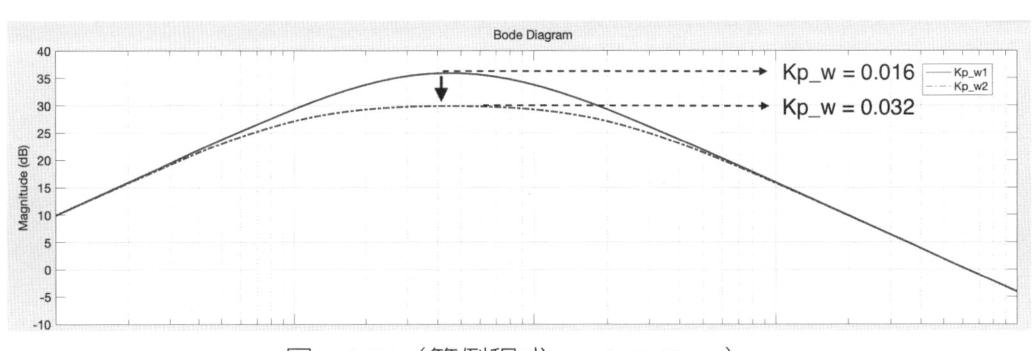

圖 2-3-21（範例程式：m2_3_7b.m）

若受控廠參數發生改變，例如當馬達轉動慣量 J 增加時，擾動轉移函數的波德圖幅值在高頻段能夠被進一步的減小，圖 2-3-22 顯示當馬達轉動慣量 J 從原來的 0.00016 增加到原來的二倍 0.00032 時，擾動轉移函數的波德圖幅值的變化，從圖可以看出，當系統整體的轉動慣量增大時，擾動轉移函數的波德圖幅值在高頻段可以進一步往下平移，讓擾動對輸出的影響變得更小，這也意謂著機械慣量愈大，轉速就愈不容易受到高頻擾動的影響。

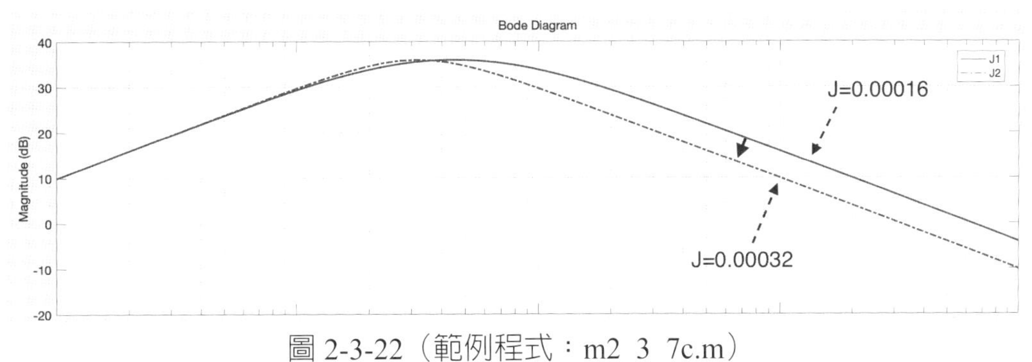

圖 2-3-22（範例程式：m2_3_7c.m）

若單純增加 PI 控制器的積分增益，則擾動轉移函數的波德圖幅值在低頻段能夠被進一步的減小，圖 2-3-23 顯示當 PI 控制器積分增益 K_{i_ω} 從原來的 0.32 增加到原來的二倍 0.64 時，擾動轉移函數的波德圖幅值的變化，從圖可以看出，當 PI 控制器積分增益增大時，擾動轉移函數的波德圖幅值在低頻段可以進一步往下平移，讓擾動對輸出的影響變得更小，這也意謂著積分增益愈大，轉速就愈不容易受到低頻擾動的影響。

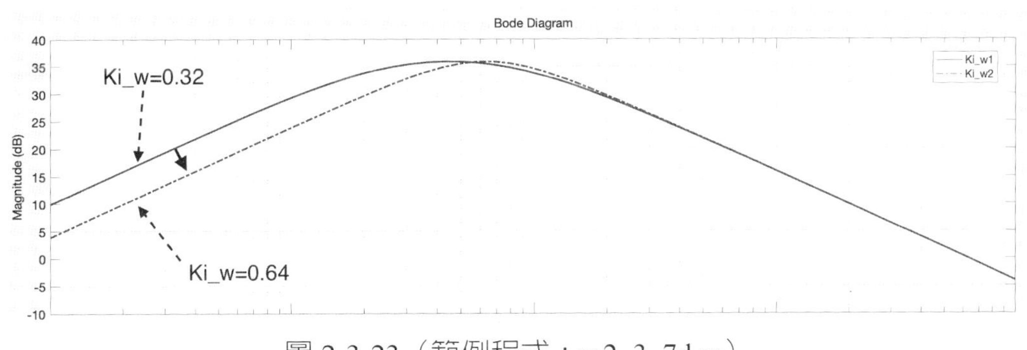

圖 2-3-23（範例程式：m2_3_7d.m）

■不同轉動慣量回路的抗擾動能力分析

綜合上述分析，當馬達轉動慣量 J 增加爲原來的二倍時，可以直接改善系統在高頻段的抗擾動性能，而轉動慣量的增加可能也間接的增大了 PI 控制器的增益，因爲當馬達轉動慣量 J 增加爲原來的二倍時，若要維持相同的回路頻寬，PI 控制器的比例增益也要同步增加爲原來的二倍，而 PI 控制器的比例增益的增加，爲了讓控制回路維持相同的阻尼比，積分增益也需要同步增加，圖 2-3-24 的波德圖幅值就顯示當馬達轉動慣量 J、PI 控制器的比例增益與 PI 控制器的積分增益同步增加爲原來二倍時，擾動轉移函數的波德圖幅值的變化，從圖可知，整體的波德圖幅值同步往下平移，與未增加轉動慣量前的系統相比，雖然二個系統具有相同的頻寬，但慣量較大的系統擁有較高的抗擾動性能。

我們可以利用 SIMULINK 進行驗證，建構完成的系統方塊如圖 2-3-25 所示，圖 2-3-26 爲 SIMULINK 的仿眞結果，從速度響應可以發現，二個系統的暫態響應相同，代表二者有相同的頻寬，但從對衝擊性負載的響應可以看出，慣量較大的系統擁有較高的抗擾動性能。

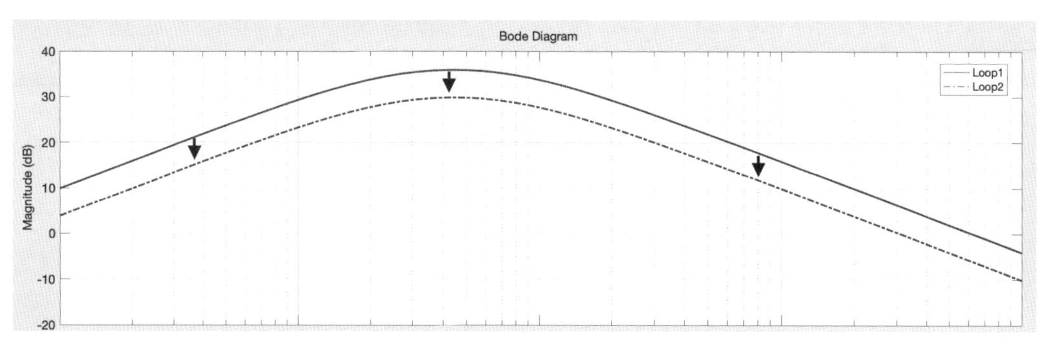

圖 2-3-24（範例程式：m2_3_7e.m）

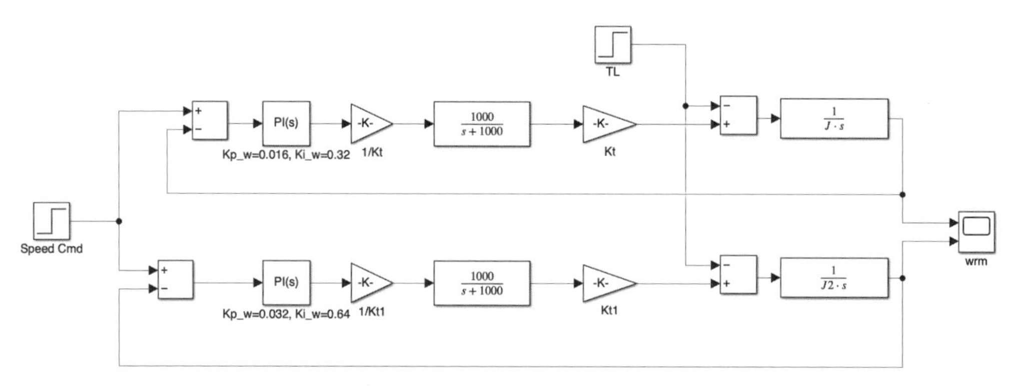

圖 2-3-25（範例程式：mdl_speedLoop_compare_J.slx）

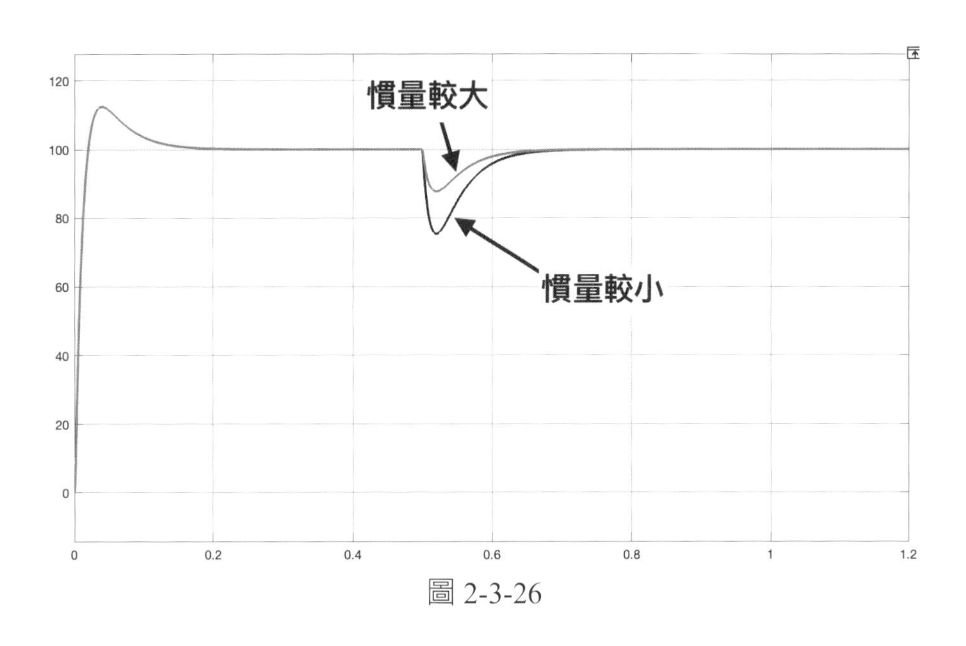

圖 2-3-26

■不同 PI 控制器增益的抗擾動能力分析

接下來我們對使用不同 PI 控制器增益的控制回路進行抗擾動能力分析，二個控制回路的受控廠轉動慣量一致，我們準備二組 PI 控制器參數，第一組為速度回路頻寬 100（rad/s）的 PI 控制器參數（即為範例程式 m2_3_7 所使用的參數）：

$$K_{p\_\omega} = 0.016$$
$$K_{i\_\omega} = 0.32$$

第二組為速度回路頻寬 200（rad/s）的 PI 控制器參數：

$$K_{p\_\omega} = 0.032$$
$$K_{i\_\omega} = 1.28$$

將二組參數輸入SIMULINK系統，建構完成的系統方塊如圖2-3-27所示。

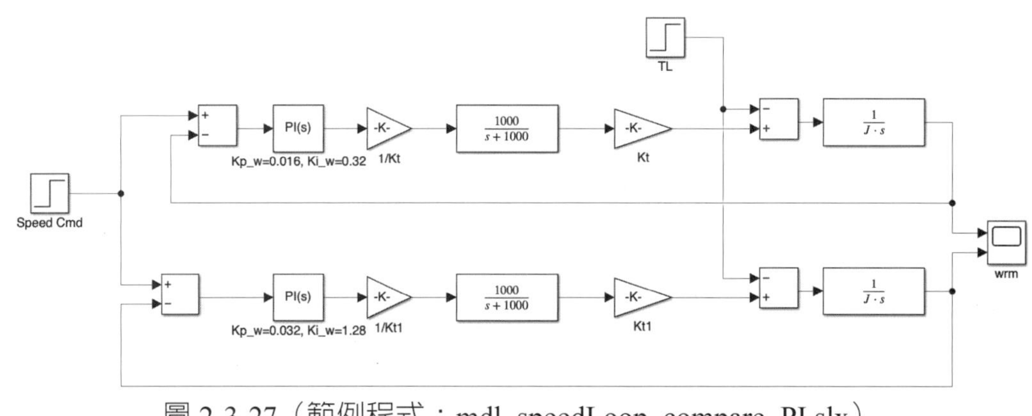

圖 2-3-27（範例程式：mdl_speedLoop_compare_PI.slx）

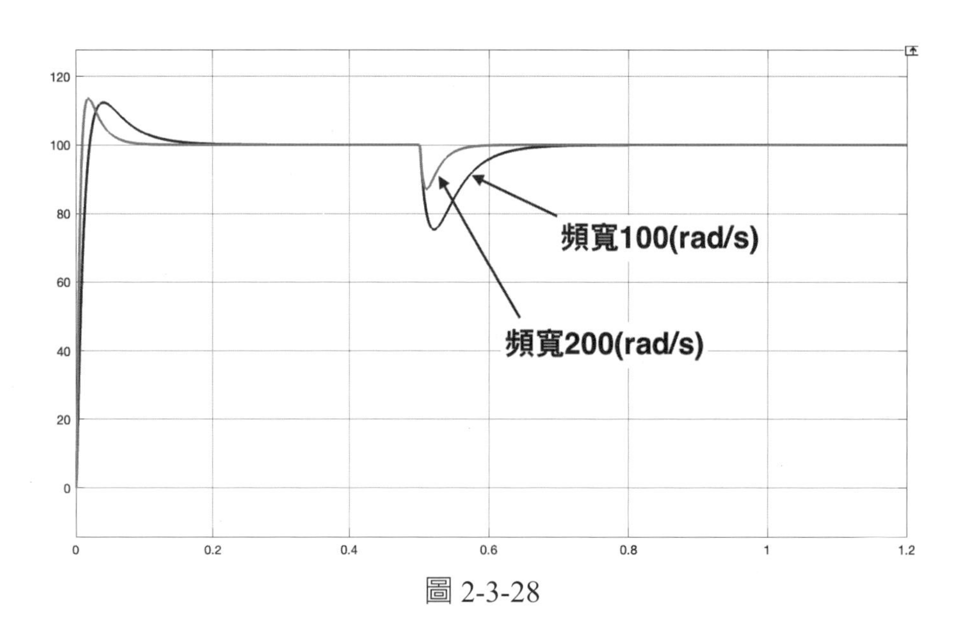

圖 2-3-28

執行圖 2-3-27 的 SIMULINK 仿眞，可以得到圖 2-3-28 的速度響應波形，從波形得知，當衝擊性負載加入後，頻寬 100（rad/s）的 PI 控制回路的輸出轉速下降約 24（rad/s），而頻寬 200（rad/s）的 PI 控制回路的輸出轉速只有下降約 12（rad/s），因此在本例中，頻寬 200（rad/s）的 PI 控制回路的抗干擾能力是頻寬 100（rad/s）的 PI 控制回路的二倍。

2.4 前饋補償技術

本節將爲各位介紹前饋補償技術，首先我們先檢視一個使用前饋補償的典型控制系統方塊圖 [4]，如圖 2-4-1 所示。

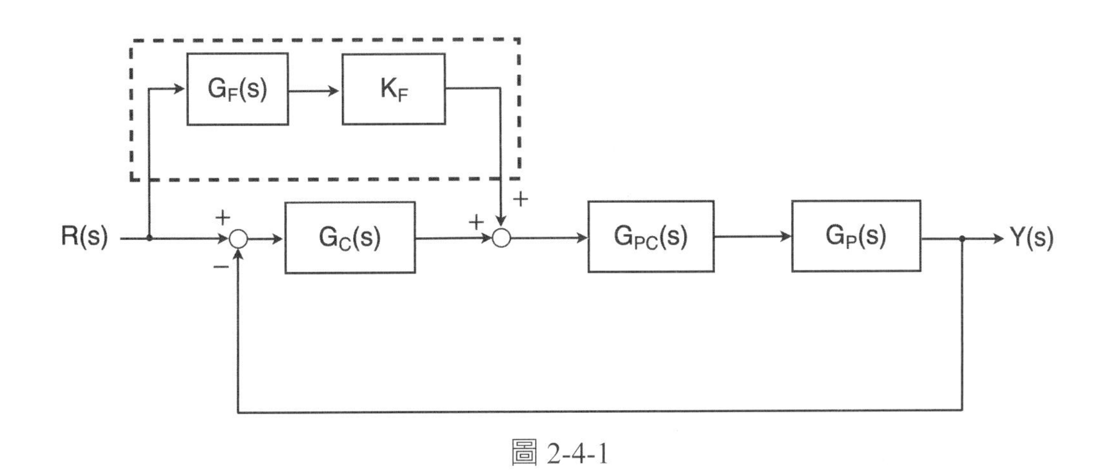

圖 2-4-1

其中，$R(s)$ 爲輸入、$Y(s)$ 爲輸出、$G_C(s)$ 爲控制器轉移函數、$G_{PC}(s)$ 爲功率轉換器轉移函數、$G_P(s)$ 爲受控廠轉移函數、$G_F(s)$ 爲前饋路徑轉移函數、K_F 爲前饋增益。

圖 2-4-1 中的虛線方塊所標注的路徑即爲前饋路徑，使用 Mason 法可求得輸出 $Y(s)$ 與輸入 $R(s)$ 之間的轉移函數

$$\frac{Y(s)}{R(s)}=\frac{[K_F G_F(s)+G_C(s)]G_{PC}(s)G_P(s)}{1+G_C(s)G_P(s)G_{PC}(s)} \tag{2.4.1}$$

在不失一般性的情況下，可以先假設功率轉換器轉移函數 $G_{PC}(s)\cong 1$，則（2.4.1）式可以簡化成

$$\frac{Y(s)}{R(s)}=\frac{[K_F G_F(s)+G_C(s)]G_P(s)}{1+G_C(s)G_P(s)} \tag{2.4.2}$$

若前饋轉移函數 $G_F(s) = G_P^{-1}(s)$ 且前饋增益 K_F 為 1，則（2.4.2）式會變成

$$\frac{Y(s)}{R(s)}=\frac{[K_F G_F(s)+G_C(s)]G_P(s)}{1+G_C(s)G_P(s)}=\frac{[1\times G_P^{-1}(s)+G_C(s)]G_P(s)}{1+G_C(s)G_P(s)}=\frac{1+G_C(s)G_P(s)}{1+G_C(s)G_P(s)}=1 \tag{2.4.3}$$

可以發現，利用前饋技術可以將輸出 $Y(s)$ 與輸入 $R(s)$ 之間的轉移函數變成單位增益，對於控制工程來說，這是一個相當完美且理想的狀態，意謂著系統輸出響應可以完美的跟隨輸入命令，但前提是前饋轉移函數 $G_F(s)$ 必須是受控廠轉移函數 $G_P(s)$ 的倒數，而且必須隨時得知精確且無誤差的受控廠參數，才能夠達到（2.4.3）式的理想狀態。

但實際上，受控廠參數通常是時變的，並且利用估測技術所測得的受控廠參數通常具有誤差，同時功率轉換器轉移函數 $G_{PC}(s)$ 實際上並不為 1，因此如（2.4.3）式的理想狀態是難以達到的，但前饋技術依然具有相當重要的地位，它可以讓命令響應的速度得到實質的改善。

觀察圖 2-4-1 的系統方塊圖，若只考慮前饋路徑對輸出 $Y(s)$ 的影響，我們可以計算從輸入 $R(s)$ 經前饋路徑至輸出 $Y(s)$ 的增益 G_{ff_path} 為（此在先假設功率轉換器轉移函數 $G_{PC}(s) \cong 1$）

$$G_{ff\_path}=K_F G_F(s)G_{PC}(s)G_P(s)\cong K_F G_F(s)G_P(s) \tag{2.4.4}$$

使用前饋增益 $K_F = 1$，$G_F(s)=G_P^{-1}(s)$代入（2.4.4）式，可得

$$G_{ff\_path}=1\times G_P^{-1}(s)G_P(s)=1 \tag{2.4.5}$$

（2.4.5）式代表僅由前饋路徑就可以提供系統所需的大部分控制量，讓輸出等於輸入，而前饋路徑是在推測需要發送多少信號能夠使受控廠產生理想響應，因此前饋能夠大幅減輕控制回路的負擔，功率轉換器所需的大部分控制量都能由前饋路徑產生，而控制器只需要在輸出偏離命令時，提供校正即可。

CHAPTER 2

■永磁同步馬達速度回路的前饋補償

爲了驗證前饋的效果，將圖 2-4-1 的控制回路方塊代換爲 2.3.1 節的永磁同步馬達速度回路方塊，控制方塊等效代換如下：

$$G_P(s) = \frac{1}{Js}$$

$$G_F(s) = Js$$

$$G_{PC}(s) = \frac{1000}{s+1000}$$

$$G_C(s) = K_{p\_\omega} + \frac{K_{i\_\omega}}{s}$$

$$K_F = 0.8$$

其中，$J = 0.00016$、$K_{p\_\omega} = 0.016$、$K_{i\_\omega} = 0.32$，圖 2-4-2 爲建構完成的具有前饋補償的速度控制回路，並且同時與沒有前饋補償的速度控制回路進行比較，爲了方便比較波形差異，在此先將前饋增益 K_F 設爲 0.8，在實務上前饋增益通常小於 1，設定範圍通常會在 0.4～0.8 之間，執行圖 2-4-2 的 SIMULINK 仿眞後，可以得到圖 2-4-3 的響應波形。

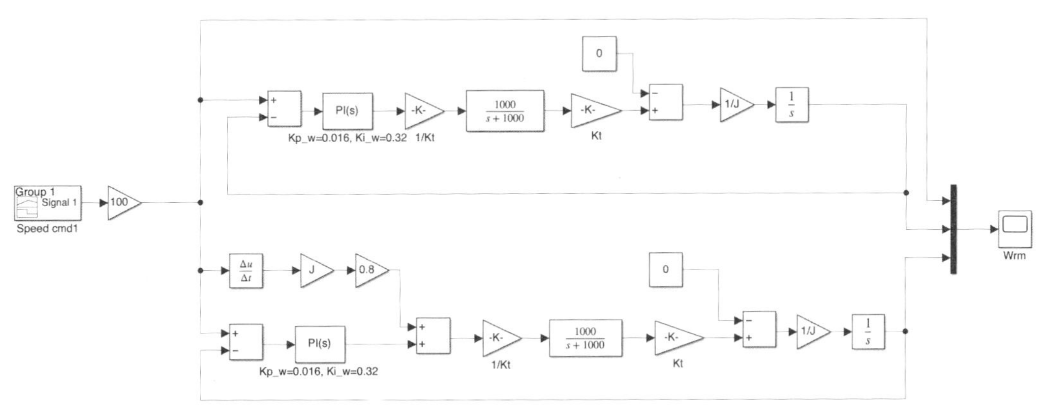

圖 2-4-2（範例程式：mdl_speedLoop_ff1.slx）

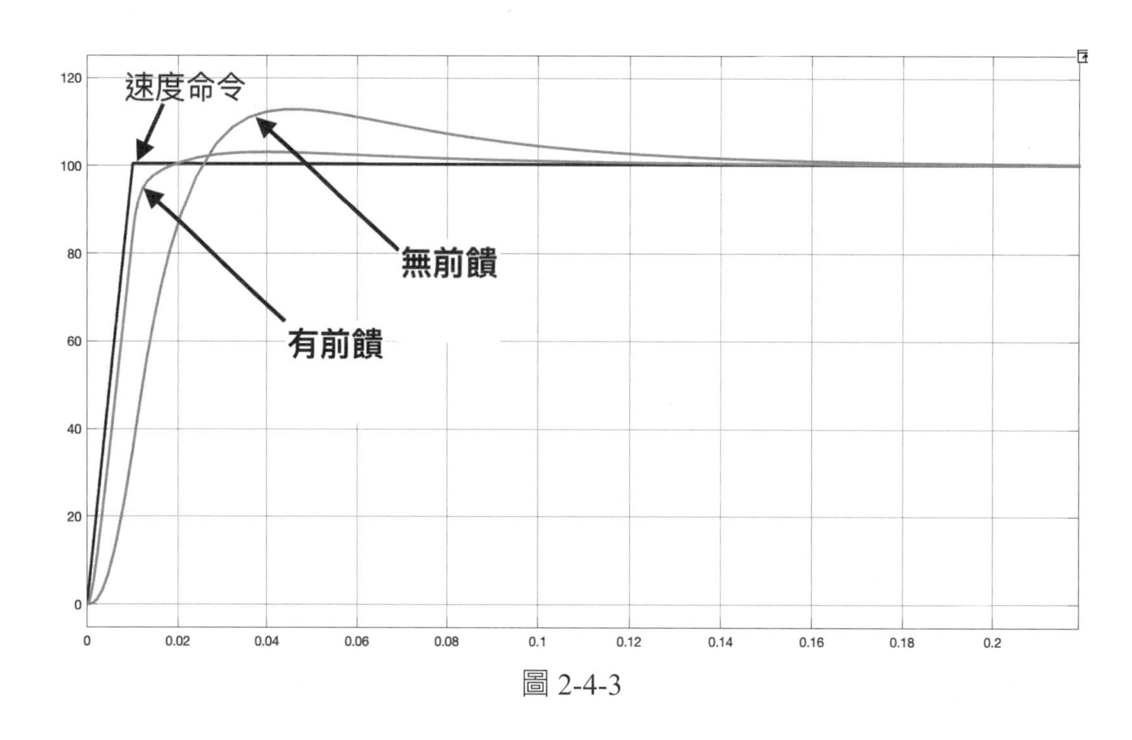

圖 2-4-3

在範例程式 mdl_speedLoop_ff1 中，我們使用梯形波作爲速度命令，從圖 2-4-3 的波形可知，使用前饋的速度響應明顯優於未使用前饋的速度響應，使用前饋的速度響應的命令跟隨性更好，這是由於前饋可以將命令響應的速度提升好幾倍，讓輸出響應的速度不再只依賴控制回路頻寬。

可以使用範例程式 m2_4_1 來畫出使用前饋技術的速度回路波德圖，並與未使用前饋的速度回路波德圖進行比較，執行範例程式 m2_4_1 可以得到圖 2-4-4 的波德圖。

MATLAB 範例程式 m2_4_1.m：

```
wsc=100; J=0.00016;
s = tf('s');
Kp_w=J*wsc; Ki_w=Kp_w*wsc/5;
tf_pi = tf([Kp_w Ki_w],[1 0]);
tf_pc = tf([1000], [1 1000]);
tf_plant = tf([1], [J 0]);
```

```
Gw_open = tf_pi*tf_pc*tf_plant;
Gw_close = Gw_open/(1+Gw_open);
Gf = s*J;
kf = 0.8;
Gw_ff = (kf*Gf+tf_pi)*tf_pc*tf_plant/(1+tf_pi*tf_pc*tf_plant);
h=bodeoptions; h.PhaseMatching='on';
h.Title.FontSize = 14; h.XLabel.FontSize = 14;
h.YLabel.FontSize = 14; h.TickLabel.FontSize = 14;
bodeplot(Gw_close,'-b',Gw_ff,'-.b',{1,10000},h);
legend('No Feed-Forward', 'with Feed-Forward');
h = findobj(gcf,'type','line');
set(h,'linewidth',2);
grid on;
```

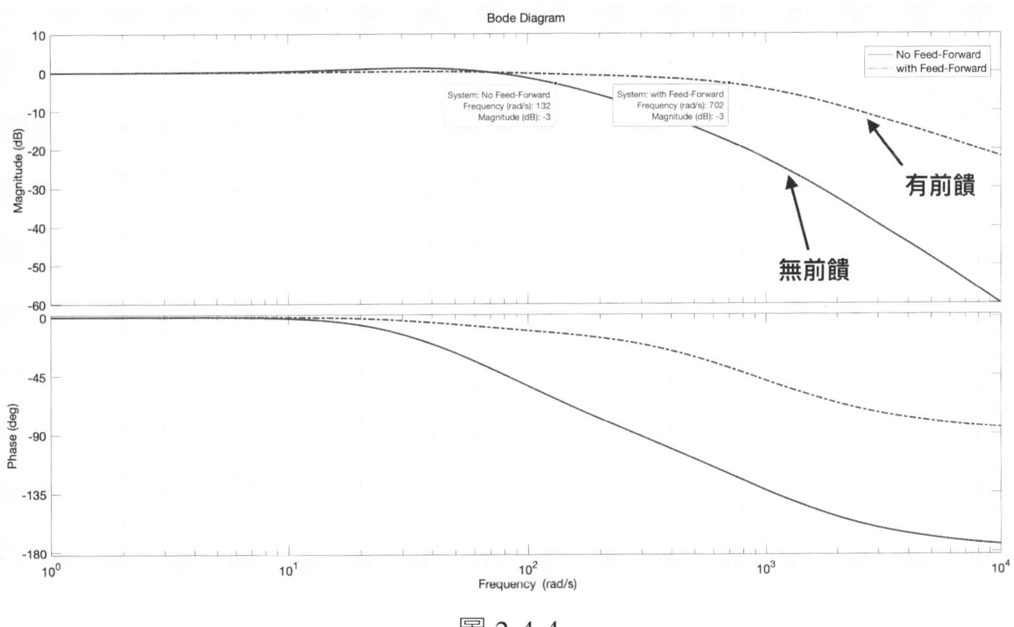

圖 2-4-4

從圖 2-4-4 的波德圖幅值可以明顯看出，未加入前饋的速度回路頻寬爲 132（rad/s），而加入前饋的速度回路頻寬是未加入前饋的 5 倍以上，爲 702（rad/s），並且還能夠改善波德圖的凸峰效應與閉回路系統的相位延遲，雖然前饋能大幅改善命令響應速度，但由於前饋路徑並無構成回路，因此並不影響回路的穩定度，並且它對擾動是沒有響應的，所以加入前饋路徑並無法改善系統的抗擾動能力，各位可以開啓範例程式 mdl_speedLoop_ff1_dist 進行驗證，開啓後的 SIMULINK 方塊圖如圖 2-4-5 所示。

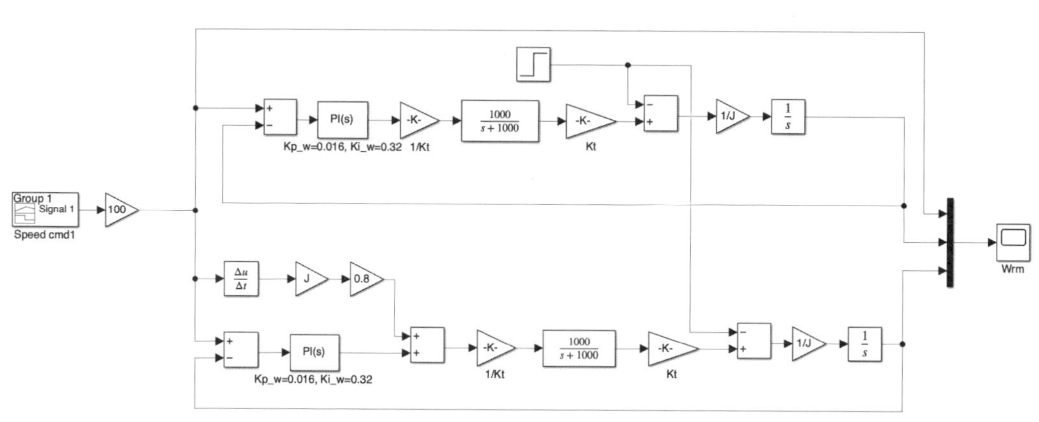

圖 2-4-5（範例程式 mdl_speedLoop_ff1_dist）

圖 2-4-5 的系統所使用的控制器參數與圖 2-4-2 的系統相同，因此圖 2-4-5 中的二個控制回路具有相同頻寬，爲了測試抗擾動能力，同時加入了步階負載轉矩，將於 0.5 秒加入 0.2（Nm）的衝擊性負載，執行 SIMULINK 仿真後，可以得到圖 2-4-6 的速度響應波形，如圖所示，不管有無加入前饋，相同回路頻寬的系統具有相同的抗干擾能力。

■考慮功率轉換器的前饋補償

在先前的前饋路徑推導中，當時我們假設功率轉換器轉移函數 $G_{PC}(s) = 1$，因此前饋路徑轉移函數 $G_F(s)$ 可以設計爲受控廠轉移函數的倒數，即 $G_F(s) = G_P^{-1}(s)$，但事實上功率轉換器轉移函數 $G_{PC}(s)$ 並不等於單位增益，一般來說，對馬達速度回路而言，功率轉換器轉移函數 $G_{PC}(s)$ 並不僅僅是功率轉換器模型，還包含了電流回路轉移函數，實務上可以使用二階或一階低通濾波器

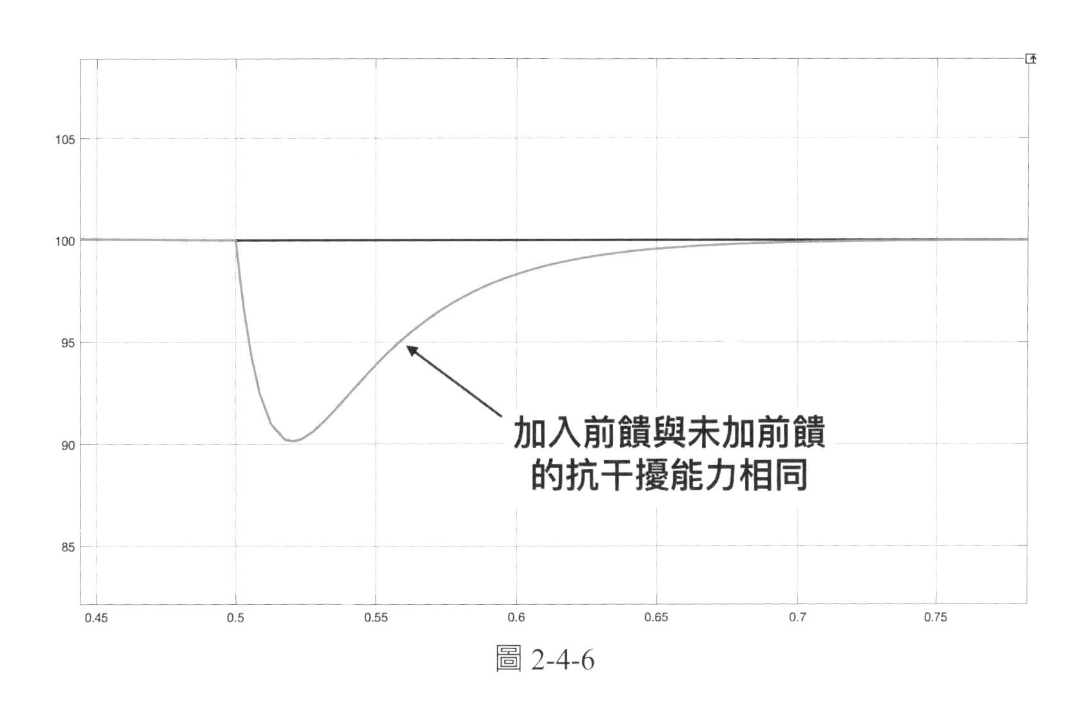

圖 2-4-6

來為 $G_{PC}(s)$ 來建模，在此假設功率轉換器轉移函數 $G_{PC}(s)$ 可等效為截止頻率為 1000（rad/s）的一階低通濾波器，如下所示

$$G_{PC}(s)=\frac{1000}{s+1000} \tag{2.4.6}$$

由於 $G_{PC}(s) \neq 1$，因此重寫輸出 $Y(s)$ 與輸入 $R(s)$ 之間的轉移函數

$$\frac{Y(s)}{R(s)}=\frac{[K_F G_F(s)+G_C(s)]G_{PC}(s)G_P(s)}{1+G_C(s)G_P(s)G_{PC}(s)} \tag{2.4.7}$$

此時若前饋轉移函數 $G_F(s) = G_P^{-1}(s)G_{PC}^{-1}(s)$，且前饋增益 K_F 為 1，則（2.4.7）式會變成

$$\frac{Y(s)}{R(s)}=\frac{[G_P^{-1}(s)G_{PC}^{-1}(s)+G_C(s)]G_{PC}(s)G_P(s)}{1+G_C(s)G_P(s)G_{PC}(s)}=\frac{1+G_C(s)G_P(s)G_{PC}(s)}{1+G_C(s)G_P(s)G_{PC}(s)}=1 \tag{2.4.8}$$

因此，若要將功率轉換器轉移函數 $G_{PC}(s)$ 納入考慮，前饋轉移函數 $G_F(s)$

需設計為

$$G_F(s)=G_P^{-1}(s)G_{PC}^{-1}(s)=Js\cdot\frac{s+1000}{1000} \tag{2.4.9}$$

（2.4.9）式的分子含有二重微分可能會產生相當大的高頻效應，因此在實務上，前饋轉移函數 $G_F(s)$ 可以串聯一個低通濾波器 $G_{LPF}(s)$ 來減小因為微分產生的高頻效應

$$G_F(s)=G_P^{-1}(s)\cdot G_{PC}^{-1}(s)\cdot G_{LPF}(s)=Js\cdot\frac{s+1000}{1000}\cdot\frac{\omega_c}{s+\omega_c} \tag{2.4.10}$$

在此，選擇低通濾波器 $G_{LPF}(s)$ 截止頻率 ω_c 為 2000（rad/s），（2.4.10）式可以表示成

$$G_F(s)=Js\cdot\frac{s+1000}{1000}\cdot\frac{2000}{s+2000}=Js\cdot\frac{2000s+2e06}{1000s+2e06} \tag{2.4.11}$$

接下來我們可以將考慮功率轉換器轉移函數的前饋路徑加入 SIMULINK 模擬程式中，建構完成的 SIMULINK 模型如圖 2-4-7 所示，執行仿真後，可以得到圖 2-4-8 的仿真結果。

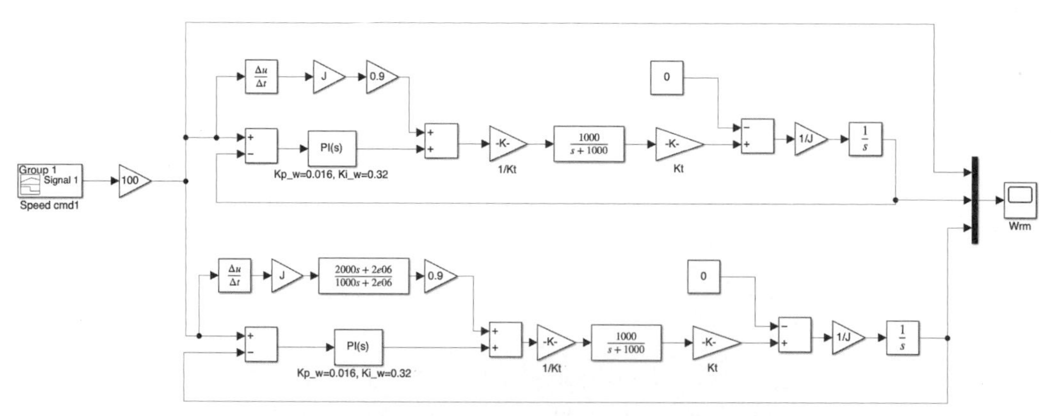

圖 2-4-7（範例程式：mdl_speedLoop_ff2.slx）

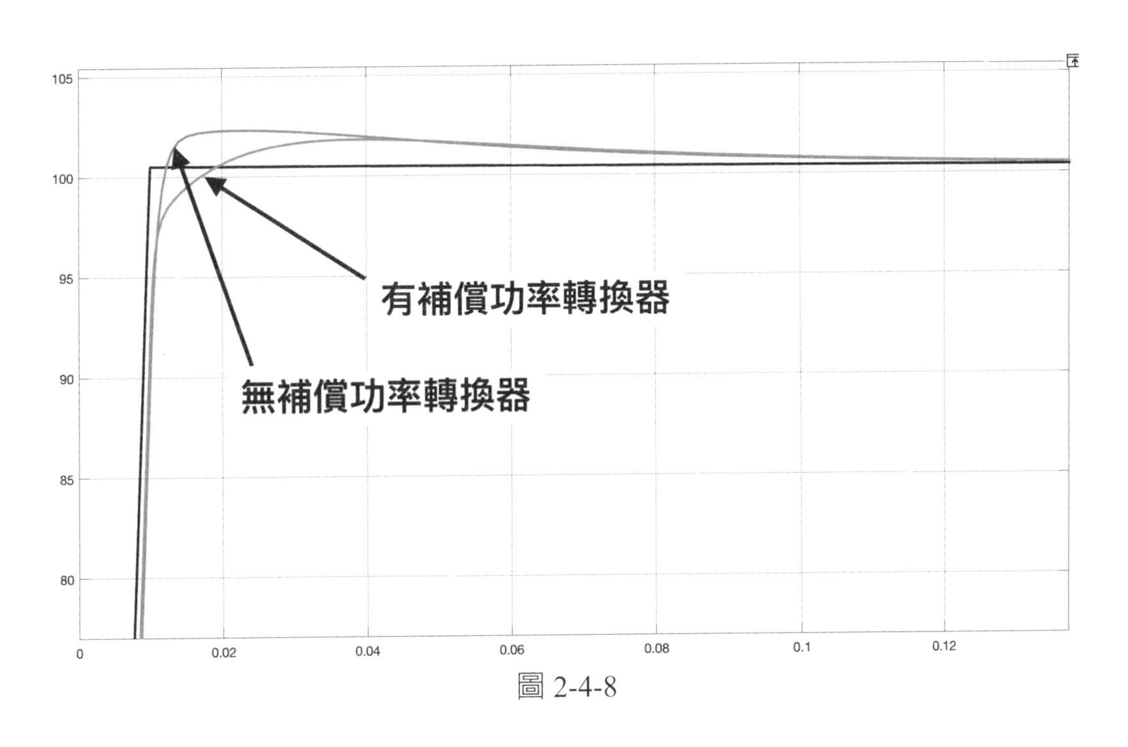

圖 2-4-8

圖 2-4-7 中，上方的控制回路是未考慮功率轉換器的前饋控制系統，而下方的控制回路是考慮功率轉換器的前饋控制系統，為了方便波形比較，在此將前饋增益 K_F 設為 0.9，從 2-4-6 的仿眞結果可以看到，有考慮功率轉換器影響的前饋控制系統的命令跟隨能力優於未考慮功率轉換器影響的前饋控制系統，並且最大超越量更小，

MATLAB 範例程式 m2_4_2.m：

```
wsc=100; J=0.00016;
s = tf('s');
Kp_w=J*wsc; Ki_w=Kp_w*wsc/5;
tf_pi = tf([Kp_w Ki_w],[1 0]);
tf_pc = tf([1000], [1 1000]);
tf_plant = tf([1], [J 0]);
Gw_open = tf_pi*tf_pc*tf_plant;
Gw_close = Gw_open/(1+Gw_open);
```

```
Gf1 = s*J;
Gf2 = (s*J)*(2000*s+2e06)/(1000*s+2e06);
kf = 0.9;
Gw_ff1 = (kf*Gf1+tf_pi)*tf_pc*tf_plant/(1+tf_pi*tf_pc*tf_plant);
Gw_ff2 = (kf*Gf2+tf_pi)*tf_pc*tf_plant/(1+tf_pi*tf_pc*tf_plant);
h=bodeoptions; h.PhaseMatching='on';
h.Title.FontSize = 14;
h.XLabel.FontSize = 14;
h.YLabel.FontSize = 14;
h.TickLabel.FontSize = 14;
bodeplot(Gw_ff1,'-b',Gw_ff2,'-.b',{1,10000},h);
legend('Feed-Forward-No-Gpc', 'with Feed-Forward-With-Gpc');
h = findobj(gcf,'type','line');
set(h,'linewidth',2);
grid on;
```

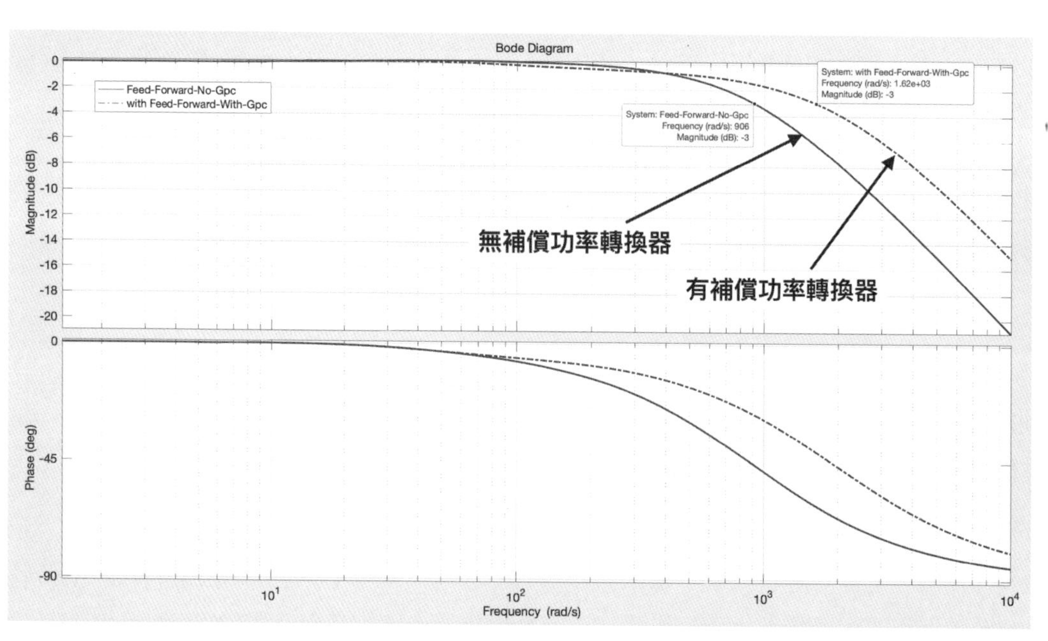

圖 2-4-9

可以使用範例程式 m2_4_2 來畫出考慮功率轉換器的前饋控制系統波德圖，並與未考慮功率轉換器的前饋控制系統波德圖進行比較，執行範例程式 m2_4_2 可以得到圖 2-4-9 的波德圖，從圖 2-4-9 可看明顯看出，未考慮功率轉換器影響的前饋控制系統的頻寬爲 906（rad/s），考慮功率轉換器影響的前饋控制系統的頻寬爲 1620（rad/s），因此若將功率轉換器的因素加入前饋路徑中，系統可以得到更大的頻寬，讓命令響應的速度能夠更快。

■ 考慮回授延遲的前饋補償

圖 2-4-1 的控制回路並未考慮回授延遲效應，在實際上回授延遲效應是存在的，它主要來自採樣延遲與濾波延遲，若考慮回授延遲效應，則圖 2-4-1 可以修改爲圖 2-4-10。

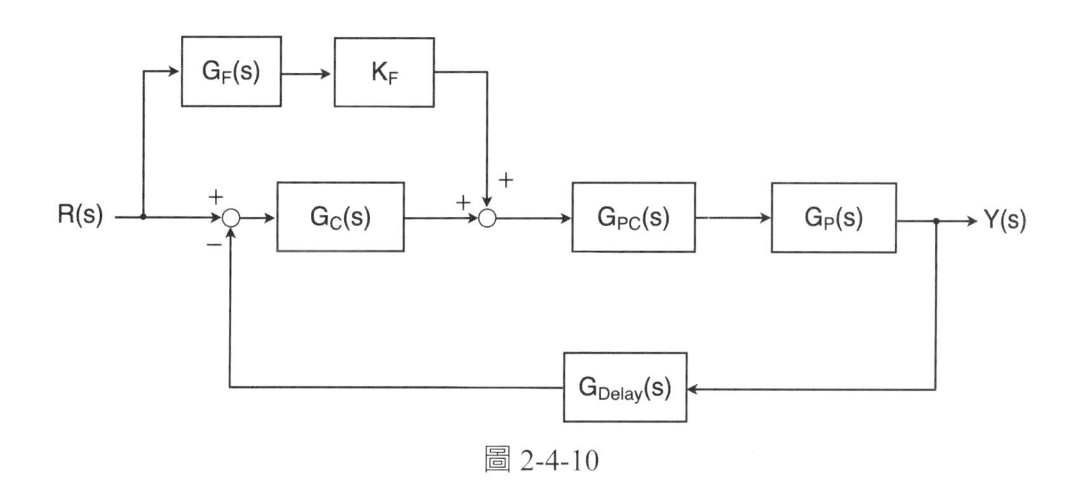

圖 2-4-10

假設速度回路的採樣週期 $T_s = 1$（ms），則回授延遲效應所包含的採樣延遲可以被等效成 $T_s/2$，另外加入可能產生的濾波延遲，假設總延遲時間爲一個採樣週期 T_s，則回授延遲效應 $G_{Delay}(s)$ 可以表示爲

$$G_{Delay}(s) = e^{-sT_s} \tag{2.4.12}$$

我們可以先使用 SIMULINK 來模擬一下回授延遲效應對系統響應的影

響，並與未發生回授延遲效應的系統響應進行比較，建構完成的 SIMULINK 方塊如圖 2-4-11 所示，圖 2-4-11 的下方控制回路有加入回授延遲，而上方控制回路則未加入回授延遲，執行仿真後，可以得到圖2-4-12的速度響應波形。

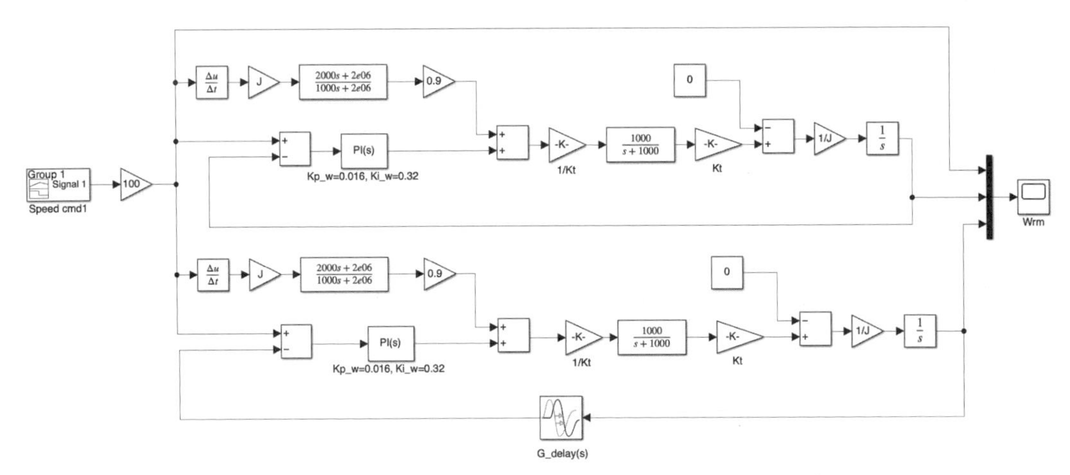

圖 2-4-11（範例程式：mdl_speedLoop_ff3.slx）

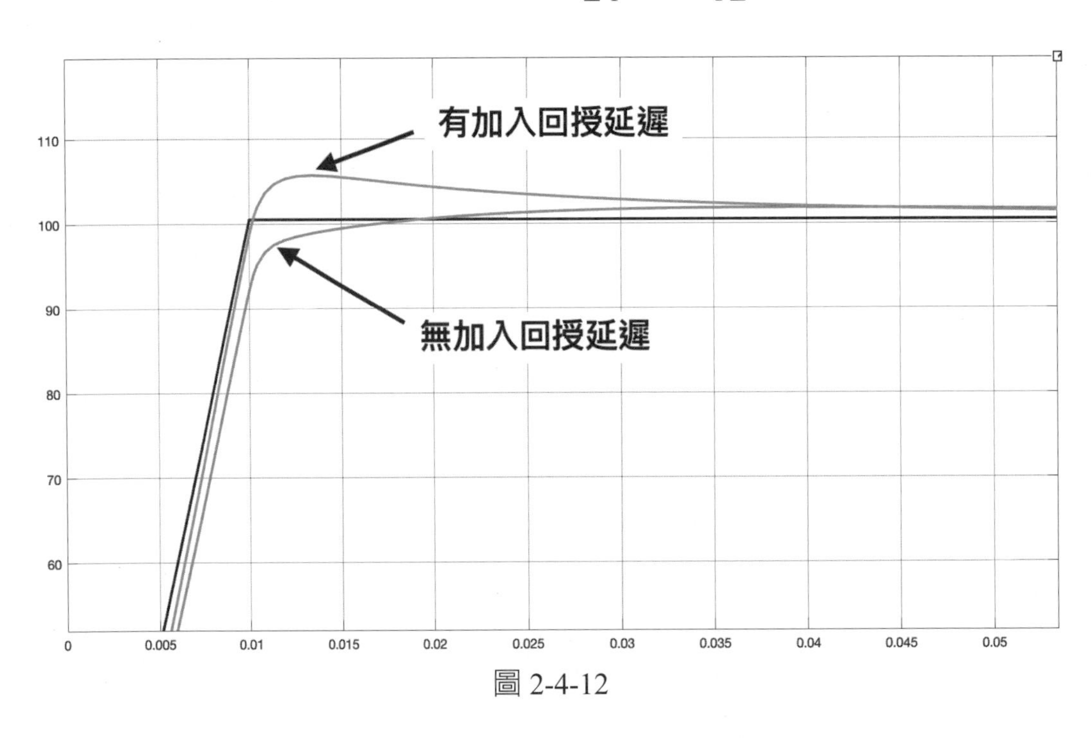

圖 2-4-12

從圖 2-4-12 的速度響應波形可以發現，加入回授延遲後，速度的暫態最大超越量會大幅增加，爲了解決這個問題，我們可以在圖 2-4-11 中加入一個命令延遲元件 $G_{R\_Delay}(s)$，如圖 2-4-13 所示。

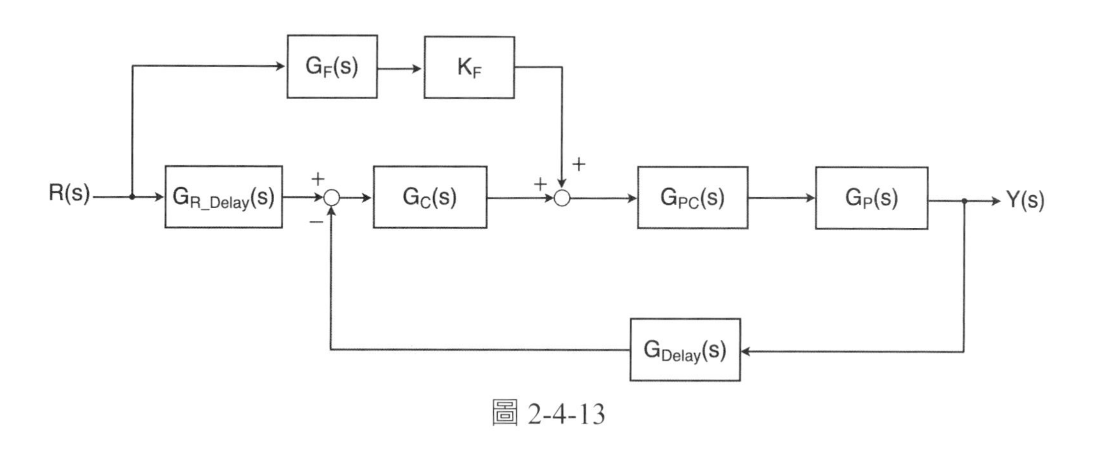

圖 2-4-13

我們可以重新推導一下輸出 $Y(s)$ 與輸入 $R(s)$ 之間的轉移函數

$$\frac{Y(s)}{R(s)}=\frac{[K_F G_F(s)+G_{R\_Delay}(s)G_C(s)]G_{PC}(s)G_P(s)}{1+G_C(s)G_P(s)G_{PC}(s)G_{Delay}(s)} \tag{2.4.13}$$

當前饋增益 K_F 爲 1、$G_F(s)=G_P{}^{-1}(s)G_{PC}{}^{-1}(s)$，且將命令延遲元件設計成與回授延遲元件一致時，即 $G_{R\_Delay}(s)=G_{Delay}(s)$，（2.4.13）式會變成

$$\begin{aligned}\frac{Y(s)}{R(s)}&=\frac{[G_P{}^{-1}(s)G_{PC}{}^{-1}(s)+G_{Delay}(s)G_C(s)]G_{PC}(s)G_P(s)}{1+G_C(s)G_P(s)G_{PC}(s)G_{Delay}(s)}\\&=\frac{1+G_C(s)G_P(s)G_{PC}(s)G_{Delay}(s)}{1+G_C(s)G_P(s)G_{PC}(s)G_{Delay}(s)}=1\end{aligned} \tag{2.4.14}$$

因此，當命令延遲元件設計成與回授延遲元件一致時，就可以抵消回授延遲效應，讓（2.4.14）式成立。

可以使用範例程式 mdl_speedLoop_ff4.slx 的 SIMULINK 方塊進行仿眞，圖 2-4-14 爲建構完成的 SIMULINK 系統，上方爲未加入命令延遲元件的前饋系統，而下方則是加入命令延遲元件的前饋系統，執行 SIMULINK 仿眞可以得到圖 2-4-15 的速度響應波形。

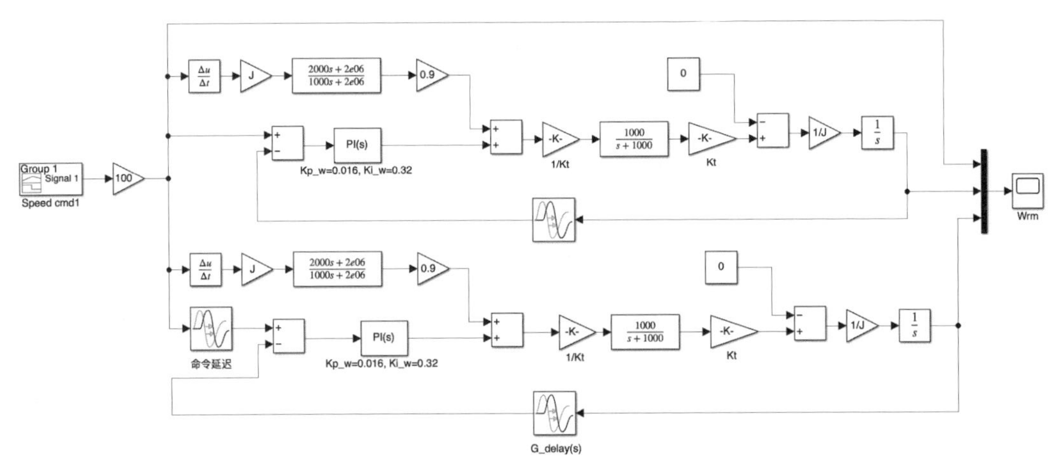

圖 2-4-14（範例程式：mdl_speedLoop_ff4.slx）

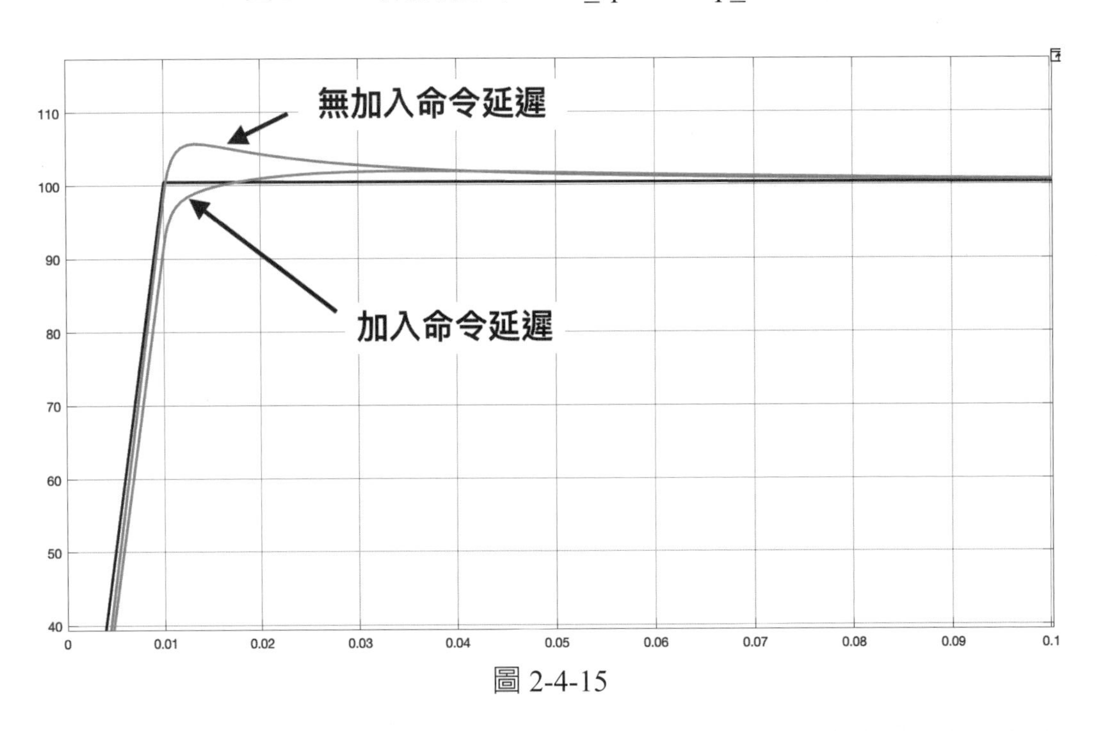

圖 2-4-15

從圖 2-4-15 的響應波形可以看到，有加入命令延遲元件的速度響應比沒加入命令延遲元件的速度響應更好，原因是命令延遲元件可以抵消回授所造成的延遲，但前提是二者的延遲時間必須相同，

在圖 2-4-14 中我們所使用的命令延遲元件是e^{-sT_s}，實務上我們可以使用一

階低通濾波器來近似

$$e^{-sT_s} \cong \frac{1}{T_s s+1} \qquad (2.4.15)$$

我們使用（2.4.15）式來取代圖 2-4-15 中的命令延遲元件，圖 2-4-16 顯示使用（2.4.15）式的命令延遲元件所仿眞結果，並與理想命令延遲元件e^{-sT_s}的比較結果，如圖所示，雖然二者有些微誤差，但使用（2.4.15）式的一階低通濾波器來近似理想命令延遲元件已經足夠符合實際的工業需求。

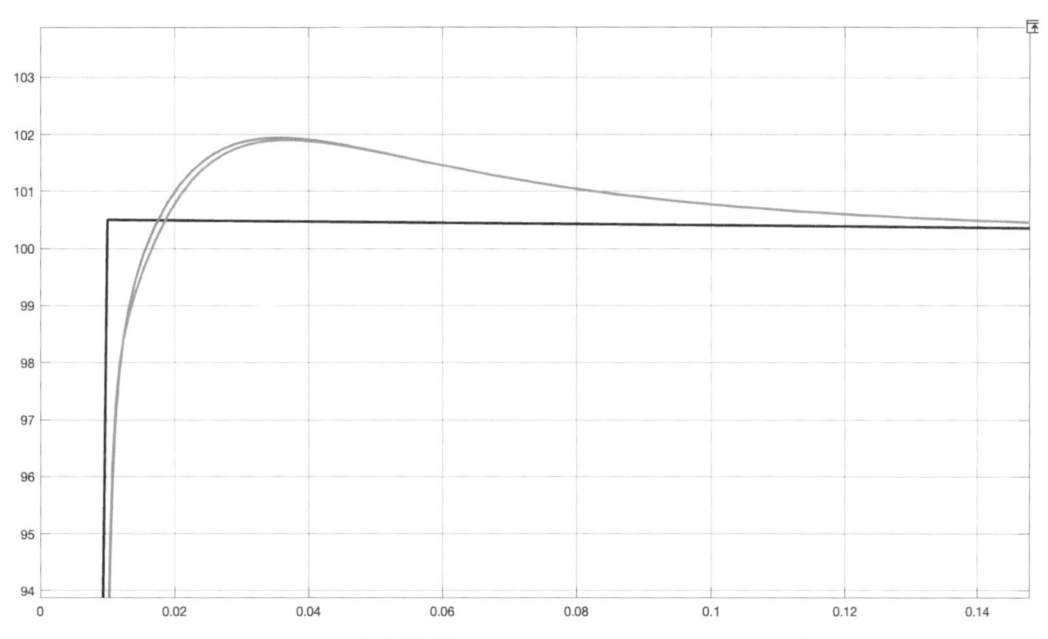

圖 2-4-16（範例程式：mdl_speedLoop_ff5.slx）

2.5 位置回路控制器設計

接下要爲各位介紹位置回路控制器設計 [4]，一般來說，位置回路是速度回路的外回路，一般位置回路使用的是比例控制器，而爲了避免分子零點會產生振盪，本節會使用 2.3.3 節的 IP 控制器來作爲速度回路控制器，建構完成的永磁同步馬達位置控制回路如圖 2-5-1 所示。

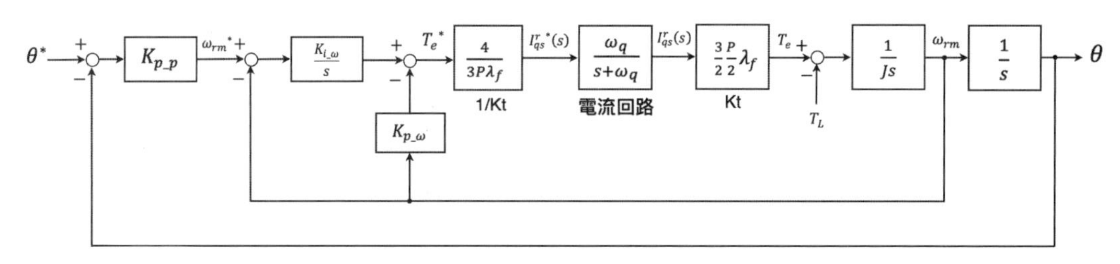

圖 2-5-1

在此，可將電流環近似爲單位增益，即

$$T_{curr\_loop}(s)=\frac{\omega_q}{s+\omega_q}\cong 1 \qquad (2.5.1)$$

可以推導位置回路的閉環轉移函數

$$\frac{\theta}{\theta^*}=\frac{K_{p\_p}K_{i\_\omega}}{Js^3+K_{p\_\omega}s^2+K_{i\_\omega}s+K_{p\_p}K_{i\_\omega}} \qquad (2.5.2)$$

接下來我們使用 SIMULINK 來進行電腦仿眞，由於使用梯形位置命令，其斜率高達 10000（rad/s），因此我們需要同步提升電流回路與速度回路的頻寬，才能夠追蹤如此高速的位置命令，以下仿眞會將電流回路頻寬提升至 5000（rad/s），即

$$T_{curr\_loop}(s)=\frac{5000}{s+5000} \qquad (2.5.3)$$

接下來將 IP 控制器的速度回路頻寬設計爲 628（rad/s），各位可以使用範例程式 m2_3_6 來找出符合頻寬要求的 IP 控制器參數，IP 控制器參數設計如下：

$$K_{p\_\omega}=0.3905,\ K_{i\_\omega}=190.63$$

將以上參數輸入 SIMULINK，並建構一個使用比例增益的位置控制回路，如圖 2-5-2 所示。

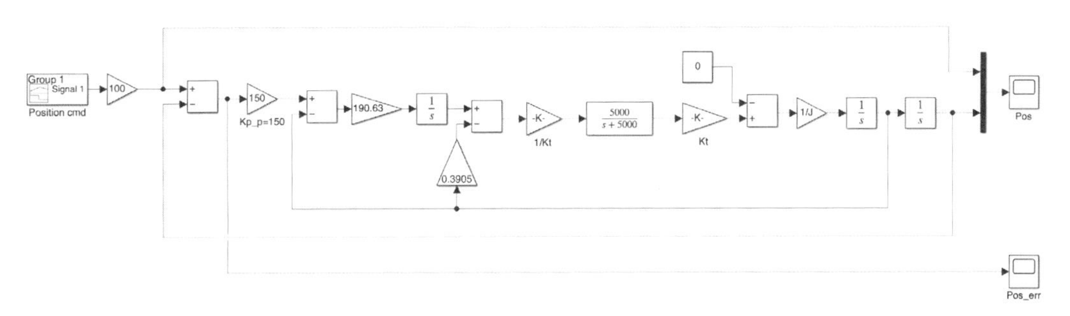

圖 2-5-2（範例程式：mdl_positionLoop_1.slx）

調試位置比例控制器增益 K_{p_p} 的方法是，當電流與速度回路設計完成後，增大位置比例控制器增益 K_{p_p}，增大到剛剛好小於出現超調的值，本例將位置比例控制器增益 K_{p_p} 設置在 150。執行本仿真程式，可以得到圖 2-5-3 的位置響應波形與圖 2-5-4 的位置誤差波形。

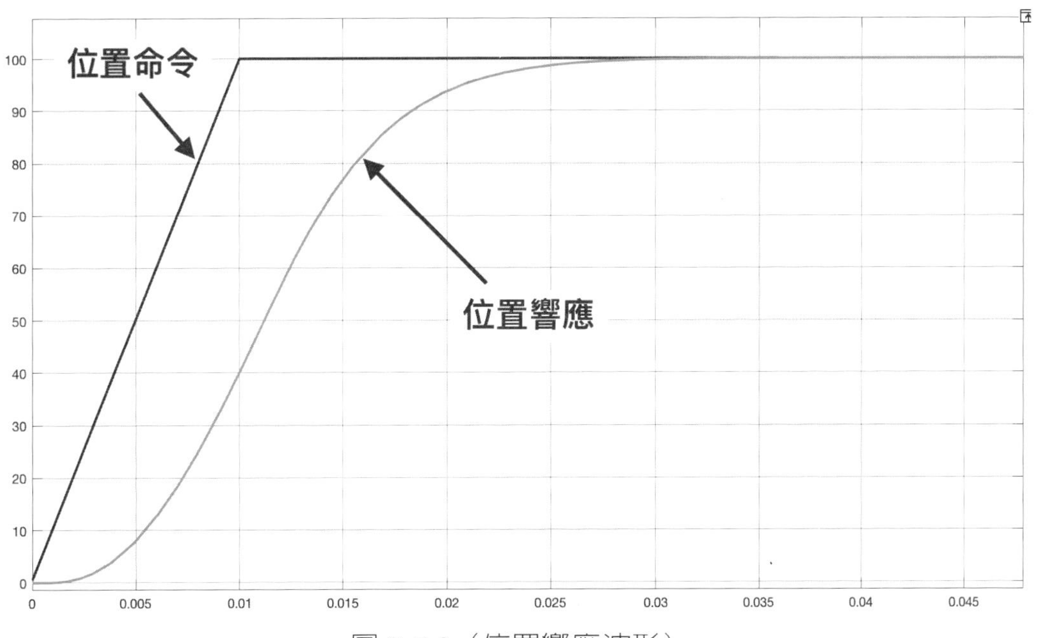

圖 2-5-3（位置響應波形）

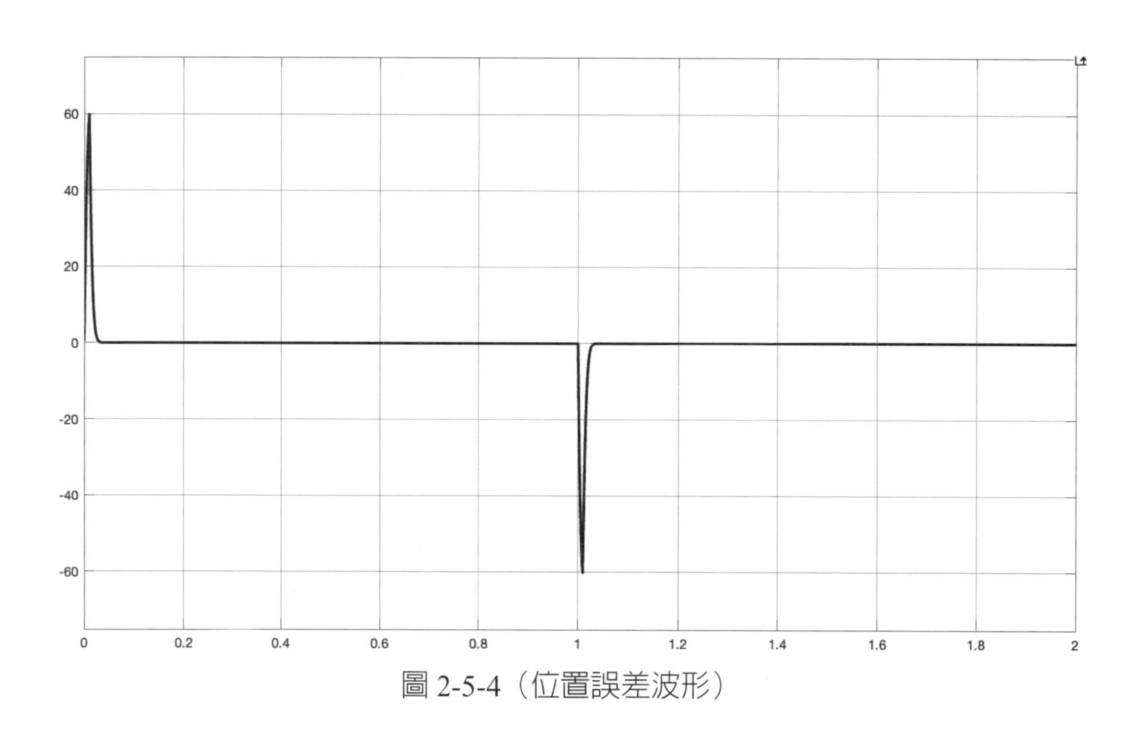

圖 2-5-4（位置誤差波形）

由圖 2-5-3 的速度響應波形可以看到，本例所調試的位置比例控制器增益 K_{p_p} 並未產生超調，若以不產生位置響應超調爲標準，本例所使用的位置比例控制器增益 K_{p_p} 似乎已經達到位置響應速度的極限，但從圖 2-5-4 的位置誤差波形可以得知，暫態仍有相當大的位置誤差，最大值約 60（rad）。

我們可以使用範例程式 m2_5_1 來畫出位置閉回路系統的波德圖，並與速度閉回路系統波德圖進行比較，如圖 2-5-5 所示，使用 IP 控制器的速度回路頻寬爲 627（rad/s），而當位置比例控制器增益 $K_{p\_p} = 150$ 時，位置回路頻寬爲 211（rad/s）。

MATLAB 範例程式 m2_5_1.m：

```
J=0.00016;
s = tf('s');
Kp_w=0.3905; Ki_w=190.6307;
tf_cmdFilter = tf(Ki_w/Kp_w, [1 Ki_w/Kp_w]);
tf_pi = tf([Kp_w Ki_w],[1 0]);
```

```
tf_pc = tf([5000], [1 5000]);
tf_plant = tf([1], [J 0]);
Gw_open = tf_pi*tf_pc*tf_plant;
Gw_close = tf_cmdFilter*Gw_open/(1+Gw_open);
Kp_p = 150;
tf_plant_p = tf(1,[1 0]);
Gp_open = Kp_p*Gw_close*tf_plant_p;
Gp_close = Gp_open/(1+Gp_open);
h=bodeoptions; h.PhaseMatching='on';
h.Title.FontSize = 14;
h.XLabel.FontSize = 14;
h.YLabel.FontSize = 14;
h.TickLabel.FontSize = 14;
bodeplot(Gw_close,'-b',Gp_close,'-.b',{1,10000},h);
legend('Gw-close', 'Gp-close');
h = findobj(gcf,'type','line');
set(h,'linewidth',2);
grid on;
```


■永磁同步馬達位置回路的前饋補償

接下來我們在位置回路加入前饋路徑，看是否能有效提升位置響應能力，圖 2-5-6 為加入前饋路徑的位置控制回路。

圖 2-5-6 中，位置前饋路徑由一個微分器 s 與前饋增益 K_{PF} 所組成，由於加入了前饋路徑，需要重新推導位置回路的閉環轉移函數，使用 Mason 法可以得到位置回路的閉環轉移函數如下

$$\frac{\theta}{\theta^*}=\frac{K_{i\_\omega}K_{PF}s+K_{p\_p}K_{i\_\omega}}{Js^3+K_{p\_\omega}s^2+K_{i\_\omega}s+K_{p\_p}K_{i\_\omega}} \tag{2.5.4}$$

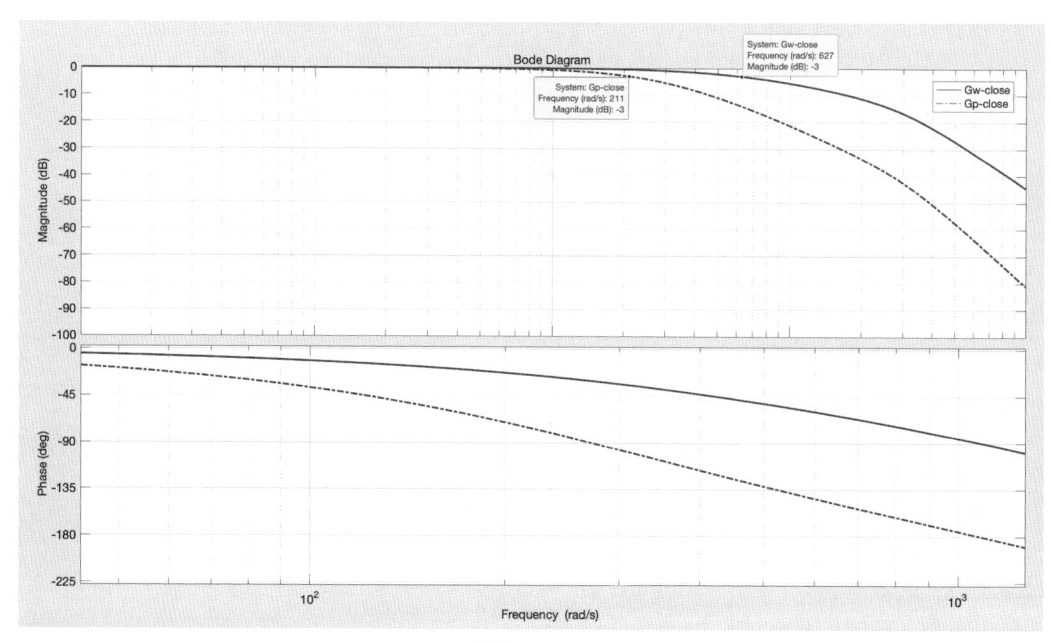

圖 2-5-5

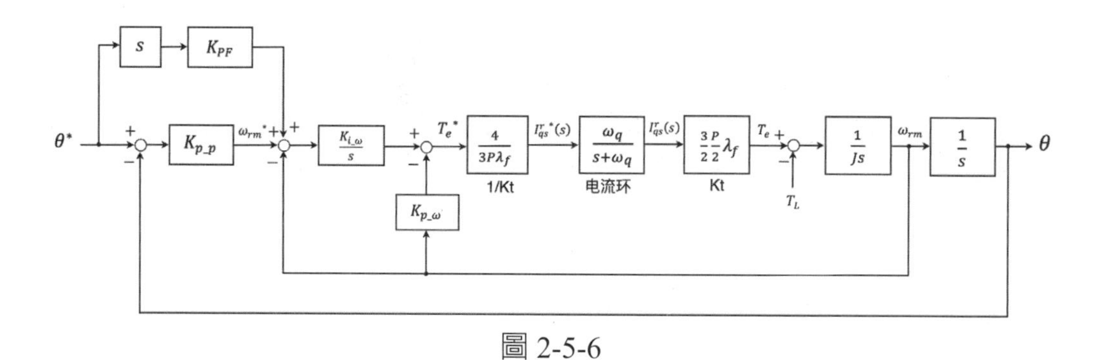

圖 2-5-6

比較（2.5.4）式與（2.5.2）式，加入位置前饋路徑後，在位置回路的閉環轉移函數分子增加了一個微分項 $K_{i\_\omega}K_{PF}s$，而分母保持不變，因此增加的微分項 $K_{i\_\omega}K_{PF}s$ 可使指令的響應速度得到改善。

接下來我們使用 SIMULINK 來進行電腦仿真，圖 2-5-7 爲建構完成的 SIMULINK 系統方塊，其中，我們將 K_{PF} 設爲 0.5，避免位置響應出現超調，執行 SIMULINK 仿真，可以得到圖 2-5-8 的位置響應波形與圖 2-5-9 的位置誤差波形。

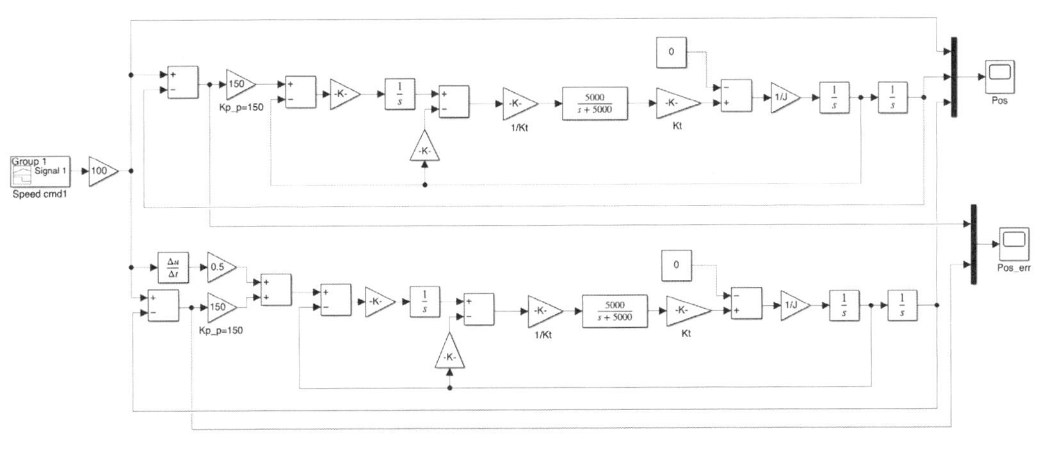

圖 2-5-7（範例程式：mdl_positionLoop_2.slx）

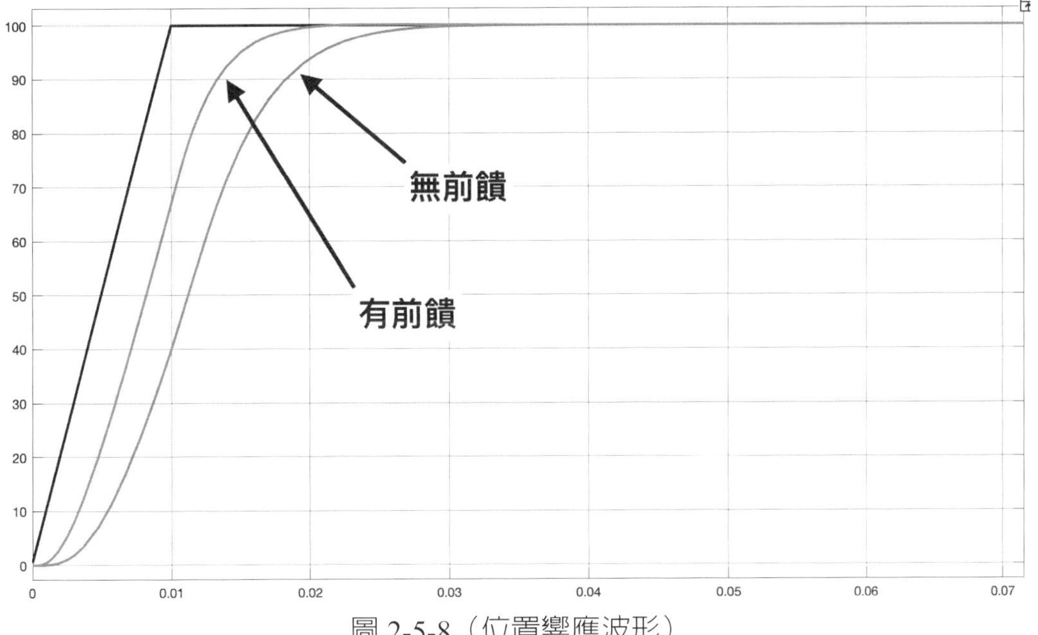

圖 2-5-8（位置響應波形）

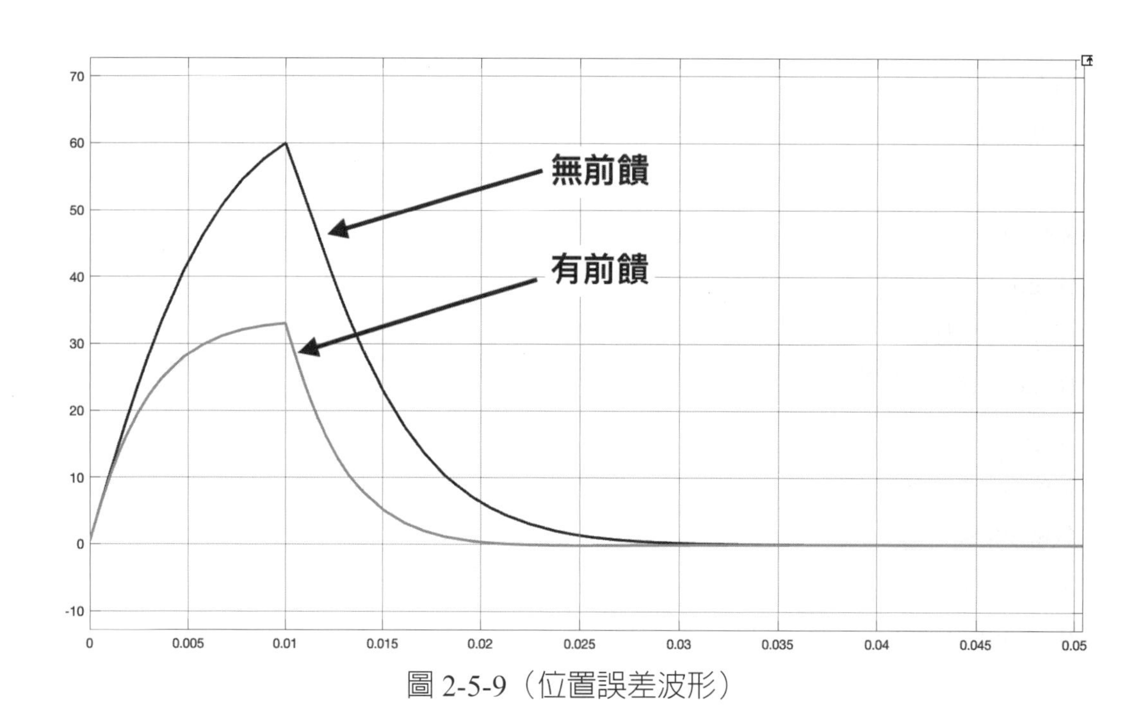

圖 2-5-9（位置誤差波形）

從圖 2-5-8 的位置響應波形可以明顯看出，加入前饋路徑後，位置響應的速度被明顯的提升，同時也讓暫態的位置誤差大幅減小，如圖 2-5-8 所示。

在本例中，將位置前饋增益 K_{PF} 設為 0.5，是一個保守的作法，它可以避免出現超調，各位也可以自由設置（位置前饋增益 K_{PF} 最大值為 1），位置前饋增益愈大，暫態響應愈快，但也可能出現超調。

各位可以使用範例程式 m2_5_2 來畫出有前饋路徑的位置閉回路系統波德圖，並與無前饋路徑的位置閉回路系統波德圖進行比較，如圖 2-5-10 所示。

從圖 2-5-10 的波德圖可以得知，未加入前饋的位置回路頻寬為 211（rad/s），而加入前饋的位置回路頻寬增大為 341（rad/s），為原來的 1.6 倍，若繼續增大前饋增益 K_{PF}，以本例來說，當前饋增益 $K_{PF}=0.8$ 時，位置回路頻寬將接近速度回路頻寬 627（rad/s），相同的效應也發生在速度回路，具有前饋路徑的速度回路頻寬也可以接近電流回路頻寬，雖然前饋能大幅改善命令響應速度，但由於前饋路徑並無構成回路，因此並不影響回路的穩定度，並且它對擾動是沒有響應的，所以加入前饋路徑並無法改善系統的抗擾動能力。

MATLAB 範例程式 m2_5_2.m：

```
J=0.00016;
s = tf('s');
Kp_w=0.3905; Ki_w=190.6307;
tf_cmdFilter = tf(Ki_w/Kp_w, [1 Ki_w/Kp_w]);
tf_pi = tf([Kp_w Ki_w],[1 0]);
tf_pc = tf([5000], [1 5000]);
tf_plant = tf([1], [J 0]);
Gw_open = tf_pi*tf_pc*tf_plant;
Gw_close = tf_cmdFilter*Gw_open/(1+Gw_open);
Kp_p = 150;
tf_plant_p = tf(1,[1 0]);
Kpf = 0.5;
Gp_open = Kp_p*Gw_close*tf_plant_p;
Gp_close = Gp_open/(1+Gp_open);
Gp_close_ff = tf([Ki_w*Kpf Kp_p*Ki_w], [J Kp_w Ki_w Kp_p*Ki_w]);
h=bodeoptions; h.PhaseMatching='on';
h.Title.FontSize = 14;
h.XLabel.FontSize = 14;
h.YLabel.FontSize = 14;
h.TickLabel.FontSize = 14;
bodeplot(Gp_close,'-b',Gp_close_ff,'-.b',{1,10000},h);
legend('Gp-close', 'Gpff-close');
h = findobj(gcf,'type','line');
set(h,'linewidth',2);
grid on;
```

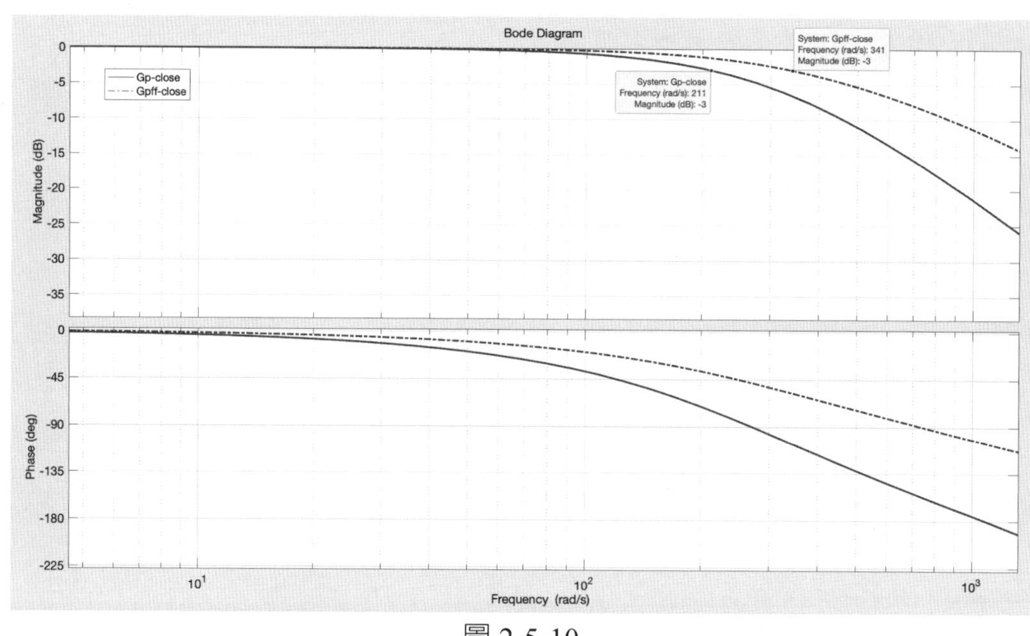

圖 2-5-10

2.6 結論

本章重點歸納如下：

- 控制系統的延遲愈大，則能夠允許的回路增益就愈小，這是因爲延遲效應已經侵蝕了原來系統的相位裕度（Phase Margin），而增加回路增益也會減小相位，因此在高性能的應用中，皆盡量提升控制回路的速度，並且使用相位延遲較小的感測器來增加回路增益的上限，達到高頻寬高性能的需求。
- 雖然前饋能大幅改善命令響應速度，但由於前饋路徑並無構成回路，因此並不影響回路的穩定度，並且它對擾動是沒有響應的，所以加入前饋路徑並無法改善系統的抗擾動能力。
- 對控制器而言受控廠參數是未知的，而前饋通常需要足夠精確的受控廠參數，一般來說，受控廠參數參數變化範圍在 20% 之內時，前饋仍能提供不錯的補償效果，對於某些受控廠參數（如機械慣量）變化劇烈的應用，建議使用估測器來即時估計受控廠參數，或是提前估計受控廠參數可能的最大變化範圍，再依此設計前饋增益，以避免超調的產生。

- 實務上，位置前饋路徑所需的速度信號，與速度前饋所需的加速度信號都是由運動控制器提供，因此二個前饋路徑可以避免微分運算，在運動控制器內部，是先產生加速度命令，再經由一次積分產生速度命令、二次積分產生位置命令，可以生成幾乎是無雜訊的命令信號予前饋路徑使用，依此方式在位置回路的前饋路徑使用來自上位機的速度命令信號，則可以有效消除位置的穩態誤差。
- 由於電流回路轉移函數並非完美的單位增益，若將二個前饋增益設成 1，響應可能會出現超調，因此實務上，二個前饋增益的調整範圍在 0.4～0.8 之間，值愈大愈能加快命令響應速度。

參考文獻

[1] （韓）薛承基，電機傳動系統控制，北京：機械工業出版社，2013。

[2] F. Blaschke, “The principle of field orientation as applied to the new TRANSVECTOR closed loop control system for rotating field machines,” Siemens Rev., vol. 34, pp. 217-220, 1972.

[3] 劉昌煥，交流電機控制：向量控制與直接轉矩控制原理，台北：東華書局，2001。

[4] George Ellis, Control System Design Guide: Using Your Computer to Understand and Diagnose Feedback Controllers, Butterworth-Heinemann, 2016.

[5] 葉志鈞，交流電機控制與仿真技術：帶你掌握電動車與變頻技術核心算法，台北：五南出版社，2023。

[6] R. Krishnan, Permanent Magnet Synchronous and Brushless DC Motor Drives, CRC Press, Boca Raton, Florida, 2010.

[7] H. Tajima and Y. Hori, “Speed sensorless field-orientation control of the induction machines,” IEEE Trans. Ind. Appl., vol. 29, no. 1, pp. 175-180, Jan./Feb. 1993.

[8] P. L. Jansen, R. D. Lorenz and D. W. Novotny, "Observer-based direct field orientation: analysis and comparison of alternative methods," IEEE Trans. Ind. Appl., vol. 30, no. 4, pp.945-953, July/Aug. 1994.
[9] P. L. Jansen and R. D. Lorenz, "A physically insightful approach to the design and accuracy assessment of flux observers for field oriented induction machine drives," IEEE Trans. Ind. Appl., vol. 30, no. 1, pp. 101-110, Jan/Feb. 1994.
[10] J. Bocker, S. Beineke, and A. Bahr, "On the control bandwidth of servo drives," in Proc. Eur. Conf. Power Electron. Appl., pp. 1-10, 2009.
[11] Kessler, C. (1958). Das symmetrische Optimum. Regelungstechnik, 6, pp. 395-400 and 432-436, 1958.

CHAPTER 3

三相逆變器調變策略

「不要太乖，不想做的事可以拒絕，做不到的事，不用勉強，不喜歡的話假裝沒有聽見，你的人生不是用來討好所有人，而是善待自己。」

——村上春樹

在第一章，我們推導了三相感應馬達與三相永磁同步馬達的數學模型，第二章則根據第一章所推導的交流電機模型來設計控制回路，在本章中，我們將為各位介紹交流電機控制所使用的功率轉換器：三相逆變器，若沒有三相逆變器，我們在第二章所設計的控制器是無法實現的，因為馬達控制算法是運作在微控制器端，若要讓控制器的輸出信號能驅動馬達，必須使用三相逆變器將微控制器的信號進行功率放大，才能順利驅動馬達運轉。

圖 3-0-1 的仿真架構與圖 2-1-11 相同，當進行控制系統數值仿真時，我們可以直接將控制回路的輸出電壓作為馬達模型的輸入，但實際上由於控制回路

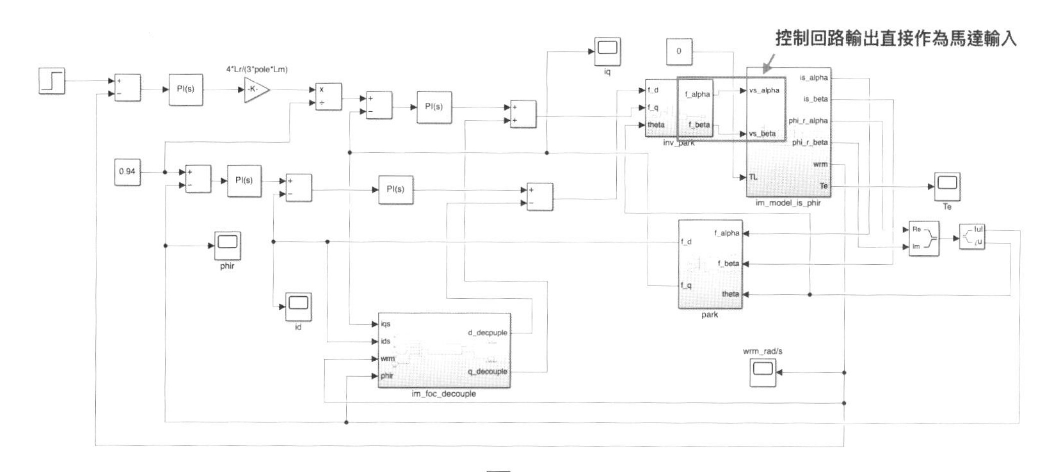

圖 3-0-1

是由微控制器所實現，微控制器的輸出一般爲爲小信號等級（通常爲 0～5V 或 0～3.3V），這種低功率的小信號是無法驅動交流馬達運轉的，因此在實務上我們須使用三相逆變器來將微控制器的輸出信號進行功率放大 [1-3]，將控制信號放大成能夠驅動馬達的三相交流電壓信號。

嚴格來說 PWM 逆變器 [4] 是一個 DC-AC 轉換器，但它通常會包含一個前級的 AC-DC 轉換器（整流模組）負責將三相的交流電轉換成直流，再由它的後級（DC-AC 轉換器）將直流電壓轉換成可變電壓與可變頻率的三相電壓驅動馬達運轉，因此一個典型的「逆變器」是一個二級架構（AC-DC 轉換器＋DC-AC 轉換器）。

圖 3-0-2 爲一個典型三相電壓源逆變器架構（Voltage Source Inverter，VSI），它的前級爲一個三相 AC-DC 轉換器（說明：又稱整流模組）負責將三相交流電壓轉換成直流電壓，並將能量暫存於直流鏈（由大電容組成）中，後級的 DC-AC 轉換器會使用 PWM 技術去切換電晶體開關（T1、T1'、T2、T2'、T3、T3'），將儲存在直流鏈的電壓轉換成三相交流電壓輸入給交流馬達。二極體 D1、D1'、D2、D2'、D3、D3' 是負責電感性負載的電流續流工作，又稱爲飛輪二極體，若沒有飛輪二極體，不連續的電感電流將產生大電壓損壞逆變器。

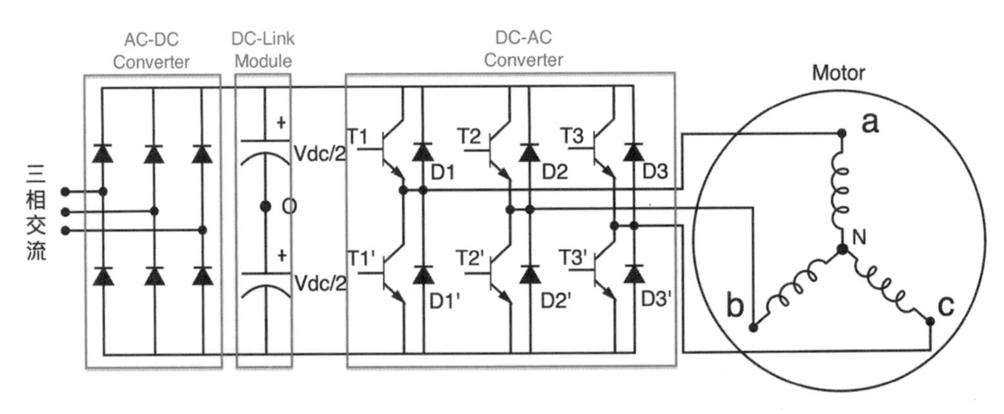

圖 3-0-2（三相電壓源逆變器架構，Voltage Source Inverter，VSI）

弦波 PWM（Sinusoidal PWM，SPWM）是一個最經典的 PWM 調製技術，它使用高頻載波（Carrier）與控制回路所輸出的三相電壓命令作比較來切換逆變器的電晶體開關，以 a 相爲例，如圖 3-0-3，當 a 相電壓命令高於載波電壓時輸出 HIGH 使 T1 開關 ON，同時 T1' 需 OFF，否則會短路，而在進行三相 SPWM 調製時，三相電壓命令是與高頻載波同時進行圖 3-0-3 的比較運算的，實務上通常會使用微控制器（MCU）或 FPGA（field programmable gate array）來實現 PWM 調製技術。

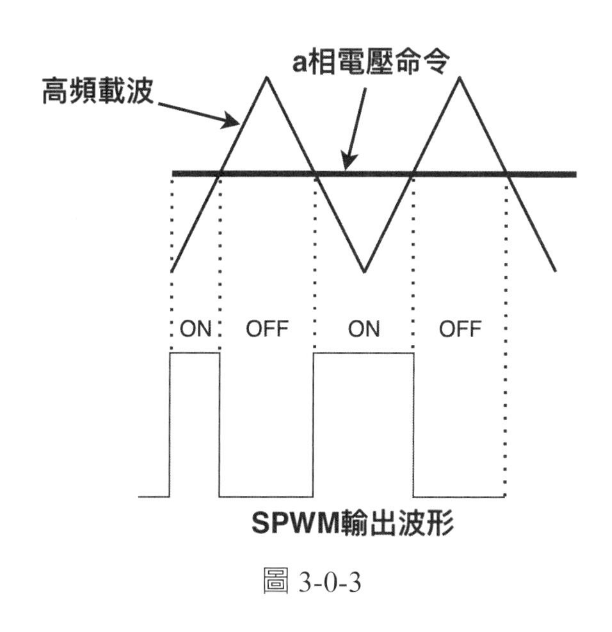

圖 3-0-3

說明：
實際上向量控制回路輸出的電壓命令爲弦波，但由於 PWM 週期遠小於弦波週期，因此在每個 PWM 週期中，看到的電壓命令可以近似爲直流量 [4]。

本章將會爲各位介紹以下幾種常見的三相逆變器調變策略，並使用 SIMULINK 來進行系統模擬。

- SPWM 調變策略
- 三次諧波注入調變策略 [2, 3]
- 加入偏移值調變策略 [3]
- 空間向量（SVPWM）調變策略 [2, 3]

最後在 3.5 節，會教各位如何使用 SIMULINK 所自帶的 Simscape 元件庫中的逆變器與馬達模組，並整合第二章所設計的控制回路，建構更貼近眞實物理特性的永磁同步馬達向量控制系統。

在介紹調變技術以前，須定義二個跟調變技術關係相當密切的指標，第一個指標稱爲大小調變指標，簡稱 m_a，定義如下 [4]：

$$m_a=\frac{|v_m|}{|v_c|} \tag{3.0.1}$$

其中，$|v_m|$ 爲調變波的峰值絕對值，$|v_c|$ 爲載波的峰值絕對值（說明：圖 3-0-3 中的 a 相電壓命令即爲調變波）。

當調變波峰值絕對值小於或等於載波的峰值絕對值時，此時 $m_a \le 1$，我們將其稱作「線性調變區」；當調變波峰值絕對值大於載波的峰值絕對值時，此時 $m_a > 1$，則將其稱作「非線性調變區」，又稱爲「過調變區」，本書內容主要講述線性調變區，若對非線性調變區有興趣的讀者，可以參考相關資料 [3, 4]。

接著我們定義第二個指標：頻率調變指標，簡稱 m_f[4]，又稱爲切割比，定義如下：

$$m_f=\frac{f_c}{f_m} \tag{3.0.2}$$

其中，f_c 爲載波的頻率，f_m 爲調變波的頻率。

當 $m_f \le 21$ 時，須使載波與調變波同步，即 m_f 須爲整數，否則會造成較大的次諧波（Subharmonics）現象，要讓 m_f 爲整數，則三角波頻率需隨著調變波的頻率變化而調整 [4]。

當 $m_f > 21$ 時，非同步 PWM 所造成的次諧波（Subharmonics）現象並不嚴重，因此可將載波頻率設爲定值，但對於一些對次諧波較敏感的應用場合，也可以使用同步 PWM，即載波與調變波同步來改善次諧波（Subharmonics）的現象 [4]。

載波頻率 f_c 決定逆變器電晶體開關的切換頻率，載波頻率 f_c 愈高則電晶體開關的切換頻率也愈高，開關的切換損失也愈大，而載波頻率愈低，開關的切換損失雖然能夠被減小，但會造成輸出的電壓波形的解析度不好而影響到驅動性能，對於馬達驅動器而言，載波頻率 f_c 一般會被設定在 4k-10kHz 之間。

3.1 SPWM 調變策略

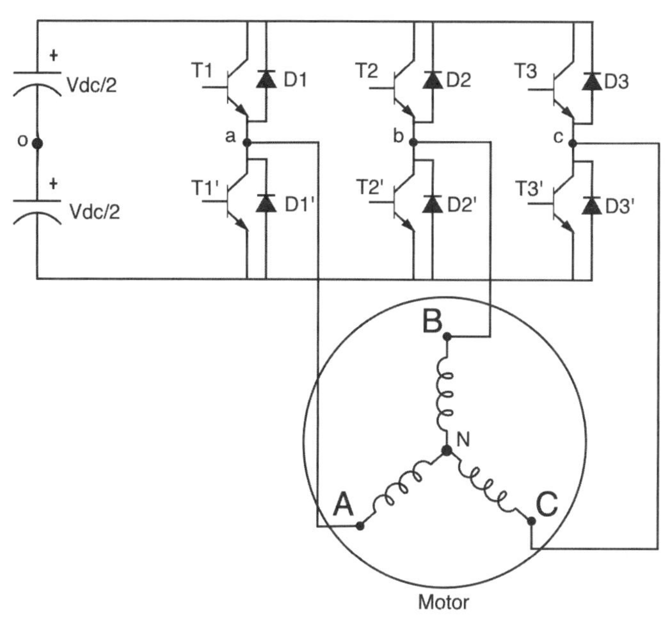

圖 3-1-1（三相 Voltage Source Inverter 架構）

圖 3-1-1 爲一個典型的三相電壓源逆變器（VSI）架構，a、b、c 三點與馬達定子三相繞組連接，我們需要使用電路學的觀念來推導一下 v_{ao}、v_{bo} 與 v_{co} 與馬達相電壓 v_{aN}、v_{bN} 與 v_{CN} 之間的關係，首先我們知道

$$v_{ao} = v_{aN} + v_{No} \tag{3.1.1}$$

$$v_{bo} = v_{bN} + v_{No} \tag{3.1.2}$$

$$v_{co} = v_{cN} + v_{No} \tag{3.1.3}$$

假設馬達爲三相平衡繞組，且馬達的輸入電壓爲三相平衡，即

$$v_{aN} + v_{bN} + v_{cN} = 0 \tag{3.1.4}$$

將（3.1.1）、（3.1.2）與（3.1.3）三式相加，並使用（3.1.4）式的條件，可得

$$v_{No}=\frac{1}{3}(v_{ao}+v_{bo}+v_{co}) \tag{3.1.5}$$

將（3.1.5）式代回（3.1.1）、（3.1.2）與（3.1.3）式，可以得到

$$v_{aN}=\frac{1}{3}(2v_{ao}-v_{bo}-v_{co}) \tag{3.1.6}$$

$$v_{bN}=\frac{1}{3}(2v_{bo}-v_{co}-v_{ao}) \tag{3.1.7}$$

$$v_{cN}=\frac{1}{3}(2v_{co}-v_{ao}-v_{bo}) \tag{3.1.8}$$

接著我們使用 S_a、S_b 與 S_c 來分別表示 a、b、c 三臂電晶體開關的切換狀態，以 a 相爲例，若 a 相上臂電晶體爲 ON，則 $S_a = 1$；若 a 相下臂電晶體爲 ON，則 $S_a = 0$。相同的方法，S_b 與 S_c 用表示 b 相與 c 相的電晶體的切換狀態。

因此，我們可以將 v_{aN}、v_{bN} 與 v_{cN} 表示成 S_a、S_b、S_c 與 V_{dc} 的函數：

$$v_{aN}=\frac{V_{dc}}{3}(2S_a-S_b-S_c) \tag{3.1.9}$$

$$v_{bN}=\frac{V_{dc}}{3}(2S_b-S_c-S_a) \tag{3.1.10}$$

$$v_{cN}=\frac{V_{dc}}{3}(2S_c-S_a-S_b) \tag{3.1.11}$$

當使用表 3-1-1 的切換順序對三相 VSI 開關作切換時，可以得到如圖 3-1-2 的輸出電壓波形（v_{ao}、v_{bo} 與 v_{co}），若連接的馬達是感應馬達的話，則馬達將會順利旋轉，所產生的馬達相電壓（v_{aN}、v_{bN} 與 v_{cN}）也列在表 3-1-1。

表 3-1-1[2, 3]

開關切換狀態	v_{ao}	v_{bo}	v_{co}	v_{aN}	v_{bN}	v_{cN}
101	$\frac{V_{dc}}{2}$	$-\frac{V_{dc}}{2}$	$\frac{V_{dc}}{2}$	$\frac{V_{dc}}{3}$	$-\frac{2V_{dc}}{3}$	$\frac{V_{dc}}{3}$
100	$\frac{V_{dc}}{2}$	$-\frac{V_{dc}}{2}$	$-\frac{V_{dc}}{2}$	$\frac{2V_{dc}}{3}$	$-\frac{V_{dc}}{3}$	$-\frac{V_{dc}}{3}$
110	$\frac{V_{dc}}{2}$	$\frac{V_{dc}}{2}$	$-\frac{V_{dc}}{2}$	$\frac{V_{dc}}{3}$	$\frac{V_{dc}}{3}$	$-\frac{2V_{dc}}{3}$
010	$-\frac{V_{dc}}{2}$	$\frac{V_{dc}}{2}$	$-\frac{V_{dc}}{2}$	$-\frac{V_{dc}}{3}$	$\frac{2V_{dc}}{3}$	$-\frac{V_{dc}}{3}$
011	$-\frac{V_{dc}}{2}$	$\frac{V_{dc}}{2}$	$\frac{V_{dc}}{2}$	$-\frac{2V_{dc}}{3}$	$\frac{V_{dc}}{3}$	$\frac{V_{dc}}{3}$
001	$-\frac{V_{dc}}{2}$	$-\frac{V_{dc}}{2}$	$\frac{V_{dc}}{2}$	$-\frac{V_{dc}}{3}$	$-\frac{V_{dc}}{3}$	$\frac{2V_{dc}}{3}$

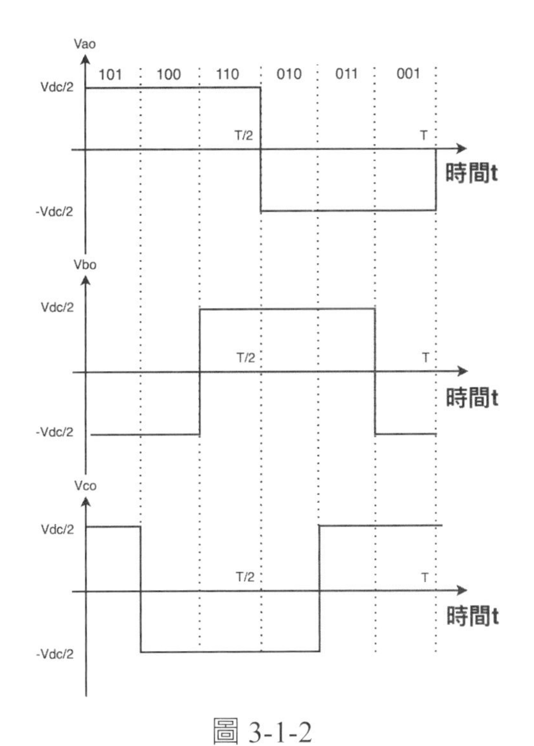

圖 3-1-2

接著讓我們回顧一下第二章的空間向量公式

$$V_{abc}=\frac{2}{3}\left[v_a(t)+e^{j\frac{2\pi}{3}}\times v_b(t)+e^{j\frac{4\pi}{3}}\times v_c(t)\right] \quad (3.1.12)$$

我們可將表 3-1-1 中六個切換狀態的馬達相電壓（v_{aN}、v_{bN} 與 v_{cN}）代入（3.1.12）式，可以得到 6 個電壓向量，可將其畫在二維空間向量平面上，如圖 3-1-3 所示。

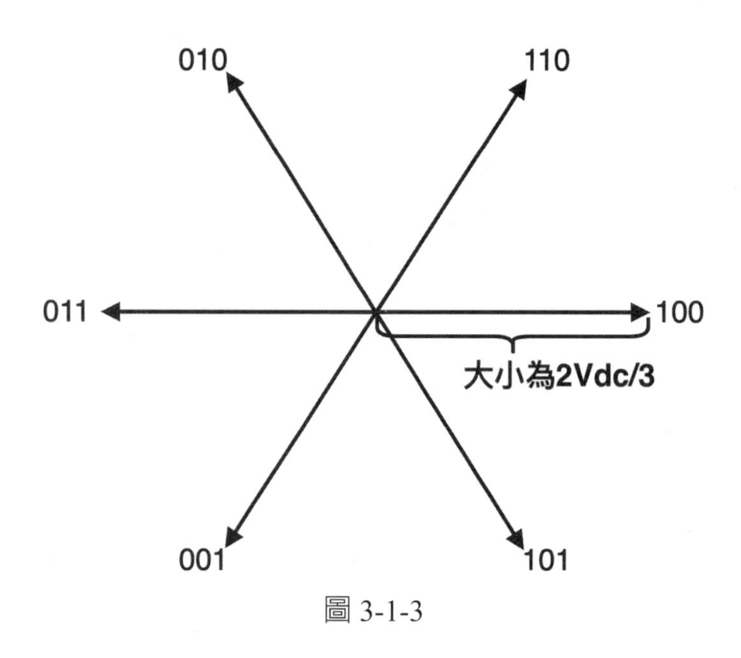

圖 3-1-3

表 3-1-1 的切換順序又被稱爲感應馬達的「六步方波控制」[2, 3]，雖然六步方波控制可以提供較高的馬達相電壓（2Vdc/3），但諧波也相當大，諧波大也意謂著較多的能量浪費，而且使用六步方波控制也無法實現可變電壓與可變頻率的需求，因此實務上我們並不會使用表 3-1-1 的切換方法，在實際應用上我們會將每個切換週期 T/6 再細分成更小的 PWM 週期來進行 SPWM 調變，以達到可變電壓與可變頻率（VVVF）的需求，也可以大幅降低諧波的危害，並減少能量的無謂浪費。

■SIMULINK 模擬

以上我們已經爲各位詳盡的介紹三相逆變器的工作原理，接下來我們將使用 MATLAB/SIMULINK 來進行三相逆變器 SPWM 調變的系統模擬。

STEP 1：

要實現三相逆變器的 SPWM 調變，需要使用三個相位差為 120 度的 Sine 調變波來進行 SPWM 調變，請使用 SIMULINK 元件建構如圖 3-1-4 的三相 SPWM 調變器，其中載波設為頻率為 2kHz，振幅為 1 的三角波，建立完成後，選取所有方塊（可以使用 CTRL ＋ A），按滑鼠右鍵並選擇「Create Subsystem from Selection」建立單一 Subsystem 元件，如圖 3-1-5，將其取名為「SPWM_modulator_VSI」後將其存檔。

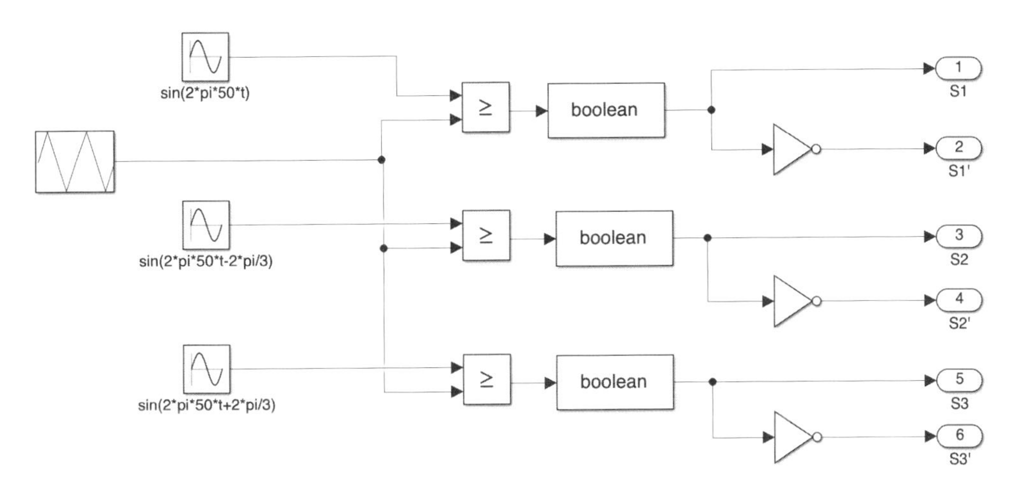

圖 3-1-4（範例程式：SPWM_modulator_VSI.slx）

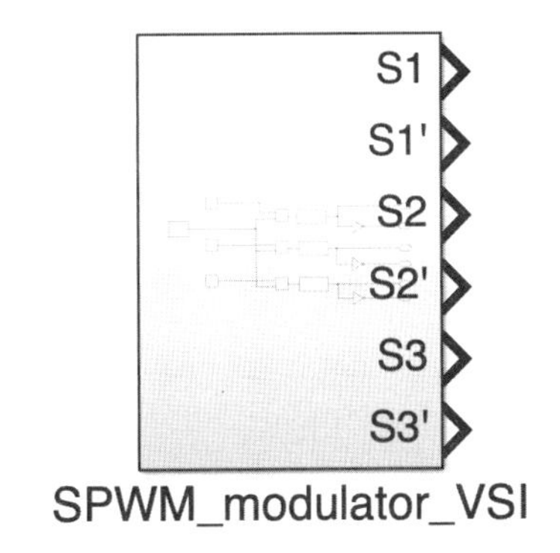

圖 3-1-5（範例程式：SPWM_modulator_VSI.slx）

STEP 2：

將「SPWM_modulator_VSI」建立完成後，再建立一個空白的 SIMULINK 檔案，建立如圖 3-1-6 的方塊，左下角爲 SPWM_modulator_VSI 方塊，請將圖 4-3-6 中的二個「DC Voltage Source」的電壓設成 100（代表 Vdc/2=100V）。雙擊 Series RLC Branch，將「Branch type」設成 RL，並將電阻值設爲 5（Ohms）、電感值設爲 150e-3（H）。再雙擊 powergui，將「Simulation Type」設定爲 Discrete，「Sample time」設定成 5e-5。

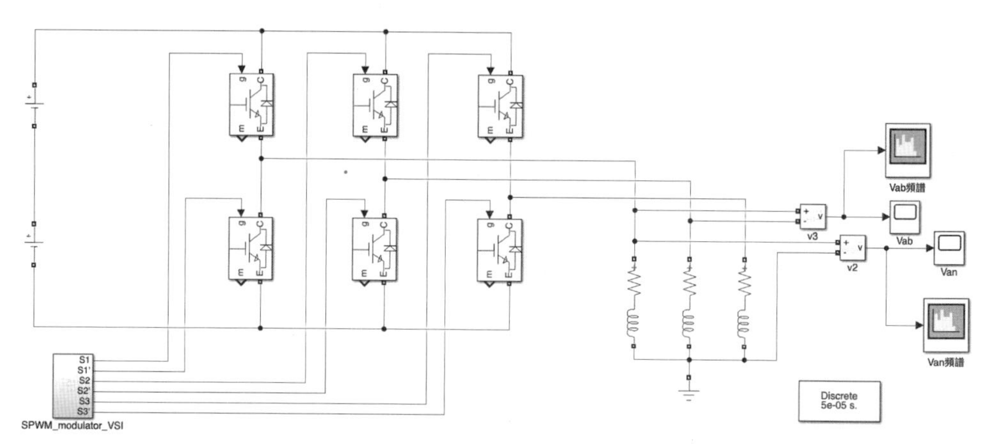

圖 3-1-6（範例程式：SPWM_3ph_VSI.slx）

STEP 3：

將 SIMULINK 模擬求解器設成「Fixed-step」，「Fixed-step size」設成 auto，將總模擬時間設爲 0.5 秒。設定完成後，按下「Run」執行系統模擬。

STEP 4：

若順利完成模擬，請先雙擊 Vab 與 Van 示波器方塊，分別觀察線對線電壓 Vab 與馬達相電壓 Van 波形，如圖 3-1-7 與 3-1-8 所示，從波形可知，Vab 與 Van 皆爲 PWM 電壓波形，Vab 在 Vdc（200 V）與 –Vdc（–200 V）之間作切換，Van 爲根據（3.1.6)～(3.1.8）式所產生的馬達相電壓，如圖 3-1-8 所示。

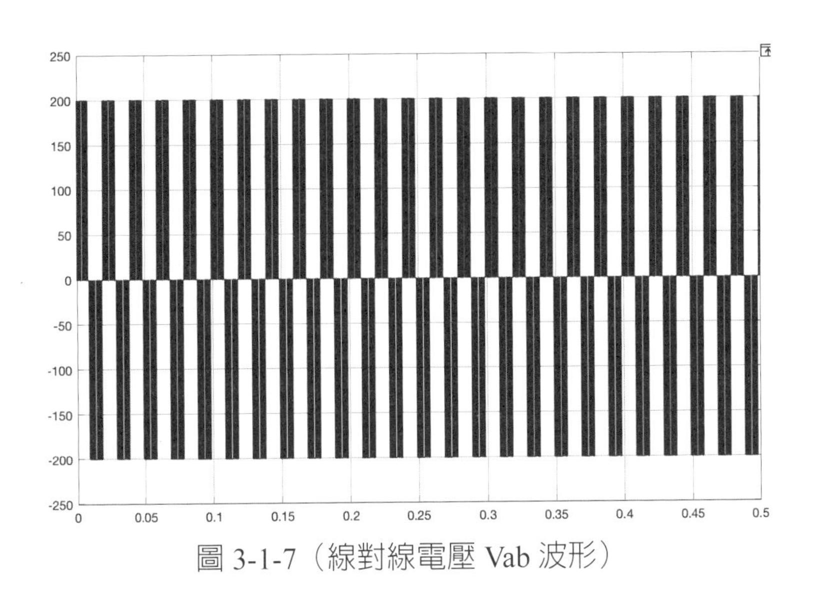

圖 3-1-7（線對線電壓 Vab 波形）

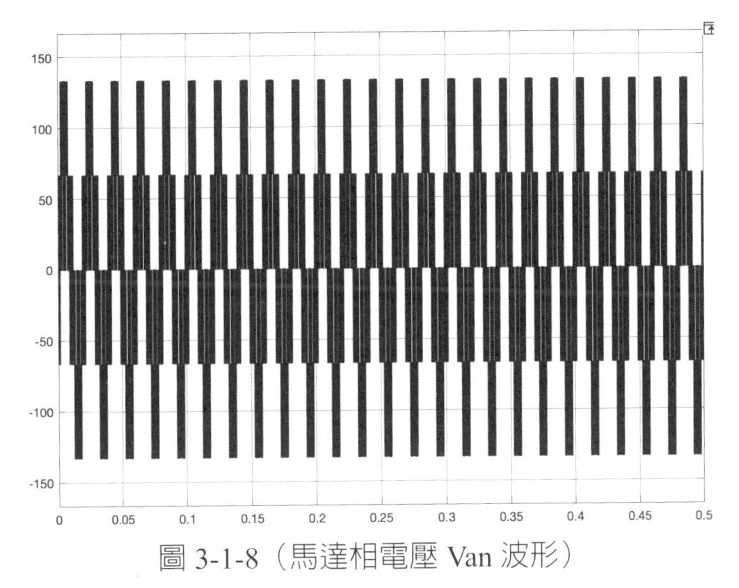

圖 3-1-8（馬達相電壓 Van 波形）

STEP 5：

接著請雙擊 Van 頻譜元件觀測 Van 電壓的頻譜（注意：須將 window 設成 Rectangular 以改善頻譜洩露），如圖 3-1-9 所示，Van 基本波 50Hz 的頻譜大小為 70.5（V_{rms}）左右，由於頻譜的單位是方均根值（RMS），因此須將其換算成峰值為 99.69（V），而我們在三相 SPWM modulator 中所設定的弦波調變波的峰值與載波峰值一致，即 $m_a = 1$，因此理論上三相 SPWM 的輸出相電壓基本波峰值 $\hat{V}_{aN1} = 1 \times \frac{V_{dc}}{2} = 100$（V），而使用 Spectrum Analyzer 所觀察到的結果為 99.69，相當接近理論值。

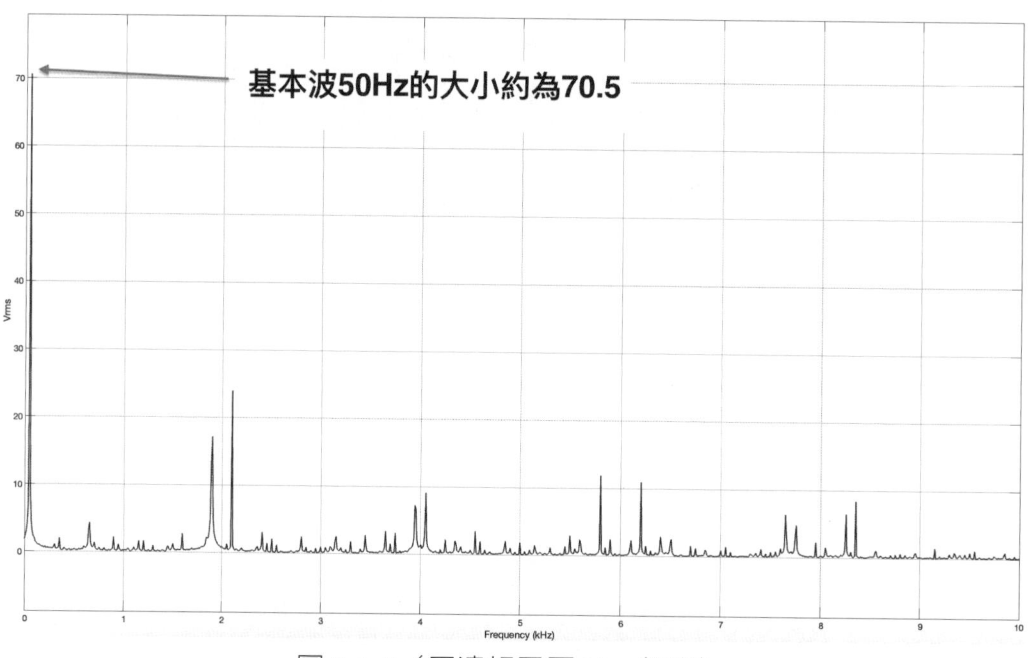

圖 3-1-9（馬達相電壓 Van 頻譜）

STEP 6：

接著請雙擊 Vab 頻譜元件觀測線電壓 Vab 電壓的頻譜（注意：須將 window 設成 Rectangular 以改善頻譜洩露），如圖 3-1-10 所示，Vab 基本波 50Hz 的頻譜大小為 122（V_{rms}）左右，由於頻譜的單位是方均根值（RMS），因此須將其換算成峰值為 172.5（V），而我們在三相 SPWM modulator 中所設定的弦波調變波的峰值與載波峰值一致，即 $m_a = 1$，因此理論上三相 SPWM 的輸出線電壓基本波峰值 $\hat{V}_{ab1} = \sqrt{3} \times \hat{V}_{aN1} = 172.6$（V），而使用 Spectrum Analyzer 所觀察到的結果為 172.5，相當接近理論值（說明：在 Y 接下，線電壓為相電壓的 $\sqrt{3}$ 倍）。

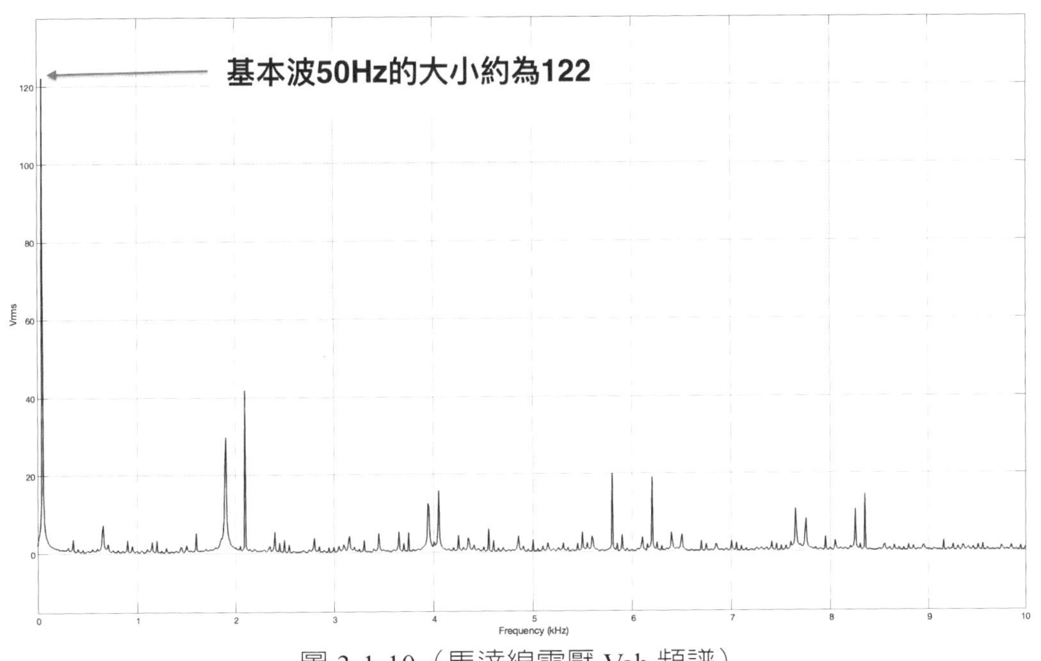

圖 3-1-10（馬達線電壓 Vab 頻譜）

說明：

使用 Spectral Analyzer 元件所觀測的頻譜大小與理論值有誤差的原因是發生頻譜洩漏（Spectral Leakage），這是一個實務上不可避免的現象，由於電腦的採樣點數是有限的，假設採樣點數爲 N，採樣頻率爲 f_s，則頻率刻度爲 $\Delta f = \frac{f_s}{N}$，若想要觀測的信號頻率並非頻率刻度 Δf 的整數倍，就會發生頻譜洩漏的現象。若各位想完全理解「頻譜」與「頻譜洩漏」，可以參考作者的另一著作《物聯網高手的自我修練》的 5.3 節「使用 LabVIEW 徹底將頻譜的理論與實務一網打盡」。

3.2 三次諧波注入調變策略

在 3.1 節，我們模擬了三相 SPWM 調變功能，經由頻譜的驗證，可以知道，三相 SPWM 調變可以輸出的相電壓基本波峰值爲 $\frac{V_{dc}}{2}$，但在實務上許多馬達的額定電壓都相當高，若可以藉由調變方法來提高三相逆變器的輸出電壓，將可以使馬達輸出更高的轉矩，因此在本節中筆者將為各位介紹三次諧波注入調變法，可以將它看成是 SPWM 的增強版本，將三次諧波注入到 SPWM 的三相調變波中可以有效的將三相 VSI 的輸出電壓增加 15.47%，使 VSI 的電壓輸出能力優於傳統的 SPWM 逆變器，而注入的三次諧波會在輸出端被互相抵消，並不會出現在馬達的端電壓上。

首先，我們將 3.1 節所使用的三相 SPWM 調變波列出如下

$$v_{am}(t) = V_{am}\sin(\omega t) \tag{3.2.1}$$

$$v_{bm}(t) = V_{bm}\sin\left(\omega t - \frac{2\pi}{3}\right) \tag{3.2.2}$$

$$v_{cm}(t) = V_{cm}\sin\left(\omega t + \frac{2\pi}{3}\right) \tag{3.2.3}$$

其中，$V_{am} = V_{bm} = V_{cm} = V_{tri}$，$V_{tri}$ 為載波振幅。

接下來，我們要在三相的 SPWM 調變波加上三次諧波，如下

$$v'_{am}(t) = V_{am}\sin(\omega t) + V_{m3}\sin(3\omega t) \tag{3.2.4}$$

$$v'_{bm}(t) = V_{bm}\sin\left(\omega t - \frac{2\pi}{3}\right) + V_{m3}\sin(3\omega t) \tag{3.2.5}$$

$$v'_{cm}(t) = V_{cm}\sin\left(\omega t + \frac{2\pi}{3}\right) + V_{m3}\sin(3\omega t) \tag{3.2.6}$$

由於弦波注入三次諧波後振幅會減低，我們希望加入三次諧波後的三相調變波的最大值仍跟載波振幅一致，因此先將（3.1.4）式對 ωt 微分求極值，以找出 V_{m3} 與 V_{am} 之間的關係 [3]。

$$\frac{d}{d\omega t}v'_{am}(t) = V_{am}\cos(\omega t) + 3V_{m3}\cos(3\omega t) = 0 \tag{3.1.7}$$

因此可以得到，當$\omega t = \frac{\pi}{3}$時，（3.1.7）式成立，此時 V_{m3} 為

$$V_{m3} = \frac{1}{3} V_{am} \cos\left(\frac{\pi}{3}\right) \qquad (3.1.8)$$

我們將（3.1.8）式代入（3.1.4）式，並且令$v'_{am}(t)$的絕對值與載波振幅V_{tri}相同

$$|v'_{am}| = \left| V_{am} \sin(\omega t) + \frac{1}{3} V_{am} \cos\left(\frac{\pi}{3}\right) \sin(3\omega t) \right| = V_{tri} \qquad (3.1.9)$$

使用$\omega t = \frac{\pi}{3}$代入（3.1.9）式，可以得到

$$V_{am} = \frac{V_{tri}}{\sin\left(\frac{\pi}{3}\right)} \qquad (3.1.10)$$

因此，使用三次諧波注入調變法，當載波的振幅為 V_{tri} 時，V_{am}、V_{bm} 與 V_{cm} 的大小需設定為 $\frac{V_{tri}}{\sin\left(\frac{\pi}{3}\right)}$，而三次諧波的振幅 V_{m3} 則須設為$\frac{1}{3} V_{am} \cos\left(\frac{\pi}{3}\right)$。

若將載波振幅 V_{tri} 設為 1，則$V_{am} = V_{am} = V_{am} = \frac{1}{\sin\left(\frac{\pi}{3}\right)}$，$V_{m3} = \frac{1}{3} \times \frac{\cos\left(\frac{\pi}{3}\right)}{\sin\left(\frac{\pi}{3}\right)}$。

圖 3-2-1 顯示一個 a 相 SPWM 弦波調制波與一個加入三次諧波調制波的差異。

■ SIMULINK 模擬

以上我們已經為各位詳盡的介紹三次諧波注入調變法的工作原理，接下來我們將使用 MATLAB/SIMULINK 來進行三次諧波注入調變法 VSI 的系統模擬。

STEP 1：

要實現三次諧波注入調變法，我們需要在三相 SPWM 的調變波加入三次諧波，因此請將 3.1 節的三相 SPWM 調變器修改成圖 3-2-2，修改完成後，選

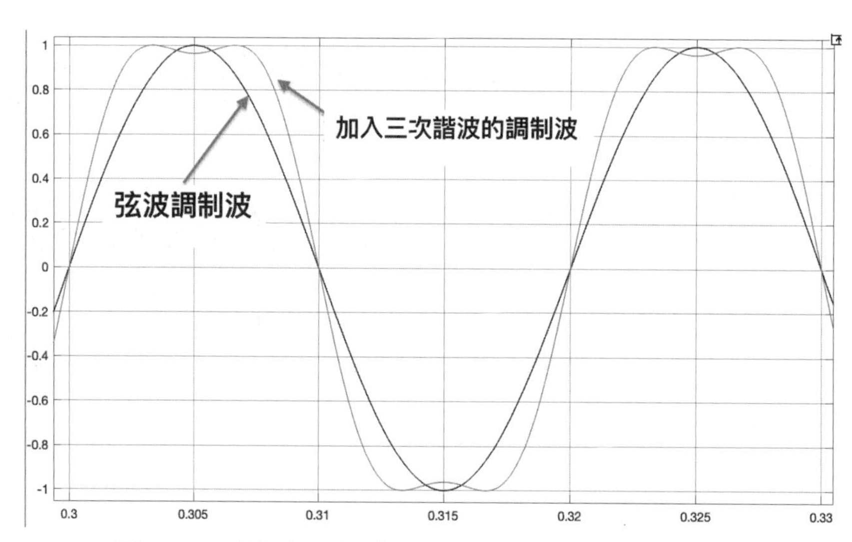

圖 3-2-1（弦波調制波與三次諧波調制波的差異）

取所有方塊（可以使用 CTRL ＋ A），按滑鼠右鍵並選擇「Create Subsystem from Selection」建立單一 Subsystem 元件，如圖 3-2-3，將其取名爲「third_harmonic_SPWM」後將其存檔。

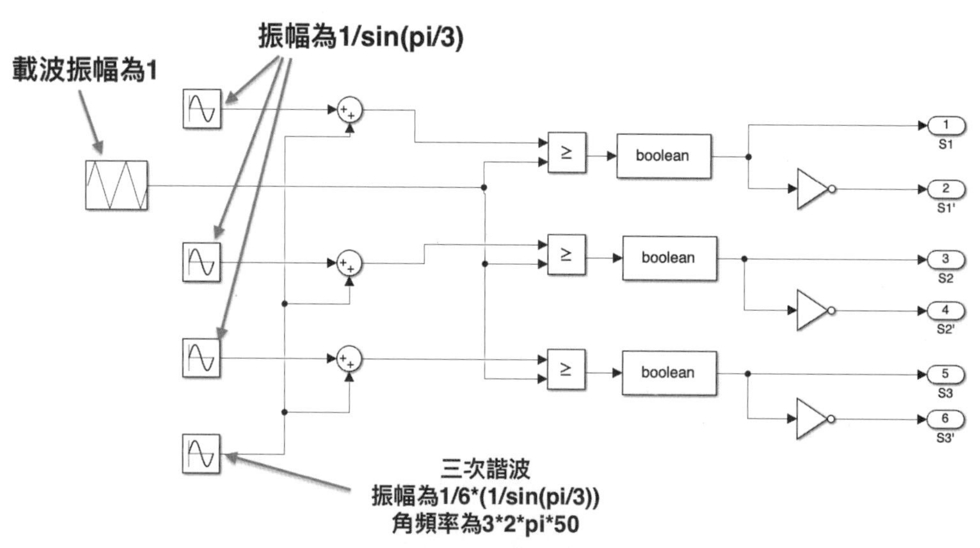

圖 3-2-2（範例程式：3rd_harmonic_SPWM.slx）

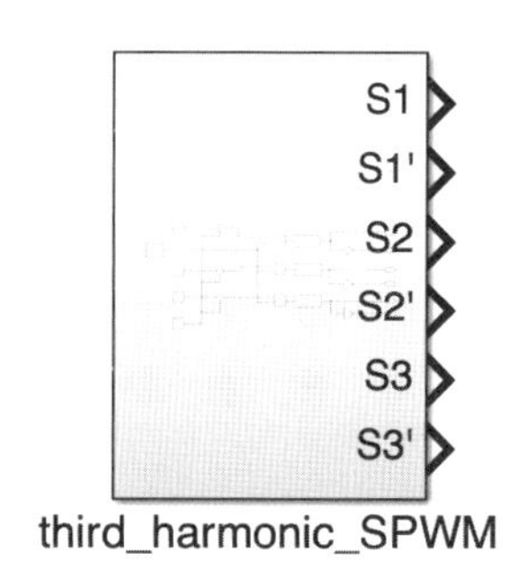

圖 3-2-3（範例程式：third_harmonic_SPWM.slx）

STEP 2：

將「third_harmonic_SPWM」建立完成後，再建立一個空白的 SIMULINK 檔案，將方塊建立如圖 3-2-4 所示，除了「third_harmonic_SPWM」外，圖 3-2-4 的系統方塊設定值皆與 3.1 節的 SPWM_3ph_VSI 一致。

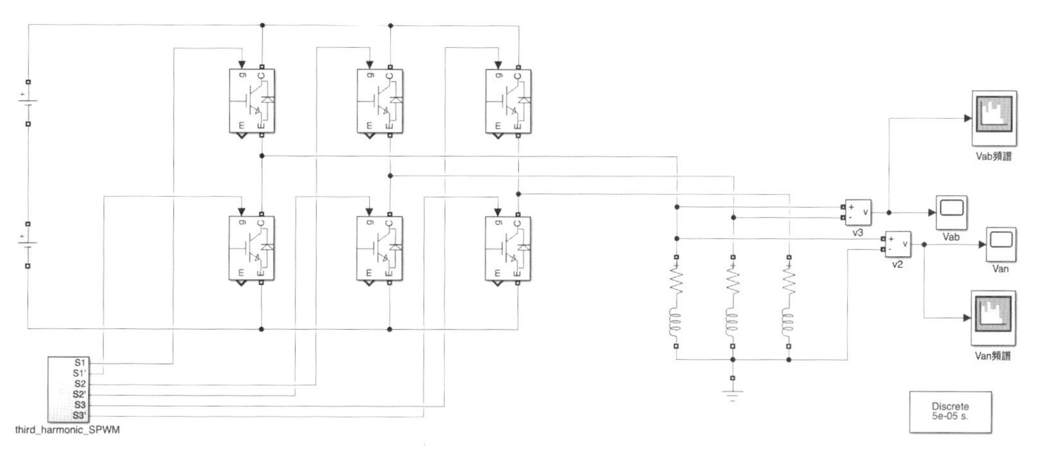

圖 3-2-4（範例程式：third_harmonic_SPWM_VSI.slx）

STEP 3：

將 SIMULINK 模擬求解器設成「Fixed-step」，「Fixed-step size」設成 auto，將總模擬時間設為 0.5 秒。設定完成後，按下「Run」執行系統模擬。

STEP 4：

請雙擊 Van 頻譜元件觀測 Van 電壓的頻譜（注意：須將 window 設成 Rectangular 以改善頻譜洩露），如圖 3-2-5 所示，Van 基本波 50Hz 的頻譜大小爲 81.5（V_{rms}）左右，由於頻譜的單位是方均根值（RMS），因此須將其換算成峰值爲 115.24（V），相較於三相 SPWM 調變可輸出的最大相電壓爲 100（V），三次諧波注入調變法將相電壓增加 15.24% 左右，接近理論值 15.47%。

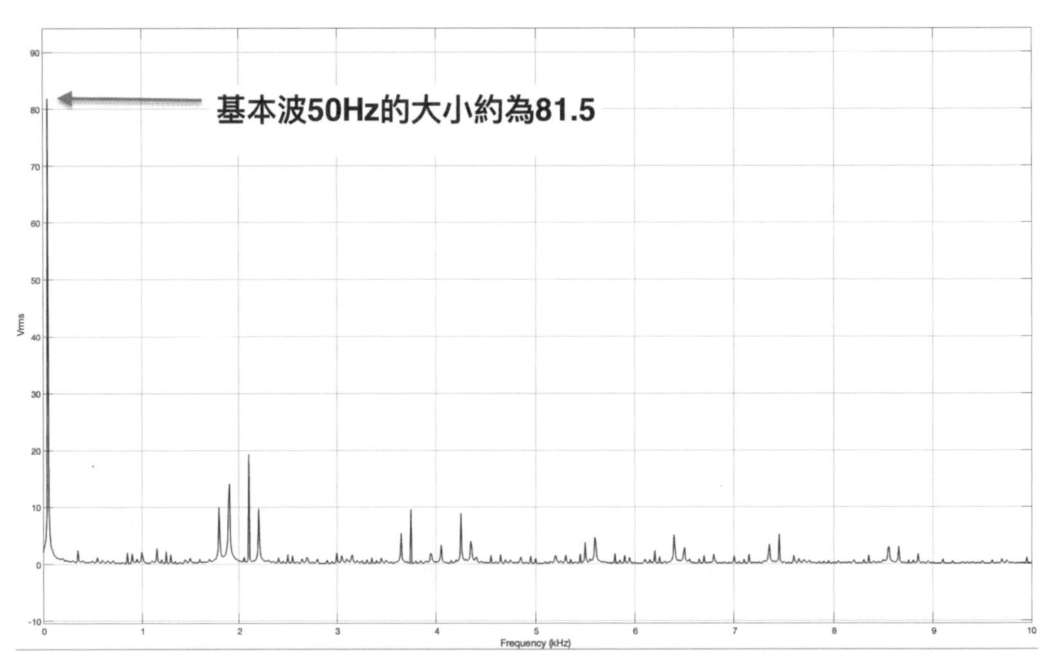

圖 3-2-5（馬達相電壓 Van 頻譜）

STEP 5：

接著請雙擊 Vab 頻譜元件觀測線電壓 Vab 電壓的頻譜（注意：須將 window 設成 Rectangular 以改善頻譜洩露），如圖 3-2-6 所示，Vab 基本波 50Hz 的頻譜大小爲 141.5（V_{rms}）左右，由於頻譜的單位是方均根值（RMS），因此須將其換算成峰值爲 200（V），各位可以發現三次諧波注入調變法可以完全利用直流鏈的所有電壓，即 Vdc，同樣的，相較於三相 SPWM 調變可輸出的最大線電壓爲 172.6（V），三次諧波注入調變法將相電壓增加 15.87% 左右，接近理論計算值（15.47%）。

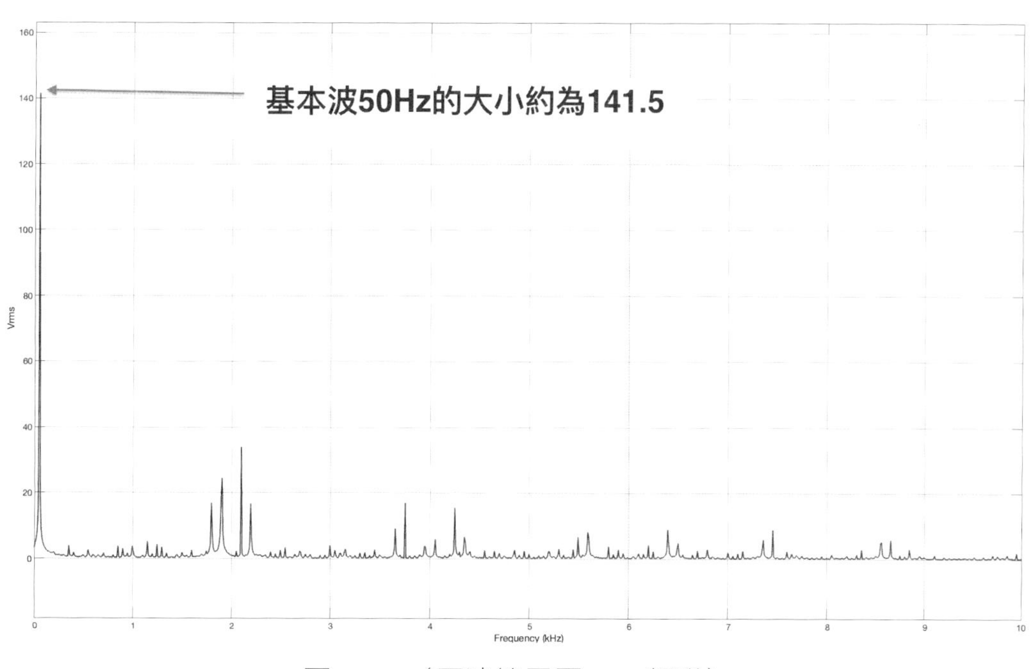

圖 3-2-6（馬達線電壓 Vab 頻譜）

3.3 加入偏移值調變策略

現在我們知道如何將三次諧波注入到 SPWM 的三相調變波中以有效的將逆變器的輸出電壓增加 15.47%，使逆變器的電壓輸出能力優於傳統 SPWM 逆變器，在實際的馬達控制應用上，若直接在三相調變波中注入三次諧波，並不容易使用軟體來實現，本節筆者將爲各位介紹「加入偏移值調變法」，它與「三次諧波注入」有相同的效果，但更容易使用軟體來實現。

■加入偏移值調變法 VSI 的 SIMULINK 模擬

STEP 1：

要實現「加入偏移值調變法」，我們需要修改 3.2 節的三次諧波注入調變器（third_harmonic_SPWM），因此請將 3.2 節的三次諧波注入調變器修改成圖 3-3-1，圖中的「Offset 模組」具有與三次諧波同樣的效果（說明：事實上 Offset 模組所輸出的不只有三次諧波，而是三的倍數諧波）。

「Offset 模組」輸出可以表示成

$$Offest = -\frac{max(v_{am}, v_{bm}, v_{cm}) + min(v_{am}, v_{bm}, v_{cm})}{2} \tag{3.3.1}$$

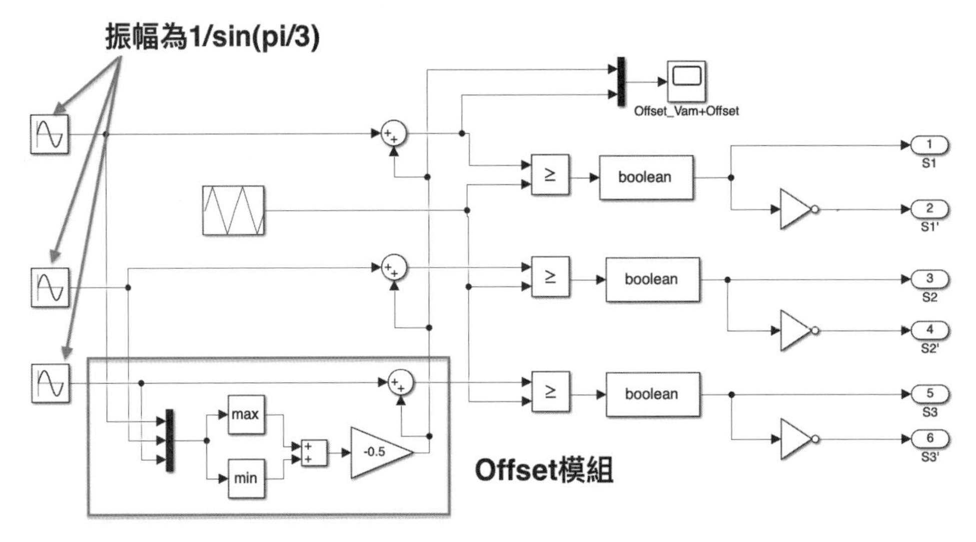

圖 3-3-1（範例程式：offset_addition_SPWM.slx）

修改完成後，選取所有方塊（可以使用 CTRL ＋ A），按滑鼠右鍵並選擇「Create Subsystem from Selection」建立單一 Subsystem 元件，如圖 3-3-2，將其取名爲「offset_addition_SPWM」後將其存檔。

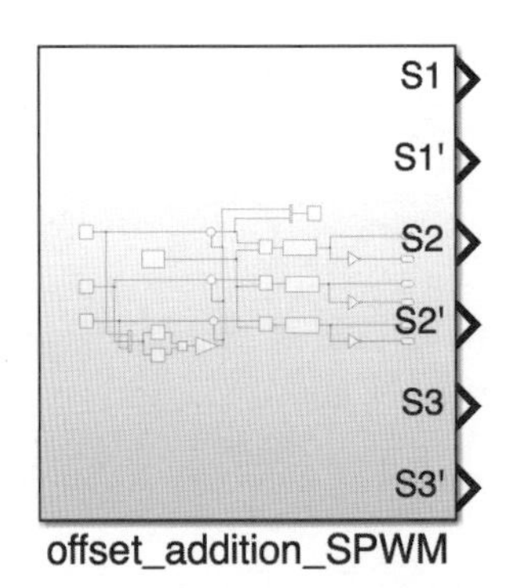

圖 3-3-2（範例程式：offset_addition_SPWM.slx）

STEP 2：

將「offset_addition_SPWM」建立完成後，再建立一個空白的 SIMULINK 檔案，將方塊建立如圖 3-3-3 所示，除了「offset_addition_SPWM」外，圖 3-3-3 的系統方塊的設定值皆與 3.2 節的 third_harmonic_SPWM_VSI 一致。

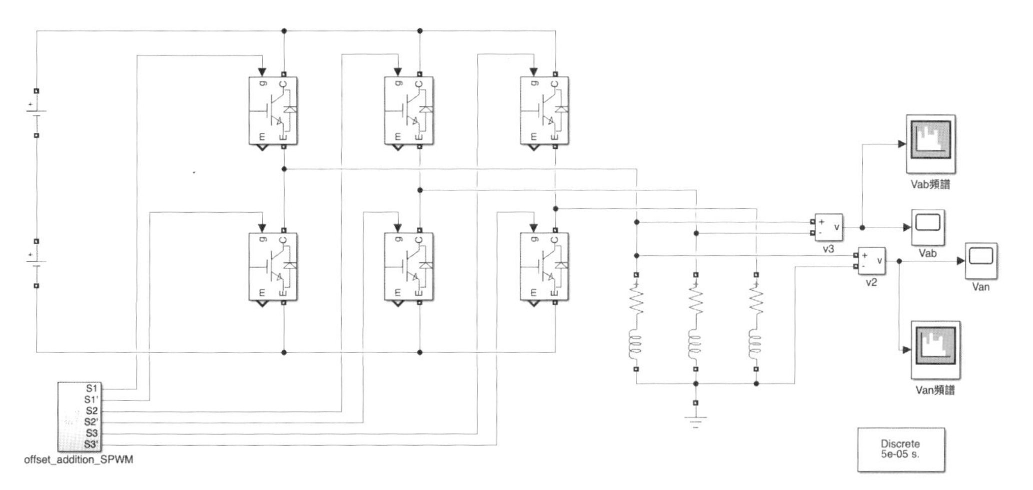

圖 3-3-3（範例程式：offset_addition_SPWM_VSI.slx）

STEP 3：

將 SIMULINK 模擬求解器設成「Fixed-step」，「Fixed-step size」設成 auto，將總模擬時間設為 0.5 秒。設定完成後，按下「Run」執行系統模擬。

STEP 4：

模擬完成後，請雙擊 Van 頻譜元件觀測 Van 電壓的頻譜（注意：須將 window 設成 Rectangular 以改善頻譜洩露），如圖 3-3-4 所示，Van 基本波 50Hz 的頻譜大小為 82.6（V_{rms}）左右，由於頻譜的單位是方均根值（RMS），因此須將其換算成峰值為 116.8（V），可以發現它與三次諧波注入法有同樣的電壓提升效果。

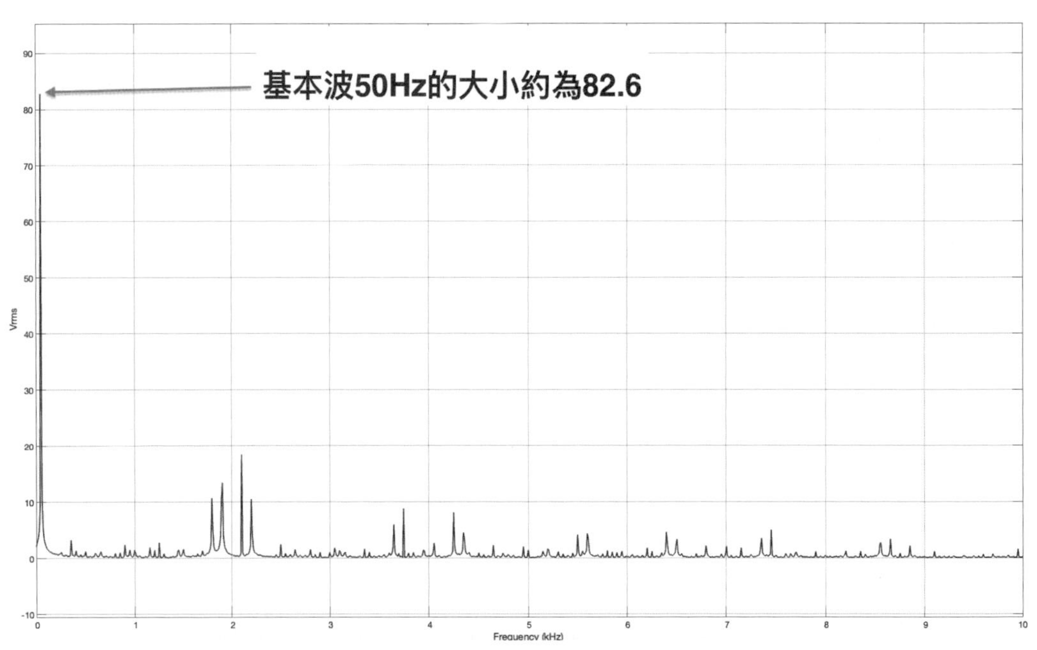

圖 3-3-4（馬達相電壓 Van 頻譜）

STEP 5：

接著請雙擊 Vab 頻譜元件觀測線電壓 Vab 電壓的頻譜（注意：須將 window 設成 Rectangular 以改善頻譜洩露），如圖 3-3-5 所示，Vab 基本波 50Hz 的頻譜大小爲 142（V_{rms}）左右，由於頻譜的單位是方均根值（RMS），因此須將其換算成峰值爲 200.8（V），可以發現它與三次諧波注入法有同樣的電壓提升效果。

STEP 6：

接著我們雙擊「offset_addition_SPWM」內的 Offset_Vam+Offset 示波器方塊，觀察一下 Offset 模組的輸出與加入 Offset 後的 a 相調制波波形，如圖 3-3-6，我們可以發現加入 Offset 後的 a 相調制波與「三次諧波注入調變法」的 a 相調制波非常相似，而 Offset 波形則的是一個對稱的三角波，與「三次諧波注入調變法」不同的是，「加入偏移值調變法」加入的不只有三次諧波，而是三的倍數諧波，而加入的三的倍數諧波在輸出端依然會被互相抵消，不會出現在馬達的端電壓中。

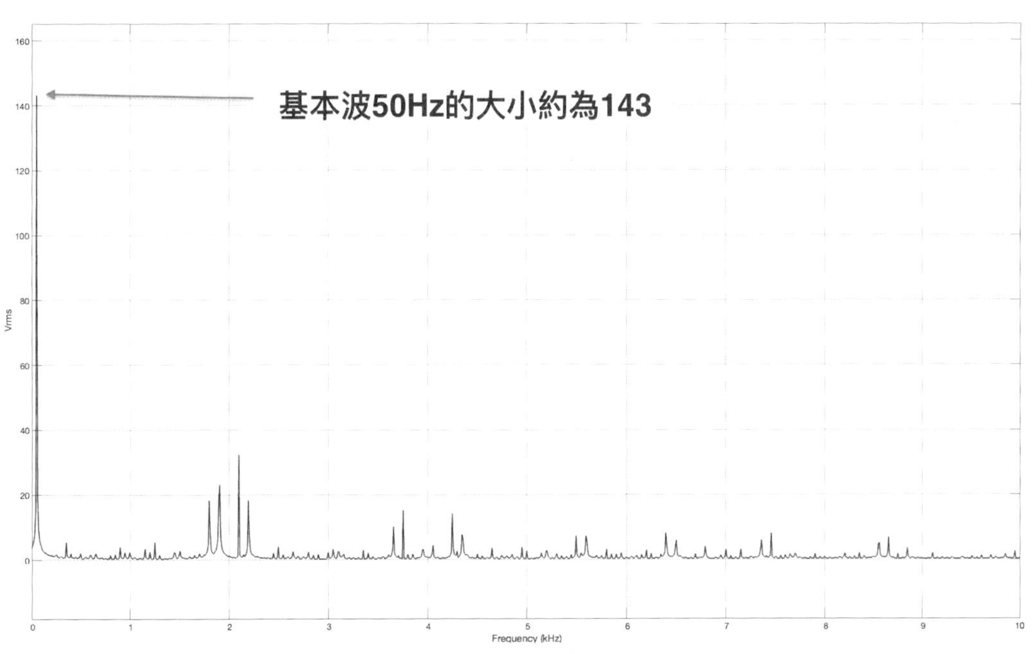

圖 3-3-5（馬達線電壓 Vab 頻譜）

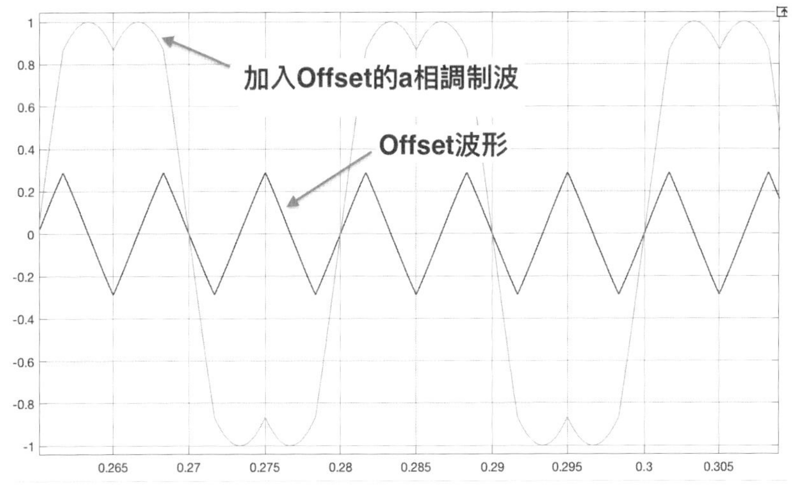

圖 3-3-6（Offset 與加入 Offset 後的 a 相調制波）

3.4 空間向量調變策略

不管是「SPWM 調變法」、「三次諧波注入調變」，還是「加入偏移值調變」，這些調變技術的本質都是使用三相的調制波與載波進行比較來產生 PWM 信號以切換逆變器三臂的電晶體開關，在實際的馬達控制應用中，三相弦波調制信號可由 d 軸與 q 軸電流控制器所產生的電壓命令經過座標轉換（反 Park 轉換與反 Clarke 轉換）得到，如圖 3-4-1。

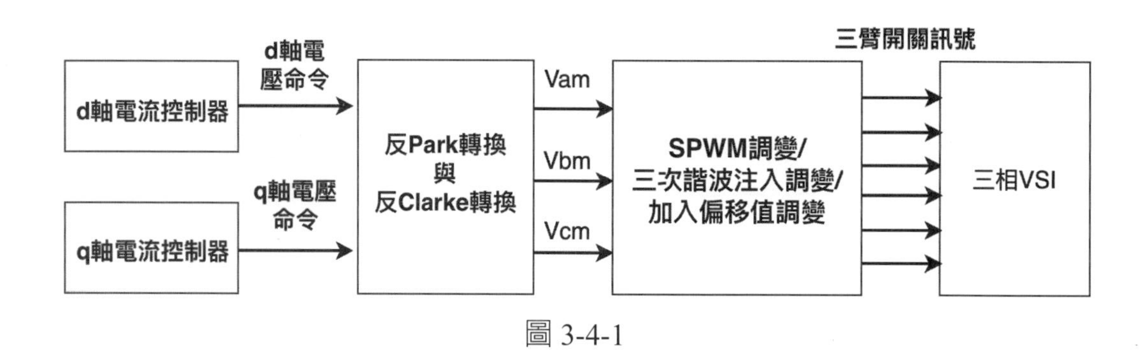

圖 3-4-1

在本節中筆者將爲各位介紹另一種普及率非常高的 PWM 調變方式，稱爲空間向量調變（Space Vector Modulation，SVM 或稱爲 SVPWM），空間向量調變的運作邏輯與前面介紹的三種調變方法（SPWM 調變、三次諧波注入調變、加入偏移值調變）完全不同，它是基於向量合成的方式運作的，在馬達控制應用中，它的運作方式如圖 3-4-2 所示。

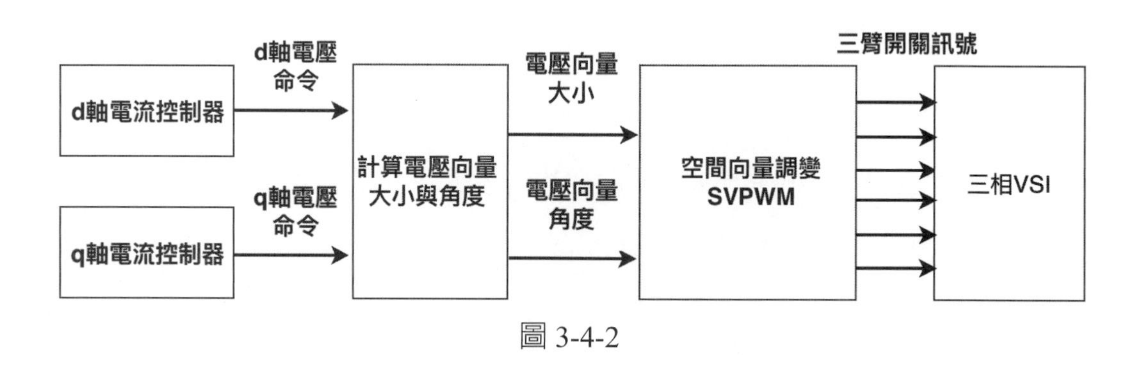

圖 3-4-2

空間向量調變法會根據所輸入的電壓向量大小與角度，使用主電壓向量（active voltage vector）來合成它，何謂主電壓向量呢？在 3.1 節所介紹的六步方波技術中，使用六個開關的切換組合可以產生的六個不為零的電壓向量，即為主電壓向量（active voltage vector），如圖 3-1-3，除了主電壓向量外，當開關狀態為（0，0，0）與（1，1，1）時，產生的電壓向量為 V0 與 V7，它們的大小為零，稱為零電壓向量（zero voltage vector），我們可將 8 個電壓向量畫於空間向量平面，如圖 3-4-3 所示。

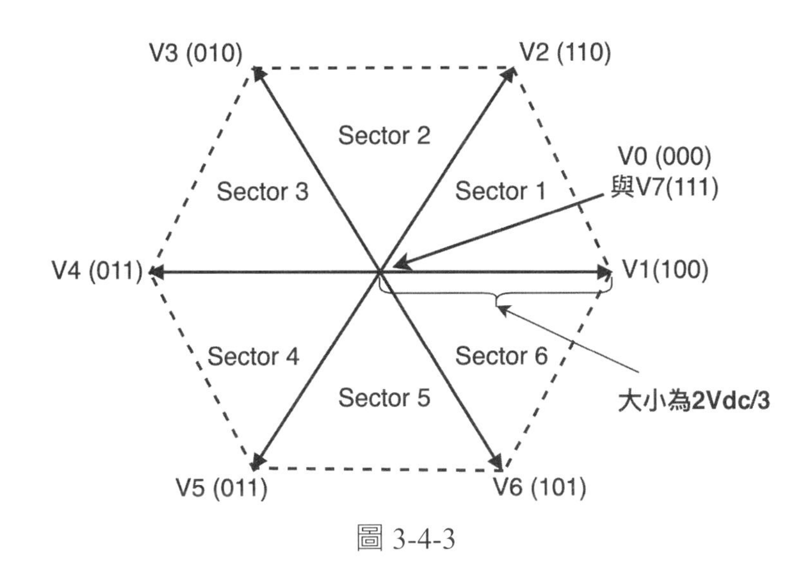

圖 3-4-3

圖 3-4-3 的空間平面顯示總共八個電壓向量，包含六個主電壓向量（V1～V6）與二個零電壓向量（V0 與 V7），並根據主電壓向量將平面分成六個扇區（Sector 1～Sector 6），每個扇區都為 60 度，每個主電壓向量的大小皆為 2Vdc/3，若三相 VSI 以 V1～V6 的順序重複切換的話，就是「六步方波控制法」，而空間向量調變會根據輸入的電壓向量的位置（即電壓向量角度）判斷位於哪個扇區，假設輸入的電壓向量為 V_s^*，它的角度為 α，位於 Sector 1，如圖 3-4-4 所示。

CHAPTER 3

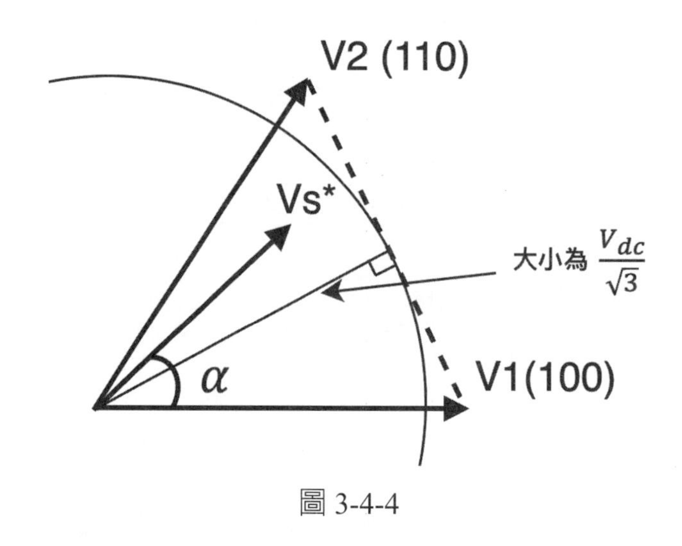

圖 3-4-4

從圖 3-4-4 可以得知，利用簡單的三角函數關係，可以算出由六個主電壓向量所形成的正六邊形中的內切圓半徑為$\frac{V_{dc}}{\sqrt{3}}$（說明：圖 3-4-4 中的內切圓直徑與 V1 的夾角為 30 度，V1 的大小為 2Vdc/3），$\frac{V_{dc}}{\sqrt{3}}$的大小也是空間向量調變的線性區能提供的相電壓的最大值，若電壓向量的大小若超過$\frac{V_{dc}}{\sqrt{3}}$，則會進入非線性調變區，即過調變區，本書暫不討論過調變區，若以等效 Y 接計算對應的線電壓的大小為 V_{dc}，因此可知空間向量調變技術能夠提供與三次諧波注入法一樣的電壓提升效果。

如圖 3-4-4 所示，假設我們輸入給空間向量調變器的電壓向量為 V_s^*，它位於 Sector 1，而空間向量調變法會使用相鄰最近的二個主電壓向量來合成電壓向量，對 Sector 1 來說，空間向量調變將會使用 V1 與 V2 來合成 V_s^*，假設採樣週期為 T_s，電壓向量 V1 的作用時間為 T_a，電壓向量 V2 的作用時間為 T_b，零電壓向量的作用時間為 T_0，利用伏秒平衡（volt-sec principle），我們可以寫出以下等式

$$V_s^* \times T_s = V_1 \times T_a + V_2 \times T_b + V_0 \times T_0 \qquad (3.4.1)$$

其中，$T_a + T_b + T_0 = T_s$。

而且我們知道

$$V_s^* = |V_s^*| e^{j\alpha} \tag{3.4.2}$$

$$V_1 = \frac{2V_{dc}}{3} \tag{3.4.3}$$

$$V_2 = \frac{2V_{dc}}{3} e^{j\frac{\pi}{3}} \tag{3.4.4}$$

可將（3.4.2）～（3.4.4）式代入（3.4.1）式，可以將實部與虛部的成分整理如下

$$|V_s^*| \cos(\alpha) T_s = \frac{2V_{dc}}{3} \times T_a + \frac{2V_{dc}}{3} \times \cos\left(\frac{\pi}{3}\right) \times T_b \tag{3.4.5}$$

$$|V_s^*| \sin(\alpha) T_s = \frac{2V_{dc}}{3} \times \sin\left(\frac{\pi}{3}\right) \times T_b \tag{3.4.6}$$

可將 T_a、T_b 與 T_0 整理如下

$$T_a = \frac{\sqrt{3}|V_s^*|}{V_{dc}} \sin\left(\frac{\pi}{3} - \alpha\right) T_s \tag{3.4.7}$$

$$T_b = \frac{\sqrt{3}|V_s^*|}{V_{dc}} \sin(\alpha) T_s \tag{3.4.8}$$

$$T_0 = T_s - T_a - T_b \tag{3.4.9}$$

我們可將（3.4.7）～（3.4.9）式轉換成能夠應用在所有扇區（Sector 1～Sector 6）的通式

$$T_a = \frac{\sqrt{3}|V_s^*|}{V_{dc}} \sin\left(S\frac{\pi}{3} - \alpha\right) T_s \tag{3.4.10}$$

$$T_b = \frac{\sqrt{3}|V_s^*|}{V_{dc}} \sin\left(\alpha - (S-1)\frac{\pi}{3}\right) T_s \tag{3.4.11}$$

$$T_0 = T_s - T_a - T_b \qquad (3.4.12)$$

其中，$S = 1, 2, 3, \cdots, 6$，代表輸入的電壓向量 V_s^* 所在扇區。

得到的 T_a、T_b 與 T_0 後，再依據相鄰的主電壓向量與零電壓向量的作用時間，切換三相逆變器的電晶體開關，即成功合成了所需的電壓向量 V_s^*，以上即爲空間向量調變（SVPWM）的運作原理，關於空間向量調變法的 SIMULINK 模擬，各位可以自行練習。

「空間向量調變法」相較於「加入偏移值調變法」，二者能提供的電壓提升能力是一致的，而空間向量調變法在每個採樣週期都需要進行（3.4.10）～（3.4.12）式的運算，因此較耗費計算機的運算資源，因此在實務上除非要使用直接轉矩控制（DTC）架構，或是進行 PWM 調變技術研究，否則筆者會較傾向於使用運算量較爲簡單的「加入偏移值調變法」。

3.5 整合逆變器的永磁馬達向量控制系統仿真

從以上內容各位應該對三相逆變器的幾種重要的調變策略已經有了清楚的了解，接下來我們將結合永磁同步馬達向量控制回路與三相逆變器來進行接近實際物理特性的系統仿眞，本模擬也將會加入延遲效應，讓仿眞的結果更能貼近眞實物理系統，各位可以開啓範例程式 mdl_pm_foc_plus_inv，開啓後的 SIMULINK 方塊圖如圖 3-5-1 所示。

圖 3-5-1 中，我們使用 SIMULINK 的 Simscape 群組的 Universal Bridge 與 Permanent Magnet Synchronous Machine 來仿眞三相逆變器與三相 IPM 永磁同步馬達，其中 Permanent Magnet Synchronous Machine 元件的參數值內容，除了摩擦系數 B 設爲零外，其它參數值與表 2-1-3 一致（在此將摩擦所產生的影響歸於負載轉矩，因此將摩擦系數 B 設爲零）。

電流控制回路的 PI 控制器參數設成與表 2-1-4 一致，可以將電流回路帶寬設計爲 1000（rad/s），配合電流解耦合模塊，可以讓電流回路等效爲截止頻率爲 1000（rad/s）的一階低通濾波器。

對於速度回路，我們將使用 2.3.1 節的經典速度回路 PI 控制器設計法所設

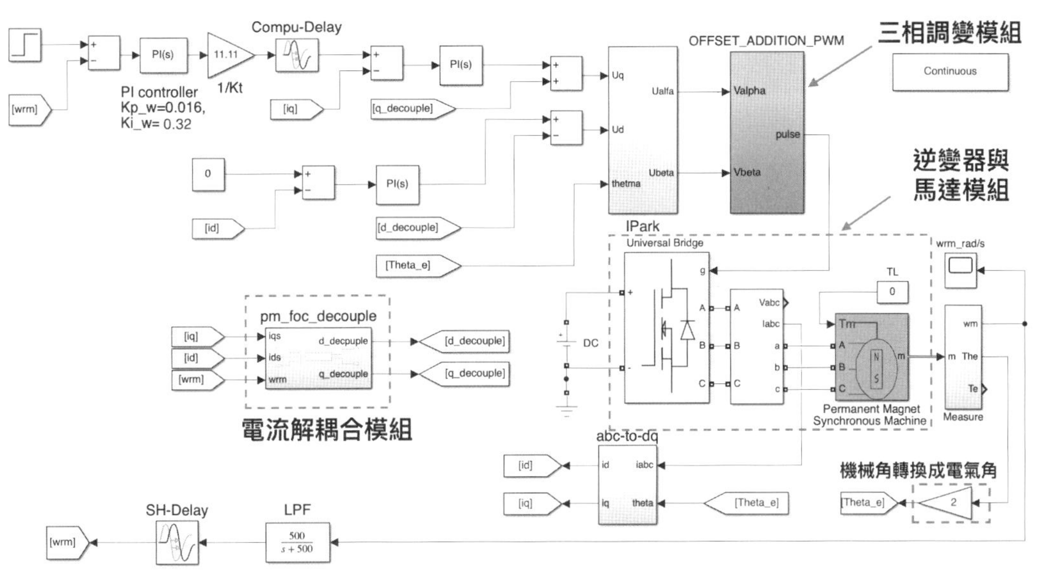

圖 3-5-1（範例程式：mdl_pm_foc_plus_inv.slx）

計的參數值，如下

$$K_{p\_\omega} = 0.016，K_{i\_\omega} = 0.32 \qquad (3.5.1)$$

速度 PI 控制器的輸出會經過增益 $1/K_T = 11.11$，計算如下：

$$\frac{1}{K_T} = \frac{2}{3} \times \frac{2}{P} \times \frac{1}{\lambda_f} = \frac{2}{3} \times \frac{2}{4} \times \frac{1}{0.03} = 11.11 \qquad (3.5.2)$$

其中，K_T 爲馬達轉矩常數，P 爲極數，λ_f 爲轉子磁通鏈。

在圖 3-5-1 中的計算延遲、採樣延遲與回授低通濾波器皆設定與 2.3.1 節相同，設定值如下：

- 計算延遲（Compu-Delay）$T_c = T_s = 2.5e-4$（s）
- 採樣延遲（SH-Delay）$T_{SH} = \frac{T_s}{2} = 1.25e-04$（s）
- 回授濾波器（LPF）爲一階低通濾波器，其截止頻率 $\omega_{fc} = 500$（Hz）

另外，本仿眞所使用的三相調變法爲「加入偏移值調變策略」，如圖 3-5-1 中的「OFFSET_ADDITION_PWM」模塊。

執行本範例程式的 SIMULINK 仿眞，並將速度響應波形與 2.3.1 節的模眞結果進行比較，如圖 3-5-2。

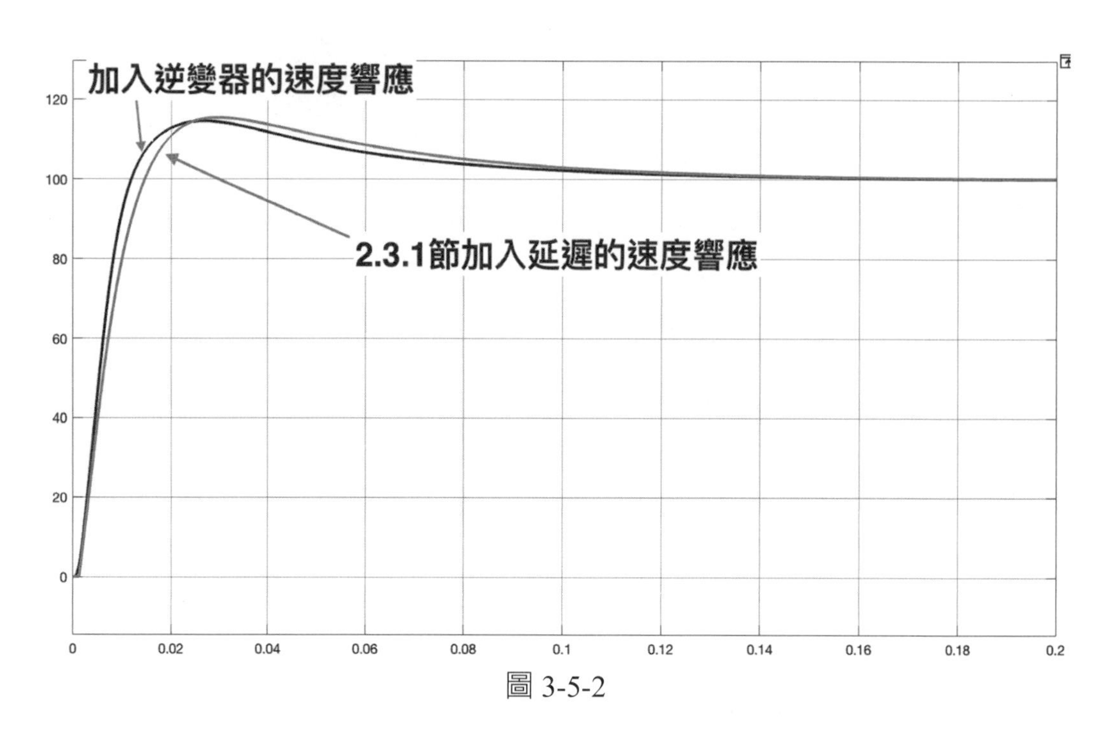

圖 3-5-2

如圖 3-5-2 所示，本仿眞與 2.3.1 節加入延遲效應的速度響應仿眞結果相當接近，相較於圖 2-3-6 的簡化模型，本仿眞還考慮了電流回路與實際馬達驅動系統會使用的三相逆變器模塊與調變模塊，因此更接近眞實系統的動態行爲，但整體而言，二個仿眞結果相當接近，因此在 2.3.1 節所使用的控制回路模型已足以進行設計階段的仿眞與驗證工作，而若要觀測更多信號類型，則需建構如圖 3-5-1 的仿眞系統。

3.6 結論

本章的結論可以歸納如下：

➢ 使用 SIMULINK 的 Spectrum Analyzer 元件可以即時觀測信號頻譜，但可能存在「頻譜洩露（spectral leakage）」造成測量誤差，因此需要設置適當的

「Window」來改善，經筆者測試，對 PWM 信號來說，「Rectangular window」可以最大程度改善頻譜洩露所造成測量誤差。

- 本章並無對各種 PWM 技術所造成的諧波問題進行探討，有興趣的讀者可以參考相關文獻資料或是使用本章的範例程式進行 PWM 諧波的仿真與研究。
- 圖 3-5-1 的仿真系統並未考慮電流回路的延遲效應，各位可以依實際需求加入，並配合第二章的考慮延遲效應的電流回路設計方法來進行電流環的設計與仿真，應可得到更貼近真實系統的仿真結果。

參考文獻

[1] （韓）薛承基，電機傳動系統控制，北京：機械工業出版社，2013。

[2] 劉昌煥，交流電機控制：向量控制與直接轉矩控制原理，台北：東華書局，2001。

[3] Haitham Abu-Rub, Atif Iqbal and Jaroslaw Guzinski, High Performance Control of AC Drives with MATLAB/SIMULINK, John Wiley & Sons, Ltd, UK, 2021.

[4] N. Mohan, T. M. Undeland, and W. P. Robbins, Power Electronics: Converters, Applications and Design, Second ed. New York:Wiley, 1995.

CHAPTER 4

使用硬體平台進行設計驗證

「技能無法被教導，但可以被學習。」

——《納瓦爾寶典》

本章我們將使用硬體平台對第二章所設計的馬達控制回路進行驗證，一般來說，交流電機控制算法的典型驗證流程，如圖 4-0-1 所示。

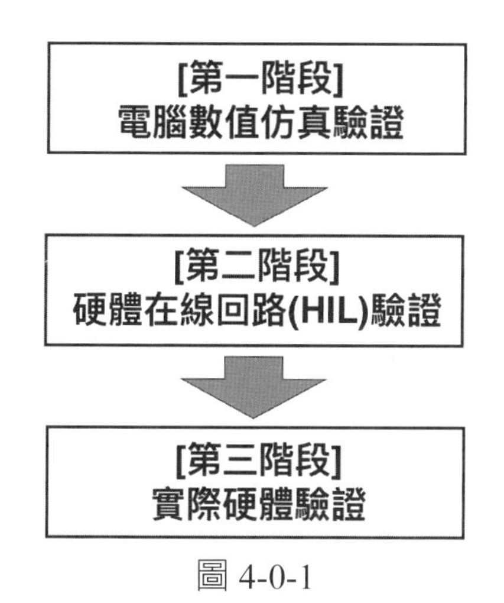

圖 4-0-1

在初期，馬達控制算法會先在電腦端進行初步的評估與仿眞驗證 [1]，在這個階段常使用的軟體平台可能是 MATLAB/SIMULINK 或 LabVIEW，但它們是付費的商用軟體，若想節省成本，也可以使用 Python 搭配 python-control 與 MatplotLib 套件進行控制系統仿眞驗驗 [2]，若控制算法通過電腦數值仿眞驗證，將進行第二階段的硬體在線回路驗證，由於硬體在線回路是用硬件的方式來模擬實際硬件的行爲，因此可以提供比電腦數值仿眞更貼近眞實物理系統的驗證結果，市場上也有許多廠商提供整合第二與第三階段的驗證工具，例如dSPACE或NI的RCP（Rapid Control Prototype）平台。

若控制算法的功能與可行性經過HIL驗證通過，將可以進入最後一個階段，此時就可以將控制算法實現在微控制器或FPGA上，並且接上眞實的逆變器與馬達進行測試。根據筆者經驗，有時公司爲了節省時間與成本，圖4-0-1的驗證流程在實務上可能會被簡化，許多工程師甚至會直接跳過第一階段與第二階段，而直接進入第三階段的實體硬體驗證，但若在算法評估階段，就直接使用實體硬件進行測試與驗證，可能會造成硬件損壞甚至造成人身危險。

本書前三章的目的就是幫助各位建立交流電機控制的第一階段電腦仿眞工具，雖然dSPACE或NI等大廠都有提供整合第二與第三階段的驗證工具，但價格都非常昂貴，並不利於學習推廣，因此本章將使用ODrive控制平台[3]連接眞實的馬達進行控制算法的驗證，經筆者實際測試，ODrive控制平台的軟件具有不錯的親合力與可用性，在有限的範圍下，應可幫助各位學習如何驗證所設計之馬達控制算法的性能與可行性。

4.1 ODrive的歷史

ODrive是由目前的執行長Oskar Weigl於2017年所創建，他在2014年完成了他關於「無刷馬達應用中的超級電容器儲能」的碩士論文，當時他建造了一個原型無刷馬達驅動器，該驅動器後來成爲ODrive的第一個版本。

在完成碩士學位論文後，他開發了ODrive的進階版本，並於2016年宣布將其作爲開源項目，旨在使機器人的構建變得更容易、更便宜，隨著ODrive不斷發展和完善，ODrive v3.6達到了很高的普及度。

Oskar Weigl擁有超過10年的行業經驗，包括在ARM、ABB Robotics和Rapyuta Robotics工作過，他看到了爲工業和商業用途開發驅動器的機會，並相信消費級無刷電機和傳感器的普及，因此Oskar開始全職開發ODrive，並於2017年成立了ODrive這家公司，從那時起，ODrive Pro開始開發，並隨後發布，ODrive S1是作爲配套項目創建的，作爲現已過時的ODrive v3.6的替代品，並以比ODrive Pro更低的成本實現高性能馬達控制，提供市場更強大且更具成本效益的伺服馬達解決方案。

目前，該公司繼續開發新產品和解決方案，爲機器人和工業應用帶來高性能馬達控制，該公司的使命是盡可能輕鬆地提供高性能機器人和工業運動解決方案，從而實現多樣化、高性能和低成本的機器人和自動化，並在任何給定的價格點上最大限度地提高性能，同時製造可以輕鬆整合的靈活產品。ODrive 的核心目標是讓人們盡可能輕鬆地構建新的機器人和解決方案，這樣他們就不需要擔心電機控制 - 因此我們的口號是「毫不費力的機器人運動」。

各位可以在以下網址找到開源的 ODrive 3.6 相關資源。https://github.com/odriverobotics/ODrive

4.2 ODrive 系統設置 [3]

ODrive 控制平台包括以下幾個部分：

- ODrive 控制板（本章使用 ODrive S1）：ODrive 控制板整合控制回路的運算單元（MCU）與三相逆變器模組在一塊電路板上，設計的非常精巧，大小只有 66×50 mm。
- ODrive GUI 介面（以 Web 瀏覽器爲主，毋需安裝額外軟體）：將 ODrive 控制板透過 USB 連接上電腦，毋需安裝額外軟體，系統會自動跳出連線訊息，若選擇連線，將直接連結以 WEB 瀏覽器爲基礎的 ODrive 線上 GUI 介面（https://gui.odriverobotics.com/），透過此介面可以線上配置、設定、操作並監測 ODrive 控制板。
- ODrive 韌體（本章使用的韌體版本爲 0.6.7）：ODrive 的早期版本 ODrive 3.6 是開源的，可以在 GitHub 找到相關資源（https://github.com/odriverobotics/ODrive），但 ODrive S1 與 ODrive PRO 並無開源，但其韌體都是以 ODrive 3.6 爲基礎發展而來，有興趣的朋友仍可以使用 ODrive 3.6 進行更深層次的韌體開發。

本章使用的 ODrive S1 控制板，如圖 4-4-1 所示，其規格如下：

- 1600W **連續輸出**：支援 12～50V 電壓輸入，包括 12S 電池，再生制動或制動斬波器。
- **制動斬波器**（BrakeChopper）：使用外部制動電阻安全處理 2000W 峰值再生功率。

- **精確控制**（PrecisionControl）：扭矩、速度、位置和軌跡控制，具有基於模型的前饋。
- **編碼器支持**：RS485、SPI 和板載絕對編碼器允許即時冷啓動。雙編碼器支持。過濾增量和霍爾反饋。
- **隔離 IO**：電隔離 UART、步進／方向和 GPIO。
- CAN：專爲多軸 CAN 網絡而設計，帶有菊花鏈連接器。
- **用戶界面**：WebGUI 和 Python 工具，可輕鬆配置。
- **輕鬆集成**：提供 Python、Arduino、CAN 和 ROS2 庫。
- **緊湊設計**：66×50mm 的面積，一體化鎖定連接器。
- **控制規格**：24kHzPWM 頻率與 8kHz 控制回路頻率。
- **支援電機**：永磁同步電機與感應電機。
- **控制模式**：支援轉矩、速度、位置與軌跡控制模式，並支援無感測器（sensorless）控制模式。

圖 4-2-1

表 4-2-1　ODrive 官網購買的材料清單

品項	價格
ODrive S1 控制板（ODrive S1）	149 USD
散熱低座，如圖 4-2-2 所示 （Heat spreader plate for ODrive S1）	12 USD
IO 線束，如圖 4-2-3 所示 （IO Harness for ODrive S1）	9 USD

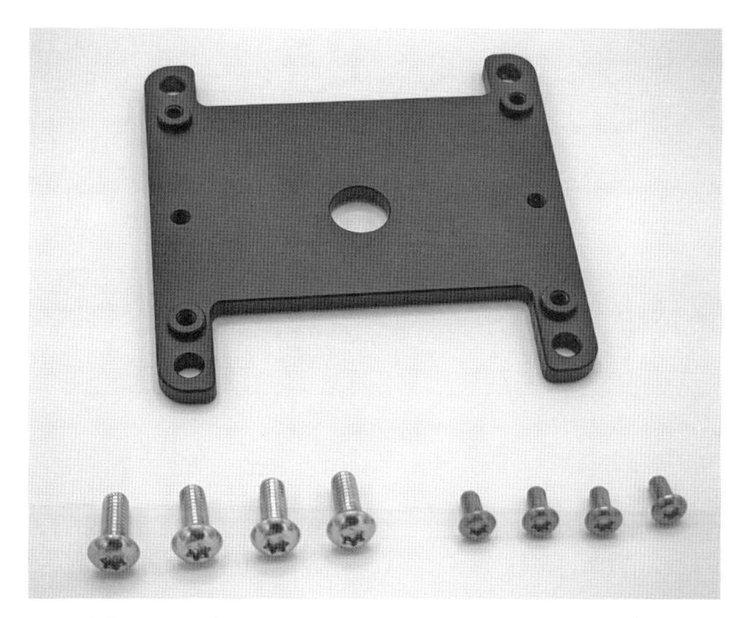

圖 4-2-2（Heat spreader plate for ODrive S1）

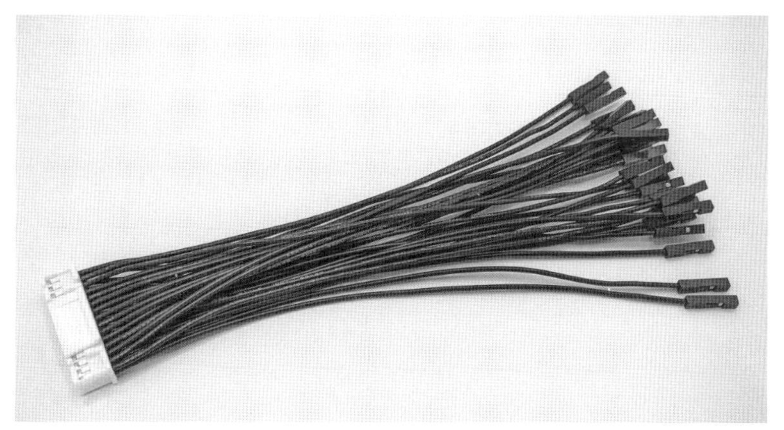

圖 4-2-3（IO Harness for ODrive S1）

表 4-2-1 爲筆者自 ODrive 官網購買的材料清單，將 ODrive S1 控制板、散熱低座與 IO 線束組裝完成後，須將馬達與電源供應器連接至 ODrive S1 控制板上的 Power Pads，其腳位定義如圖 4-2-4 所示。

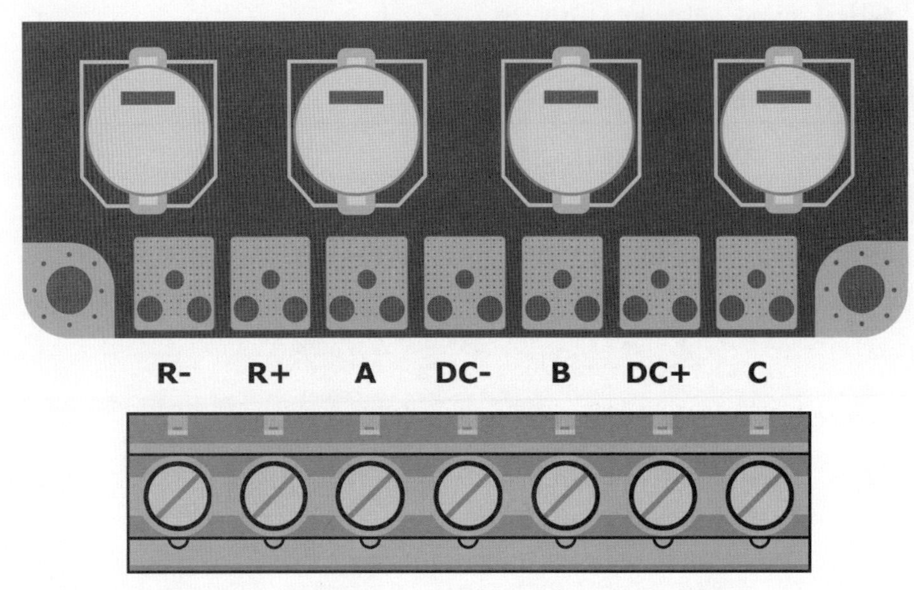

圖 4-2-4（ODrive S1 的 Power Pads 腳位定義）

其中，DC+ 與 DC- 需連接直流電源供應器或電池（連接時，電源請保持關閉），供應電壓不可超過 ODrive 可容許的最大電壓（50V），而 A、B、C 腳位連接三相馬達（永磁同步電機或感應電機），最後 R+、R- 需連接剎車電阻（筆者使用 50W 2Ω 的剎車電阻）。

本章筆者將使用一顆額定功率 26W、額定電壓 24V 的三相 SPM 永磁同步馬達進行測試（馬達型號爲 Nanotec DB42S03），其規格如圖 4-2-5 所示。

本章也將使用一顆磁滯型制動器作爲負載裝置（型號爲 Mobac HB-50M-2），本次測試不加負載，但使用它來改變馬達慣量，其規格如圖 4-2-6 所示。

No. of Pol./Phases	8/3		
Voltage Rated (VDC)	24		
Current (AMP)	No load [A]	Rated [A]	Peak [A]
	0.2	1.79	5.4
Resistance / phase to phase [Ohms] @ 25°C	1.5 ± 15%		
Inductance / phase to phase [mH] @ 1kHz	2.1 ± 20%		
Tourque Rated / Peak	Constant [Nm/A]	Rated [Nm]	Peak [Nm]
	0.035	0.0625	0.19
Power Rated [W]	26		
Speed	Rated [RPM]	No Load [RPM]	
	4000	6200	
Rotor Inertia [Kg-m^2]	2.4x10^{-6}		
Weight [Kg]	0.3		

圖 4-2-5（Nanotec DB42S03 BLDC 規格）

Torque at working current [Nm]	0.38	
Working current [mA]	270	
Resistance at 25°C ± 10% [Ohm]	95	
DC Voltage [V]	24	
Rpm max. 25°C ± 10% [min^{-1}]	15000	
Power dissipation [Watt]	Peak	continous
	90	23
Residual torque without current [Nm]	1.55 x 10^{-3}	
Rotor inertia [kgcm^2]	0.1670	
Weight [kg]	0.755	

圖 4-2-6（Mobac HB-50M-2 規格）

CHAPTER 4

本章所使用的小型動力計平台，型號爲 MOTIX Motor Bench，已包含馬達與磁滯型制動器，如圖 4-2-7 所示。（說明：MOTIX Motor Bench 已將馬達、制動器與底座整合在一起，若對此平台有興趣，可以上網購買）

圖 4-2-7（MOTIX Motor Bench）

若各位已將 ODrive S1 連接至電源供應器與馬達（此時，電源應該保持關閉），接下來需使用 USB-A 轉 USB Type-C 連接線將 ODrive S1 控制板連接至電腦，但特別需要注意的是，電腦與 ODrive S1 控制板之間須有 USB 隔離器作爲橋接，否則馬達運轉時，電腦與 ODrive S1 之間的電位差會形成 Ground Loop，可能會損壞電腦。

■使用 ODrive GUI 進行系統配置與參數自學習

STEP 1：

當 ODrive S1 已經透過 USB 隔離器與電腦連接後，由於筆者使用的三相永磁同步馬達額定電壓爲 24V，因此請開啓電源供應器並將電壓調整至 24V，此時電腦畫面應該會出現如圖 4-2-8 的連接訊息，用滑鼠單擊訊息視窗，將會開啓 WEB 瀏覽器連線至 https://gui.odriverobotics.com/configuration，如圖 4-2-9 所示。

圖 4-2-8

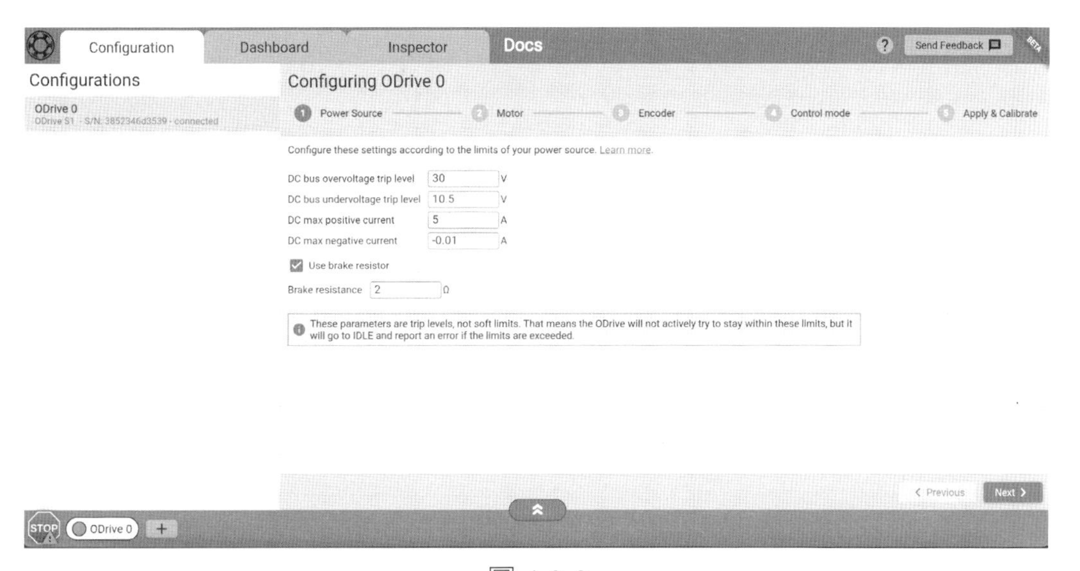

圖 4-2-9

STEP 2：

進入圖 4-2-9 的參數設置畫面後，我們需要依序設定：電源、馬達、編碼器、控制模式等參數，首先設定電源，筆者將參數設定如下：

- DC bus overvoltage trip level（過電壓保護準位）：30（V）
- DC bus undervoltage trip level（低電壓保護準位）：20（V）
- DC max positive current（最大正向直流電流）：5（V）〔請參考電源供應器規格〕
- DC max negative current（最大負向直流電流）：–0.01（V）〔請參考電源供應器規格〕
- 使用剎車電阻，將剎車電阻值設為 2（Ω）〔請參考所使用的剎車電阻規格〕

STEP 3：

接下來設置馬達參數，如圖 4-2-10 所示，由於筆者所使用的馬達規格並非 ODrive 官方型號，因此請選擇「Other Motor」，並參考圖 4-2-5 的馬達規格，將馬達參數設定如下：

- Type：High current
- Pole pairs：4
- KV：272.8（rpm/V）〔說明：由於本達的轉矩常數 KT 爲 0.035，因此 KV = $(1/0.035)*(30/\pi)$ = 272.8（rpm/V），關於永磁同步馬達規格參數，可以參考本書 5.5 節的內容〕
- Current limit：5.4（A）〔說明：設定爲馬達峰值電流〕
- Motor calib. current：0.5（A）
- Motor calib. voltage：2（V）
- Lock-in spin current：0.5（A）

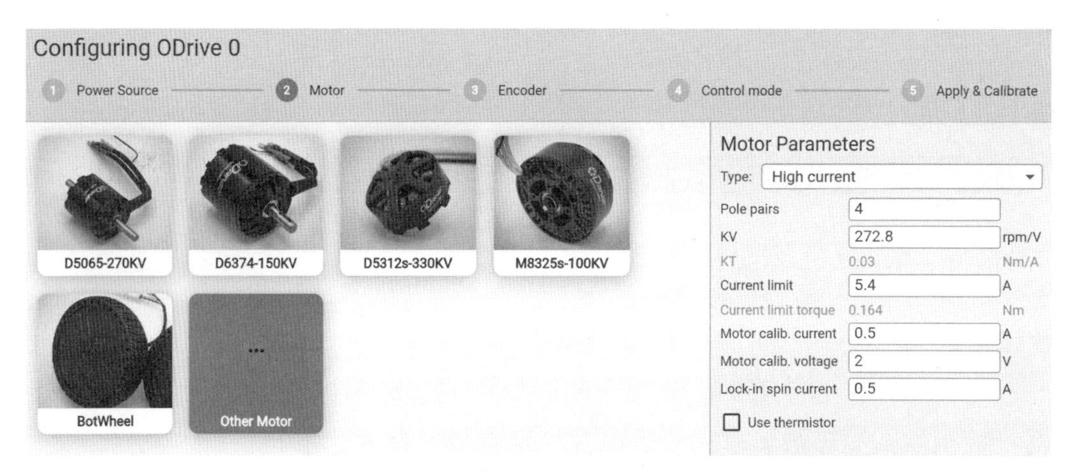

圖 4-2-10

STEP 4：

接下來設置編碼器參數，筆者所使用的編碼器型號爲 WEDS5541-B14，爲 1000 CPR 的光學編碼器，由於 ODrive 會利用脈波的上升與下降緣將編碼器的 CPR 擴展爲四倍，因此需將 Resolution 設定成編碼器 CPR 的四倍，即 4000（CPR），如圖 4-2-11 所示。

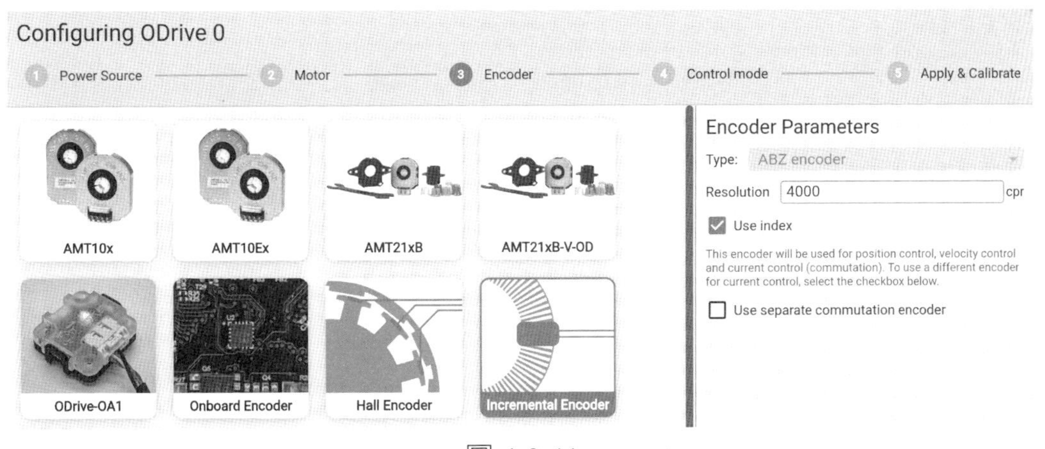

圖 4-2-11

STEP 5：

接下來設置控制模式，請將控制模式（control mode）設置爲速度控制（Velocity Control），並將控制器限制參數設置如下：

- Soft velocity limit：10（turns/s）
- Hard velocity limit：12（turns/s）
- Torque limit：0.19（Nm）〔說明：設置成馬達的最大轉矩〕

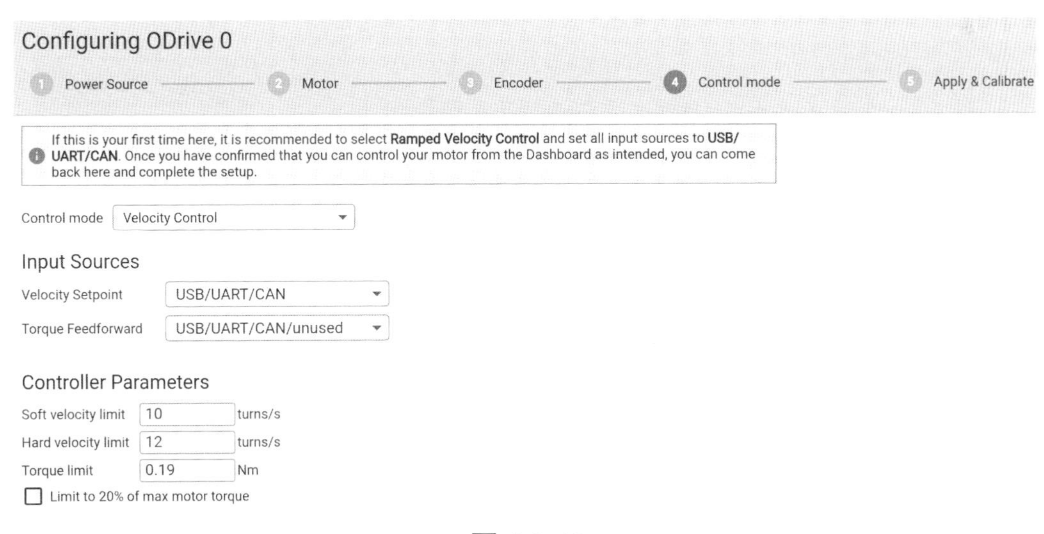

圖 4-2-12

CHAPTER 4

STEP 6：

接下來進入「Apply & Calibrate」，請根據畫面，依序執行：「Erase & Reboot」、「Apply」、「Save & Reboot」、「Run Calibration Sequence」、「Save & Reboot」與「Run index search」，這一連串程序會對馬達進行參數自學習，當馬達進行參數自學習時，你可能會聽到來自馬達的高頻聲，這屬於正常現象，若程序成功完成，ODrive 會將學習到的馬達參數與所設定的參數存入 MCU 的非揮發性記憶體中。

STEP 7：

完成系統設置後，進入「Inspector」頁，在「Inspector」頁的左側會列出 ODrive 所有的參數，可使用左側的搜尋功能搜尋特定參數，請將以下參數找出並將其拖曳至中間的「Controls」區域，完成後如圖 4-2-13 所示。

- torque_constant：馬達的轉矩常數 K_T，系統已將其自動算出 0.035（Nm/A），如圖 4-2-13 所示。
- phase_resistance：馬達相電阻值，ODrive 對馬達進行參數自學習所得到的馬達相電阻值，值為 0.604 歐姆，接近馬達的規格值 0.75 歐姆。〔說明：馬達規格書只有標注相對相電阻值，而相電阻值為相對相電阻值的一半，即 1.5/2=0.75 歐姆〕
- phase_inductance：馬達相電感值，ODrive 對馬達進行參數自學習所得到的馬達相電感值，由於本節所使用的永磁同步馬達為 SPM，因此 $L_d = L_q = L_s$，L_s 值為 987.1e-6（H），接近馬達的規格值 1.05（H）。〔說明：馬達規格書只有標注相對相電感值，而相電感值為相對相電感值的一半，即 2.1/2=1.05（mH）〕
- requested_state：此參數可設定 ODrive 操作狀態。
- current_state：此參數會顯示目前 ODrive 操作狀態。
- save_configuration：將目前的參數值存入 ODrive 的非揮發記憶體後，重啓 ODrive。
- control_mode：此參數可設定 ODrive 的控制模式，請設定成 VELOCITY_CONTROL。
- input_mode：此參數可設定控制模式下的輸入模式，請設定成 PASSTHROUGH，可以讓 ODrive 執行步階命令。

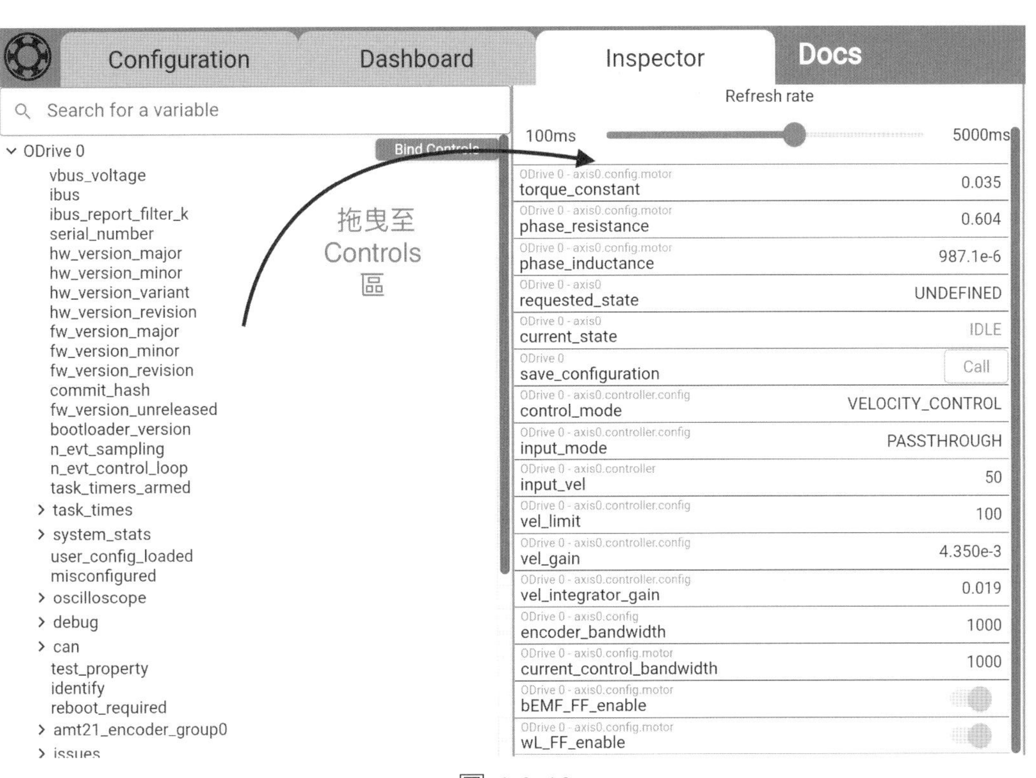

圖 4-2-13

- input_vel：此參數可設定馬達的速度命令。
- vel_limit：此參數可設定馬達的速度限制，請設定成 100。
- vel_gain：此參數可設定馬達的速度環比例控制器增益。
- vel_integrator_gain：此參數可設定馬達的速度環積分控制器增益。
- encoder_bandwidth：此參數可設定編碼器所使用的 Luenberger 估測器帶寬，預設值為 1000（rad/s）。
- current_control_bandwidth：此參數可設定電流環帶寬，預設值為 1000（rad/s）。
- bEMF_FF_enable：此參數可設定是否開啓 d 軸電流環解耦合前饋量，預設值為關閉，請將此參數「開啓」。
- wL_FF_enable：此參數可設定是否開啓 q 軸電流環解耦合前饋量，預設值為關閉，請將此參數「開啓」。

STEP 8：

由於我們需要即時觀測馬達速度命令與速度響應，因此請將 ODrive0.axis0.pos_vel_mapper 下的 vel 參數（此爲馬達的回授速度）與 input_vel（此爲馬達的速度命令）拖曳至右方的繪圖區，完成後如圖 4-2-14 所示。

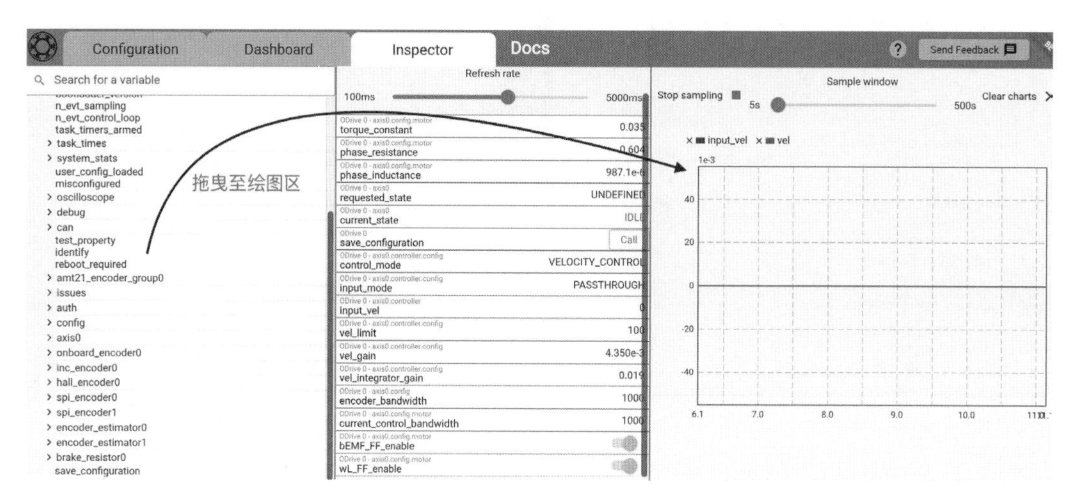

圖 4-2-14

STEP 9：

完成以上步驟後，按下 save_configuration 右側的「Call」按鈕，將參數儲存並重啓 ODrive。

STEP 10：

在實際進行速度閉環控制以前，ODrive 要求每次重啓後，都需要進行一次編碼器校正，因此請保持馬達轉軸不連接任何負載，將參數 requested_state 設成 ENCODER_OFFSET_CALIBRATION 後，馬達轉軸會作正反二種方向轉動，若成功完成，則左下角會顯示校正成功訊息。

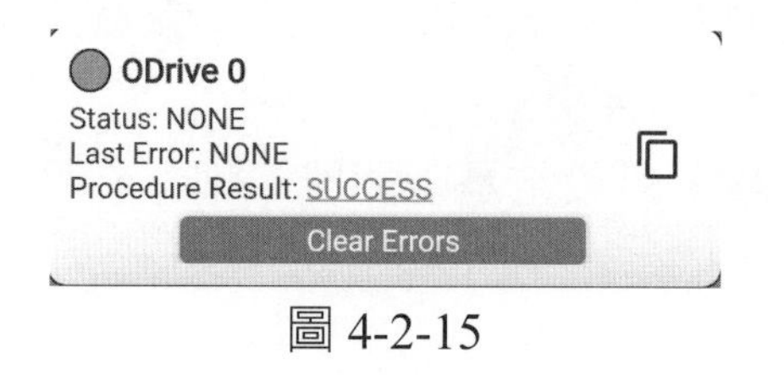

圖 4-2-15

以上就完成了 ODrive 對馬達與編碼器的所有校正程序，下一節我們將實際使用 ODrive 來測試與驗證第二章的控制回路設計結果。

4.3 使用 ODrive 進行控制回路驗證

4.3.1 使用不同的 PI 控制器參數進行驗證

STEP 1：

接下來我們開始使用 ODrive 來測試與驗證第二章的控制回路設計結果，首先我們試著畫出 ODrive 的速度控制回路架構，如圖 4-3-1 所示。

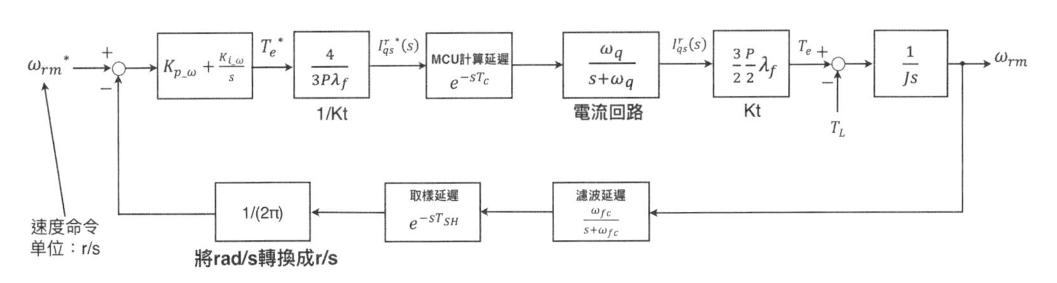

圖 4-3-1

圖 4-3-1 與圖 2-3-8 相當類似，主要的差別在於 ODrive 所使用的速度單位爲 r/s（說明：r/s=round/sec，爲每秒的轉數），因此在圖 4-3-1 中，我們增加了一個反饋增益 $1/(2\pi)$，它可將馬達轉速單位從 rad/s 轉換成 r/s。

在電流回路設置方面，ODrive 內部已將電流非線性耦合項進行補償，而 ODrive 只能允許使用者設定電流環帶寬，它會再根據設定的電流帶寬計算相對的電流回路 PI 控制器參數，在此我們使用一階低通濾波器來等效 ODrive 的電流回路，由於 ODrive 的預設電流回路帶寬爲 1000（rad/s），這也意謂著圖 4-3-1 中的 $\omega_q = 1000$（rad/s），因此電流環產生的的延遲時間 $T_{curr} = \dfrac{1}{\omega_q} = 1e-03$。

STEP 2：

由於 ODrive 的各控制回路（位置、速度、電流）都使用同樣 8kHz 的中斷，即

$$T_s = \frac{1}{8000} = 1.25e - 04$$

因此我們可以將計算延遲等效爲 T_s，即 $T_c = T_s$。

STEP 3：

對於回授速度的計算，ODrive 並非直接使用編碼器的脈波來計算速度值，而是將位置信號輸入 Luenberger 估測器來即時估測速度值，利用此方式計算速度可以消除因爲使用回授濾波器所造成的延遲，但 Luenberger 估測器仍會造成相位延遲，ODrive 的參數 encoder_bandwidth 可以設定 Luenberger 估測器的帶寬，預設值爲 1000（rad/s），在此將 Luenberger 估測器等效爲一階低通濾波器，即圖 4-3-1 的濾波延遲，在此將 ω_{fc} 設定成 1000（rad/s）。

除了相位延遲外，Luenberger 估測器是在 8kHz 的中斷中運算，它仍然需要對位置信號進行採樣，因此採樣延遲 $T_{SH} = T_s/2 = 6.25e - 05$。

STEP 4：

接著我們使用 2.3.2 節的「Symmetrical Optimum method」[4] 來設計速度回路 PI 控制器參數，本次實驗的參數如下：

- 馬達轉動慣量 $J = 2.4 \times 10^{-6}$（kg-m^2）（如圖 4.2.5 所示）
- 總延遲時間 $T_{d\_total} = T_{curr} + T_c + T_{SH} = 0.0012$（s）
- 比較圖 4.3.1 與圖 2.3.8 的控制回路，ODrive 在回路增益上比圖 2.3.8 多了一個反饋增益 $1/(2\pi)$，因此若要使用 2.3.2 節的方法，所計算出的 PI 控制器參數需要多乘上 2π 才能抵消反饋增益 $1/(2\pi)$。
- 假設我們選擇 $\alpha = 4$，根據（2.3.18）式並乘上 2π，可以計算 PI 控制器參數值如下

$$K_{p\omega} = \frac{J}{\alpha T_{d\_total}} = \frac{2.4 \times 10^{-6}}{4 \times 0.0012} \times 2\pi = 0.0031$$

$$K_{i\_\omega} = \frac{K_{p\_\omega}}{\alpha^2 T_{d\_total}} \times 2\pi = 0.1634$$

將以上參數輸入 SIMULINK，建構控制方塊如圖 4-3-2 所示，執行 SIMULINK 仿眞，可以得到圖 4-3-3 的速度響應波形。

（說明：一般來說，使用「Symmetrical Optimum method」來設計 PI 控制器需一併考量濾波延遲，但在本例中，若考慮濾波延遲，總延遲時間 T_{d_total} = 0.0022，但以此延遲時間設計的 PI 控制器所產生的暫態響應振盪較大，不利於觀察與比較，因此在此使用的總延遲時間 T_{d_total} 忽略濾波延遲。）

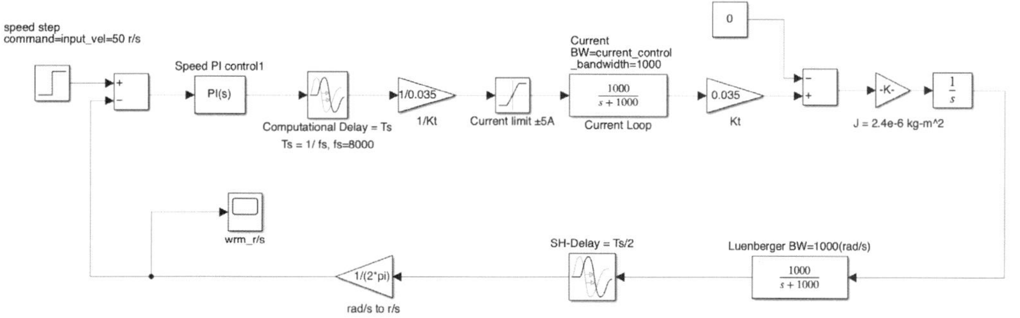

圖 4-3-2（範例程式：mdl_odrive_speed_control_1.slx）

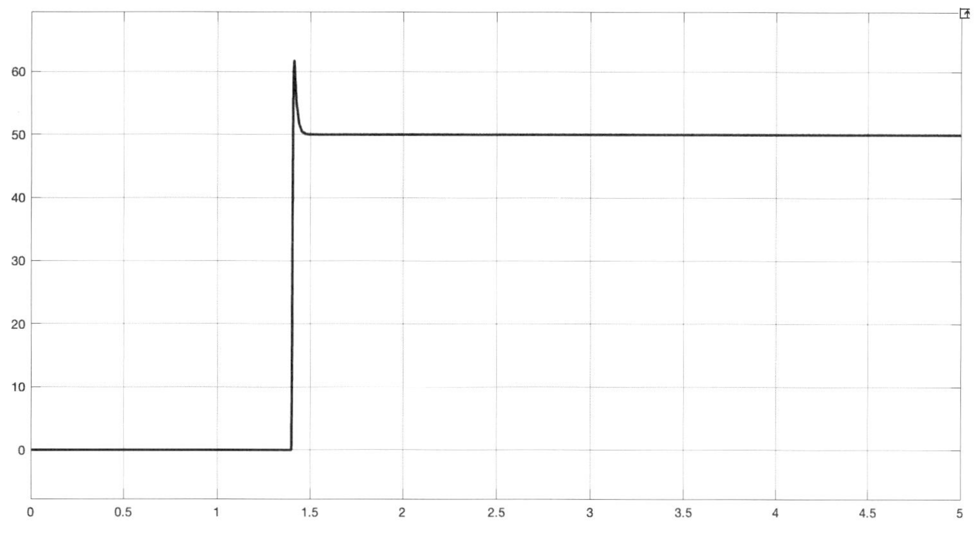

圖 4-3-3（馬達速度步階響應仿真波形）

CHAPTER 4

STEP 5：

接下來我們將 STEP 4 所設計的 PI 控制器參數輸入 Odrive，請將畫面移至 ODrive GUI，將 ODrive 參數設定如下：

- vel_gain：0.0031
- vel_integrator_gain：0.1634

設定完成後，將參數 requested_state 設爲 CLOSED_LOOP_CONTROL，此時 ODrive 將進入閉環控制狀態，請將速度命令參數 input_vel 設成 50（r/s），此時 ODrive 將對馬達輸入速度步階命令，可以得到如圖 4-3-4 的馬達速度步階響應輸出。

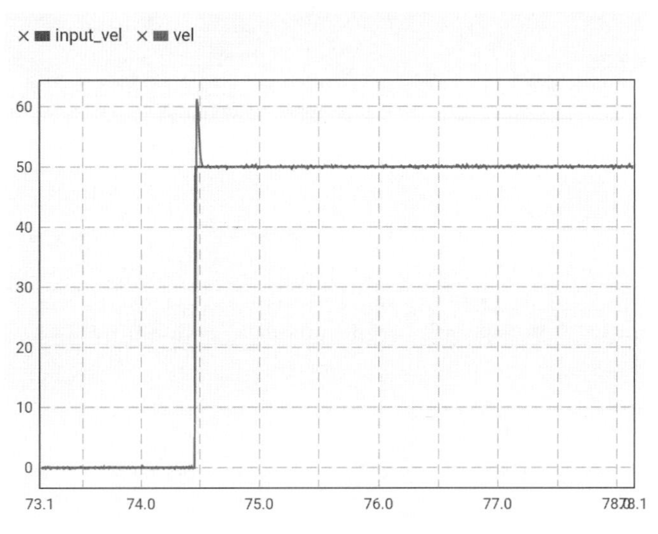

圖 4-3-4（馬達速度步階響應波形）

STEP 6：

各位可以發現圖 4-3-4 的波形與圖 4-3-3 的電腦仿眞波形相當接近，代表我們所建構的電腦仿眞控制回路相當貼近眞實的馬達控制系統。

STEP 7：

我們可以再使用一組 PI 控制器參數來驗證電腦仿眞控制回路的正確性，PI 控制器參數如下所示：

$$K_{p\omega} = 4.9338e - 04$$
$$K_{i\_\omega} = 0.0260$$

將此組參數的電腦仿真結果如圖 4-3-5 所示。

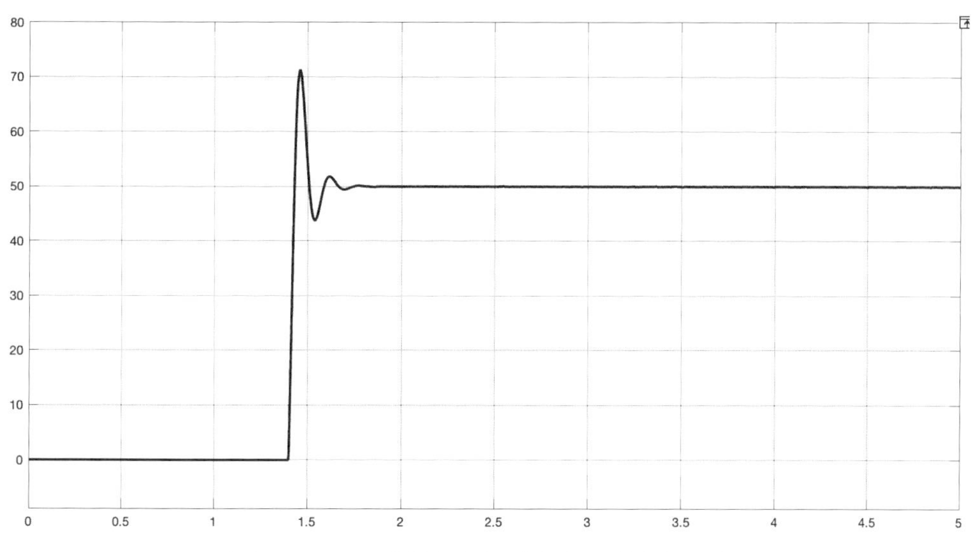

圖 4-3-5（馬達速度步階響應仿真波形）

STEP 8：

接下來我們將 STEP7 所設計的 PI 控制器參數輸入 Odrive，請將畫面移至 ODrive GUI，將 ODrive 參數設定如下：

- vel_gain：4.9338e-4
- vel_integrator_gain：0.026

設定完成後，將參數 requested_state 設爲 CLOSED_LOOP_CONTROL，此時 ODrive 將進入閉環控制狀態，請將速度命令參數 input_vel 設成 50（r/s），此時 ODrive 將對馬達輸入速度步階命令，可以得到如圖 4-3-6 的馬達速度步階響應輸出。

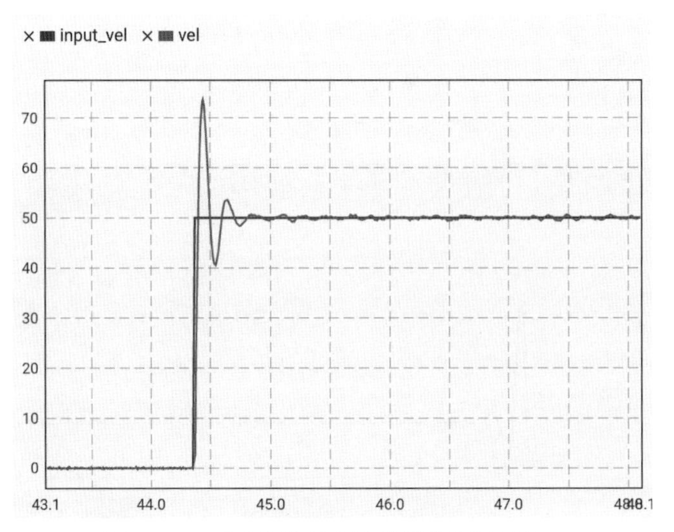

圖 4-3-6（馬達速度步階響應波形）

STEP 9：

各位可以發現圖 4-3-6 的波形與圖 4-3-5 的電腦仿真波形相當接近，經由以上的驗證程序，可以證明我們所建構的電腦仿真系統相當貼近真實的馬達控制系統，並且由以上的 ODrive 操作可知，ODrive 的速度回路 PI 控制器參數：vel_gain 與 vel_integrator_gain 正好對應 S域的 PI 控制器參數：K_{p_ω} 與 K_{i_ω}，而 ODrive 內部固件會根據採樣時間與近似方法將拉氏轉換下的 PI 控制器參數轉換成 Z 轉換的 PI 控制器參數，關於如何將 S 域的 PI 控制器參數轉換成 Z 域的 PI 控制器參數，可以參考本書 6.4 節的內容。

4.3.2 使用不同的機械慣量進行驗證

STEP 1：

接著我們試著改變馬達慣量，並使用 4.3.1 節的第一組 PI 控制器參數進行驗證，首先使用機械聯軸器將馬達轉軸與制動器轉軸連接起來（聯軸器需鎖緊），如圖 4.3.7，在未連接制動器前，馬達慣量為 2.4×10^{-6}（kg-m^2），而制動器慣量為 1.67×10^{-5}（kg-m^2），很明顯制動器慣量約為馬達慣量的 7 倍，在此假設連接後的總機械慣量等於制動器慣量，即 1.67×10^{-5}（kg-m^2）。

圖 4-3-7

STEP 2：

將機械慣量 $J = 1.67 \times 10^{-5}$（kg-m^2）輸入圖 4-3-2 的 SIMULINK 模型中（範例程式：mdl_odrive_speed_control_2.slx），並使用 4.3.1 節的第一組 PI 控制器參數：$K_{p\omega} = 0.0031$，$K_{i\_\omega} = 0.1634$ 輸入至 SIMULINK 模型中，其餘參數不變，執行仿真，可以得到圖 4-3-8 的仿真結果。

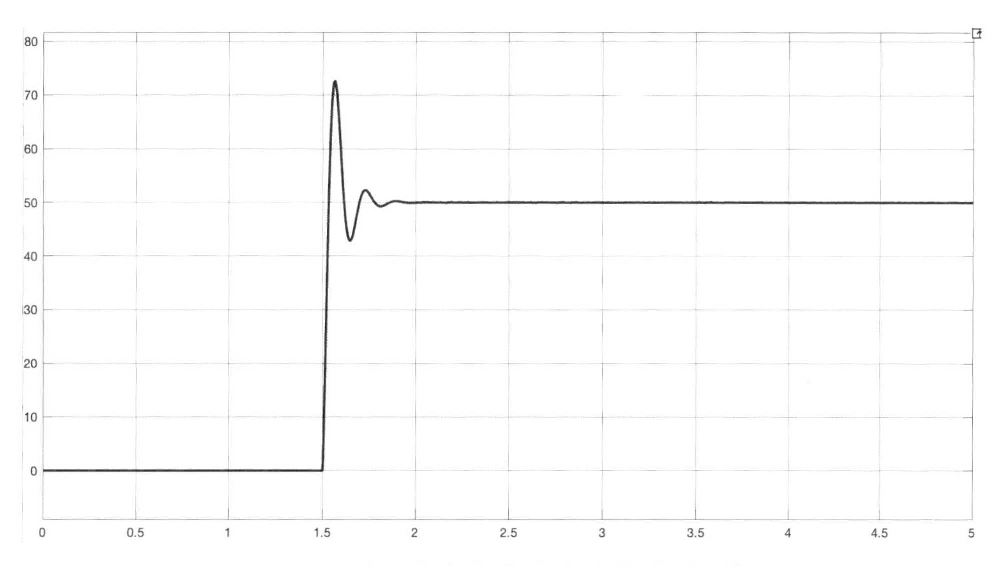

圖 4-3-8（馬達速度步階響應仿真波形）

STEP 3：

接下來我們將 STEP 2 的 PI 控制器參數輸入 ODrive，請將畫面移至 ODrive GUI，將 ODrive 參數設定如下：

➢ vel_gain：0.0031

➢ vel_integrator_gain：0.1634

設定完成後，將參數 requested_state 設爲 CLOSED_LOOP_CONTROL，此時 ODrive 將進入閉環控制狀態，請將速度命令參數 input_vel 設成 50（r/s），此時 ODrive 將對馬達輸入速度步階命令，可以得到如圖 4-3-9 的馬達速度步階響應輸出，從波形可知馬達的實際速度響應與電腦仿眞波形相當接近。

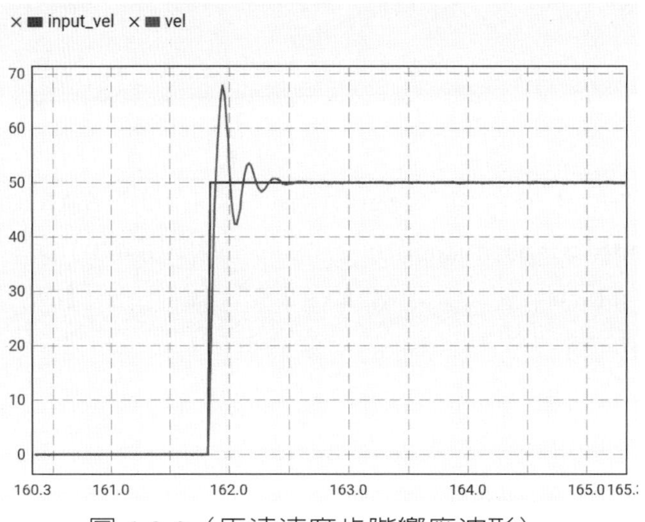

圖 4-3-9（馬達速度步階響應波形）

從以上的驗證結果可以證明我們所建立的電腦仿眞程式具有相當好的預測性，這也是「仿眞」的精神所在，既然是「仿眞」，則「仿眞」的結果與現實就需具有一定程度的吻合，雖然仿眞結果與實際波形相當接近，但仍有些許誤差，筆者認爲可能的原因有以下幾點：

➢ ODrive 是使用 Luenberger 估測器進行速度估測，理論上此 Luenberger 估測器應爲二階系統，而二階系統的 Luenberger 估測器可能造成更大的相位落後，由於官方文件並未公佈此細節，筆者在此只能使用一階低通濾波器來近似此 Luenberger 估測器，因此也可能造成對仿眞結果造成誤差。

- 筆者在電腦仿眞中使用一階低通濾波器來等效 ODrive 電流環，但實際上 ODrive 電流環是否可等效爲一階並不確定，若 ODrive 電流環實際上爲二階低通濾波器，可能也會對仿眞精確性造成影響。
- 圖 4-2-9 的波形與仿眞結果的誤差較大，可能原因在於馬達與制動器轉軸連接後的總慣量應與制動器慣量有一定的誤差，但仿眞是使用制動器慣量來近似總慣量，因此會對仿眞精確性造成一定程度影響。
- 本章的電腦仿眞並未考慮雜訊，但實際的馬達控制系統必定存在雜訊，因此也會造成仿眞與實際系統間的誤差。

4.4 結論

本章結論歸納如下：

- 本書前三章的內容旨在幫助各位建立交流電機控制的電腦仿眞工具，而本章則爲各位驗證了電腦仿眞工具的有效性與合理性，因此各位可以使用本書的方式建立適合自己的電腦仿眞工具以增加研發的生產力。
- 電腦仿眞與實際系統之間必定存在誤差，要思考的並非完全減小誤差，而是思考並確認誤差可能的來源，以建立足夠精確且簡單的電腦仿眞模型，爲實際研發工作提高生產力，因爲模型愈複雜，建立的成本則愈高，且愈不容易使用。
- 由於筆者並不知道 ODrive 電流回路的設計細節，包括電流回授的濾波器參數、電流回路參數與 PWM 輸出延遲時間等，目前只知道電流回路的帶寬，因此無法使用類似第三章的範例程式（mdl_pm_foc_plus_inv.slx）來仿眞本章的 ODrive 馬達驅動系統，若能得知更多具體的設計細節，應可得到更貼近眞實系統的仿眞結果，若各位是使用 MCU 自行開發馬達驅動系統，應可掌握所有的設計細節，因此可自行修改第三章的範例程式（mdl_pm_foc_plus_inv.slx）並配合第二章考慮延遲的回路設計方式來進行系統的設計與仿眞，得到的仿眞結果應可相當接近眞實的系統響應。
- ODrive 官方爲 ODrive S1 與 ODrive PRO 控制板提供功能相當強大的軟件工具（odrivetool）與相當豐富的函式庫（Python、Arduino），可幫助開發者進行線上調試與二次開發，並提供 ROS 與 CAN 相關軟體函式庫與其它機器人控制器作整合，以上工具皆具有相當完整的線上文件，有興趣的讀者可自行參考 ODrive 的官方資料。

參考文獻

[1] George Ellis, Control System Design Guide: Using Your Computer to Understand and Diagnose Feedback Controllers, Butterworth-Heinemann, 2016.

[2] 葉志鈞，物聯網高手的自我修練，台灣：博碩文化股份有限公司，2023。

[3] https://docs.odriverobotics.com/

[4] J. Bocker, S. Beineke, and A. Bahr, "On the control bandwidth of servo drives," in Proc. Eur. Conf. Power Electron. Appl., pp. 1-10, 2009.

CHAPTER 5

控制實務議題

「一切特立獨行的人格都意味著強大。」

——卡繆

5.1 標么系統（Per-Unit System）

一般來說人們會比較習慣使用以 MKS 爲單位的電機參數，因爲較具有物理量的對應關係，但當比較不同電機的特性與性能時，單單使用 MKS 單位的馬達參數並沒有多大的意義，例如，一個 2.2kW，440V 的感應電機的定子電阻可能是 3 歐姆，而一個 110kW，220V 的感應電機的定子電阻可能只有 0.1Ω，但並不能說二者的定子銅損有 30 倍的差距 [2]，同樣的，若一個系統是由多個不同額定功率與不同額定電壓的電機所組成，使用 MKS 物理參數來理解整個系統可能會造成盲點與困擾，因此在實務上一般會使用標么值 [1-3] 來解決這個問題，可以使用一個特定功率、電壓與頻率當作基準值，將電機參數標么化（即表示爲基準值的相對值），被標么化後的電機參數沒有單位，它們只是基準值的相對值而已，有了共同的基準值，不同的電機參數就可以進行有意義的比較。

對於三相馬達而言，傳統上會使用馬達的額定功率 P_b 作爲功率基準值，馬達的相電壓有效值 $V_{b,rms}$ 與馬達的相電流有效值 $V_{b,rms}$ 作爲電壓與電流的基準值，三者關係爲

$$P_b = 3V_{b,rms}I_{b,rms} \tag{5.1.1}$$

(說明：若為 5 相馬達，則 5.1.1 式會變成 $P_b = 5V_{b,rms}I_{b,rms}$)

但從磁場導向控制的觀點而言，所使用的 dq 軸的物理量並非有效值，而是峰值，因此使用電壓與電流的峰值作為基準值可能更加適合，一般會選擇馬達的相電壓峰值 V_b 與相電流峰值 I_b 作為基準值，峰值與有效值的關係如下(說明：在此特以 V_b 與 I_b 表示相電壓與相電流峰值)

$$V_{b,\ rms} = \frac{V_b}{\sqrt{2}} \quad (5.1.2)$$

$$I_{b,\ rms} = \frac{I_b}{\sqrt{2}} \quad (5.1.3)$$

因此，(5.1.1)式可以表示成

$$P_b = \frac{3}{2} V_b I_b \quad (5.1.4)$$

阻抗的基準值為

$$Z_b = \frac{V_b}{I_b} \quad (5.1.5)$$

轉矩基準值為

$$T_b = \frac{P_b}{(2/P)\omega_b} \quad (5.1.6)$$

其中，ω_b 為馬達的頻率基準值(電氣角頻率)，一般可由馬達額定轉速計算得到，例如馬達為 4 極，即 $P = 4$，額定轉速為 1800(rpm)，則馬達的頻率基準值為 377(rad/s)，計算方式如下：

$$1800 \times \frac{P}{2} \times \frac{2\pi}{60} = 377 \text{ (rad/s)}$$

馬達的磁通鏈基值 λ_b 可以表示成

$$\lambda_b = \frac{V_b}{\omega_b} \tag{5.1.7}$$

5.1.1 永磁同步馬達 dq 軸模型標么化

接下來我們將以永磁同步馬達 dq 軸數學模型為例，將 MKS 單位的數學模型轉換成標么化的數學模型。

我們先將永磁同步馬達 dq 軸數學模型（MKS 單位）寫出。

$$v_{ds}^r = R_s i_{ds}^r + L_d p i_{ds}^r - \omega_r L_q i_{qs}^r \tag{5.1.8}$$

$$v_{qs}^r = R_s i_{qs}^r + L_d p i_{qs}^r + \omega_r (L_d i_{ds}^r + \lambda_f) \tag{5.1.9}$$

$$T_e = \frac{3}{2}\frac{P}{2}\left[\lambda_f i_{qs}^r + (L_d - L_q) i_{ds}^r i_{qs}^r\right] \tag{5.1.10}$$

其中，$p = \frac{d}{dt}$。

定義 $X_d = \omega_b L_d$ 與 $X_q = \omega_b L_q$，我們先將（5.1.8）式標么化，

$$\frac{v_{ds}^r}{V_b} = \frac{R_s}{Z_b} \cdot \frac{i_{ds}^r}{I_b} + \frac{X_d}{\omega_b} \cdot p i_{ds}^r \cdot \frac{1}{I_b} \cdot \frac{1}{Z_b} - \frac{\omega_r}{\omega_b} \cdot \frac{X_q}{\omega_b} \cdot i_{qs}^r \cdot \frac{1}{I_b} \cdot \frac{\omega_b}{z_d} \tag{5.1.11}$$

可以表示成

$$\begin{aligned}\overline{v_{ds}^r} &= \overline{R_s} \cdot \overline{i_{ds}^r} + \frac{\overline{X_d}}{\omega_b} p \overline{i_{ds}^r} - \overline{\omega_r} \cdot \overline{X_q} \cdot \overline{i_{qs}^r} \\ &= \overline{R_s} \cdot \overline{i_{ds}^r} + \overline{L_d} p \overline{i_{ds}^r} - \overline{\omega_r} \cdot \overline{X_q} \cdot \overline{i_{qs}^r}\end{aligned} \tag{5.1.12}$$

其中，$\overline{v_{ds}^r} = \frac{v_{ds}^r}{V_b}$，$\overline{R_s} = \frac{R_s}{Z_b}$，$\overline{i_{ds}^r} = \frac{i_{ds}^r}{I_b}$，$\overline{X_d} = \frac{X_d}{Z_b}$，$\overline{\omega_r} = \frac{\omega_r}{\omega_d}$，$\overline{i_{qs}^r} = \frac{i_{qs}^r}{I_b}$，$\overline{X_q} = \frac{X_q}{Z_b}$、$\overline{L_d} = \frac{\overline{X_d}}{\omega_d}$。

一代表標么值。

（5.1.12）式爲標么化後的永磁同步馬達 d 軸電壓方程式。

使用相同的方法，可以得到標么化後的永磁同步馬達 q 軸電壓方程式如下

$$\begin{aligned}\overline{v_{qs}^r} &= \overline{R_s}\cdot\overline{i_{qs}^r}+\frac{\overline{X_q}}{\omega_b}p\overline{i_{qs}^r}-\overline{\omega_r}\cdot\overline{X_d}\cdot\overline{i_{ds}^r}+\overline{\omega_r}\cdot\overline{\lambda_f}\\ &= \overline{R_s}\cdot\overline{i_{ds}^r}+\overline{L_q}p\overline{i_{ds}^r}+\overline{\omega_r}\cdot\overline{X_d}\cdot\overline{i_{qs}^r}+\overline{\omega_r}\cdot\overline{\lambda_f}\end{aligned} \tag{5.1.13}$$

其中，$\overline{v_{qs}^r}=\frac{v_{qs}^r}{V_b}$，$\overline{i_{qs}^r}=\frac{i_{qs}^r}{I_b}$，$\overline{X_q}=\frac{X_q}{Z_b}$，$\overline{\lambda_f}=\frac{\lambda_f}{\lambda_b}$，$\overline{L_q}=\frac{\overline{X_q}}{\omega_d}$。

再將（5.1.10）式的轉矩方程式標么化

$$\overline{T_e}=\overline{\lambda_f}\cdot\overline{i_{qs}^r}+(\overline{X_d}-\overline{X_q})\cdot\overline{i_{ds}^r}\cdot\overline{i_{qs}^r} \tag{5.1.14}$$

其中，$\overline{T_e}=\frac{T_e}{T_b}$。

接著再將馬達機械方程式標么化，先將 MKS 的馬達機械方程式寫出

$$T_e=Jp\omega_{rm}+B\omega_{rm}+T_L \tag{5.1.15}$$

我們對（5.1.15）式進行標么化

$$\frac{T_e}{T_b}=J\frac{\omega_b}{T_b}\cdot Jp\omega_{rm}\cdot\frac{1}{\omega_b}+B\frac{\omega_b}{T_b}\cdot\omega_{rm}\cdot\frac{1}{\omega_b}+\frac{T_L}{T_b} \tag{5.1.16}$$

標么化後的馬達機械方程式可以表示成

$$\overline{T_e}=\overline{J}p\overline{\omega_{rm}}+\overline{B}\cdot\overline{\omega_{rm}}+\overline{T_L} \tag{5.1.17}$$

其中，$\overline{T_e}=\frac{T_e}{T_b}$，$\overline{J}=J\frac{\omega_b}{T_b}$，$\overline{B}=B\frac{\omega_b}{T_b}$，$\overline{T_L}=\frac{T_L}{T_b}$。

（5.1.12）、（5.1.13）、（5.1.14）式與（5.1.17）式即爲標么化後的永磁同步馬達數學模型。

5.1.2 永磁同步馬達標么化系統模擬

STEP 1：

接著使用 MATLAB/SIMULINK 來驗證所推導的永磁同步馬達標么化模型，本節將使用表 2-1-3 的永磁同步馬達參數進行模擬，如表 5-1-1 所示。

表 5-1-1　永磁同步馬達參數

馬達參數	值
定子電阻Rs	1.2（Ω）
定子d軸電感L_d	5.7（mH）
定子q軸電感L_q	12.5（mH）
轉子磁通鏈λ_f	0.03（Wb）
馬達極數pole	4
轉動慣量J	0.00016（kg · m^2）
摩擦系數B	0.0000028（N · m · sec/rad）
額定轉矩P_d（表2.1.3節未列出）	890（W）
額定電流I_b（表2.1.3節未列出）	4（A，有效值）
額定轉速$\omega_{rm,b}$（表2.1.3節未列出）	1800（rpm）

MATLAB m-file 範例程式 pm_params_pu.m：

```
Rs = 1.2;
Ld = 0.0057;
Lq = 0.0125;
Lamda_f = 0.123;
pole = 4;
J = 0.00016;
B = 0.0000028;
Pb = 890;
Ibrms = 4;
wb = (2*pi*1800/60)*pole/2;
```

CHAPTER 5

```
Ib = Ibrms*sqrt(2);
Vb = 2*Pb/(3*Ib);
Zb = Vb/Ib;
Tb = Pb/(wb*2/pole);
Lamdab = Vb/wb;
Rspu = Rs/Zb;
Xdpu = Ld*wb/Zb;
Xqpu = Lq*wb/Zb;
Lamda_fpu = Lamda_f/Lamdab;
Jpu = J*wb/Tb;
Bpu = B*wb/Tb;
```

STEP 2：

請開啓範例程式 pm_foc_models_allpu.slx，範例程式中的永磁同步馬達 Subsystem 模型已經修改成爲標么化模型，如圖 5-1-1 所示。

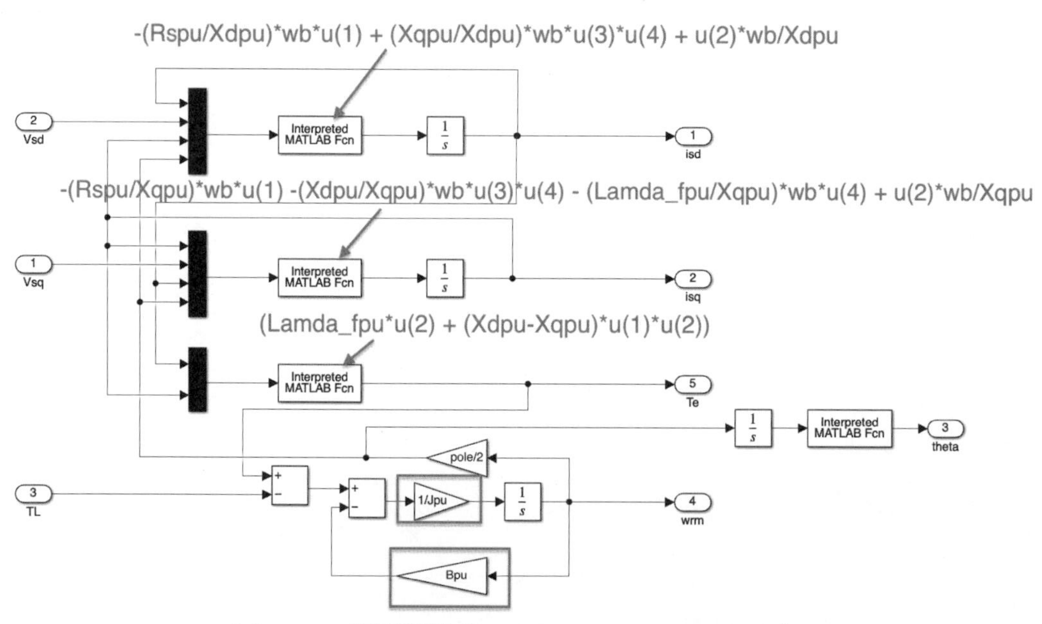

圖 5-1-1（範例程式：mdl_pm_foc_allpu.slx）

STEP 3：

接著我們需要根據標么模型重新設計電流與速度回路的 PI 控制器參數，先從 d 軸電流控制器開始，忽略非線性耦合項後，永磁同步馬達標么化的 d 軸電流微分方程式（5.1.12）標么化可以表示成

$$\overline{v_{ds}^r}=\overline{R_s}\cdot\overline{i_{ds}^r}+\frac{\overline{X_d}}{\omega_b}p\overline{i_{ds}^r} \qquad (5.1.18)$$

可以整理成

$$p\overline{i_{ds}^r}=-\frac{\omega_b}{\overline{X_d}}\overline{R_s}\cdot\overline{i_{ds}^r}+\frac{\omega_b}{\overline{X_d}}\overline{v_{ds}^r} \qquad (5.1.19)$$

載入標么化後的馬達參數（$\omega_b=377$, $\overline{R_s}=0.0647$, $\overline{X_d}=0.1159$），可以得到

$$p\overline{i_{ds}^r}=-210.45\cdot\overline{i_{ds}^r}+3252.8\cdot\overline{v_{ds}^r} \qquad (5.1.20)$$

可以得到標么化後的永磁同步馬達 d 軸電流受控廠轉移函數

$$\frac{\overline{i_{ds}^r}}{\overline{v_{ds}^r}}=\frac{3252.8}{s+210.52} \qquad (5.1.21)$$

假設 d 軸電流回路所需要滿足的帶寬規格 $\omega_d=1000$（rad/s），可使用（2.1.61）～（2.1.63）式，且 $N=3252.8$、$D=210.52$，可求得 d 軸電流 PI 控制器參數如下：

$$K_{p\_id}=\frac{\omega_d}{N}=0.3074、K_{i\_id}=\frac{D\times\omega_d}{N}=64.71 \qquad (5.1.22)$$

STEP 4：

接著計算 q 軸電流控制器參數，忽略非線性耦合項後，永磁同步馬達標么

化的 q 軸電流微分方程式（5.1.13）標么化可以表示成

$$\overline{v_{qs}^{r}}=\overline{R_s}\cdot\overline{i_{qs}^{r}}+\frac{\overline{X_q}}{\omega_d}p\overline{i_{qs}^{r}} \qquad (5.1.23)$$

可以整理成

$$p\overline{i_{qs}^{r}}=\frac{\omega_d}{\overline{X_q}}\overline{R_s}\cdot\overline{i_{qs}^{r}}+\frac{\omega_d}{\overline{X_q}}\overline{v_{qs}^{r}} \qquad (5.1.24)$$

載入標么化後的馬達參數（$\omega_b = 377, \overline{R_s}=0.0647, \overline{X_q}=0.2542$），可以得到

$$p\,\overline{i_{qs}^{r}}=-95.95\cdot\overline{i_{ds}^{r}}+1483\cdot\overline{v_{ds}^{r}} \qquad (5.1.25)$$

可以得到標么化後的永磁同步馬達 d 軸電流受控廠轉移函數

$$\frac{\overline{i_{ds}^{r}}}{\overline{v_{ds}^{r}}}=\frac{1483}{s+95.95} \qquad (5.1.26)$$

假設 q 軸電流回路所需要滿足的帶寬規格 $\omega_q = 1000$（rad/s），可使用（2.1.61）～（2.1.63）式，且 $N = 1483$、$D = 95.95$，可求得 q 軸電流 PI 控制器參數如下：

$$K_{p\_iq}=\frac{\omega_d}{N}=0.6743、K_{i\_iq}=\frac{D\times\omega_d}{N}=64.7 \qquad (5.1.27)$$

STEP 5：

接著我們進行速度回路 PI 控制器的設計，標么化後的馬達機械方程式可以表示成

$$\overline{T_e}=\overline{J}p\overline{\omega_{rm}}+\overline{B}\cdot\overline{\omega_{rm}}+\overline{T_L} \qquad (5.1.28)$$

其中，$\overline{T_e}=\dfrac{T_e}{T_b}$，$\overline{J}=J\dfrac{\omega_b}{T_b}$，$\overline{B}=B\dfrac{\omega_b}{T_b}$，$\overline{T_L}=\dfrac{T_L}{T_b}$。

假設$\overline{T_L}=0$，可以將（5.1.28）式重寫為

$$\overline{T_e}=\overline{J}p\overline{\omega_{rm}}+\overline{B}\cdot\overline{\omega_{rm}} \qquad (5.1.29)$$

對（5.1.29）式求拉式轉換並將$\overline{J}=0.0128$與$\overline{B}=2.2356e-04$代入，可得

$$\overline{\omega_{rm}}(s)=\overline{T_e}'(s)\times\frac{1}{\overline{J}s+\overline{B}}=\overline{T_e}'(s)\times\frac{1}{0.0128s+2.2356e-04}=\overline{T_e}'(s)\times\frac{78.27}{s+0.0175} \qquad (5.1.30)$$

在此設計速度回路帶寬 $\omega_s=100$（rad/s），可使用（2.1.83）～（2.1.85）式，且 $N=78.27$、$D=0.0175$，設計完成的速度 PI 控制器參數如下：

$$K_{p\_\omega}=\frac{\omega_s}{N}=\frac{100}{78.27}=1.27 \qquad (5.1.31)$$

$$K_{i\_\omega}=\frac{D\times\omega_s}{N}=\frac{0.0175\times100}{78.27}=0.0224 \qquad (5.1.32)$$

STEP 6：

完成電流與速度 PI 控制器設計後，我們需要加入 d 軸與 q 軸電流的非線性耦合項，由（2.1.67）式可知，d 軸電流 PI 控制器的輸出在進入馬達之前，會加入一個前饋控制量 f_d 如下：

$$f_d=-L_d\left(\omega_r\frac{L_q}{L_d}i_{ds}^r\right) \qquad (5.1.33)$$

將其標么化，可以表示成

$$f_{d,pu}=-\frac{L_d}{Z_b}\left(\frac{\omega_r}{\omega_b}\frac{L_q}{Z_b}\frac{Z_b}{L_d}\frac{i_{qs}^r}{I_b}\right)=-\overline{L_d}\left(\overline{\omega_r}\frac{\overline{L_q}}{\overline{L_d}}\overline{i_{ds}^r}\right) \qquad (5.1.34)$$

其中，$\overline{L_d}=\dfrac{L_d}{Z_b}$，$\overline{L_q}=\dfrac{L_q}{Z_b}$，同樣的，由（2.1.77）式可知，q 軸電流 PI 控制器的輸出在進入馬達之前，會加入一個前饋控制量 f_q 如下：

$$f_q = L_q\left(\omega_r \frac{(L_d i_{ds}^r + \lambda_f)}{L_q}\right) \tag{5.1.35}$$

將其標么化，可以表示成

$$f_q = \overline{L_q}\left(\frac{\overline{\omega_r}}{\overline{L_q}}(\overline{L_d} \cdot \overline{i_{ds}^r} + \lambda_f)\right) \tag{5.1.36}$$

STEP 7：

再重新檢視一下整個永磁同步馬達 FOC 控制回路，可以發現速度 PI 控制器的輸出增益爲$\dfrac{2}{3}\dfrac{2}{P}\dfrac{1}{\lambda_f}$仍未標么化，考慮（5.1.14）式的標么化轉矩方程式，忽略磁阻轉矩後，可以表示成

$$\overline{T_e} = \overline{\lambda_f} \cdot \overline{i_{qs}^r} \tag{5.1.37}$$

從（5.1.37）式可知轉矩命令標么值$\overline{T_e}^*$乘上$1/\overline{\lambda_f}$可以得到 q 軸電流命令標么值$\overline{i_{qs}^r}^*$，因此請將速度 PI 控制器的輸出增益值修改爲$1/\overline{\lambda_f}$。

STEP 8：

最後，我們要將速度命令修改爲速度命令標么值，在 2.1 節所輸入的速度命令爲 100（rad/s），其對應的標么值爲

$$100/\omega_b = \frac{100}{377} = 0.2653(\text{pu})$$

因此請將速度命令設成 0.2653(pu)。

STEP 9：

以上所設計的參數與標么化的解耦合方塊均已更新至範例程式（mdl_pm_

foc_allpu.slx），開啓後的 SIMULINK 系統方塊如圖 5-1-2 所示，執行 SIMULINK 仿眞前，請先執行本節的範例程式 pm_params_pu.m 載入馬達標么化參數。

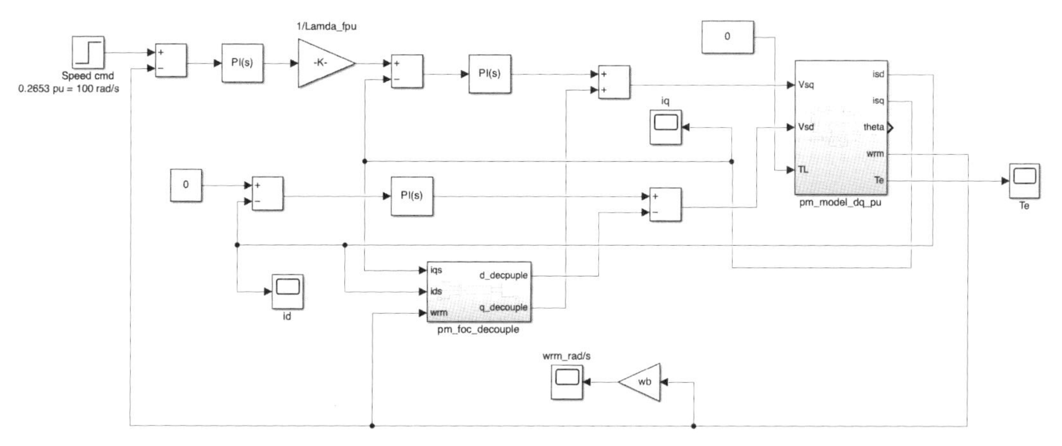

圖 5-1-2（範例程式：mdl_pm_foc_allpu.slx）

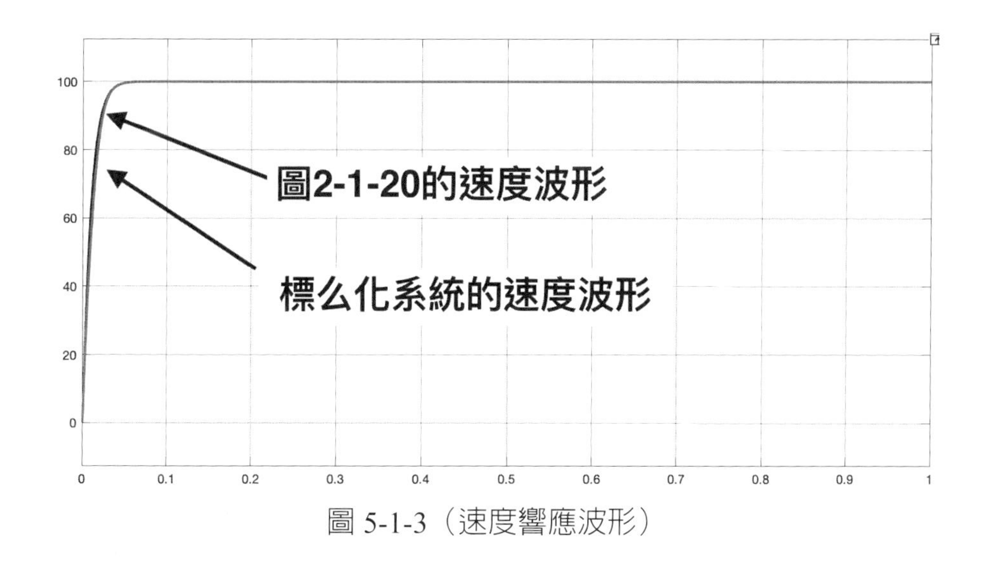

圖 5-1-3（速度響應波形）

STEP 10：

圖 5-1-3 顯示標么化的速度波形與圖 2-1-20 的速度波形的對照，從圖可以得知二者幾乎完全吻合，二者之間的些微誤差是由四捨五入所產生，因此可知標么化的系統模型與使用標準單位（SI）的系統模型，二者是等效的。

5.1.3 結論

- 本節所介紹的標么化推導流程爲電機標么化的標準作法，各位可以應用它來將其它類型的馬達系統標么化。
- 使用標么化馬達模型所設計的控制回路參數與使用 MKS 馬達模型所設計的參數並非完全一樣，建議使用標么化模型重新進行控制回路設計以確保控制性能。
- 使用標么化模型進行系統設計可以方便對不同額定功率、電壓與頻率的電機設計通用型控制算法，並且容易以計算機實現。

5.2 控制回路的抗積分飽合技術

在控制系統中所有物理量都應該被限制在一個合理的範圍，以馬達驅動系統爲例，驅動系統的輸出電壓會被逆變器的直流鏈電壓 V_{dc} 所限制，當逆變器的輸出電壓達到極限時，此時無論控制器的輸出再怎麼增加，逆變器的輸出電壓都不會再增加，此時若存在穩態誤差，積分器就會持續累積數值，積分値可能會增長到非常大，此現象稱爲積分器飽合，當誤差最終滿足要求後，控制回路需要長時間來泄放積分器，結果是積分器飽合將會使控制系統的響應變得緩慢、振盪甚至會失去控制，若要防止這種情況發生，我們需要加入抗積分飽合（Anti-windup）的機制到 PI 控制器當中 [1, 3, 4]。

■ MATLAB/SIMULINK 仿眞

STEP 1：

請開啓範例程式 mdl_PI_anti_windup_1.slx，開啓後如圖 5-2-1 所示，圖中受控廠轉移函數爲 $\frac{1}{s+96}$，而 PI 控制器轉移函數已經設計爲 $\frac{1000(s+96)}{s}$，即比例增益爲 1000，積分增益爲 96000，因此控制回路可等效爲截止頻率爲 1000（rad/s）的一階低通濾波器。

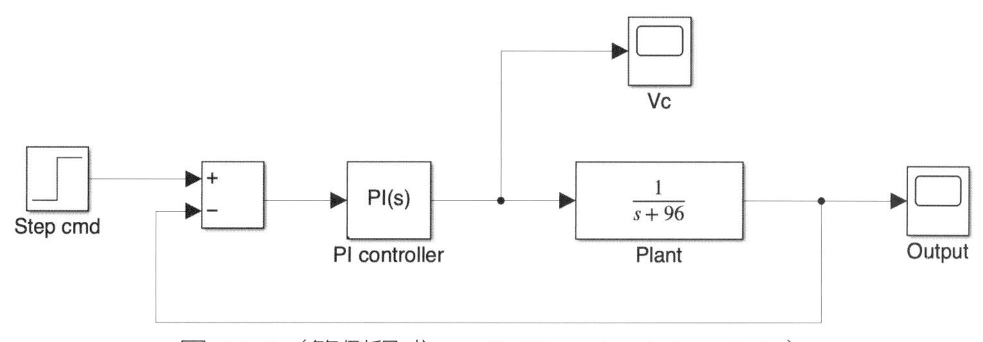

圖 5-2-1（範例程式：mdl_PI_anti_windup_1.slx）

STEP 2：

執行 SIMULINK 仿眞後，可以觀察示波器方塊 Output 的波形，如圖 5-2-2 所示。

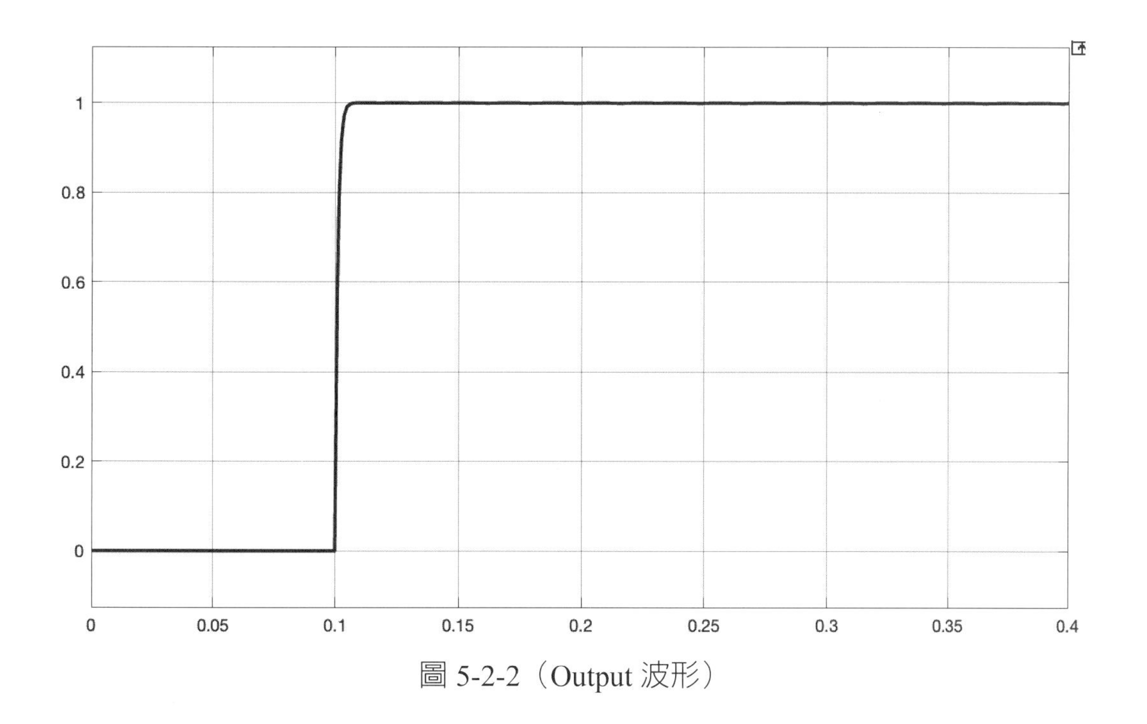

圖 5-2-2（Output 波形）

STEP 4：

接著觀察 PI 控制器的輸出信號 Vc 的波形，如圖 5-2-3 所示，我們可以看到 PI 控制器的輸出信號的穩態值約爲 96。

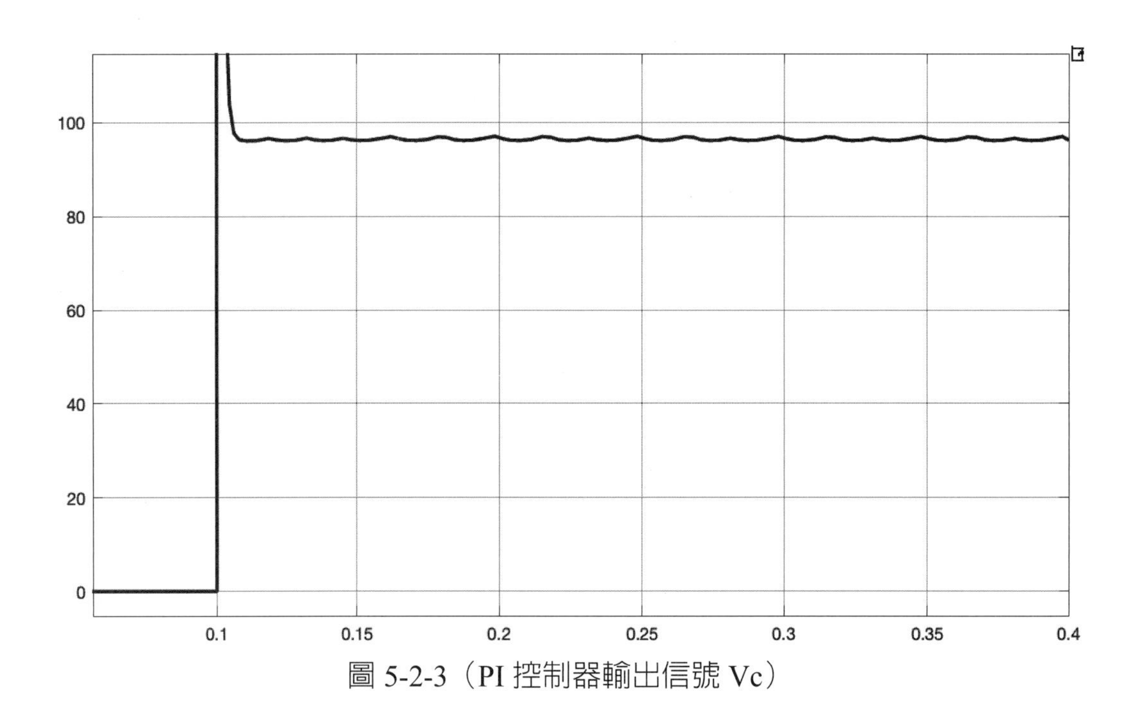

圖 5-2-3（PI 控制器輸出信號 Vc）

STEP 5：

爲了模擬積分飽合的情形，我們特意加入飽合元件（Saturation）到 PI 控制器的輸出端，並將飽合元件的上下限設置成 ±50，設置完成後如圖 5-2-4。

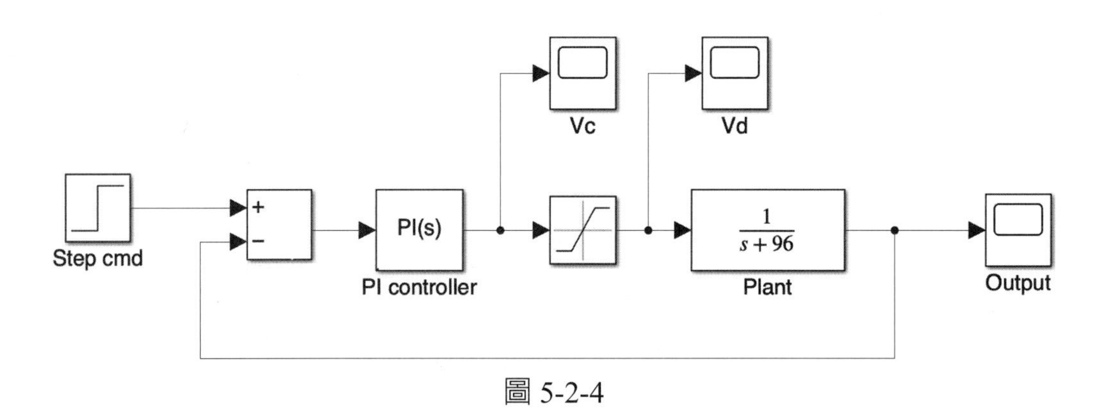

圖 5-2-4

STEP 6：

設置完成後，再執行一次系統模擬。模擬完成後，雙擊 Output 示波器方塊觀察輸出響應波形，如圖 5-2-5，可以看到 d 軸電流響應的穩態值約爲 0.52 左右，存在約 0.48 的穩態誤差。

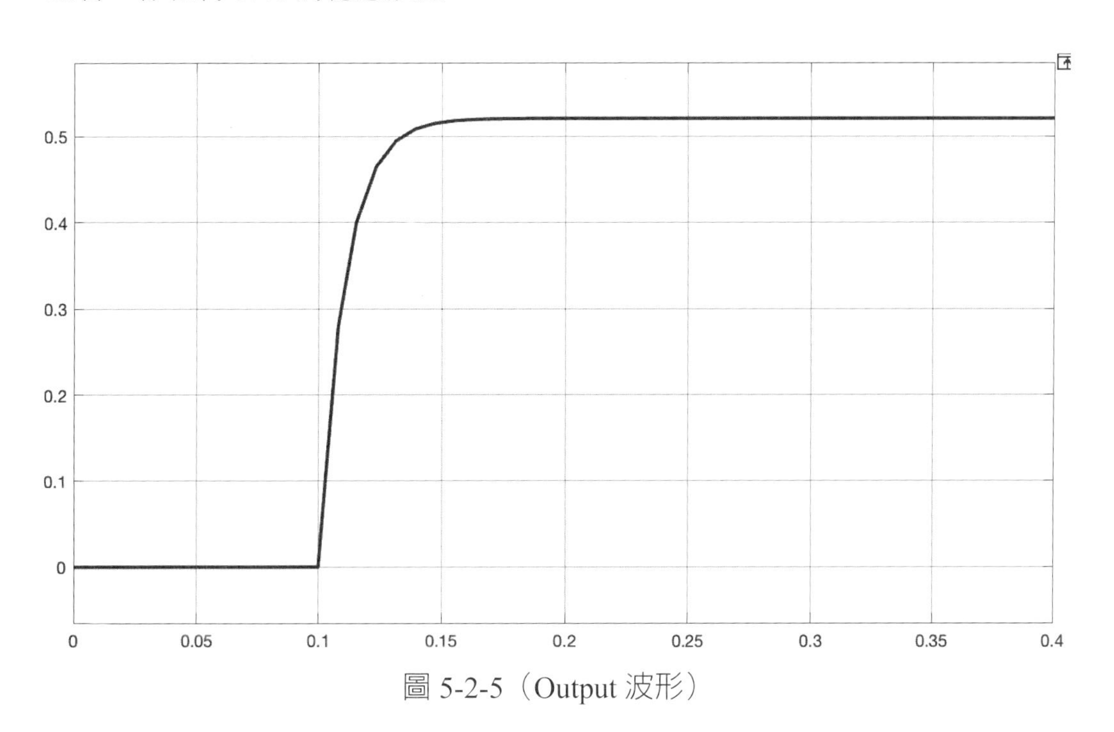

圖 5-2-5（Output 波形）

STEP 7：

接著觀察實際的受控廠輸入信號（Vd）與 PI 控制器的輸出信號（Vc），如圖 5-2-6 與 5-2-7，從波形可以得知，實際的受控廠輸入信號被限制在 50，而 PI 控制器的輸出信號則由於積分器的持續作用，數值不斷累積，發生積分飽合的現象。

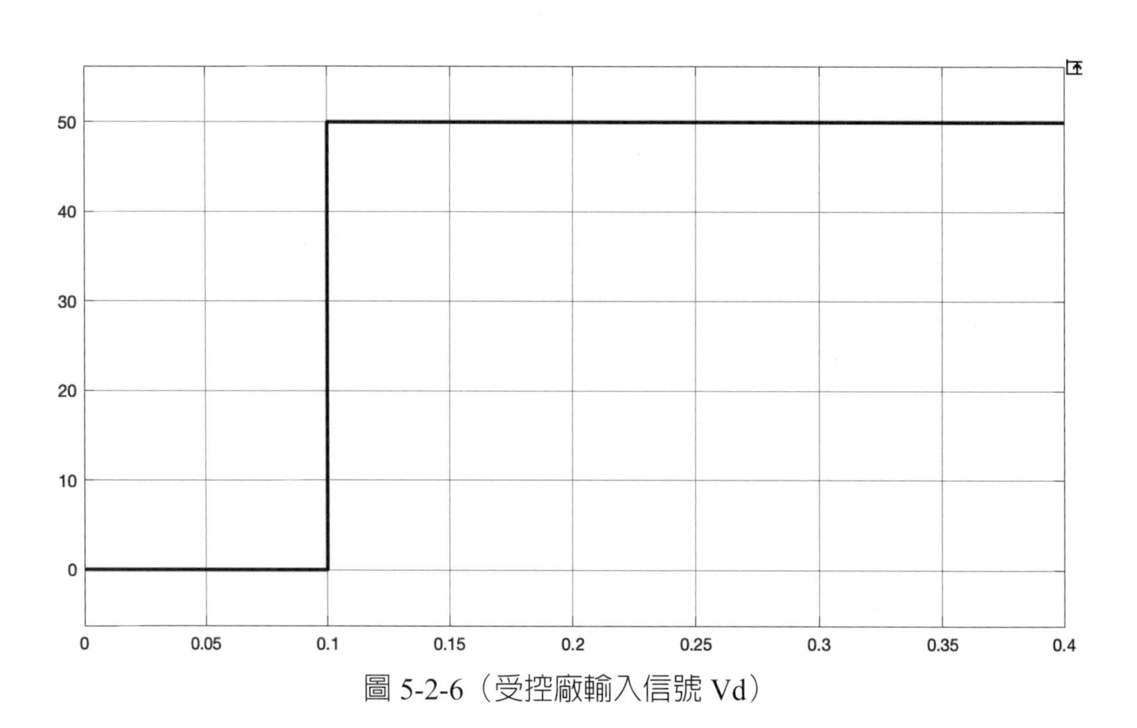

圖 5-2-6（受控廠輸入信號 Vd）

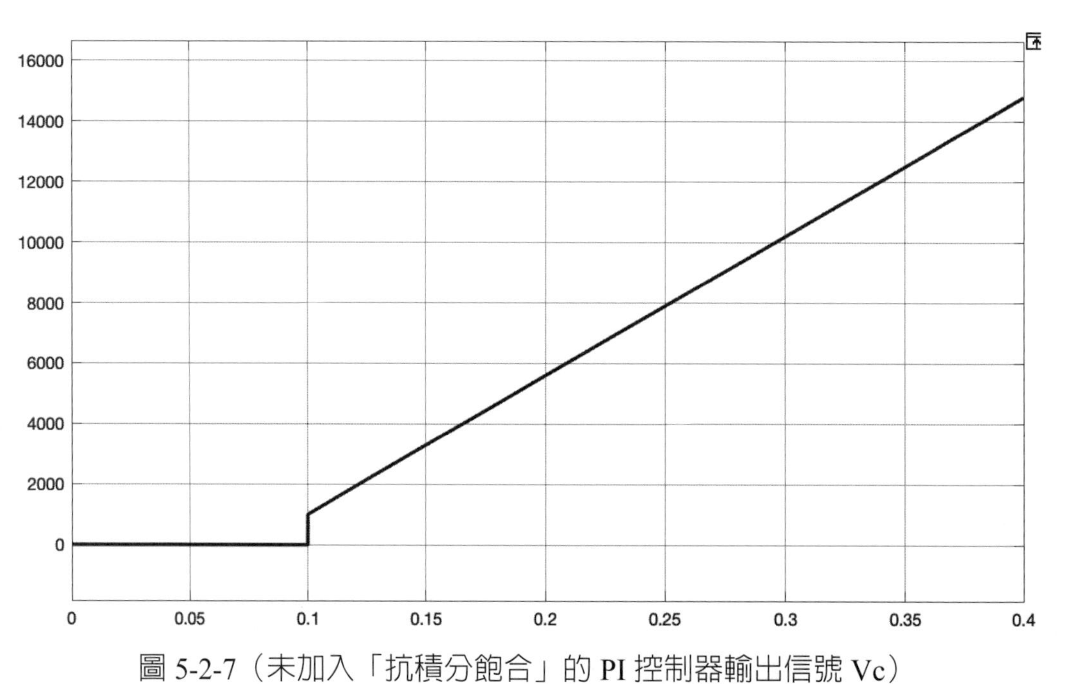

圖 5-2-7（未加入「抗積分飽合」的 PI 控制器輸出信號 Vc）

STEP 8：

接下來我們將 PI 控制器加入「抗積分飽合」機制，將原來的 PI 控制器參數保持不變，但加入了抗積分飽合回路，請開啟範例程 mdl_PI_anti_windup_2.slx，修改後的系統方塊圖如圖 5-2-8 所示（說明：可以將抗積分飽合增益 Ka 設置成比例增益的倒數，即 1/Kp，應該可以得到不錯的性能，各位也可以自行設置抗積分飽合增益值）。

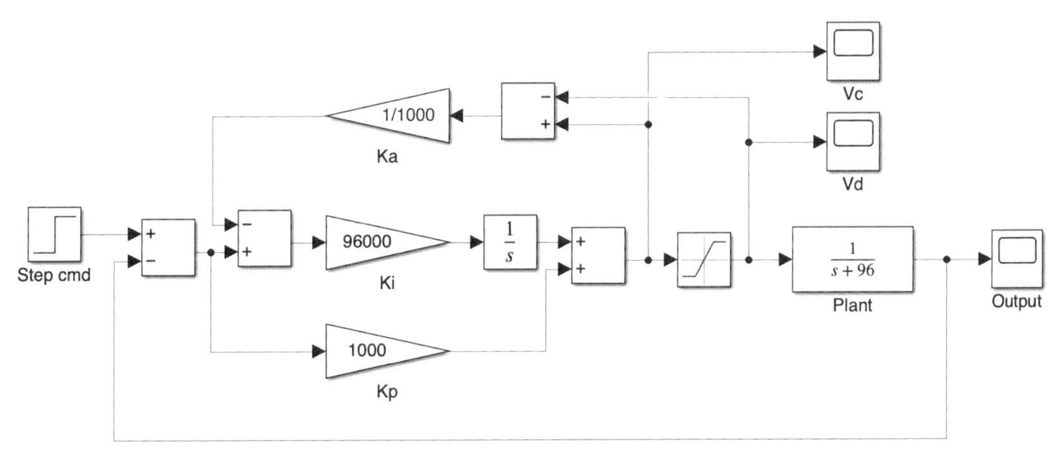

圖 5-2-8（範例程式：mdl_PI_anti_windup_2.slx）

STEP 9：

執行 SIMULINK 仿真，觀察示波器 Output 波形，如圖 5-2-9 所示，可以看到 Output 波形穩態值依然保持在 0.52 左右。

STEP 10：

再次觀察實際的受控廠輸入信號（Vd）與 PI 控制器的輸出信號（Vc），如圖 5-2-10 與 5-2-11，從波形可知，際的受控廠輸入信號依然被限制在 50，而由於「抗積分飽合」回路的作用，控制器的輸出信號則被控制在約 530 左右，解決了「積分飽合」的問題。

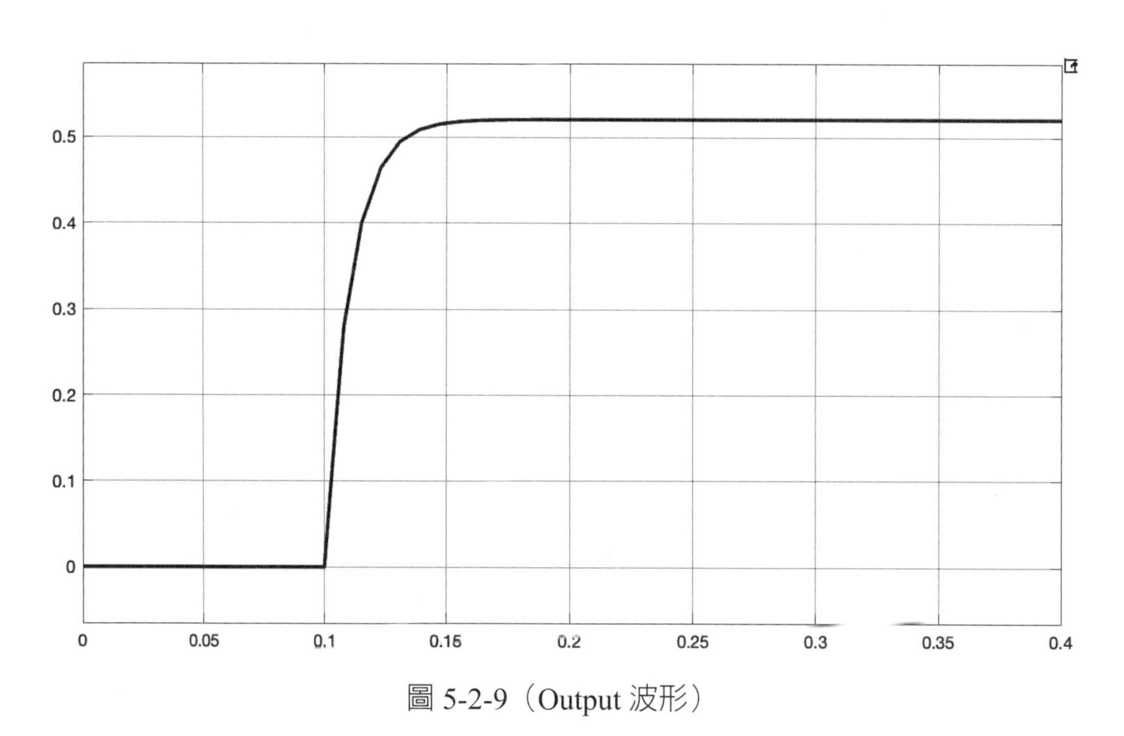

圖 5-2-9（Output 波形）

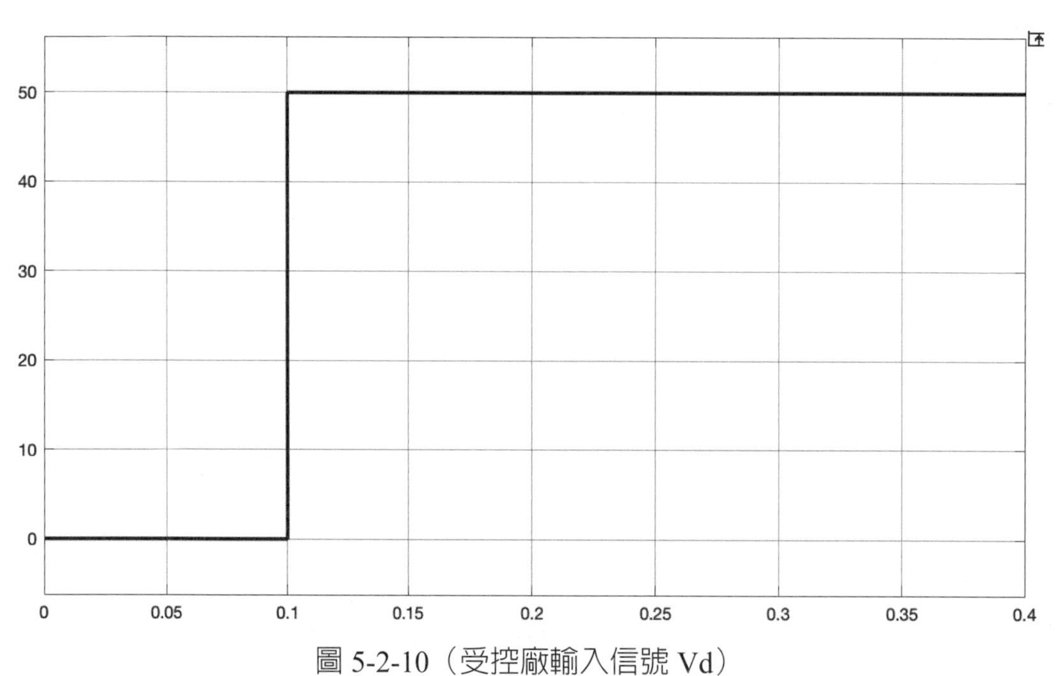

圖 5-2-10（受控廠輸入信號 Vd）

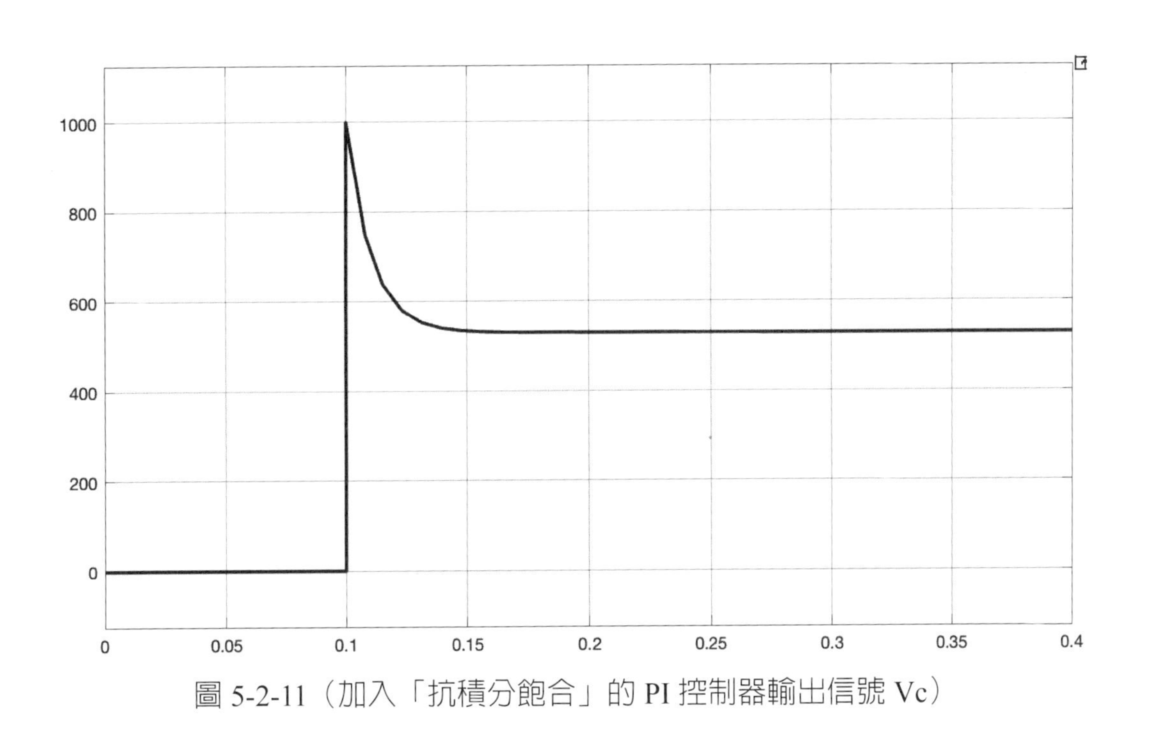

圖 5-2-11（加入「抗積分飽合」的 PI 控制器輸出信號 Vc）

5.3 永磁同步馬達參數自學習技術

在第一章我們爲各位推導並建立了交流電機的空間矢量模型，在第二章，使用了第二章所建立的交流馬達模型進行磁場導向控制法則的推導與控制回路的設計，然而磁場導向系統的控制性能取決於控制回路精準度，而控制回路的精準度又取決於馬達參數的精確度[2]，因此精確的馬達參數就成爲高性能磁場導向控制系統的必要條件。本節將以永磁同步馬達爲對象，教各位如何使用馬達的 d、q 軸等效電路與機械方程式發展出馬達參數自學習（Autotune）算法[1, 3]。

5.3.1 永磁同步馬達電機參數自學習技術

在 1.4 節，我們曾經將永磁同步馬達的轉子參考座標模型畫成等效電路，如圖 5-3-1。

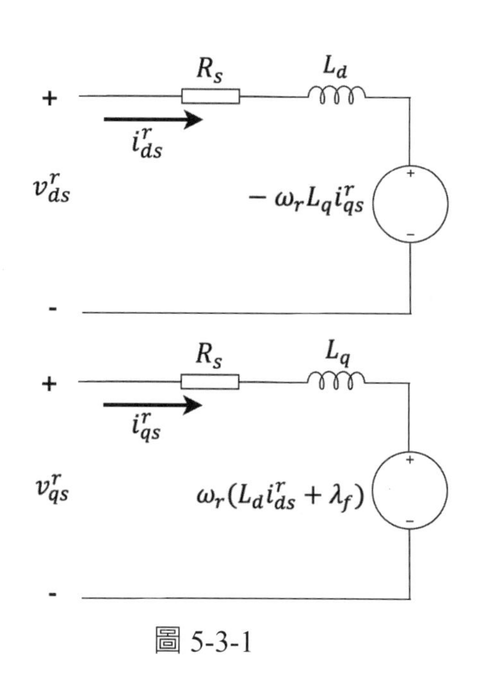

圖 5-3-1

假設在轉子靜止狀態下，即 $\omega_r = 0$，圖 5-3-1 的電路可以簡化成圖 5-3-2。

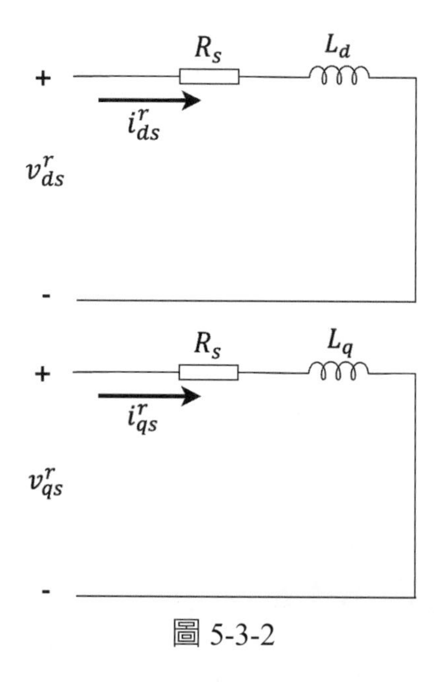

圖 5-3-2

圖 5-3-2 告訴我們，當轉子靜止時，由於不存在反電動勢，因此 d、q 軸

等效電路就變成了單純的 R-L 串聯電路，因此我們可以藉由電壓與電流的關係，找出等效電路中定子電阻 R_s，d 軸電感 L_d 與 q 軸電感 L_q 的值。

■R-L 串聯電路的電壓與電流關係

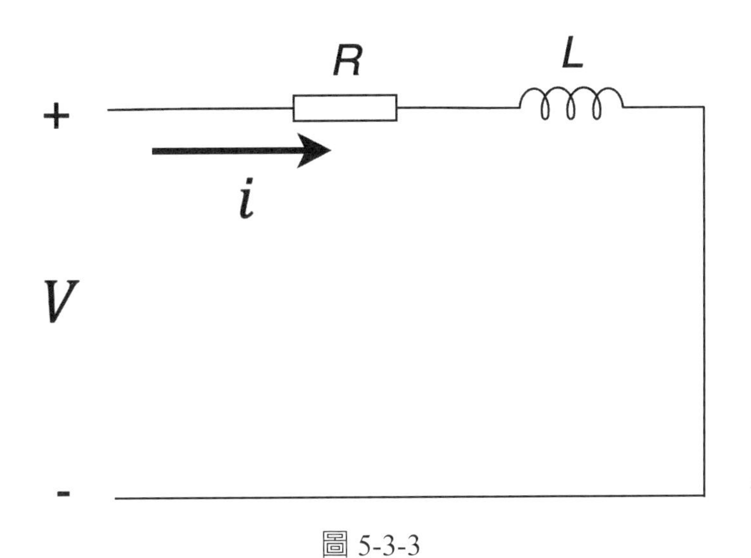

圖 5-3-3

圖 5-3-3 爲一個 R-L 串聯電路，假設輸入電壓 V 爲直流，則電流$i=\frac{V}{R}$，因爲對於電感 L 來說，它的阻抗值爲 ωL，由於直流電壓的頻率爲零，因此電感的阻抗值也爲零，此時將輸入電壓 V 除以電流 i 就可以得到電阻 R 的值。

考慮另一種情況，假設輸入爲正弦波電壓

$$V=V_{max}\sin(\omega_1 t) \tag{5.3.1}$$

則此時電感 L 的阻抗值就不爲零，它的阻抗值會變成 $\omega_1 L$，根據電路學公式，此時的電路總阻抗 Z 可以表示爲

$$Z=R+j\omega_1 L=\sqrt{R^2+(\omega_1 L)^2}\angle\tan^{-1}\frac{\omega_1 L}{R} \tag{5.3.2}$$

其中，Z 爲 R-L 串聯電路總阻抗，$\sqrt{R^2+(\omega_1 L)^2}$ 爲阻抗的大小值，$\tan^{-1}\frac{\omega_1 L}{R}$ 爲阻抗的電工角。

電流 i 可以表示爲

$$i=\frac{V}{Z}=\frac{V_{max}}{\sqrt{R^2+(\omega_1 L)^2}}\angle\tan^{-1}\frac{\omega_1 L}{R} \tag{5.3.3}$$

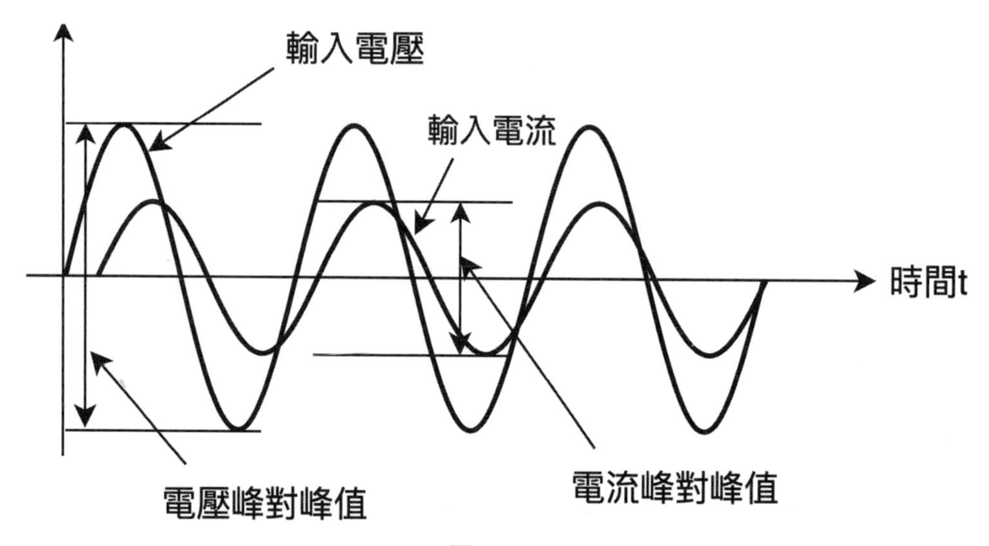

圖 5-3-4

（5.3.1）與（5.3.3）式分別表示爲圖 5-3-4 中的輸入電壓與輸入電流，若只考慮電壓、電流與阻抗之間的大小值關係，各位可以經由簡單的推導得到以下的式子

$$|Z|=\sqrt{R^2+(\omega_1 L)^2}=\frac{\text{電壓峰對峰值 } V_{p\text{-}p}}{\text{電流峰對峰值 } I_{p\text{-}p}} \tag{5.3.4}$$

接下來我們就要應用（5.3.4）式，找出永磁同步馬達的電機參數：定子電阻 R_s，d 軸電感 L_d 與 q 軸電感 L_q。

在進行模擬之前，我們先輸入永磁同步馬達模型的電機參數，如表 5-3-1，請先執行本節的範例程式 pm_params.m，載入永磁同步馬達參數。

表 5-3-1　永磁同步馬達電機參數

馬達參數	值
定子電阻Rs	1.2 Ω
定子d軸電感Ld	0.0057 H
定子q軸電感Lq	0.0125 H

■找出定子電阻 R_s

STEP 1：

我們可以將圖 2-1-21 的永磁同步馬達磁場導向控制系統中的轉速控制回路與電流非線性耦合補償方塊移除，並將 q 軸電流命令設爲 0，d 軸電流命令設爲 3，負載轉矩 T_L 設爲 0，如圖 5-3-5，其餘永磁同步馬達參數與 d、q 軸電流 PI 控制器參數值皆與 2.1 節相同。

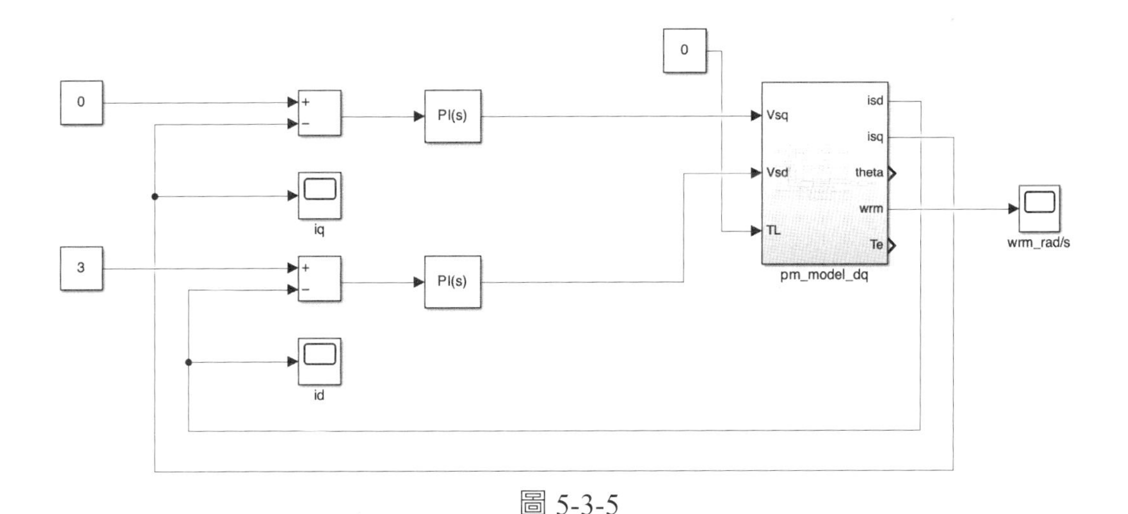

圖 5-3-5

STEP 2：

接下來我們需要將永磁馬達控制在靜止狀態，讓永磁馬達的 dq 軸等效電路成爲單純的 R-L 串聯電路，要如何讓永磁馬達處於靜止狀態呢？答案就是將座標轉換所需的角度設定爲零，請將座標轉換的 Park 與 Park 反轉換方塊加入到圖 5-3-5 的系統中，如圖 5-3-6 所示。

在圖 5-3-6 中的 Park 轉換與 Park 反轉換方塊是負責將永磁馬達的回授電流進行座標轉換，一般來說，若處於馬達正常運轉下，Park 轉換所需要的角度是由馬達的轉子角速度積分得來，但由於我們需要讓轉子處於靜止狀態，因此將 Park 座標轉換所需的角度故意設定為零。

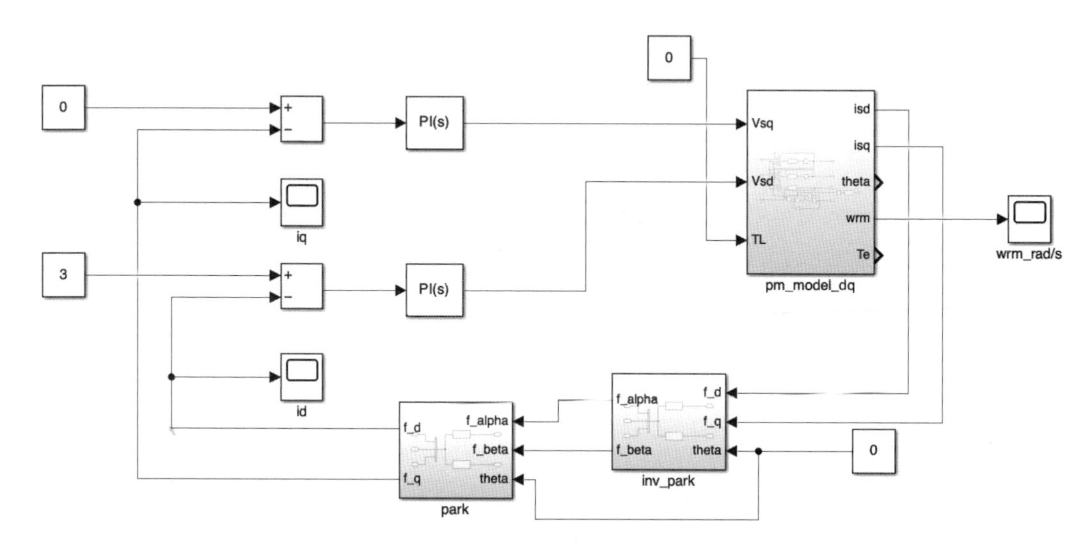

圖 5-3-6（範例程式：pm_autotune_Rs.slx）

在圖 5-3-6 中，我們將 d 軸電流命令設定為 3（單位：安培）（說明：電流命令值並非固定，以不超過馬達額定電流為原則），目的是將轉子（d 軸位置）固定在 α 軸（說明：因為 d 軸不旋轉，故與 α 軸重合），另外由於 q 軸電流可以控制轉矩的大小，因此將 q 軸電流命令設定為零的目的就是不希望馬達旋轉。在此情況下，d-q 軸參考座標系仍然成立，因此我們可以使用 d 軸等效電路來求取定子電阻值 R_s。

STEP 3：

請將 SIMULINK 模擬解題器類型設成「Fixed-step」，並將「Fixed-step size」設成 0.00025 來模擬 250us 的微控制器中斷時間，將模擬時間設成 0.05 秒，按下「Run」執行系統模擬（說明：模擬前請先執行本節的範例程式 pm_params.m，載入馬達參數）。

STEP 4：

模擬完成後，可以先打開 wrm 示波器方塊，觀察一下馬達的轉速，如圖 5-3-7，可以發現馬達處於靜止狀態。

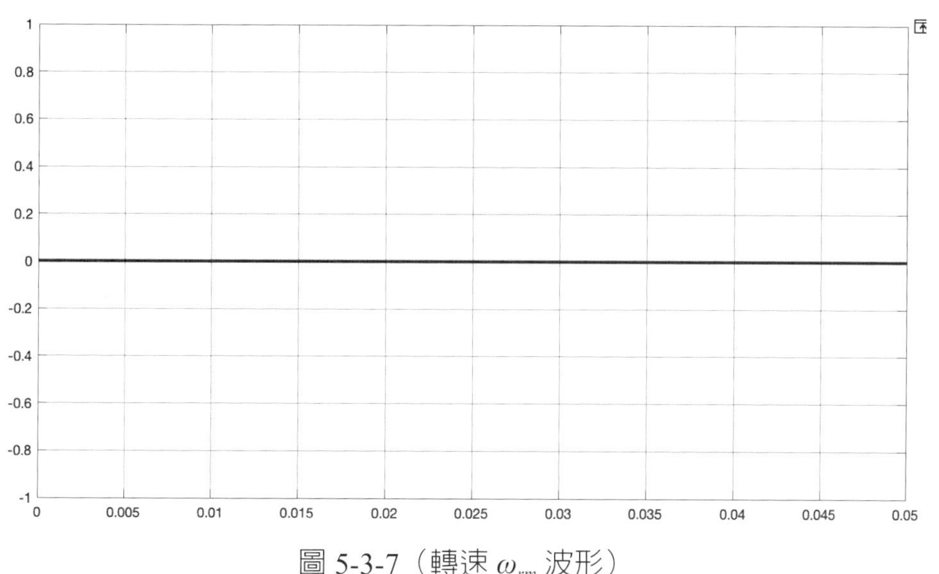

圖 5-3-7（轉速 ω_{rm} 波形）

STEP 5：

接著觀察 d 軸電流與 d 軸電壓波形，如圖 5-3-8 與圖 5-3-9 所示。

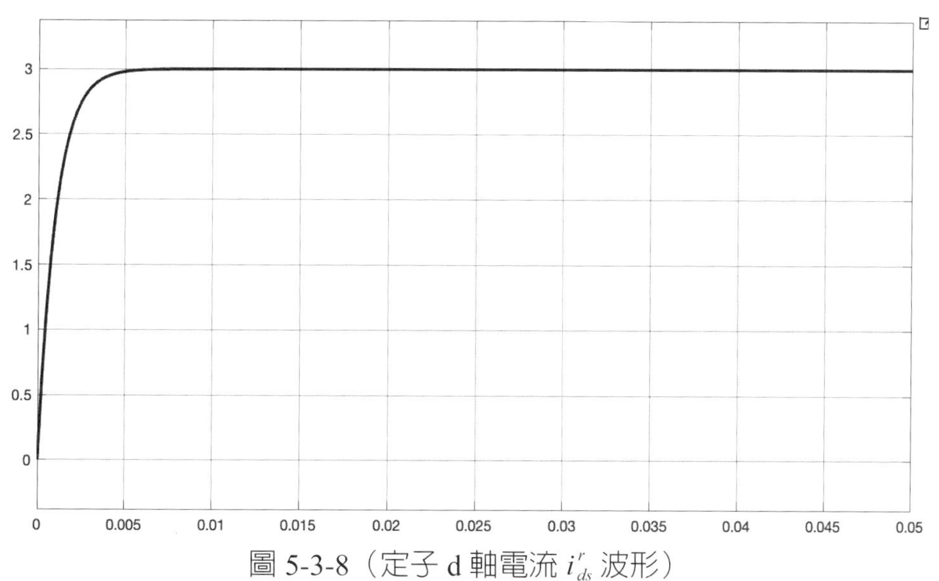

圖 5-3-8（定子 d 軸電流 i_{ds}^{r} 波形）

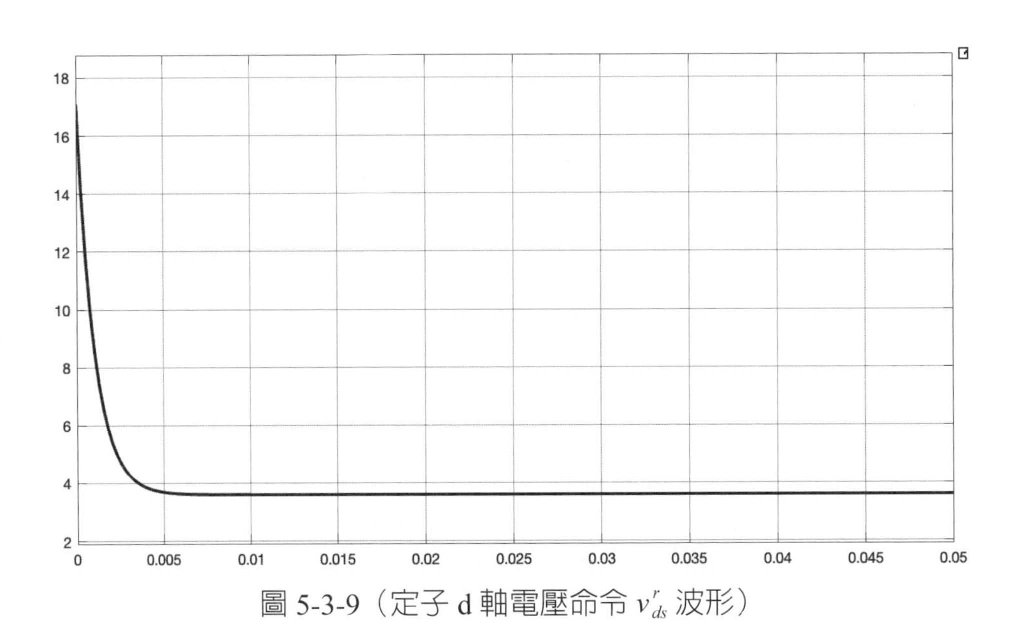

圖 5-3-9（定子 d 軸電壓命令 v_{ds}^{r} 波形）

從圖 5-3-8 與圖 5-3-9，可以發現，d 軸電壓與電流的穩態值分別爲 3（A）與 3.6（V），我們直接將電壓除以電流就可以得到定子電阻值。

$$\text{定子電阻值} R_s = \frac{3.6}{3} = 1.2\ (\Omega)$$

Tips：

在實務上，我們通常會使用二次不同的電流命令來得到二個不同的電壓值，再將電壓差 ΔV 除上電流差 ΔI 得到定子電阻值，這樣可以消除掉可能會影響量測的偏移值（Offset）。

■ 找出定子 d 軸電感 L_d

STEP 1：

找出定子電阻值後，接下來我們需要找出 d 軸電感值，要找出 d 軸電感，則需要在 d 軸電流控制回路使用弦波命令，因此將 d 軸電流命令設定如下：

STEP 4：

模擬完成後，可以先打開 wrm 示波器方塊，觀察一下馬達的轉速，如圖 5-3-7，可以發現馬達處於靜止狀態。

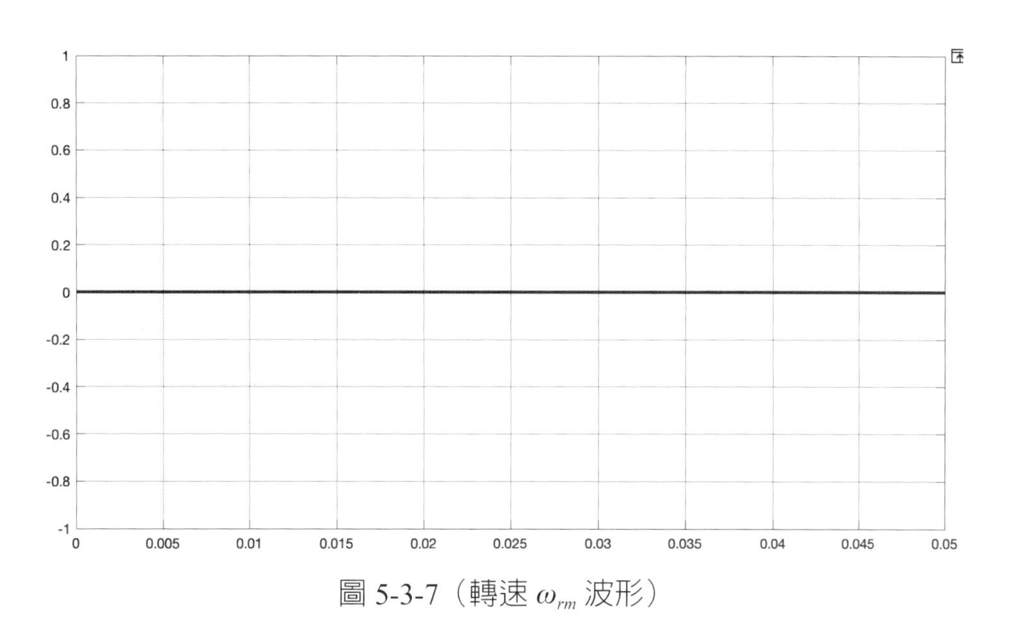

圖 5-3-7（轉速 ω_{rm} 波形）

STEP 5：

接著觀察 d 軸電流與 d 軸電壓波形，如圖 5-3-8 與圖 5-3-9 所示。

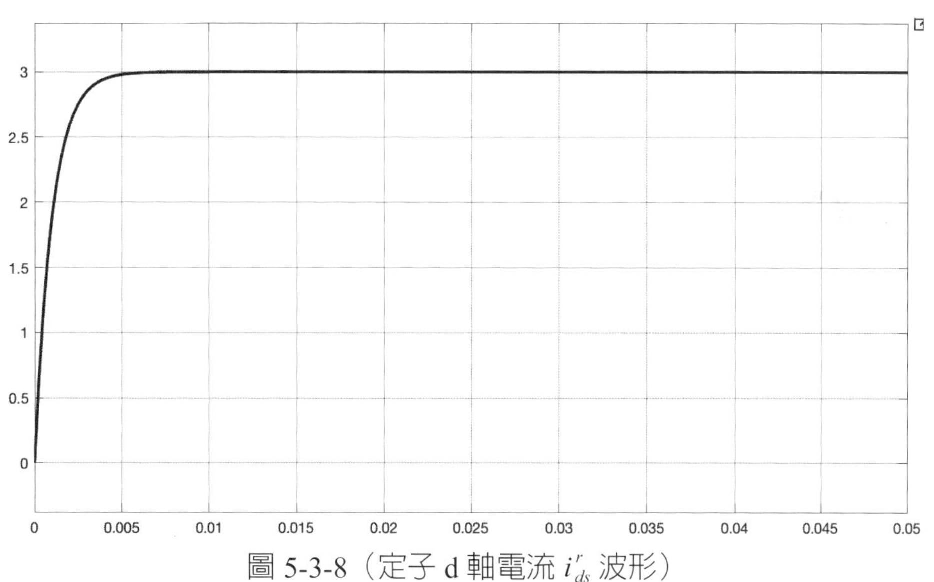

圖 5-3-8（定子 d 軸電流 i_{ds}^{r} 波形）

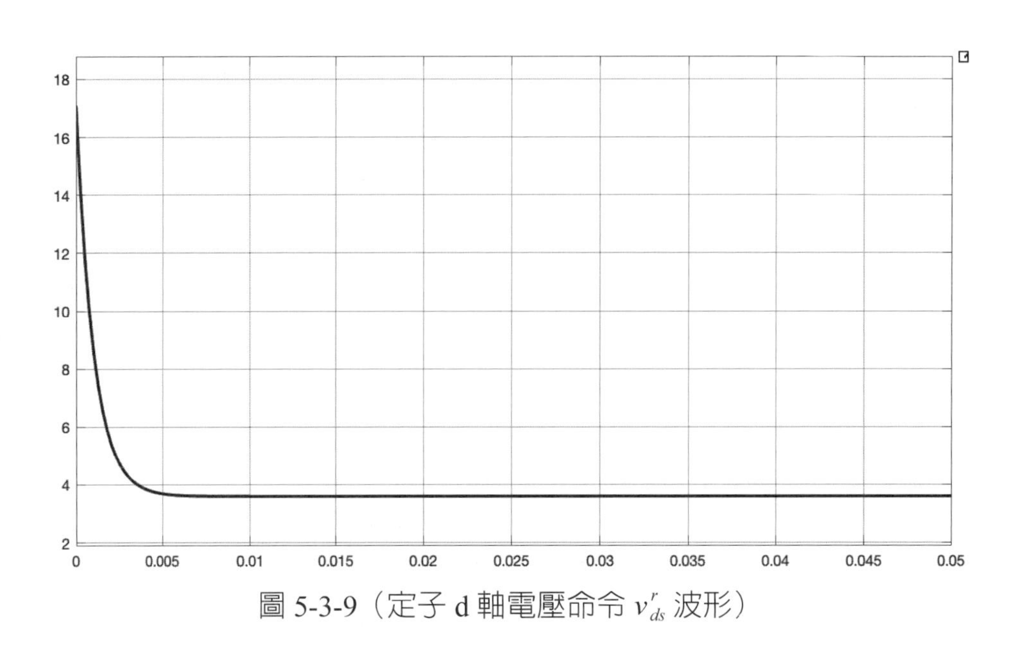

圖 5-3-9（定子 d 軸電壓命令 v_{ds}^{r} 波形）

從圖 5-3-8 與圖 5-3-9，可以發現，d 軸電壓與電流的穩態值分別爲 3（A）與 3.6（V），我們直接將電壓除以電流就可以得到定子電阻值。

$$定子電阻值 R_s = \frac{3.6}{3} = 1.2\ (\Omega)$$

Tips：

在實務上，我們通常會使用二次不同的電流命令來得到二個不同的電壓值，再將電壓差 ΔV 除上電流差 ΔI 得到定子電阻值，這樣可以消除掉可能會影響量測的偏移值（Offset）。

■找出定子 d 軸電感 L_d

STEP 1：

找出定子電阻值後，接下來我們需要找出 d 軸電感值，要找出 d 軸電感，則需要在 d 軸電流控制回路使用弦波命令，因此將 d 軸電流命令設定如下：

$$i_{d\_cmd} = 3 + 1 \times \sin(2 \times \pi \times 100) \qquad (5.3.5)$$

將圖 5-3-6 的 d 軸電流命令修改成（5.3.5）式，如圖 5-3-10。

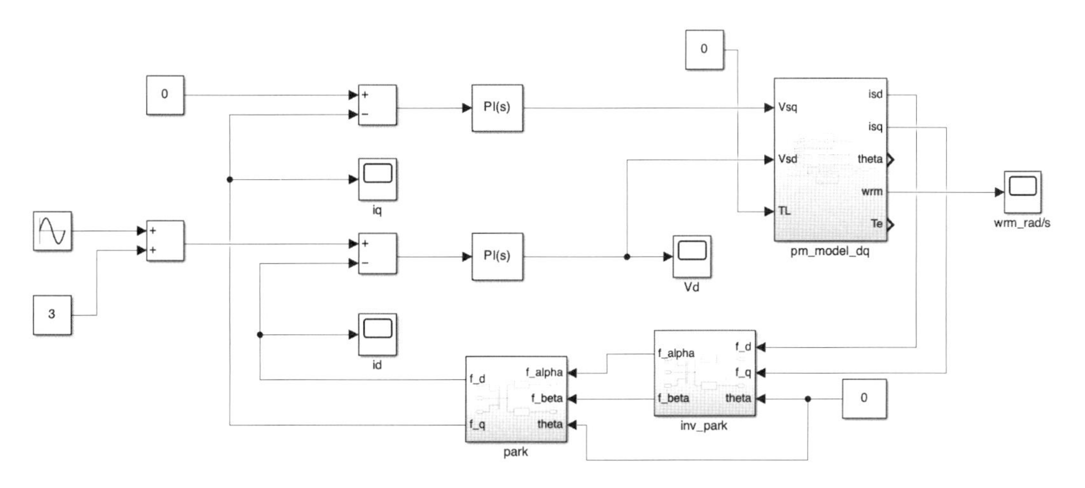

圖 5-3-10（範例程式：pm_autotune_Ld.slx）

說明：

d 軸電流命令使用直流量加弦波量的目的是，直流量可以將轉子保持與 α 軸重合，弦波量則是用來找出電感值。

STEP 2：

請將 SIMULINK 模擬解題器類型設成「Fixed-step」，並將「Fixed-step size」設成 0.00025 來模擬 250us 的微處理器中斷時間，將模擬時間設成 0.2 秒，按下「Run」執行系統模擬（說明：模擬前請先執行本節的範例程式 pm_params.m，載入馬達參數）。

STEP 3：

模擬完成後，先打開 wrm 示波器方塊，確認馬達是否處於靜止狀態，如圖 5-3-11，可以發現馬達處於靜止狀態，可見在 d 軸輸入的高頻弦波電流並未造成轉子轉動。

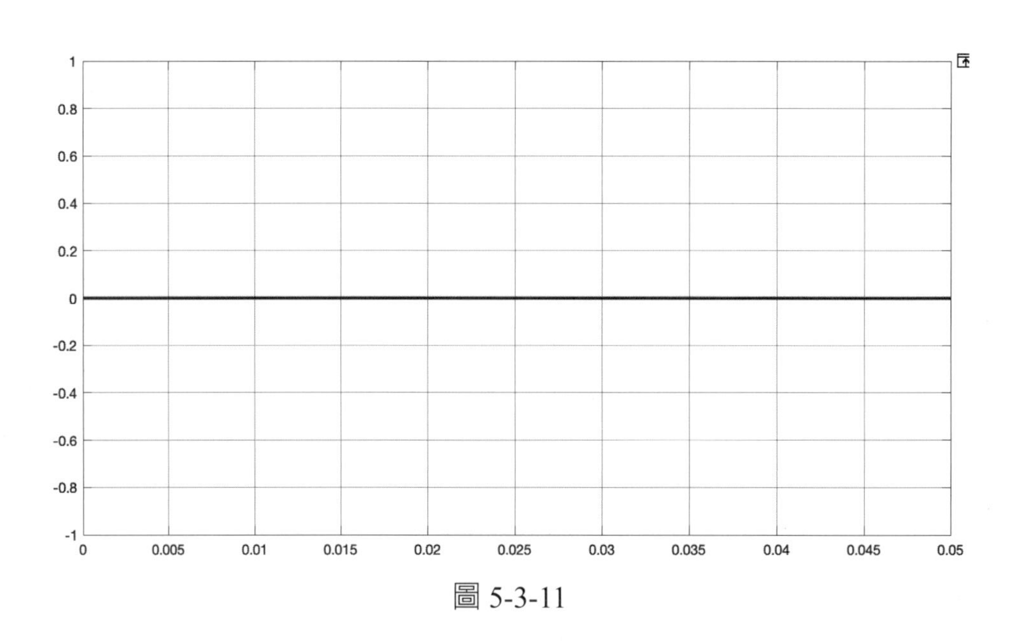

圖 5-3-11

STEP 4：

接著觀察 d 軸電流與 d 軸電壓波形，如圖 5-3-12 與圖 5-3-13 所示。

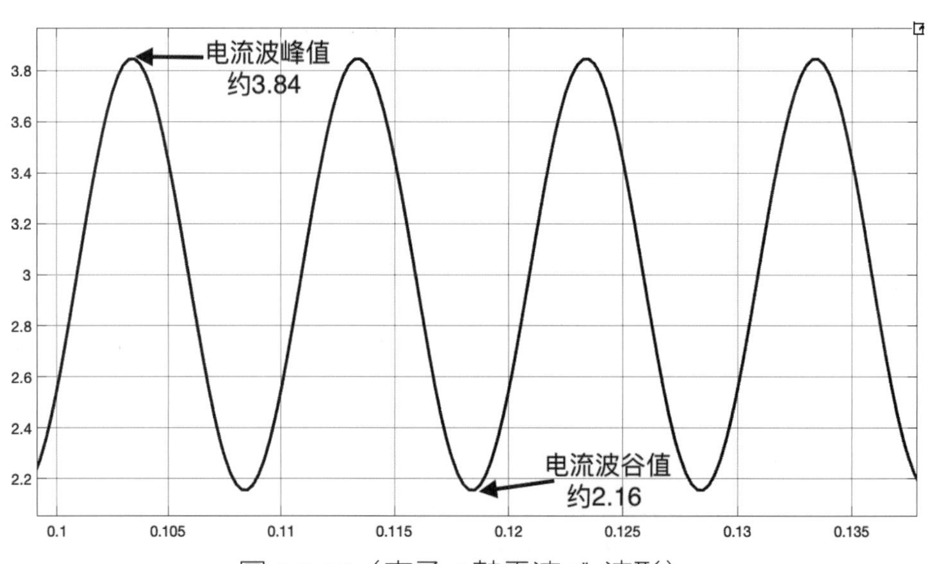

圖 5-3-12（定子 d 軸電流 i_{ds}^{r} 波形）

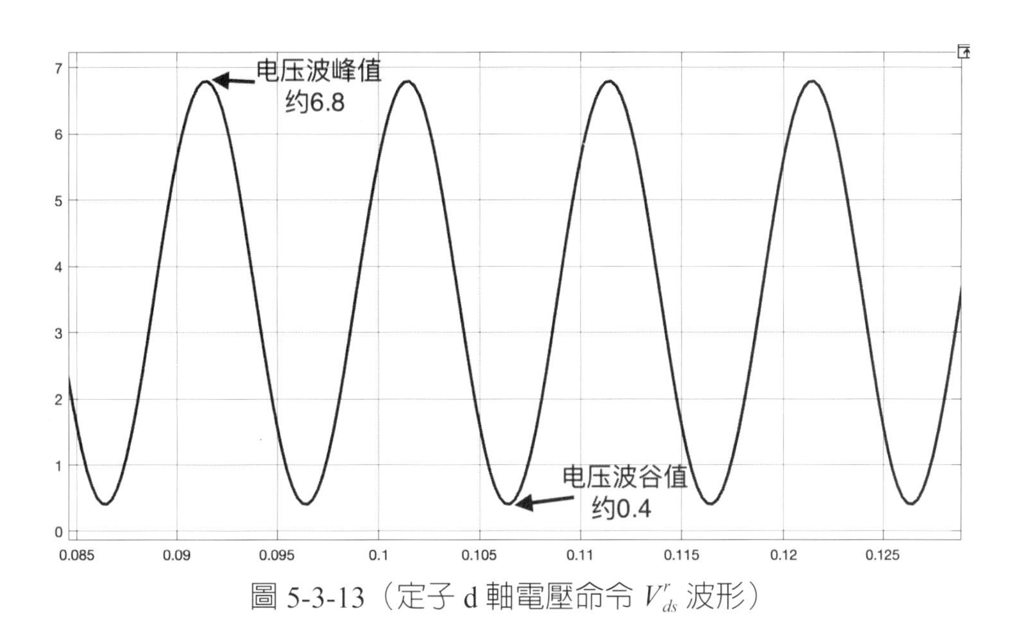

圖 5-3-13（定子 d 軸電壓命令 V_{ds}^{r} 波形）

STEP 5：

接下來我們可以使用（5.3.4）式將定子 d 軸電感 L_d 求出。

$$\text{定子 d 軸電感} L_d = \sqrt[2]{\left[\frac{(\text{電壓峰對峰值 } V_{p\text{-}p})^2}{(\text{電流峰對峰值 } I_{p\text{-}p})^2} - R_s^2\right] \times \frac{1}{(2\times\pi\times f)^2}}$$

$$= \sqrt[2]{\left[\frac{(6.8-0.4)^2}{(3.85-2.16)^2} - 1.2^2\right] \times \frac{1}{(2\times\pi\times 100)^2}} = 0.0058 \qquad (5.3.6)$$

我們計算得出的定子 d 軸電感 L_d 值爲 0.0058（H），與實際值 0.0057（H）相當接近，估測誤差爲

$$\text{d 軸電感估測誤差} = \frac{0.0057-0.0058}{0.0057} \times 100\% = -1.75\% \qquad (5.3.7)$$

■ 找出定子 q 軸電感 L_q

STEP 1：

接著再使用相同方法找出 q 軸電感值，要找出 q 軸電感，則需要在 q 軸

電流輸入弦波命令值，由於 q 軸電流會產生轉矩，可能使馬達轉子旋轉而產生反電動勢，而造成較大的量測誤差，因此需將輸入 q 軸的弦波電流命令減小成 0.2（A），如下：

$$i_{q\_cmd} = 0.2 \times \sin(2 \times \pi \times 100) \quad (5.3.8)$$

同時，為了保持 dq 軸仍然保持解耦合狀態，我們仍需在 d 軸電流回路輸入 3（A）的直流命令，如圖 5-3-14。

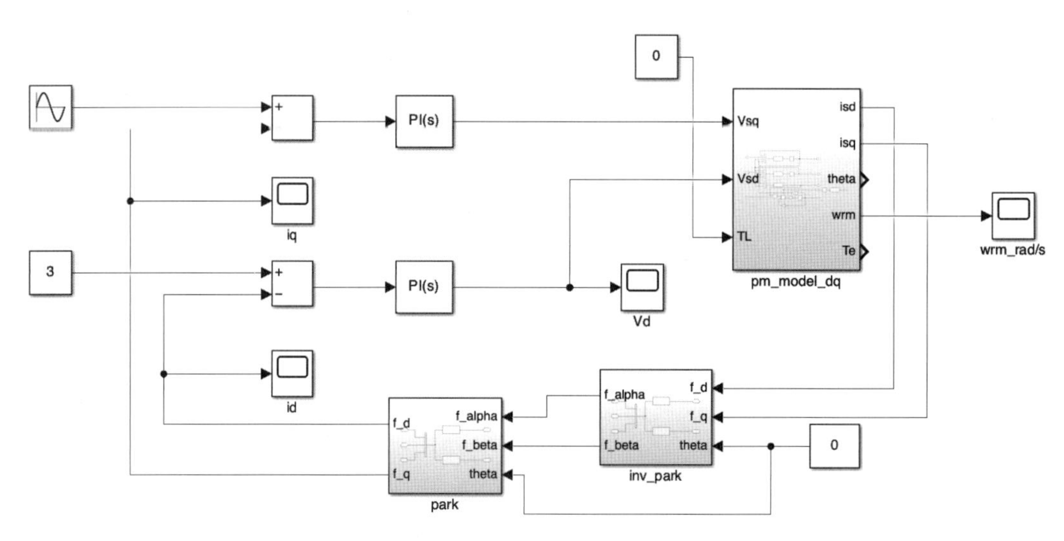

圖 5-3-14（範例程式：pm_autotune_Lq.slx）

STEP 2：

請將 SIMULINK 模擬解題器類型設成「Fixed-step」，並將「Fixed-step size」設成 0.00025 來模擬 250us 的微處理器中斷時間，將模擬時間設成 0.2 秒，按下「Run」執行系統模擬（說明：模擬前請先執行本節的範例程式 pm_params.m，載入馬達參數）。

STEP 3：

模擬完成後，可以先打開 wrm 示波器方塊，確認馬達是否處於靜止狀態，如圖 5-3-15，可以發現無可避免的我們輸入的 q 軸電流命令造成馬達轉子的輕微振動，可能會產生些許的 q 軸反電動勢而影響 q 軸電感的量測結果。

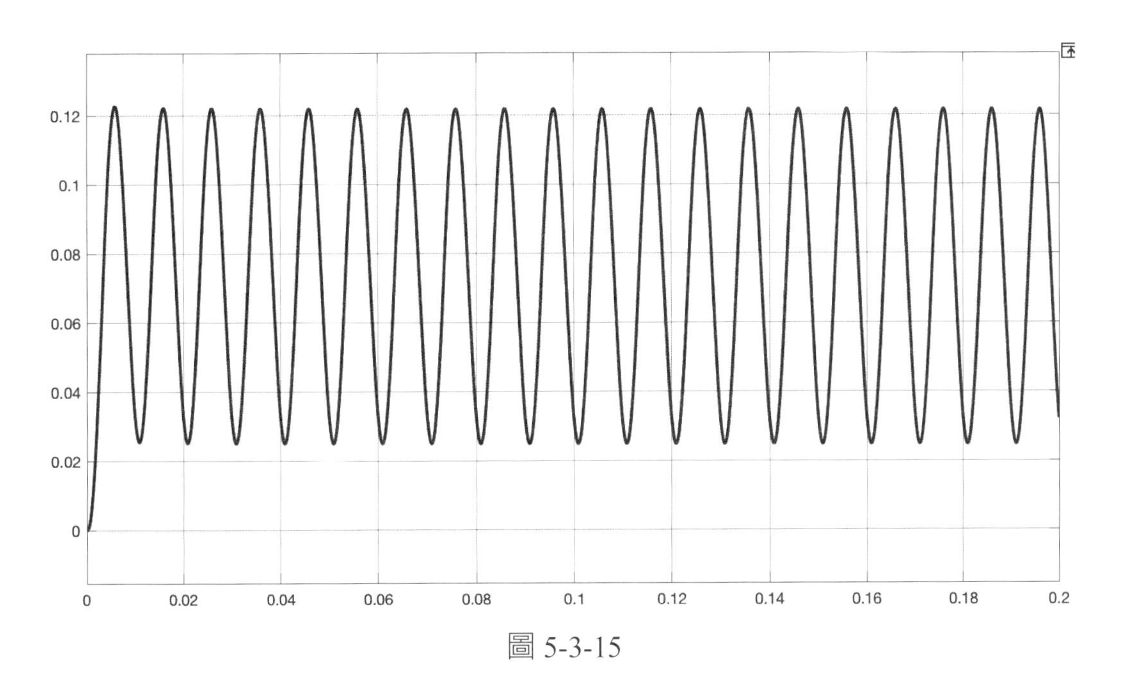

圖 5-3-15

STEP 4：

接著觀察 q 軸電流與 q 軸電壓波形，如圖 5-3-16 與圖 5-3-17 所示。

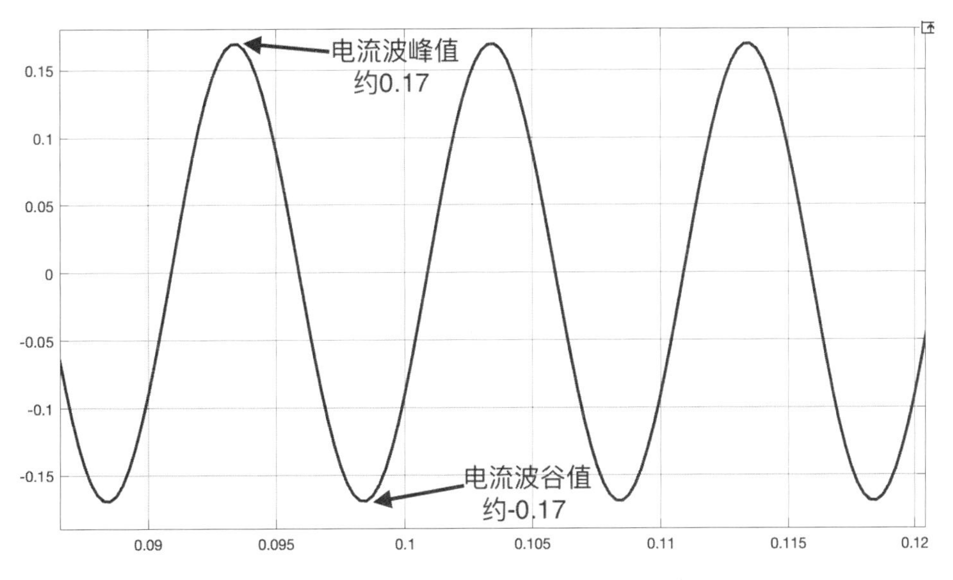

圖 5-3-16（定子 q 軸電流 i_{qs}^{r} 波形）

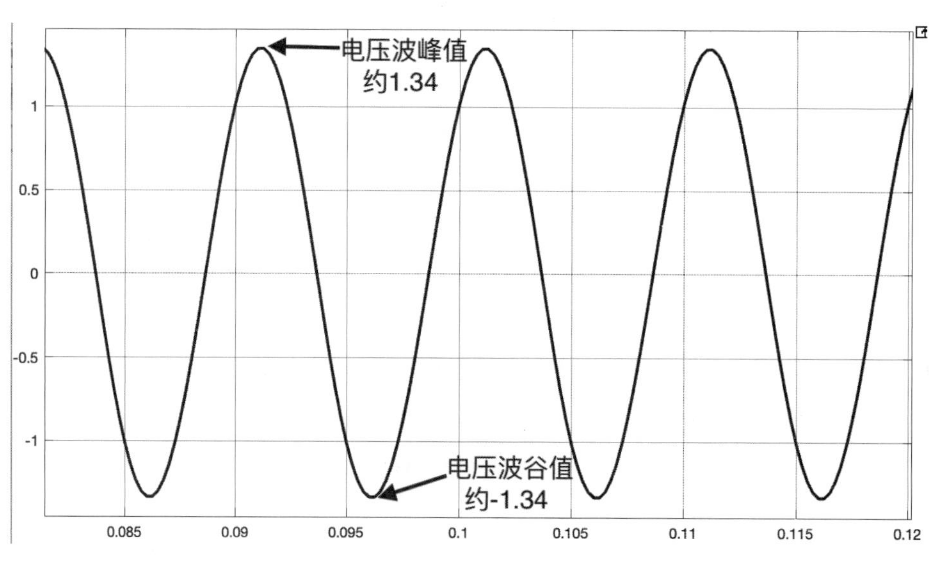

圖 5-3-17（定子 q 軸電壓命令 v_{qs}^{r} 波形）

STEP 5：

接下來我們可以使用（5.3.4）式將定子 q 軸電感 L_q 求出。

$$\text{定子 q 軸電感} L_q = \sqrt[2]{\left[\frac{(\text{電壓峰對峰值 } V_{p\text{-}p})^2}{(\text{電流峰對峰值 } I_{p\text{-}p})^2} - R_s^2\right] \times \frac{1}{(2\times\pi\times f)^2}}$$

$$= \sqrt[2]{\left[\frac{(1.34+1.34)^2}{(0.17+0.17)^2} - 1.2^2\right] \times \frac{1}{(2\times\pi\times 100)^2}} = 0.0124 \qquad (5.3.9)$$

經由計算，定子 q 軸電感 L_q 值爲 0.0124（H），與實際值 0.0125（H）接近，但存在一些誤差，估測誤差爲

$$\text{q 軸電感估測誤差} = \frac{0.0125 - 0.0124}{0.0125} \times 100\% = 0.8\% \qquad (5.3.10)$$

說明：

若各位估測 q 軸電感值誤差較大，可以試著減小輸入 q 軸的電流命令大小或著適當增加採樣頻率與移動平均濾波，應該可以有效增加 q 軸電感值的估測精準度。

5.3.2 永磁同步馬達機械慣量自學習技術

上一節所介紹的馬達電機參數學習技術可以自動估測精確的永磁同步馬達電機參數：定子電阻 R_s，d 軸電感 L_d 與 q 軸電感 L_q 的值，有了精確的電機參數，我們才能夠使用第二章所教的方法設計電流控制回路，除了電流回路需要設計外，馬達速度回路的設計也需要馬達的機械慣量參數才能完成，因此本節將介紹一種基本且普遍的馬達的慣量估測技術，使用此技術可能會使馬達轉軸旋轉，對於某些不允許馬達轉軸旋轉的應用場合，此技術可能不適合使用。

檢視馬達的機械方程式，如下：

$$T_e - T_L = J\frac{d\omega_{rm}}{dt} + B\omega_{rm} \tag{5.3.11}$$

在此假設摩擦係數 B 可以忽略，且負載轉矩 T_L 爲零，則馬達機械方程式可以簡化成

$$T_e = J\frac{d\omega_{rm}}{dt} \tag{5.3.12}$$

則馬達機械慣量可以表示成

$$J = \frac{T_e}{\frac{d\omega_{rm}}{dt}} \approx \frac{T_e}{\frac{\Delta\omega_{rm}}{\Delta t}} \tag{5.3.13}$$

從（5.3.13）式可以知道，假設已知所施加的轉矩量 T_e，則我們可以藉由馬達速度的變化率 $\frac{\Delta\omega_{rm}}{\Delta t}$ 來估測馬達的機械慣量 J。

■ SIMULINK 仿眞

STEP 1：

請開啓範例程式 pm_autotune_J.slx，開啓後如圖 5-3-18。

CHAPTER 5

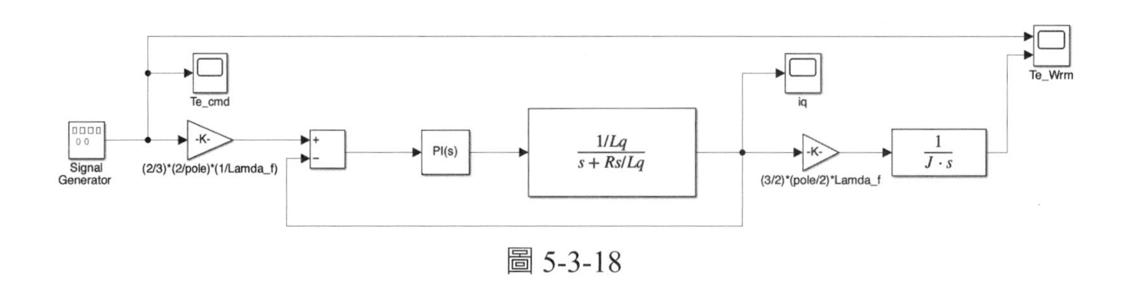

圖 5-3-18

本仿眞所使用的參數與表 2.1.3 相同，馬達慣量爲 0.00016（kg · m^2），在此將摩擦系數 B 設定爲零，圖 5-3-18 中，內回路爲永磁同步馬達 q 軸電流回路，電流回路參數與 5.3.1 節相同，馬達的轉矩命令由 Signal Generator 產生，它會產生週期爲 0.1 秒，幅值爲 ±0.2（Nm）的轉矩命令，如圖 5-3-19 所示。

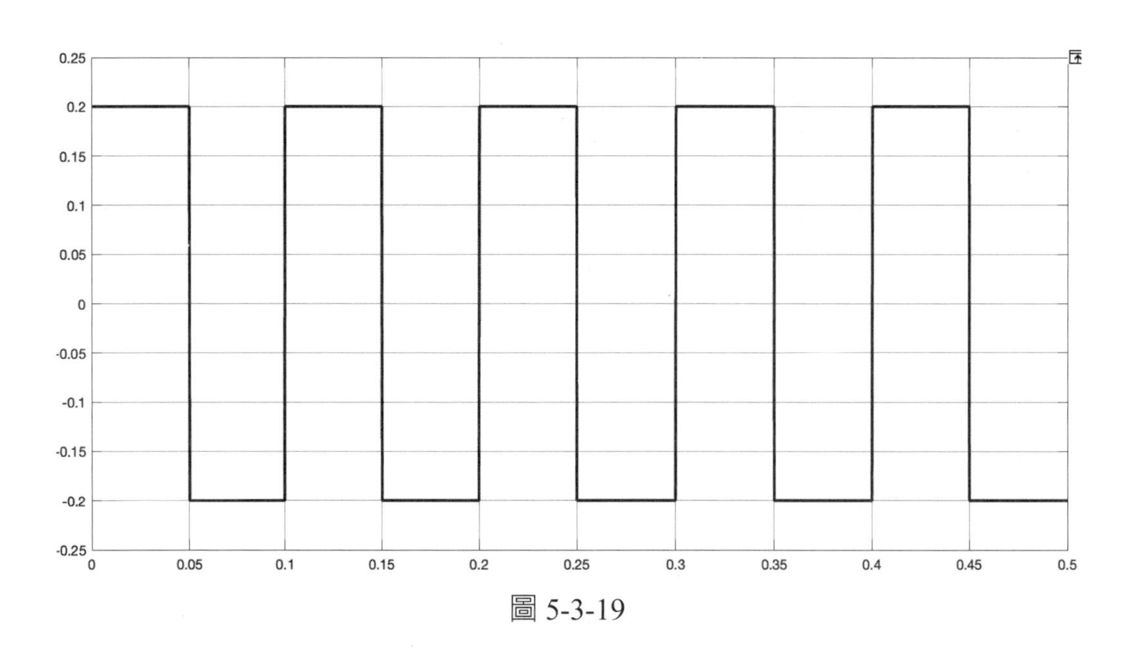

圖 5-3-19

STEP 2：

執行本仿眞後，打開 Te_Wrm 示波器方塊，可以得到馬達轉矩與速度並列的波形，如圖 5-3-20 所示，圖中上方爲馬達的轉矩命令波形，下方則爲馬達速度波形，可以發現，在前半週，施加的轉矩爲正，因此馬達正轉，而在負半週，施加的轉矩爲負，因此馬達減速，由於轉矩命令的正負半週時間相同，因此在負半週馬達正好減速到零。

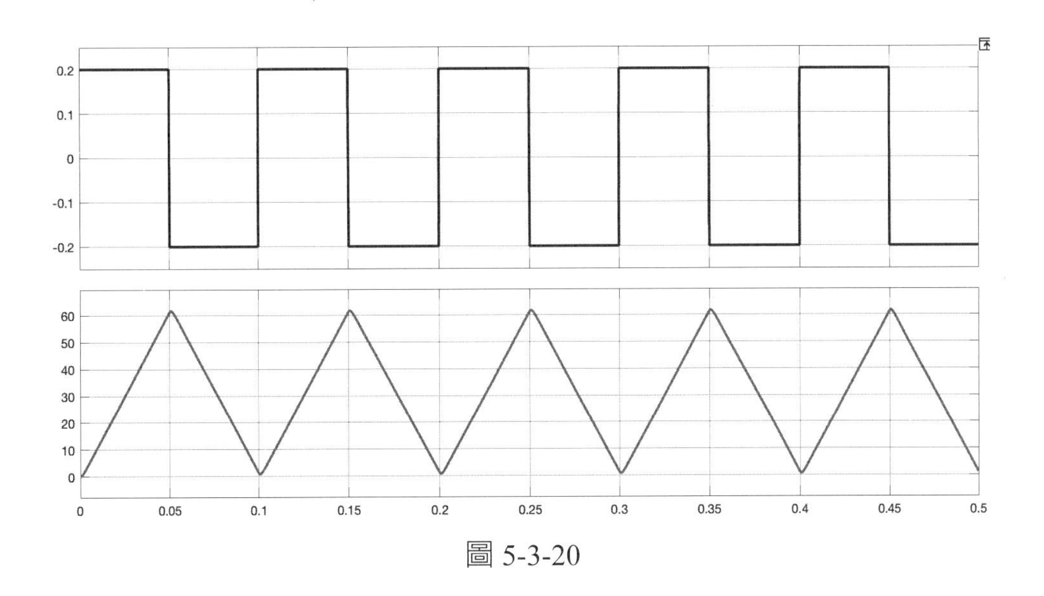

圖 5-3-20

STEP 3：

筆者將某個速度上升斜坡放大，如圖 5-3-21 所示，圖中可以清楚看到，時間爲 0.021 秒時，速度爲 25（rad/s），時間爲 0.025 秒時，速度爲 30（rad/s），在此期間轉矩大小爲 0.2（Nm）。

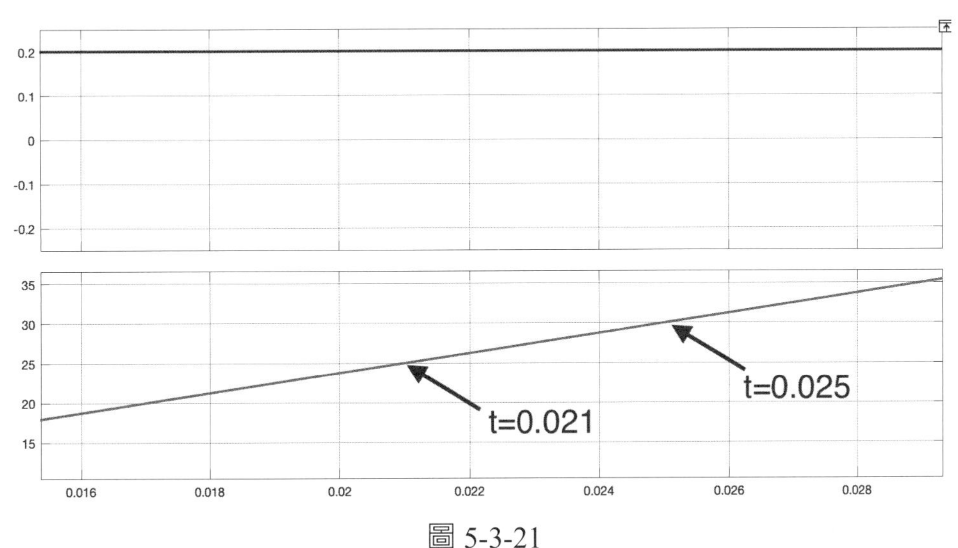

圖 5-3-21

STEP 4：

接著我們使用（5.3.13）式計算一下馬達慣量

$$J \approx \frac{T_e}{\frac{\Delta\omega_{rm}}{\Delta t}} = \frac{0.2}{\frac{30-25}{0.025-0.021}} = 1.6e-04 \tag{5.3.14}$$

利用（5.3.13）式的方法所計算的機械慣量與表 2.1.3 一致，因此完成了馬達機械慣量自學習技術的驗證。

■ 本節重點歸納如下：

- 以永磁馬達 d、q 軸電感參數來說，傳統上需要使用 LCR meter 來進行外部量測，並將測量的結果進行計算才能夠得出，耗費大量時間。
- 利用本節所介紹的永磁馬達自學習技術，可以有效的將永磁馬達電機參數找出，由模擬結果可知，參數估測誤差可以被控制在 5% 以內，精準度滿足高性能磁場導向控制的需求。
- 利用馬達參數自學習技術可以提供磁場導向控制迴路設計所需的精確電機參數值，來達到交流馬達高性能運轉。
- 只要馬達進行旋轉運動，則（5.3.11）式的機械方程式是互通，因此 5.3.2 節的馬達機械慣量自學習技術並不限於永磁同步馬達，也同樣適合用於其它馬達的慣量估測上。
- 由於馬達參數容易隨著運轉環境與條件（如溫度與電流大小）而產生變化，因此若要讓交流馬達控制迴路具備參數變動的魯棒性，可視需求設計參數估測器來對參數變化進行即時估測與補償。

5.4 不同 PWM 採樣方法所造成的延遲時間

在第二章我們學習到，對數字控制系統而言，延遲是不可避免的，而延遲必然會減少系統的穩定度，若在控制回路設計階段，未將延遲納入考慮，則設計的帶寬與穩定度規格將與系統的實際值有相當大的出入，這是不被允許的，因此在控制回路設計階段，就必須將延遲納入考慮，因此本節將為各位介紹典型的馬達控制系統會使用的四種不同的 PWM 採樣方法 [5]，每一種方法都會造成不同的延遲時間。

讓我們回顧一下考慮延遲效應的永磁同步馬達 q 軸電流回路，如圖 5-4-1 所示。

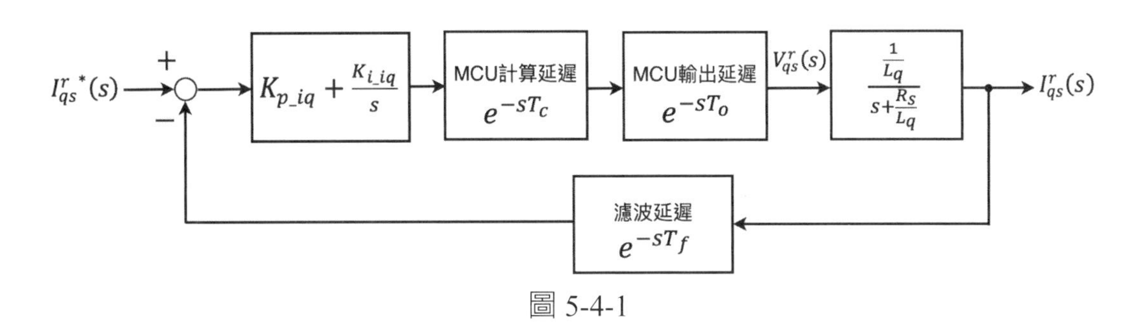

圖 5-4-1

其中，MCU 計算延遲 T_c、MCU 輸出延遲 T_o 會隨著不同的 PWM 採樣方式而改變，而電流採樣延遲時間 T_{SH} 一般為採樣週期的一半，濾波延遲僅與濾波器的時間常數有關，因此以下的分析將會著重在 MCU 計算延遲 T_c 與 MCU 輸出延遲 T_o 對不同的 PWM 採樣方式而產生的變化。

■方法 1：標準採樣法

圖 5-4-2 為標準採樣法的 PWM 時序圖，其中，延遲時間 T_d 為 MCU 計算延遲 T_c 與 MCU 輸出延遲 T_o 的總和，PWM 載波週期為 T_s，電流控制週期為 T_{con}，在此假設 $T_s = T_{con}$，因此對電流回路來說，MCU 的計算延遲時間 $T_c = T_s$，由於每個控制週期內所計算完成的電壓命令將會在下個週期執行，因此 MCU 輸出延遲（即為 PWM 的 ZOH 輸出延遲）為 $T_s/2$，即 $T_o = T_s/2$，即延遲時間 $T_d = 1.5 \times T_s$。（由於電流採樣完成後直接進行計算，因此此方法的電流採樣延遲時間 T_{SH} 已包含於 T_c）

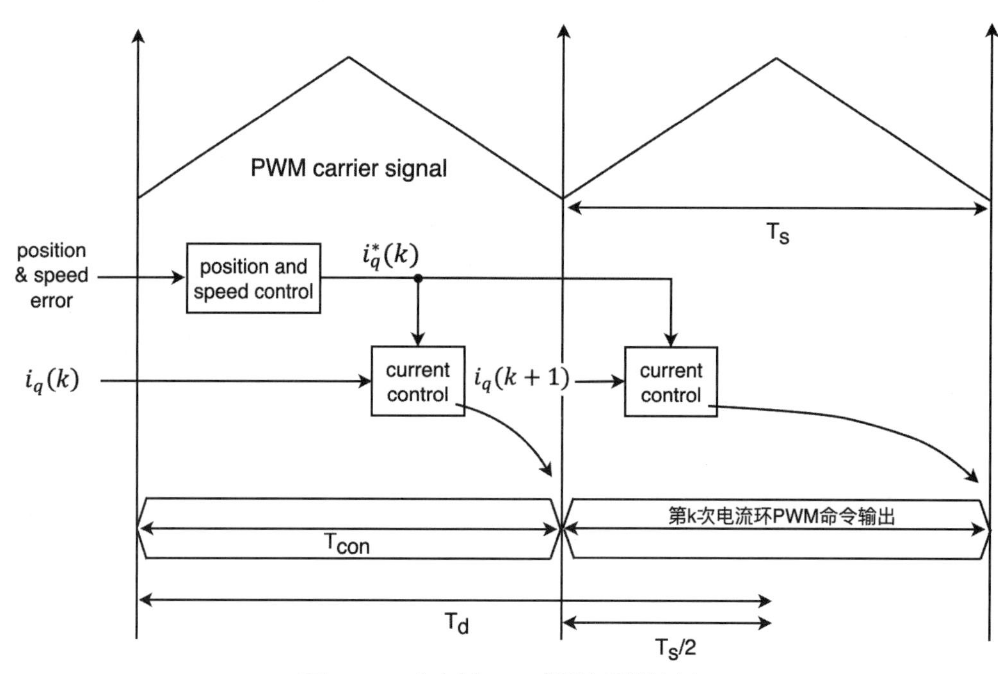

圖 5-4-2（方法 1：標準採樣法）

CHAPTER 5

■ 方法 2：修改採樣法

圖 5-4-3 爲修改採樣法的 PWM 時序圖，其中，延遲時間 T_d 爲 MCU 計算延遲 T_c 與 MCU 輸出延遲 T_o 的總和，PWM 載波週期爲 T_s，電流控制週期爲 T_{con}，在此假設 $T_s = T_{con}$，在此方法中電流回路的計算時間只需要控制週期的一半，即 MCU 的計算延遲時間 $T_c = T_s/2$，由於每個控制週期內所計算完成的電壓命令將會在下個 PWM 週期執行，因此 MCU 輸出延遲（即爲 PWM 的 ZOH 輸出延遲）爲 $T_s/2$，即 $T_o = T_s/2$，即延遲時間 $T_d = 1 \times T_s$。（由於電流採樣完成後直接進行計算，因此此方法的電流採樣延遲時間 T_{SH} 已包含於 T_c）

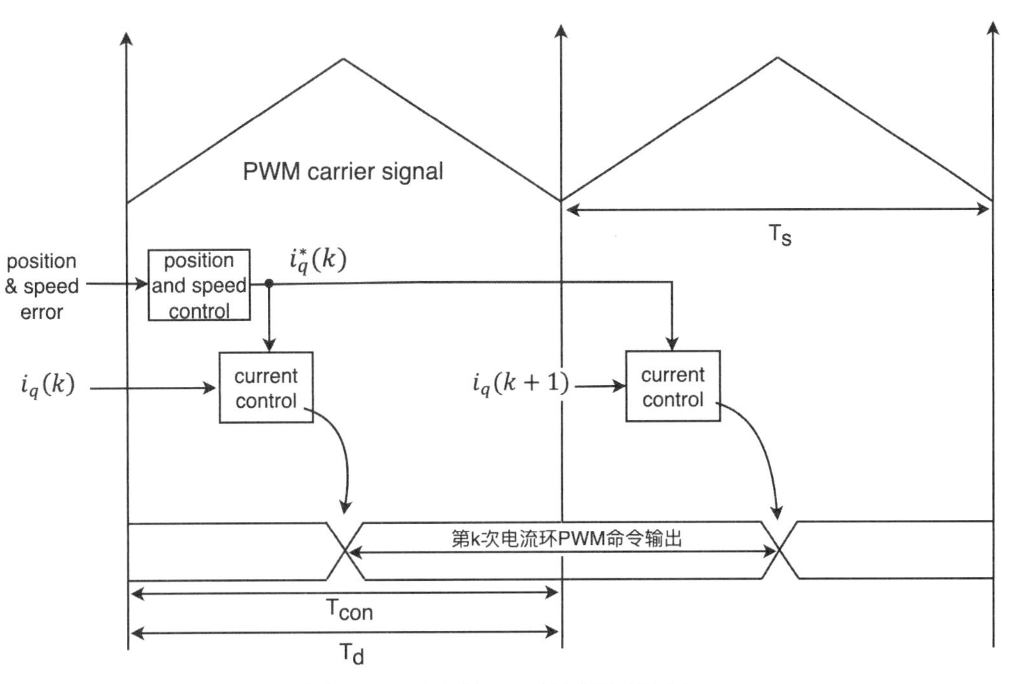

圖 5-4-3（方法 2：修改採樣法）

■方法 3：單 PWM 週期電流二次採樣法

以方法 2 爲基礎，若增加 MCU 的運算能力，讓一個 PWM 週期內完成二次電流採樣與控制，如圖 5-4-4 的 PWM 時序圖，其中，PWM 載波週期爲 T_s，控制週期爲 T_{con}，在此假設一個 PWM 週期內可完成二次電流採樣與控制，即 $T_{con} = T_s/2$，因此對電流回路來說，MCU 的計算延遲時間 $T_c = T_{con}$，由於每個控制週期內所計算完成的電壓命令將會在下個控制週期更新至 PWM 電壓命令，因此 MCU 輸出延遲（即爲 PWM 的 ZOH 輸出延遲）爲 $T_{con}/2$，即 $T_o = T_{con}/2$，即延遲時間 $T_d = 1.5 \times T_{con}$。（由於電流採樣完成後直接進行計算，因此此方法的電流採樣延遲時間 T_{SH} 已包含於 $\boldsymbol{T}_c$）

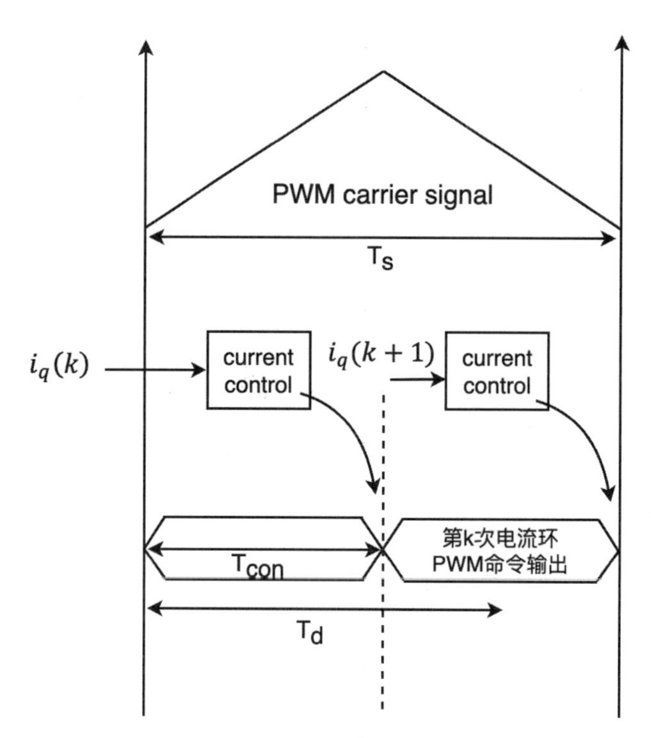

圖 5-4-4（方法 3：單 PWM 週期電流二次採樣法）

■方法 4：使用 FPGA 進行電流環控制

若以方法 3 爲基礎，將電流環放在 FPGA 中執行的話，則電流的計算延遲時間 T_c 將可忽略不計，即 $T_c \approx 0$，即 MCU 的計算延遲時間 $T_c \approx 0$，由於 FPGA 所計算完成的電壓命令將會在下個控制週期更新至 PWM 電壓命令，因此 MCU 輸出延遲（即爲 PWM 的 ZOH 輸出延遲）爲 $T_{con}/2$，即 $T_c = T_{con}/2$，即延遲時間 $T_d = 0.5 \times T_{con}$，如圖 5-4-5 所示。（由於電流採樣完成後直接進行計算，因此此方法的電流採樣延遲時間 $T_{SH} \approx 0$）

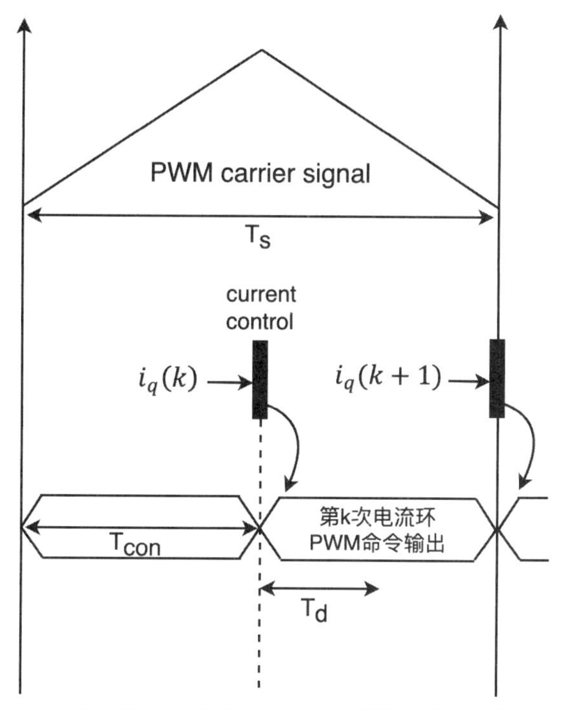

圖 5-4-5（方法 4：使用 FPGA 進行電流環控制）

本節重點歸納如下：

- 各位可以使用本節的內容來評估不同的 PWM 採樣方式所造成的延遲時間，再配合 2.2 節的方法對馬達電流控制回路進行設計。
- 本節的方法具有通用性，不只可應用於交流電機電流回路設計，還可應用於其它使用 MCU 進行數字控制的電力電子系統。
- 控制回路的響應速度需求愈高，則延遲時間需要愈短，因爲響應速度（即帶寬）需求愈高，回路增益就愈高，當延遲時間愈短，則相位裕度則愈大，因此回路增益可以上調的空間則愈多。

5.5 永磁同步馬達規格參數介紹

交流電機的磁場導向控制技術是基於精確的馬達模型而發展出來的，因此在使用磁場導向控制技術以前，必須清楚的了解交流馬達參數的意義與物理內涵，本節將以永磁同步馬達爲例，爲各位完整的介紹永磁同步馬達各種規格參數的物理內涵，我們回顧一下在第四章所使用的永磁同步馬達規格，如圖 5-5-1 所示。

No. of Pol./Phases	8/3		
Voltage Rated (VDC)	24		
Current (AMP)	No load [A]	Rated [A]	Peak [A]
	0.2	1.79	5.4
Resistance / phase to phase [Ohms] @ 25°C	1.5 ± 15%		
Inductance / phase to phase [mH] @ 1kHz	2.1 ± 20%		
Tourque Rated / Peak	Constant [Nm/A]	Rated [Nm]	Peak [Nm]
	0.035	0.0625	0.19
Power Rated [W]	26		
Speed	Rated [RPM]	No Load [RPM]	
	4000	6200	
Rotor Inertia [Kg-m^2]	2.4x10^{-6}		
Weight [Kg]	0.3		

圖 5-5-1（Nanotec DB42S03 BLDC 規格）

接下來筆者將逐項爲各位分析圖 5-5-1 的馬達規格參數：

- No. of Pol./Phases：馬達的極數與相數，如圖 5-5-1 所示，此馬達爲 8 極的三相永磁同步馬達。
- Voltage Rated（VDC）：馬達的額定輸入電壓，如圖 5-5-1 所示，此馬達的額定輸入電壓爲 24（V）（此爲直流值），一般來說此電壓規格也限制了馬達逆變器的輸出電壓峰值大小。
- Current（AMP）：馬達的輸入電流規格，如圖 5-5-1 所示，此馬達的無載電流為 0.2（A）、額定電流為 1.79（A）、峰值電流為 5.4（A），其中無載電流代表當馬達輸入額定電壓並運轉至額定轉速時，且未加負載的輸入電流大小；額定電流代表當馬達輸入額定電壓並運轉至額定轉速時，加入額定負載的輸入電流大小，而峰值電流代表馬達允許短時間內可允許的最大電流，峰值電流與峰值轉矩相對應，即代表當馬達被施加峰值轉矩時，所對應的輸入電流大小。

- Resistance/phase to phase[Ohms]@25℃：室溫下的馬達相對相電阻值，即線電阻值，在向量控制中所使用的電阻值 R_s 為相電阻值，其值為相對相電阻值的一半，即$R_s = \frac{1.5}{2} = 0.75\ (\Omega)$。
- Inductance/phase to phase[Ohms]@25℃：室溫下的馬達相對相電阻值，即線電感值，相電感 L_s 為線電感的一半，即相電感$L_s = \frac{2.1}{2} = 1.05\ (\mathrm{H})$，本馬達為 SPM 永磁同步馬達，因此相電感 $L_s = L_d = L_q = 1.05(\mathrm{H})$。
- Torque Rated/Peak：馬達的轉矩規格，如圖 5-5-1 所示，此馬達的額定轉矩為 0.0625（Nm）、峰值轉矩為 0.19（Nm），其中轉矩常數 $K_T = 0.035$（Nm/A），代表每安培的電流可以產生 0.035（Nm）的轉矩。
- Power Rated [W]：馬達的額定功率。
- Speed：馬達的額定轉速，如圖 5-5-1 所示，此馬達的無載轉速為 6200（RPM）、額定轉速為 4000（RPM），其中無載轉速代表當馬達輸入額定電壓且未加負載時的轉子速度；額定轉速代表當馬達輸入額定電壓並加入額定負載時的轉子速度。
- Rotor Inertia [kg-m^2]：馬達的轉動慣量，單位為 kg-m^2，此為 SI 單位，如圖 5-5-1 所示，此馬達的轉動慣量為 2.4×10^{-6}（kg-m^2）。
- Weight [kg]：馬達的重量，單位為 kg，如圖 5-5-1 所示，此馬達的重量為 0.3（kg）。

■永磁同步馬達的轉矩常數 K_T

在此有必要特別說明永磁同步馬達的轉矩常數 K_T，其 SI 單位為 Nm/A，代表每安培的電流可以產生的轉矩量，還有另一個參數稱為反電動勢常數 K_e

（也可稱爲 K_b），其 SI 單位爲$\frac{\text{V}}{\text{(rad/s)}}$，代表每單位的無載轉速可以產生的反電動勢電壓（直流值），對永磁同步馬達而言，在 SI 單位下，若永磁同步馬達反電動勢爲梯形波，且使用直流激磁控制（即 120 度通電法），則 $K_T = K_e$，但本例中的永磁同步馬達反電動勢爲正弦波，若使用弦波驅動（即 FOC 控制），我們可以藉由以下推導求出永磁同步馬達的反電動勢常數。

在向量控制穩態下，當馬達 d 軸電流爲零，此時馬達相電流將與反電動勢同相位（說明：因爲馬達 q 軸電流與反電動勢皆領先轉子磁通鏈 90°），永磁同步馬達三相繞組之注入功率可以表示成

$$P_{sinusoidal} = 3 \times E_{p,\,rms} \times I_{p,\,rms} \tag{5.5.1}$$

其中，$E_{p,\,rms}$ 爲相反電動勢有效值，$I_{p,\,rms}$ 爲相電流有效值。

假設三相繞組的注入功率將全部轉換成機械功率，即

$$3 \times E_{p,\,rms} \times I_{p,\,rms} = T \times \omega \tag{5.5.2}$$

其中，T 爲馬達輸出轉矩，ω 爲馬達轉速。

可將（5.5.2）式表示成

$$3 \times K_{e,\,rms} \times \omega \times I_{p,\,rms} = K_T \times I_{p,\,peak} \times \omega \tag{5.5.3}$$

其中，$K_{e,\,rms}$ 爲（有效值）相反電動勢常數，由於本例中的 K_T 是以峰值電流作爲分母，因此（5.5.3）式的右邊需乘上峰值相電流 $I_{p,\,peak}$。

可將（5.5.3）式整理成

$$3 \times K_{e,rms} \times \omega \times I_{p,rms} = K_T \times I_{p,rms} \times \sqrt{2} \times \omega \tag{5.5.4}$$

將（5.5.4）式左右消去相同項，可得

$$K_{e,rms} = \frac{\sqrt{2}}{3} K_T \qquad (5.5.5)$$

將 $K_T = 0.035$ 代入（5.5.5）式，可得 $K_{e,\,rms} = 0.0165$，可將 $K_{e,\,rms}$ 乘上$\sqrt{2}$得到（峰值）相反電動勢常數，即

$$K_{e,peak} = 0.0165 \times \sqrt{2} = 0.0233 \qquad (5.5.6)$$

由於馬達為 Y 接，因此（峰值）線反電動勢常數可表示如下

$$K_{e,LL,peak} = 0.0233 \times \sqrt{3} = 0.0404 \qquad (5.5.7)$$

另外，可以藉由轉矩常數 K_T 來計算永磁同步馬達的轉子磁通鏈 λ_f，重新檢視圖 2-1-18 的永磁同步馬達速度控制回路，如圖 5-5-2。

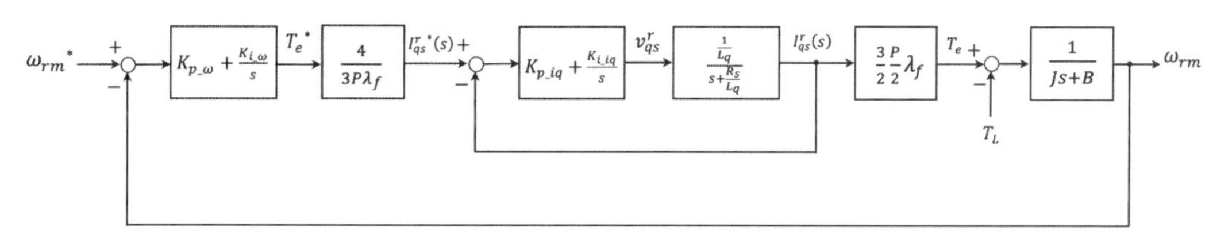

圖 5-5-2

如圖所示，ω_{rm}^* 為轉速命令，T_e^* 為速度回路 PI 控制器所產生的轉矩命令，增益$\frac{4}{3P\lambda_f}$可將轉矩命令轉換成電流命令，因此它是馬達轉矩常數 K_T 的倒數，即

$$\frac{4}{3P\lambda_f} = \frac{1}{K_T} \qquad (5.5.8)$$

根據（5.5.8）式，我們可以代入馬達規格參數，$K_T = 0.035$、極數 $P = 8$，可以算出轉子磁通鏈 $\lambda_f = 0.0058$（Wb），而轉子磁通鏈 λ_f 正是向量控制系統

所需要的重要參數，因此在實務上常需要從馬達轉矩常數 K_T 來推算出正確的轉子磁通鏈值。

本節重點歸納如下：

- 交流電機的磁場導向控制技術是基於精確的馬達模型而發展出來的，因此若要成功使用磁場導向控制技術，必須對交流馬達參數的意義與物理內涵有清楚的了解。
- 對永磁同步馬達而言，在 SI 單位下，若永磁同步馬達反電動勢為梯形波，且使用直流激磁控制（即 120 度通電法），則 $K_e = K_T$；但若永磁同步馬達反電動勢為正弦波，且使用弦波驅動（即 FOC 控制），則需使用本節的推導方式來求得正確的反電動勢常數 K_e。
- 本節所推導的馬達參數單位皆為 SI 標準單位，若馬達規格書中的馬達參數單位不是SI標準單位，請將其轉換成SI標準單位再應用於向量控制系統中。

5.6 Butterworth 濾波器設計

濾波器在控制系統中應用廣泛，可以用來濾除回授信號的雜訊，或是抑制諧振的發生 [4]，然而控制系統對濾波器的要求與通信系統不太一樣，一般來說在通信領域，關注可能是失真度、信號衰減度等性能指標，但在控制領域，則希望使用的濾波器能在增益交越頻率處有最小的相位滯後，同時又可以衰減高頻信號。

在控制系統中，低通濾波器應該是最常使用的濾波器類型，其中 Butterworth 濾波器經常被使用，原因是 Butterworth 濾波器對於給定階數，擁有最傾斜的衰減率而在波德圖又不會產生凸峰，同時在低頻段的相位滯後小，因此本節將為各位介紹 Butterworth 低通濾波器的設計 [4]。

■階數為奇數的低通濾波器通式

對於階數為奇數的低通濾波器通式 [4] 如下：

$$T(s)=\left(\frac{\omega_N}{s+\omega_N}\right)\prod_{i=1}^{\frac{M-1}{2}}\left(\frac{\omega_N^{\,2}}{s^2+2\cos(\theta_i)\,\omega_N s+\omega_N^{\,2}}\right),\ \theta_i=i\times 180/M \tag{5.6.1}$$

其中，M 爲濾波器階數。

舉例來說，若想要設計截止頻率爲 1000（rad/s）且階數爲三階的 Butterworth 低通濾波器，則 $M = 3$、$\omega_N = 1000$，此三階 Butterworth 低通濾波器可以表示爲

$$T(s)=\left(\frac{1000}{s+1000}\right)\left(\frac{1000^2}{s^2+2\times\cos(\theta_1)\times 1000s+1000^2}\right) \quad (5.6.1)$$

其中，$\theta_1 = 1\times\dfrac{180}{3} = 60°$

■階數爲偶數的低通濾波器通式

對於階數爲偶數的低通濾波器通式 [4] 如下：

$$T(s)=\prod_{i=1}^{\frac{M}{2}}\left(\frac{{\omega_N}^2}{s^2+2\cos(\theta_i)\,\omega_N s+{\omega_N}^2}\right),\ \theta_i=(i-0.5)\times 180/M \quad (5.6.2)$$

其中，M 爲濾波器階數。

舉例來說，若想要設計截止頻率爲 1000（rad/s）且階數爲二階的 Butterworth 低通濾波器，則 $M = 2$、$\omega_N = 1000$，此二階 Butterworth 低通濾波器可以表示爲

$$T(s)=\left(\frac{1000^2}{s^2+2\times\cos(\theta_1)\times 1000s+1000^2}\right) \quad (5.6.3)$$

其中，$\theta_1 = (1-0.5)\times\dfrac{180}{2} = 45°$。

從（5.6.3）式可以發現，二階 Butterworth 低通濾波器的轉移函數與阻尼比爲 0.707，即 $\xi = \cos(45°) = 0.707$，的標準二階系統的轉移函數完全相同。

■MATLAB 仿真

STEP 1：

接下來我們考慮以下三種低通濾波器

一階低通濾波器：$\frac{\omega_N}{s+\omega_N}$，其中 $\omega_N = 1000$。

二階 Butterworth 低通濾波器：$\frac{\omega_N^2}{s^2+2\cos(\theta_i)\,\omega_N s+\omega_N^2}$，其中 $\omega_N = 1000$，$\theta_1 = 45°$。

三階 Butterworth 低通濾波器：$\left(\frac{\omega_N}{s+\omega_N}\right)\left(\frac{\omega_N^2}{s^2+2\cos(\theta_i)\,\omega_N s+\omega_N^2}\right)$，其中 $\omega_N = 1000$，$\theta_1 = 60°$。

STEP 2：

各位可以執行範例程式 m5_6_1 畫出以上三個低通濾波器的波德圖，如圖 5-6-1 所示。

MATLAB 範例程式 m5_6_1.m：

```
wn=1000;
tf_1lpf = tf(wn,[1 wn]);
tf_2bwlpf = tf(wn^2,[1 2*cos(45*pi/180)*wn wn^2]);
tf_3bwlpf =tf(wn,[1 wn])*tf(wn^2,[1 2*cos(60*pi/180)*wn wn^2]);
h=bodeoptions; h.PhaseMatching='on';
h.Title.FontSize = 14;
h.XLabel.FontSize = 14;
h.YLabel.FontSize = 14;
h.TickLabel.FontSize = 14;
bodeplot(tf_1lpf,'-b',tf_2bwlpf,'-.r',tf_3bwlpf,'.g',{1,100000},h);
legend('1_order_LPF','2_order_BWLPF', '3_order_BWLPF');
h = findobj(gcf,'type','line');
set(h,'linewidth',2); grid on;
```

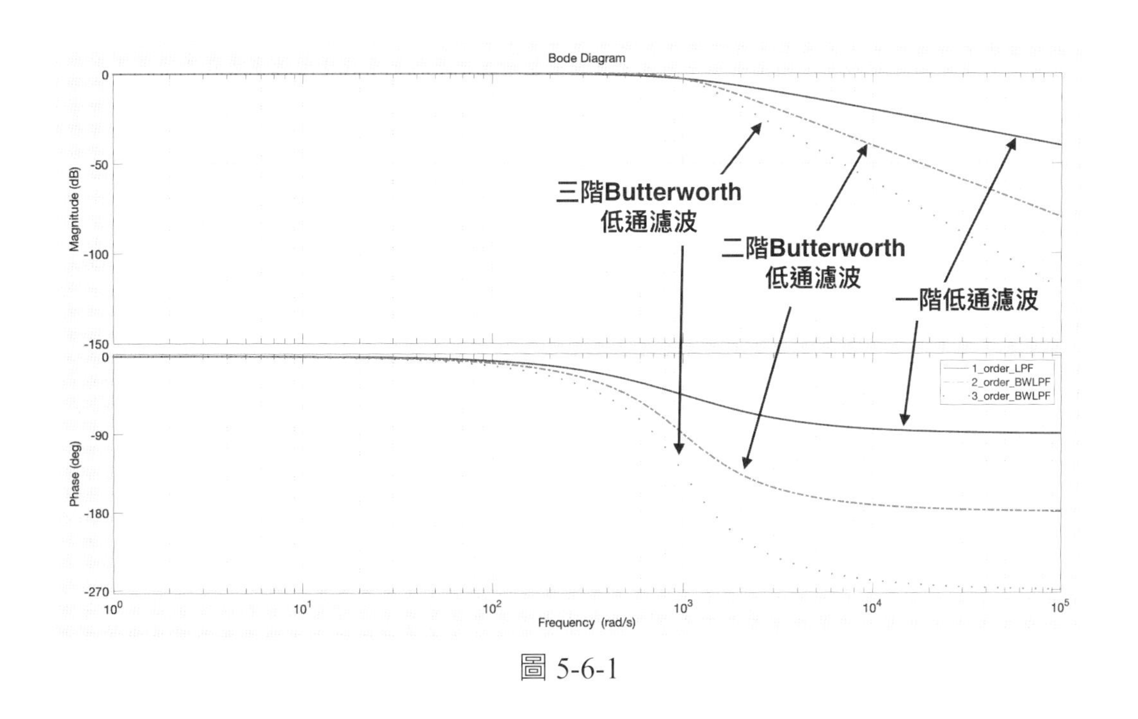

圖 5-6-1

STEP 3：

如圖 5-6-1 所示，三階 Butterworth 濾波器的大小圖最陡，雖然高頻衰減力在三者中是最好的，但它的相位滯後也是最大的，由於它的階數為三階，代表轉移函數的極點數有三個，因此相位滯後必然大於二階與一階的濾波器。相較於二階與三階 Butterworth 濾波器，一階低通濾波器的高頻減衰減能力是最差的，但由於它的轉移函數僅有一個極點，相位最大滯後只有 90°，因此相位滯後也是三者中最小的，這也是為何一階低通濾波器在控制系統中使用的非常普遍。而二階 Butterworth 濾波器的性能則介於一階低通濾波器與三階 Butterworth 濾波器之間。

本節重點歸納如下：

- 濾波器的階數等於其轉移函數的極點個數，愈高階的濾波器的相位滯後愈大，對控制系統的穩定度影響也愈大。
- 二階 Butterworth 低通濾波器的轉移函數與阻尼比為 0.707 的標準二階系統的轉移函數是完全相同的。
- 除了 Butterworth 濾波器之外，還有如 Chebyshev 濾波器、Bessel 濾波器等，

但這些濾波器在控制系統中較少使用，因此本書暫不討論這些濾波器。

5.7 陷波濾波器設計

在控制系統中，除了低通濾波器外，陷波濾波器（Notch Filter）也經常被使用，它與帶拒濾波器不同，帶拒濾波器用來濾除特定頻率範圍的信號，而陷波濾波器則是用來濾除特定單一頻率的信號，最常用在運動控制系統的振動抑制上 [4]。

一個典型二階的陷波濾波器可以表示成

$$T(s)=\frac{s^2+\omega_N^2}{s^2+2\xi\omega_N s+\omega_N^2} \tag{5.7.1}$$

其中，ω_N 爲欲濾除的頻率，ξ 爲阻尼比。

當我們使用 $s=j\omega_N$ 代入（5.7.1）式，可以發現分子爲 0，代表陷波濾波器可以有效濾除特定頻率爲 ω_N 的信號，當輸入頻率明顯高於 ω_N 時，（5.7.1）式中的 s^2 在分子與分母中占主導地位，因此轉移函數可近似爲 1，當輸入頻率明顯低於 ω_N 時，（5.7.1）式可近似爲 $\frac{\omega_N^2}{\omega_N^2}$，也爲 1，因此從轉移函數的近似特性可以看出（5.7.1）式的陷波濾波的特性。

一般來說，陷波濾波器的設計是透過調整阻尼比 ξ 比來實現的，阻尼比愈小，陷波越陡，陷波濾波器的阻尼比 ξ 通常小於 1，各位可以開啓範例程式 m5_7_1 畫出阻尼比 $\xi=0.2$ 與阻尼比 $\xi=0.8$ 的陷波濾波器波德圖並進行比較，如圖 5-7-1。

MATLAB 範例程式 m5_7_1.m：

```
wn=100;
zeta1=0.2; zeta2=0.8;
tf_2notch_1 = tf([1 0 wn^2],[1 2*zeta1*wn wn^2]);
tf_2notch_2 = tf([1 0 wn^2],[1 2*zeta2*wn wn^2]);
h=bodeoptions; h.PhaseMatching='on';
```

```
h.Title.FontSize = 14;
h.XLabel.FontSize = 14;
h.YLabel.FontSize = 14;
h.TickLabel.FontSize = 14;
bodeplot(tf_2notch_1,'-b',tf_2notch_2,'-.r',{90,110},h);
legend('zeta=0.2','zeta=0.8');
h = findobj(gcf,'type','line');
set(h,'linewidth',2); grid on;
```

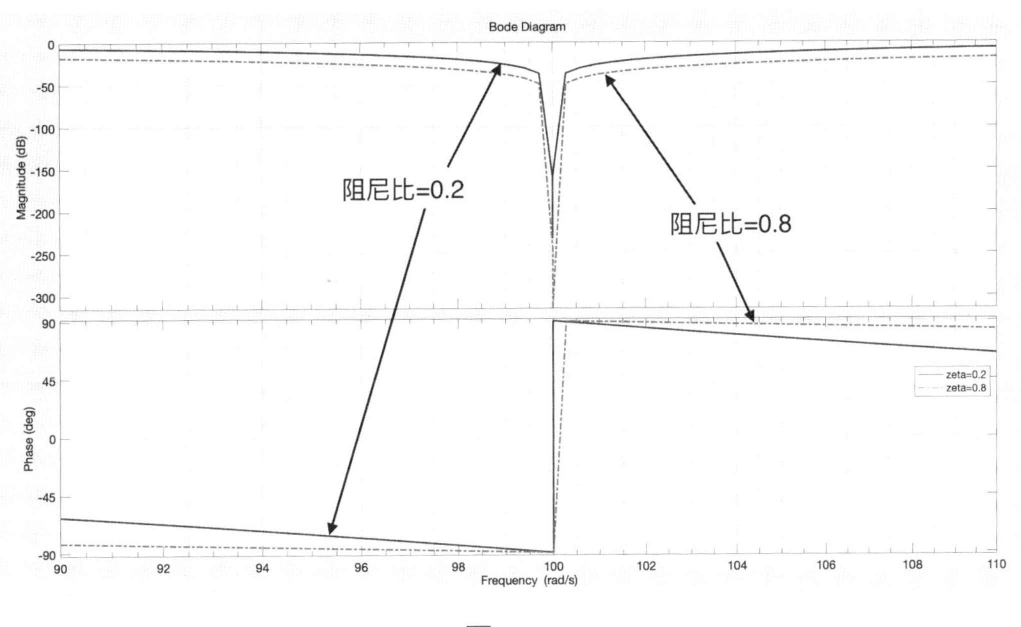

圖 5-7-1

如圖 5-7-1 所示，阻尼比愈小，陷波濾波器愈陡，代表對所濾除的特定頻率 ω_N 附近的頻率成分較不影響，換句話說就是濾波能力較精準，但對特定頻率 ω_N 的濾除能力弱於高阻尼比的陷波濾波器，而高阻尼比可雖然對特定頻率 ω_N 的濾除能力較高，但由於較不陡峭，因此可能對所濾除的特定頻率 ω_N 附近的頻率成分影響較大，同時阻尼比愈高，對低於欲濾除頻率的信號的相位滯後較大。

本節重點歸納如下：

- 增加陷波濾波器的階數是沒有必要的，因爲透過轉移函數可知，陷波濾波器可將特定頻率 ω_N 濾除的特性是由分子爲 0 帶來的，因此增加極點的個數並沒有幫助。
- 對於大部分的控制系統來說，二階陷波濾波器已經足夠，當需濾除多個頻率信號時，可將二階陷波濾波器進行並聯。
- 在設計控制系統的陷波濾波器時，需同時權衡濾波器的衰減能力與相位滯後的影響。

5.8 數位濾波器設計流程及其頻域特性

5.6 與 5.7 節我們分別爲各位介紹了 Butterworth 低通濾波器與二階陷波濾波器的設計方法，但我們所設計的是基於 Laplace 的連續時間濾波器形式，在實務上若要使用計算機來實現所設計的濾波器，則需將連續時間濾波器轉移函數轉換成數位形式 [6]，而數位跟類比濾波器的主要差別是：數位濾波器可以用 MCU 或是 FPGA 來實現，且修改容易（成本極爲低廉）；類比濾波器只能用電子元件來實現，一旦實體化後，難以修改（或是修改成本非常高昂），而且由於電子元件先天存在誤差，因此可能會造成濾波器的精準度受到影響，並且隨著使用的時間增加與操作環境的改變，電子元件的參數也會發生變化，進而影響濾波器的性能。

圖 5-8-1 爲一個典型數位濾波器的設計流程 [6]，接下來筆者將以一階低通濾波器當作例子，帶領各位一步一步從 STEP 1 到 STEP 5 完整的做過一遍。

首先，我們考慮一個輸入信號 Vin 如下：

$$V_{in} = \sin(2\pi \times 2 \times t) + \sin(2\pi \times 50 \times t) \tag{5.8.1}$$

它是由一個 2Hz 的正弦波與一個 50Hz 的正弦波疊加而成（見圖 5-8-2 上方部分），我們希望能設計一個低通濾波器將頻率 50Hz 的成分濾除，只留下 2Hz 的正弦波成分（見圖 5-8-2 下方部分）。

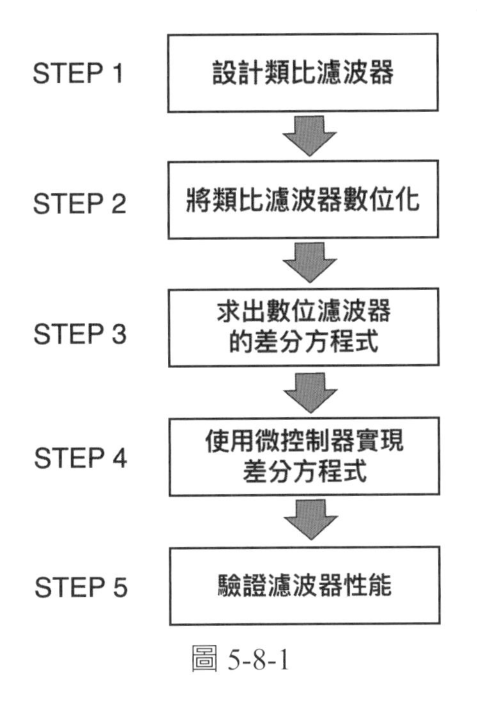
STEP 1
設計類比濾波器
STEP 2
將類比濾波器數位化
STEP 3
求出數位濾波器
的差分方程式
STEP 4
使用微控制器實現
差分方程式
STEP 5
驗證濾波器性能

圖 5-8-1

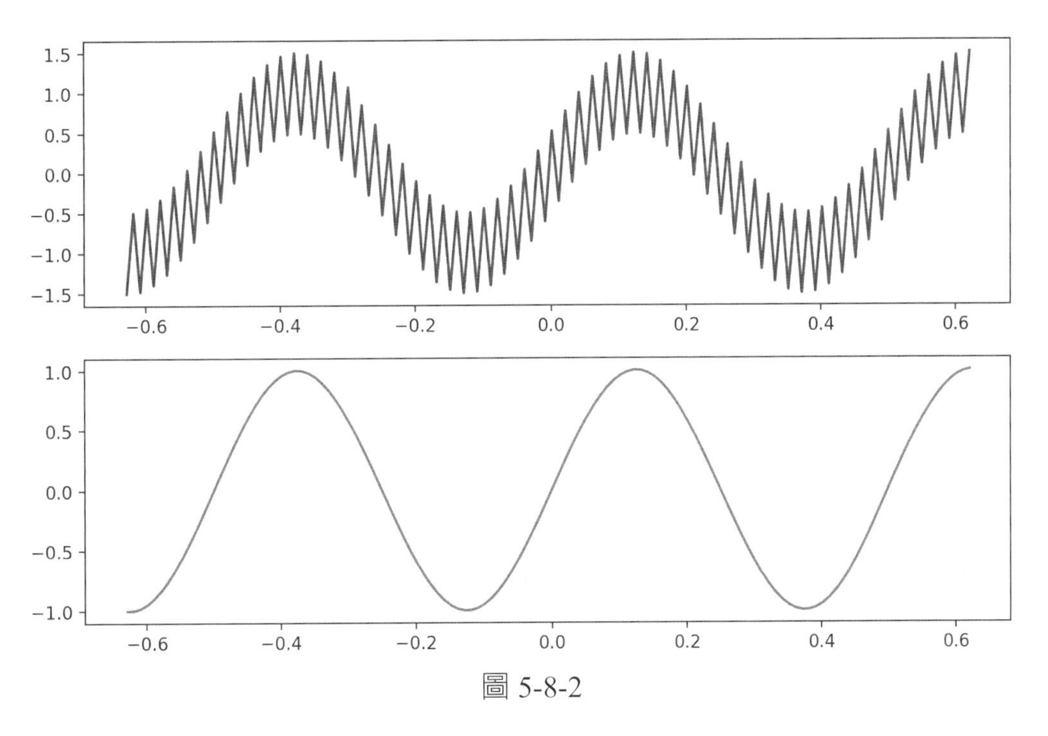

圖 5-8-2

STEP 1（設計類比濾波器）：

首先我們先考慮一個一階低通濾波器通式，我們先選定截止頻率 f_c 爲 5Hz，則 $\omega_c = 2\pi \times 5 = 31.42(\text{rad/s})$，則設計的一階低通濾波器的類比型式爲：

$$Analog\ LPF = \frac{31.42}{s+31.42} \tag{5.8.2}$$

我們使用 MATLAB 將它的波德圖畫出。

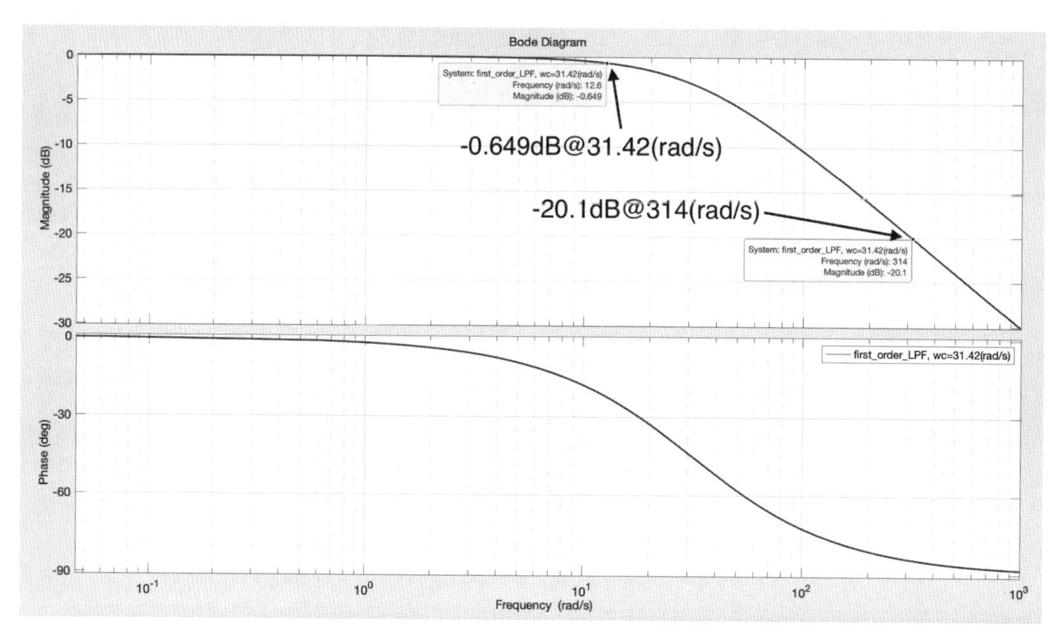

圖 5-8-3（範例程式：m5_8_1.m）

由圖 5-8-3 可知，2Hz 信號的衰減率爲 −0.649dB，可換算成線性倍率：

$$10^{\frac{-0.649}{20}} = 0.928 \tag{5.8.3}$$

因此，−0.649dB 的衰減率代表 2Hz 信號會被衰減成原來的 0.928 倍。

接著計算 50Hz 信號的衰減率爲

$$10^{\frac{-20.1}{20}} = 0.0989 \tag{5.8.4}$$

因此，50Hz 信號會被衰減成原來的 0.0989 倍。

假設此濾波器滿足使用規格，接下來需將此類比濾波器數位化。

STEP 2（將類比濾波器數位化）：

假設我們使用雙線性轉換來數位化此濾波器，並預計在微控制器上會使用 1（ms）的採樣時間來實現，因此我們可以使用以下 MATLAB 程式碼將類比濾波器轉換成數位濾波器。

MATLAB 範例程式 m5_8_2.m：

```
wc=2*pi*5;
Ts=0.001;
tf_lpf = tf(wc, [1 wc]);
dtf_lpf = c2d(tf_lpf, Ts, 'tustin');
```

說明：

採樣時間 Ts 設爲 1ms，代表我們使用微控制器實現這個濾波器時，要用固定 1ms 的週期來執行濾波器運算。

執行完本程式後，會得到以下結果：

程式執行結果：

```
dtf_lpf =
0.01547 z + 0.01547
-------------------
z - 0.9691
Sample time: 0.001 seconds
Discrete-time transfer function.
```

因此可以得到以下的數位濾波器的 Z 轉換轉移函數

$$\text{數位濾波器的 } Z \text{ 轉換轉移函數} = \frac{0.01547z + 0.015747}{z - 0.9691} \tag{5.8.5}$$

我們需將數位濾波器整理成如（5.8.6）式的型式，

$$H(z) = \frac{Y(z)}{X(z)} = \frac{b_0 + b_1 z^{-1} + b_2 z^{-2} + \cdots}{1 + a_1 z^{-1} + a_2 z^{-2} + \cdots} \tag{5.8.6}$$

因此請將（5.8.5）式的分子與分母同除 z 的最高階數，可得

$$\begin{aligned}\text{數位濾波器的 } Z \text{ 轉換轉移函數} &= \frac{0.01547z + 0.01547}{z - 0.9691} \\ &= \frac{0.01547 + 0.01547 \times z^{-1}}{1 - 0.9691 \times z^{-1}}\end{aligned} \tag{5.8.7}$$

STEP 3（求出數位濾波器的差分方程式）：

當我們將數位濾波器整理成（5.8.6）式的形式後，可以很輕鬆將其化成對應的差分方程式，

$$y[n] = -a_1 y[n-1] - a_2 y[n-2] + \cdots b_0 x[n] + b_1 x[n-1] + b_2 x[n-2] + \cdots \tag{5.8.8}$$

因此，根據（5.8.7）式與（5.8.8）式，可以得到以下的差分方程式：

$$y[n] = 0.9691 \times y[n-1] + 0.01547 \times x[n] + 0.01547 \times x[n-1] \cdots \tag{5.8.9}$$

到此我們已經得到數位濾波器的差分方程式了，接下來就可以使用微控制器來實現此差分方程式，在此筆者使用 Arduino 作爲微控制器平台進行演示。

說明：

$y[n]$ 與 $y[n-1]$ 的差別在於 $y[n-1]$ 代表 $y[n]$ 在上一次採樣週期的計算結果。

STEP 4（使用微控制器實現差分方程式）：

接下來我們使用 Arduino Uno R3 的控制板來實現我們設計的一階低通數位濾波器，開啓電腦的 Arduino 開發工具，並將以下程式碼燒入 Arduino Uno。

Arduino 程式碼：

```
float xn1 = 0; // = x[n-1]
float yn1 = 0; // = y[n-1]
void setup() {
    Serial.begin(115200);  //Baud rate 設定爲 115200bps
}
    void loop() {
    float t = micros()/1.0e6; // 取得即時秒數
    // 類比輸入信號
    float xn = sin(2*PI*2*t) + sin(2*PI*50*t);
    // 實現數位濾波器的差分方程式
    float yn = 0.9691*yn1 + 0.01547*xn + 0.01547*xn1;
    xn1 = xn;  // 記錄目前的 x 值，當作下一次計算的 x[n-1]
    yn1 = yn;  // 記錄目前的 y 值，當作下一次計算的 y[n-1]
    Serial.print(xn);
    Serial.print(" ");
    Serial.println(yn);
    // 延遲 1ms，可以讓 loop() 用固定 1ms 的週期來執行
    delay(1);
}
```

STEP 5（驗證濾波器性能）：

■使用類比信號作驗證

若程式順利燒入Arduino Uno，請開啓Arduino IDE的「序列繪圖家」（說明：請到「工具」→開啓「序列繪圖家」），開啓後，請將左下角的Baud rate設定成115200，設定完成後，各位應該可以看到如圖3-2-6的結果，藍色波形爲我們類比的輸入信號（2Hz的正弦波疊加一個50Hz的正弦波），紅色波形則爲經過低通濾波後的信號。

從紅色波形我們可以看到，50Hz的成分已經被大大去除了，但可以發現仍有小部分的50Hz信號疊加在2Hz的信號上，這是因爲一階低通濾波對50Hz成分的衰減率有限（只能衰減約90%，但仍有10%存在）。

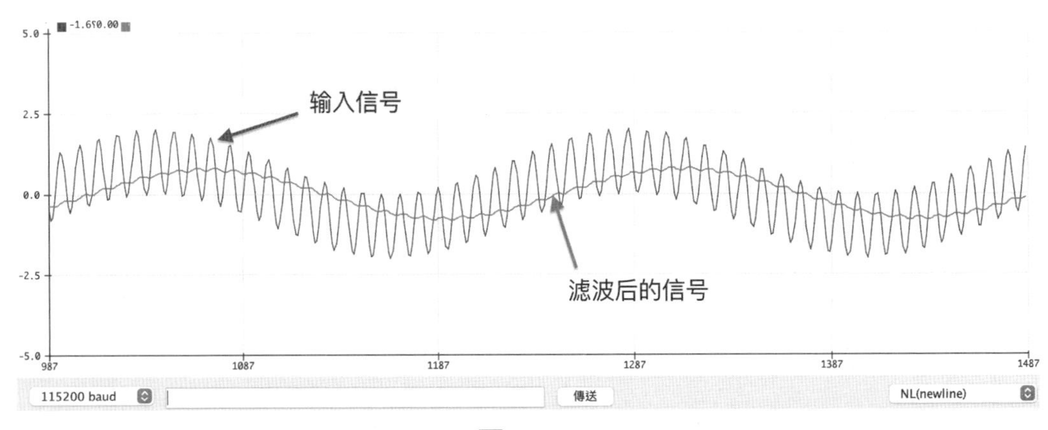

圖 5-8-4

■使用眞實信號（由信號產生器產生）作驗證

接下來我們使用眞實的物理信號來作驗證，我們使用NI的myDAQ來作爲信號產生器，來產生輸入信號，並且使用Arduino A0來讀入V_{in}，並使用串列埠繪圖將濾波結果呈現出來。圖5-8-5爲硬體接線圖。

說明：

NI myDAQ 它是一個 NI（美商國家儀器）推出的可攜式的資料擷取卡與量測儀器，使用 NI myDAQ 自帶的軟體，就可以將 myDAQ 作爲信號產生器、示波器、頻譜分析儀、電表等儀器使用，非常實用。可以參考：https://www.ni.com/zh-tw/shop/engineering-education/portable-student-devices/mydaq/what-is-mydaq.html

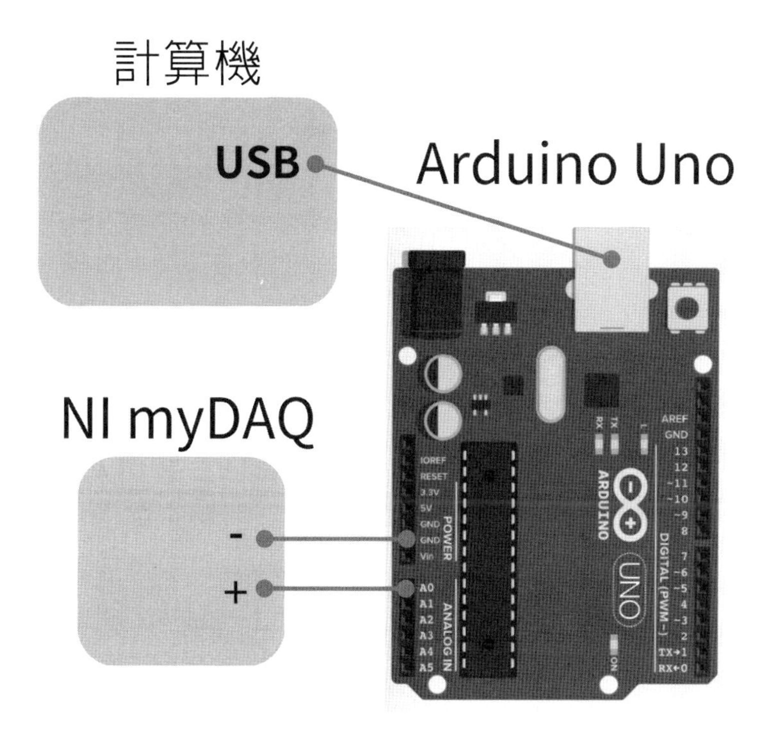

圖 5-8-5

我們會使用 Arduino Uno 的 A0 腳位來讀取類比信號，由於 Arduino Uno 類比輸入只能讀取 0～5V 的電壓信號，並將其轉換成 10 位元（0～1023）的整數值，所以我們需要將輸入的電壓信號加入一個 2V 的直流值（說明：不影響濾波結果），讓整體的信號準位能大於 0V，因此我們將輸入電壓修改成 $V_{in} = \sin(2\pi\times 2\times t) + \sin(2\pi\times 50\times t) + 2$，並使用 NI myDAQ 產生輸入電壓信號，使用示波器來觀看 myDAQ 產生的輸入信號（見圖 5-8-6）。

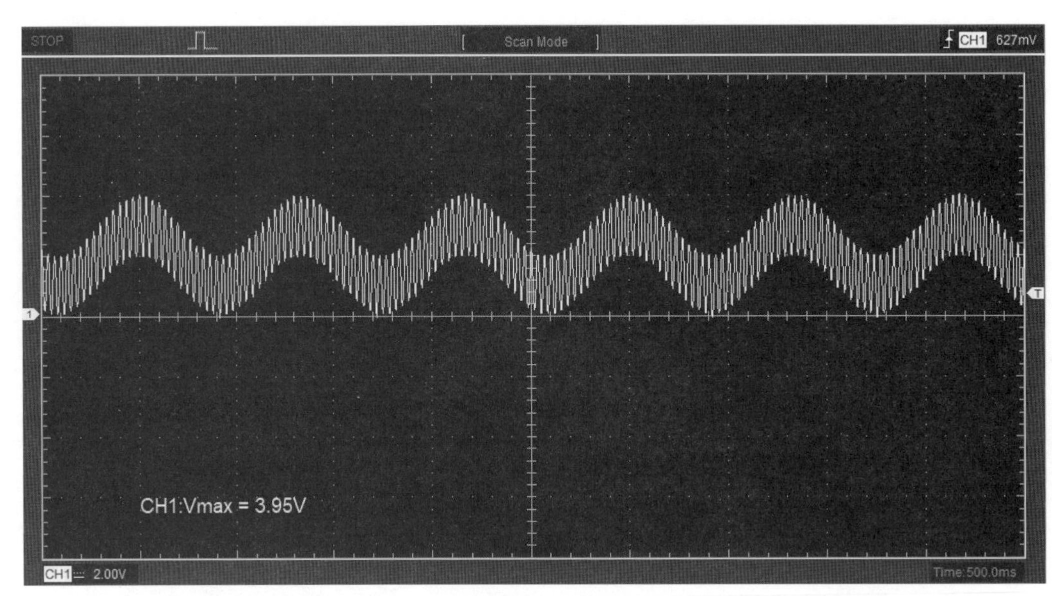

圖 5-8-6

接下來請將以下程式碼燒入 Arduino Uno。

Arduino 程式碼：

```
int sensorPin = A0;  // 使用 A0 腳位
int sensorValue = 0;  // 初始化數位值
float xn1 = 0; // = x[n-1]
float yn1 = 0; // = y[n-1]
void setup() {
      Serial.begin(115200);  //Baud rate 設定為 115200bps
}
void loop() {
      // 從 A0 腳位讀取類比電壓信號
      sensorValue = analogRead(sensorPin);
      float xn = sensorValue;
      // 實現數位濾波器的差分方程式
      float yn = 0.9691*yn1 + 0.01547*xn + 0.01547*xn1;
```

```
    xn1 = xn; // 記錄目前的 x 值，當作下一次計算的 x[n-1]
    yn1 = yn; // 記錄目前的 y 值，當作下一次計算的 y[n-1]
    Serial.print(sensorValue); // 傳回類比電壓數位值
    Serial.print(" ");
    Serial.println(yn); // 傳回濾波結果
    // 延遲 1ms，可以讓 loop() 用固定 1ms 的週期來執行
    delay(1);
}
```

若程式順利燒入 Arduino Uno，請開啓 Arduino IDE 的「序列繪圖家」（說明：請到「工具」→開啓「序列繪圖家」），各位應該可以看到如圖 5-6-7 的結果，藍色波形爲 Arduino 讀取的類比電壓數位值波形，紅色波形爲濾波結果，可以看到與類比結果相吻合，濾波器的輸出結果仍然含有一定比例的 50Hz 高頻信號。

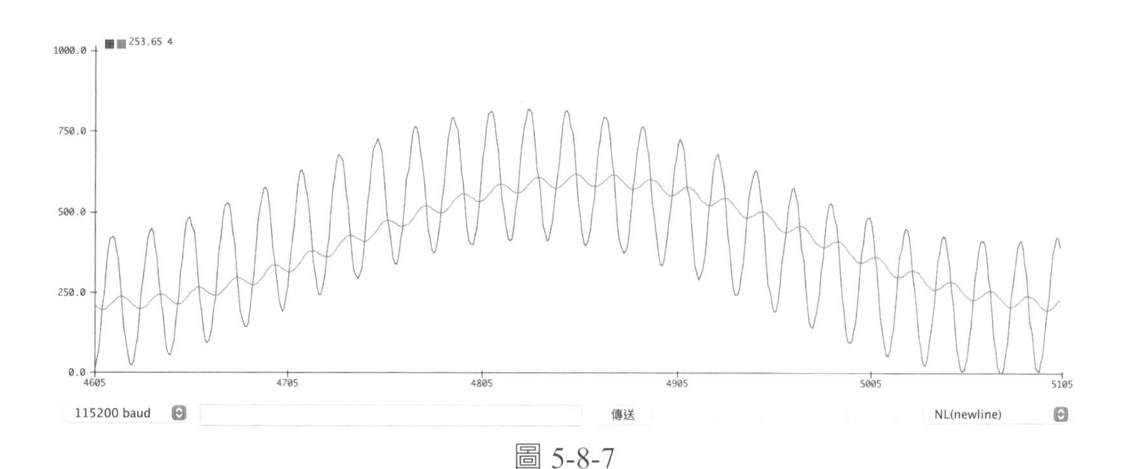

圖 5-8-7

■類比濾波器與數位濾波器的波德圖比較

接下來請各位開啓範例程式 m5_8_3，執行後將會畫出本例的類比濾波器與數位濾波器的波德圖，如圖 5-8-8 所示。

MATLAB 範例程式 m5_8_3.m：

```
wc=2*pi*5;
Ts=0.001;
tf_lpf = tf(wc, [1 wc]);
dtf_lpf = c2d(tf_lpf, Ts, 'tustin');
h=bodeoptions; h.PhaseMatching='on';
h.Title.FontSize = 14;
h.XLabel.FontSize = 14;
h.YLabel.FontSize = 14;
h.TickLabel.FontSize = 14;
bodeplot(tf_lpf,'-b',dtf_lpf,'-.k',{0,10000},h);
legend('analog_filter','digital_filter');
h = findobj(gcf,'type','line');
set(h,'linewidth',2); grid on;
```

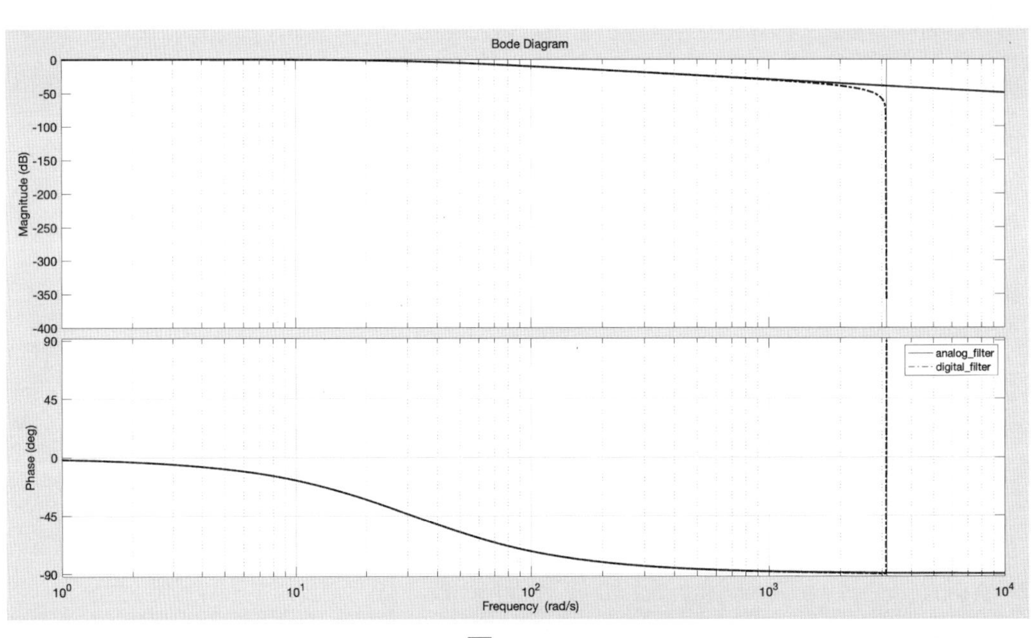

圖 5-8-8

從圖 5-8-8 可以看出，數位濾波器在相當大的頻率範圍都與類比濾波器的波德圖貼合的很緊密，但當頻率愈接近奈氏頻率 3141（rad/s），即採樣頻率的一半，數位濾波器失真的情況愈嚴重，如圖 5-8-9。

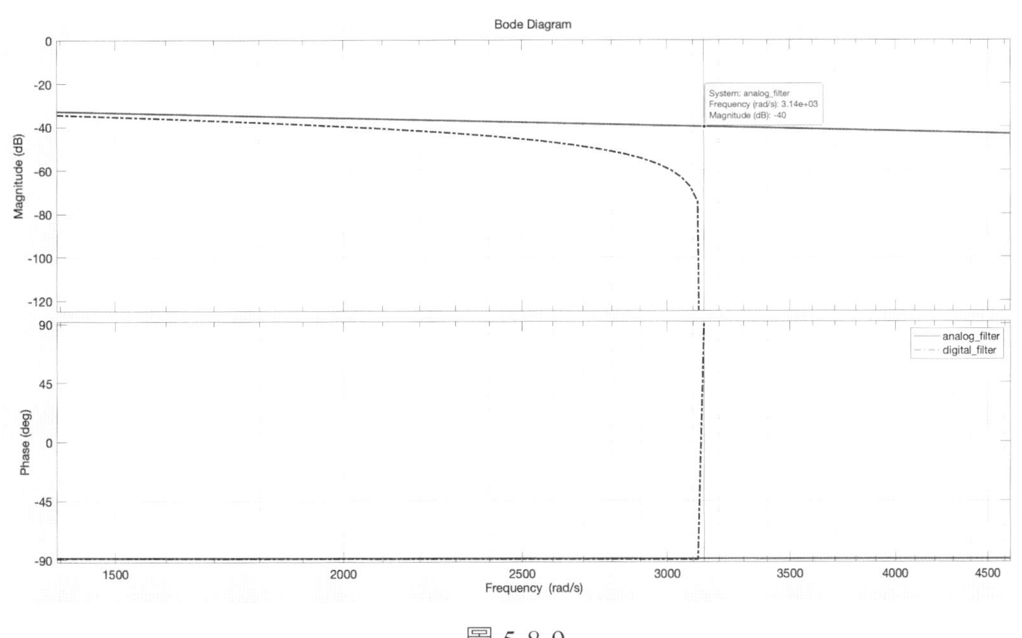

圖 5-8-9

因此我們需理解，數位化濾波器只是類比濾波器的一種數學近似，因此二者的波德圖只是接近，但不會完全相同，若增加採樣頻率，則數位濾波器能在更大的頻率範圍貼合類比濾波器的波德圖。

本節重點歸納如下：

- 本節著重於介紹數位濾波器的設計流程，因此並未對濾波器的衰減率與相位滯後進行優化，因此在實際應用上各位讀者還需針對不用的應用需求選擇適合的濾波器階數來得到適當的衰減率，並評估相位滯後所帶來的影響。
- 在本節中筆者使用 Arduino 進行數位濾波器的驗證，各位也可以使用 SIMULINK 來進行仿真驗證。
- 本節所介紹的數位濾波器的設計流程並非唯一，可能有些人偏好直接設計數位濾波器而跳過類比濾波器的設計步驟，不過對筆者而言，從類比濾波器開始設計更具有物理直觀性，這也是筆者較推薦的作法。

CHAPTER 5

5.9 使用編碼器脈衝信號計算速度的 MT 法

在馬達速度控制系統中常使用光學編碼器或是磁編碼器計算馬達速度，不管是增量型編碼器還是絕對型編碼，對速度控制而言並無差別，基本原理都是利用計算機對編碼器所回傳的脈衝信號進行測速，而速度控制回路所需的帶寬愈大，則編碼器的 PPR（pulse per round）也需愈大，但對機械振動也會愈敏感，若要成功對脈衝信號進行測速，一個普遍的做法是使用 MT 法，顧名思義，MT 法是由 M 法與 T 法所組成，其中 M 法主要是在固定時間間隔內計算編碼器脈衝的個數，適合中高速範圍使用，因為在中高速時，在固定時間間隔內編碼器應能回傳足夠的脈衝信號進行測速，但在低速時，在固定時間間隔內編碼器所能回傳的脈衝數量可能較少，因此會造成較大的速度測量誤差與延遲，因此就需要使用 T 法來對其進行補強，T 法的主要內涵是利用計算機產生比編碼器脈衝更高速的脈衝序列，用來測量編碼器脈衝間的時間間隔，此法可以極大增加在低速時的速度測量的準確度，而 MT 法就是結合 M 法與 T 法的優點，以達到更精確的測速，接下分別介紹M法、T法與MT法的實現方法[1]。

■M 法

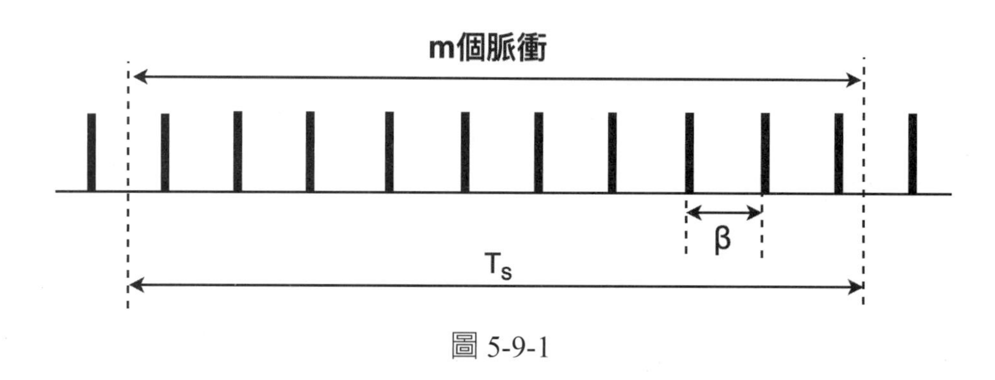

圖 5-9-1

圖 5-9-1 為 M 法的示意圖，其中，T_s 為速度採樣週期，β 代表編碼器脈衝間隔所對應的機械角度（rad），則測量的馬達速度 N_m 可以表示成

$$N_m = \frac{60}{2\pi}\left(\frac{m\beta}{T_s}\right) = \frac{60}{2\pi}\left(\frac{m\beta}{T_s}\right)\left(\frac{2\pi}{PPR}\right) = \frac{60m}{T_s \times PPR} \text{ (rpm)} \tag{5.9.1}$$

其中，$\beta = \dfrac{2\pi}{PPR}$。

M 法在低時速的速度測量誤差較大，舉例來說，假設編碼器的 PPR = 4000，速度採樣週期 T_s = 0.001（s），假設在一個速度採樣週期內，只能收到一個脈衝，即 $m = 1$，則使用 M 法所測得的最低轉速爲

$$N_m = \frac{60 \times 1}{0.001 \times 4000} = 15 \text{ (rpm)}$$

若轉速低於 15（rpm），則在一個速度採樣週期內可能連一個脈衝都接收不到，因此所量測的速度將出現誤差與延遲，而此誤差與延遲將會隨著速度降低而增大。

■T 法

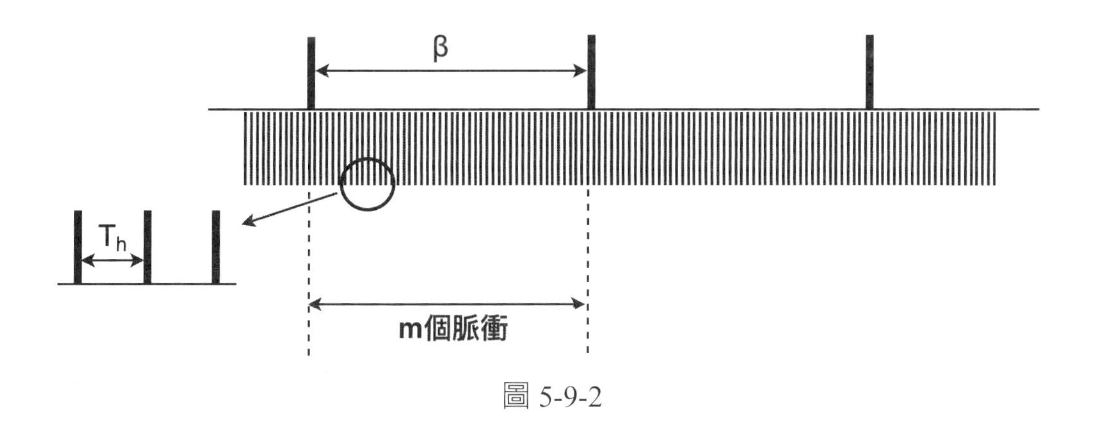

圖 5-9-2

圖 5-9-2 爲 T 法的示意圖，如圖所示，利用計算機可以在編碼器的脈衝之間加入更高速的脈衝序列，其中，T_h 爲高速的脈衝序列的週期，β 代表編碼器脈衝間隔所對應的機械角度（rad），則利用 T 法所測量的馬達速度 N_T 可以表示成

$$N_T = \frac{60}{2\pi}\left(\frac{\beta}{mT_h}\right) = \frac{60}{2\pi}\left(\frac{f_h}{m}\right)\left(\frac{2\pi}{PPR}\right) = \frac{60f_h}{m \times PPR}\ (\text{rpm}) \tag{5.9.2}$$

其中，$\beta = \dfrac{2\pi}{PPR}$，$f_h$ 為高速脈衝序列頻率，即 $f_h = 1/T_h$。

■MT 法

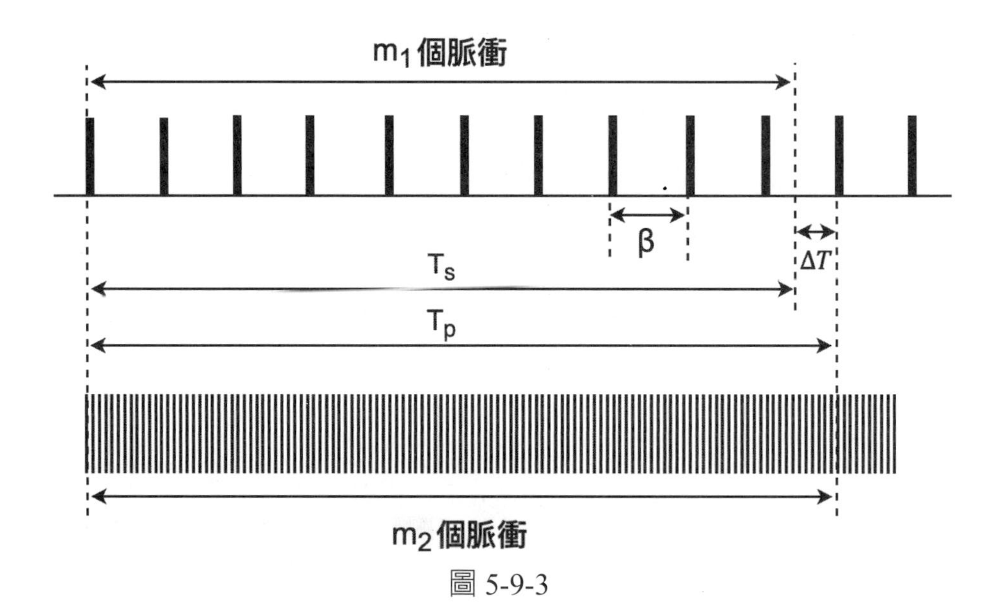

圖 5-9-3

最後我們可以結合 M 法與 T 法各自的優點成為 MT 法，達成更精確的測速性能，如圖 5-9-3 所示，其中，T_s 為速度採樣週期，而 T_p 為 T 法的計算週期，二者有一個時間差 ΔT，$\Delta T = T_p - T_s$，使用 MT 法速度的測量公式可以表示為

$$N_{MT} = \frac{60m_1\beta}{2\pi(T_s + \Delta T)} = \frac{60m_1}{(T_s + \Delta T) \times PPR} = \frac{60m_1}{(T_h m_2) \times PPR}\ (\text{rpm}) \tag{5.9.3}$$

因此當處於中高轉速時，MT 法的性能趨近於 M 法，即

$$N_{MT} = \frac{60m_1}{(T_s + \Delta T) \times PPR} \text{ (rpm)} \tag{5.9.4}$$

但當處於極低轉速時，如圖 5-9-4 所示，此時 MT 法則趨近於 T 法，即

$$N_{MT} = \frac{60m_1}{(T_h m_2) \times PPR} \text{ (rpm)} \tag{5.9.5}$$

雖然在極低轉速下，m_1 值很小，但 T 法可以藉由分母的 $(T_h m_2)$ 項來增加在低轉速時的速度測量解析度。因此利用 MT 法，可以隨著轉速變化自動調整 M 法與 T 法的比例，顯著改善低速時速度量測的誤差與延遲，但當極低轉速時，時間差 ΔT 會顯著增大，造成名義的速度採樣週期 T_s 與實際的速度採樣週期 T_p 不一致，造成採樣延遲顯著增加，因此限制速度回路的帶寬。

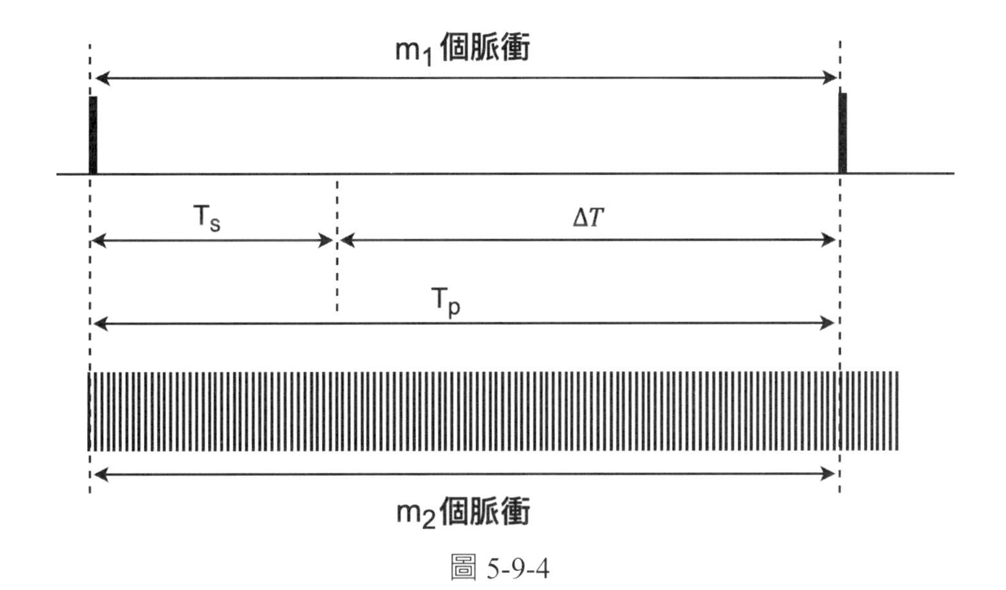

圖 5-9-4

本節結論歸納如下：

- 利用 MT 法，可以隨著轉速變化自動調整 M 法與 T 法的比例，顯著改善低速時速度量測的誤差與延遲，但當極低轉速時，時間差 ΔT 會顯著增大，造成名義的速度採樣週期 T_s 與實際的速度採樣週期 T_p 不一致，造成採樣延遲

顯著增加，因此限制速度回路的帶寬。

- MT 法是一種利用編碼器脈衝進行馬達速度量測的普遍方法，另外還可使用 Luenberger 估測器搭配編碼器脈衝信號進行馬達的速度估測，詳情可參考本書 5.11 節的內容。

5.10 經典 Luenberger 估測器的本質及其回路設計

一般來說使用傳感器需要付出額外的成本，在某些環境較嚴苛的應用場合，傳感器甚至無法被安裝，並且由於傳感器有故障的風險，可能會降低系統的可靠度，而在某些狀況下，估測器可以用來取代或是增強控制系統中傳感器的角色，甚至估測器可以提供比傳感器更優異的精度與相位特性，在交流電機控制系統中，Luenberger 估測器架構使用的相當廣泛 [1-4]，舉例來說，永磁同步馬達速度無感測技術中的反電動勢估測器本質上就是一個 Luenberger 估測器 [3]，由於反電動勢難以使用傳感器進行量測，因此使用 Luenberger 估測器配合電流傳感器來估測馬達反電動勢，來達成馬達的速度無傳感器應用。另一個典型的應用是，當使用低成本傳感器時，Luenberger 估測器可以有效消除傳感器所帶來的相位滯後，並且提升控制回路的性能與穩定度。本節我們將爲各位介紹經典的 Luenberger 估測器架構，並且教各位如何進行 Luenberger 估測補償器的設計，最後會探討 Luenberger 估測器如何有效消除傳感器所帶來的相位滯後影響，並使用 MATLAB/SIMULINK 進行仿眞與驗證。

■ 經典的 Luenberger 估測器架構

圖 5-10-1 爲一個典型的 Luenberger 估測器架構，圖中上方的虛線方框爲實際運行的物理系統，它由受控廠與傳感器所組成，而圖中下方的虛線方框則爲 Luenberger 估測器，以某種程度來說，Luenberger 估測器含有實際物理系統的數字仿眞模塊，即圖中的受控廠模型 $G_{p\_est}(s)$ 與傳感器模型 $G_{s\_est}(s)$，此數字仿眞模塊會在微控制器中運行，目的是讓估測器的輸出接近甚至等於實際物理系統的輸出，爲了達成此目的，估測器中的受控廠模型 $G_{p\_est}(s)$ 與傳感器模型 $G_{s\_est}(s)$ 必須與眞實的物理系統接近，當估測器的輸出等於實際物理系統的

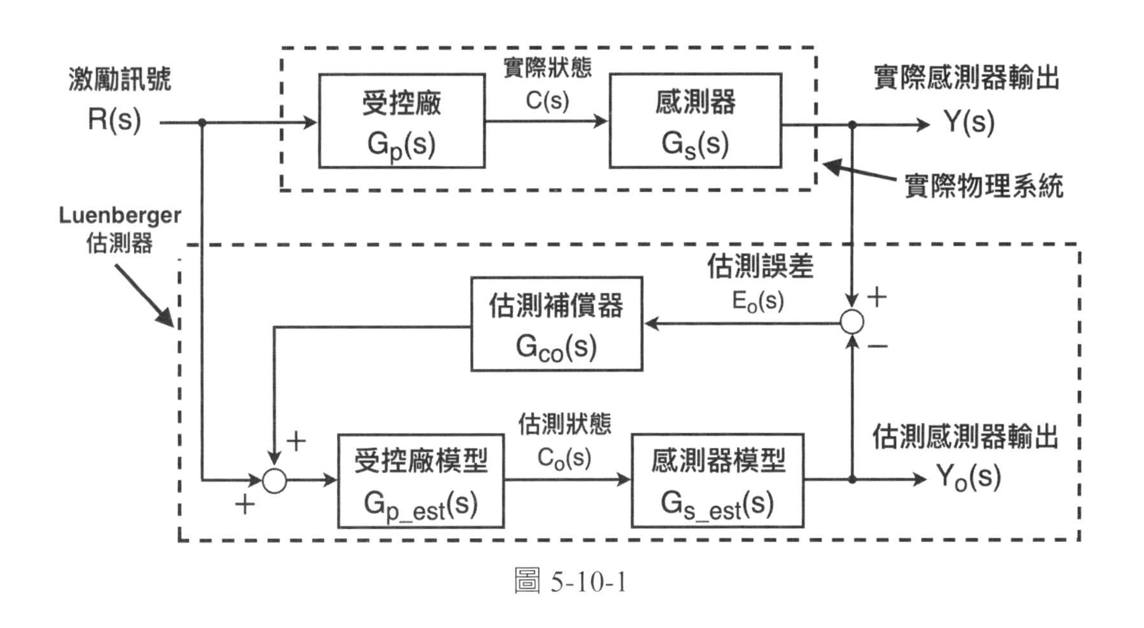

圖 5-10-1

輸出時，此時估測誤差 $E_o(s)$ 為零，代表估測器狀態 $G_o(s)$ 跟物理系統的實際狀態 $G(s)$ 完全一致，但實際上，由於建模誤差、雜訊與擾動等原因，必定存在估測誤差 $E_o(s)$，因此需要一個估測補償器 $G_{co}(s)$ 來建構一個閉環控制回路將估測誤差 $E_o(s)$ 控制到零，以上即為 Luenberger 估測器的運作原理。

理想上，傳感器轉移函數 $G_s(s) = 1$，但實際上傳感器會具有低通濾波器的特性並帶有相位滯後，一般會以一階或二階的低通濾波器模型對其進行建模，而受控廠轉移函數 $G_p(s)$ 一般為帶有增益的積分器形式，例如馬達速度回路的機械受控廠為$\frac{1}{Js}$此為單積分器形式；或是馬達位置回路的機械受控廠為$\frac{1}{Js^2}$，此為雙積分器形式。當受控廠為單積分器形式時，使用 PI 控制器型式的估測補償器 $G_{co}(s)$ 即可讓估測器穩定，但若受控廠為雙積分器形式時，必須使用 PID 控制器型式的估測補償器 $G_{co}(s)$ 才能讓估測器穩定，原因是當受控廠為雙積分器形式時，其固有 180 度的相位滯後很難穩定，若僅使用 PI 型式的估測補償器，將不足以創造正的相位邊限（Phase Margin, PM），須使用 PID 型式的估測補償器才能創造足夠的相位邊限，讓估測器穩定。

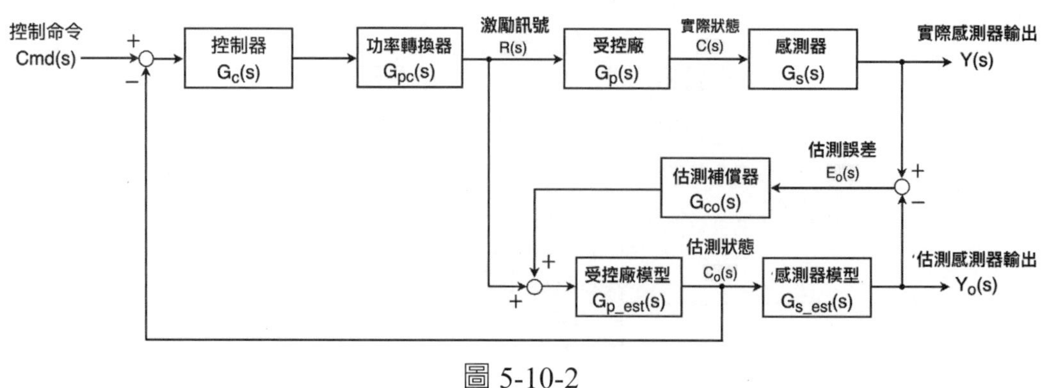

圖 5-10-2

圖 5-10-2 為一個使用 Luenberger 估測器的典型控制系統架構，從圖可知 Luenberger 估測器提供主控制回路精確的估測狀態 $G_o(s)$ 作為狀態回授值，進行閉環控制。

我們也可以將圖 5-10-1 中的 Luenberger 估測器表示成如圖 5-10-3，這樣應該會更會直觀，其中，實際傳感器輸出 $Y(s)$ 成為控制回路的輸入，估測傳感器輸出 $Y_o(s)$ 成為控制回路的輸出，而受控廠的激勵信號 $R(s)$ 則成為了控制回路的前饋輸入量，因此各位應該可以迅速理解，估測補償器設計與控制回路 PI 控制器設計二者本質是相同的，因此在第二章所學到的控制回路設計方式也同樣可以用在估測補償器的設計上。

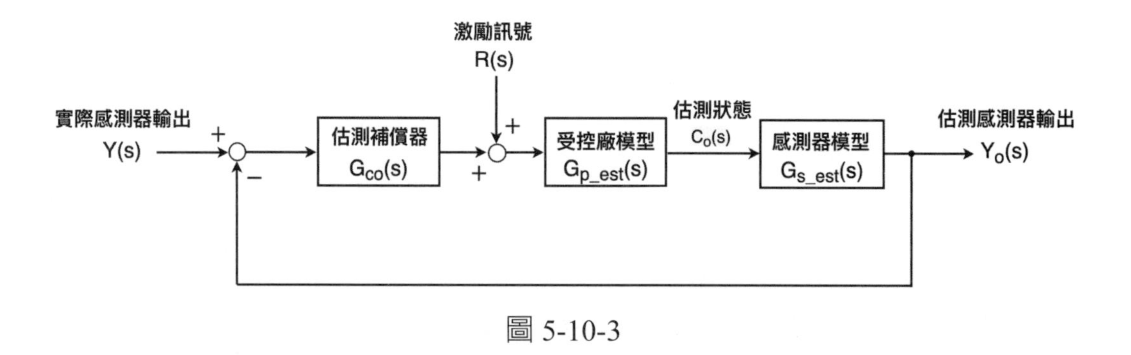

圖 5-10-3

使用 Mason 法，我們可以推導圖 5-10-3 中的估測狀態 $G_o(s)$ 的拉氏轉換為

$$C_o(s)=Y(s)\frac{G_{p\_est}(s)G_{co}(s)}{1+G_{p\_est}(s)G_{co}(s)G_{s\_est}(s)}+R(s)\frac{G_{p\_est}(s)}{1+G_{p\_est}(s)G_{co}(s)G_{s\_est}(s)} \quad (5.10.1)$$

■使用 Luenberger 估測器消除傳感器的相位滯後

STEP 1：

接下來我們使用 2.3.1 節的永磁同步馬達速度回路當作例子，使用的馬達慣量參數，即 J = 0.00016，與 2.3.1 節相同，假設將速度回路帶寬設計為 942（rad/s）〔說明：942（rad/s）即為 150（Hz）〕，利用範例程式 m2_3_2 所設計的速度回路 PI 控制器參數如下：

$$K_{p\_\omega}=J\omega_{sc}=0.00016\times942=0.15$$
$$K_{i\_\omega}=K_{p\_\omega}\times\frac{\omega_{sc}}{5}=0.15\times\frac{942}{5}=28.42$$

建構完成的 SIMULINK 控制回路如圖 5-10-4，執行仿真後，可以得到如圖 5-10-5 的速度響應波形。

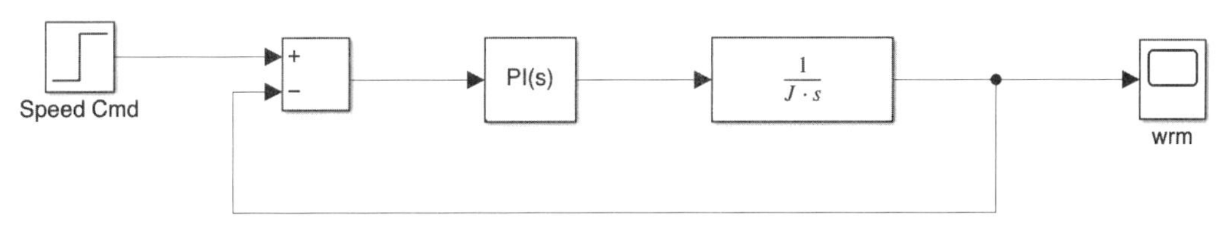

圖 5-10-4（範例程式：mdl_Luenberger_1.slx）

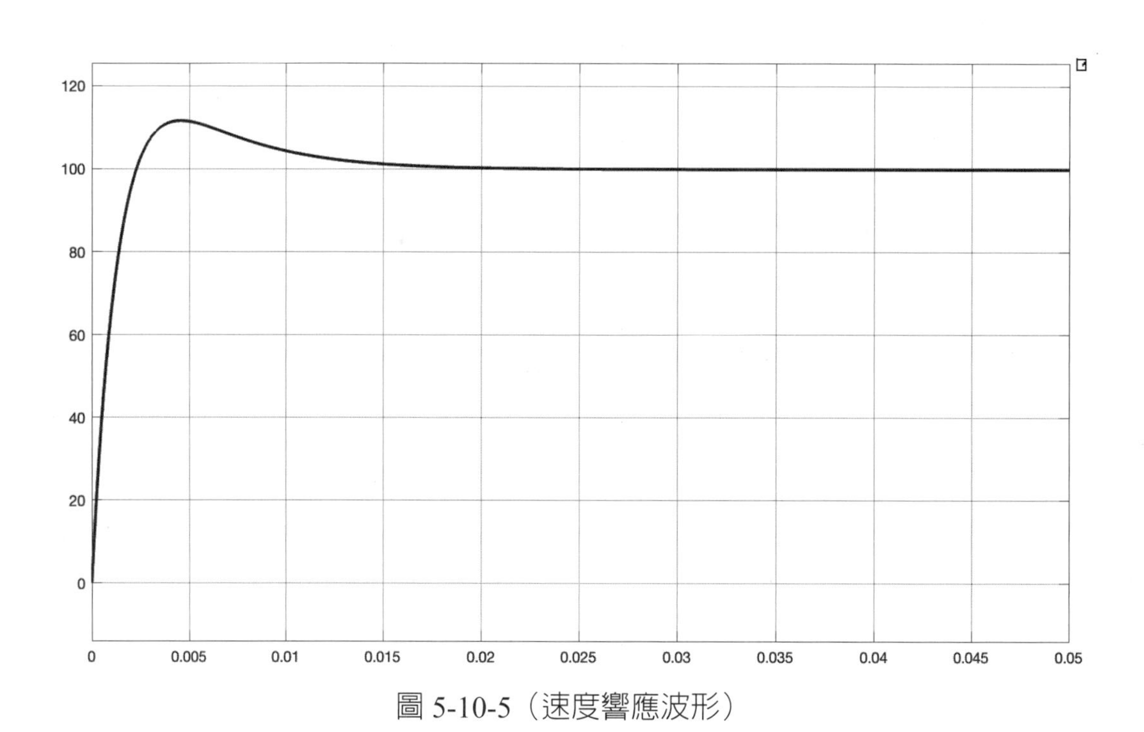

圖 5-10-5（速度響應波形）

STEP 2：

在 STEP 1 設計速度回路時，我們將速度傳感器的轉移函數設定爲單位增益，即 $G_s(s) = 1$，且並未考慮速度傳感器所造成的相位延遲，這是理想狀態，現實是無法達到的，在現實中可能會爲了節省成本而使用較便宜的傳感器，而便宜的傳感器的帶寬也往往較低，可能會產生更大的相位延遲，在此假設速度傳感器的帶寬只有 628（rad/s），並假設此速度傳感器可等效爲一階低通濾波器，因此我們將圖 5-10-4 的 SIMULINK 方塊修改如圖 5-10-6，執行系統仿眞，可以得到如圖 5-10-7 的速度響應波形。

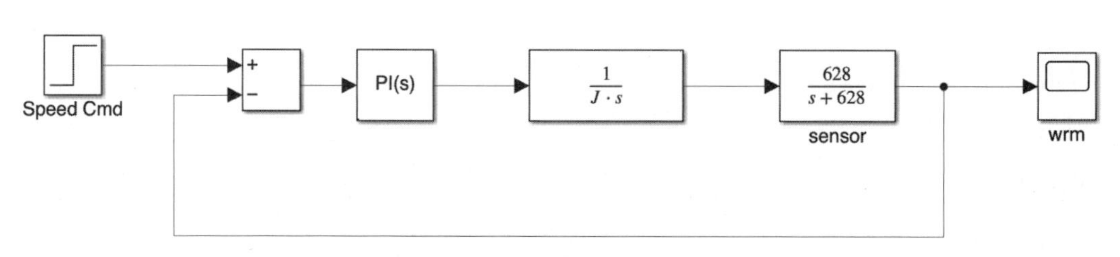

圖 5-10-6（範例程式：mdl_Luenberger_1.slx）

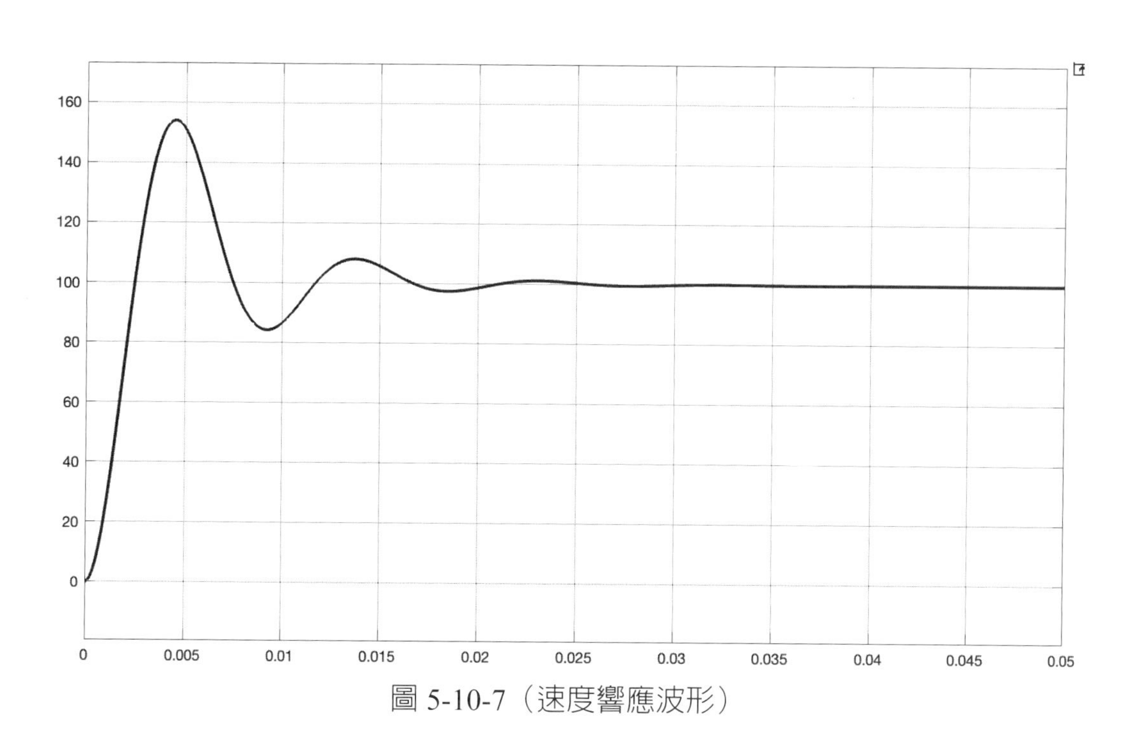

圖 5-10-7（速度響應波形）

從圖 5-10-7 的速度響應波形可知，加入傳感器後，速度響應的暫態產生相當大的振盪，這是因爲速度傳感器產生的相位滯後所致，它侵蝕了控制回路的相位邊限（PM），造成系統的穩定度被大幅減少，進而影響到系統的阻尼特性。

各位可以使用範例程式 m5_10_1 將系統開環的伯德圖畫出，如圖 5-10-8 所示，圖中顯示未加傳感器的開環的伯德圖畫與加入傳感器後的開環伯德圖，由圖可知，加入傳感器前，系統的相位邊限（PM）爲 78.9 度，而加入傳感器後，由於速度傳感器產生的相位滯後，系統的相位邊限（PM）則大幅降爲 27.5 度。

MATLAB 範例程式 m5_10_1.m：

```
wsc=942; J=0.00016;
Kp_w=J*wsc; Ki_w=Kp_w*wsc/5;
tf_pi=tf([Kp_w Ki_w],[1 0]);
tf_sensor = tf(628,[1 628]);
```

```
tf_plant=tf(1,[J 0]);
Go_noSensor = tf_pi*tf_plant;
Go_sensor = tf_pi*tf_sensor*tf_plant;
h=bodeoptions; h.PhaseMatching='on';
h.Title.FontSize = 14;
h.XLabel.FontSize = 14;
h.YLabel.FontSize = 14;
h.TickLabel.FontSize = 14;
bodeplot(Go_noSensor,'-b',Go_sensor,'-.k',{1,10000},h);
legend('Go-noSensor','Go-sensor')
h = findobj(gcf,'type','line');
set(h,'linewidth',2);
grid on;
```

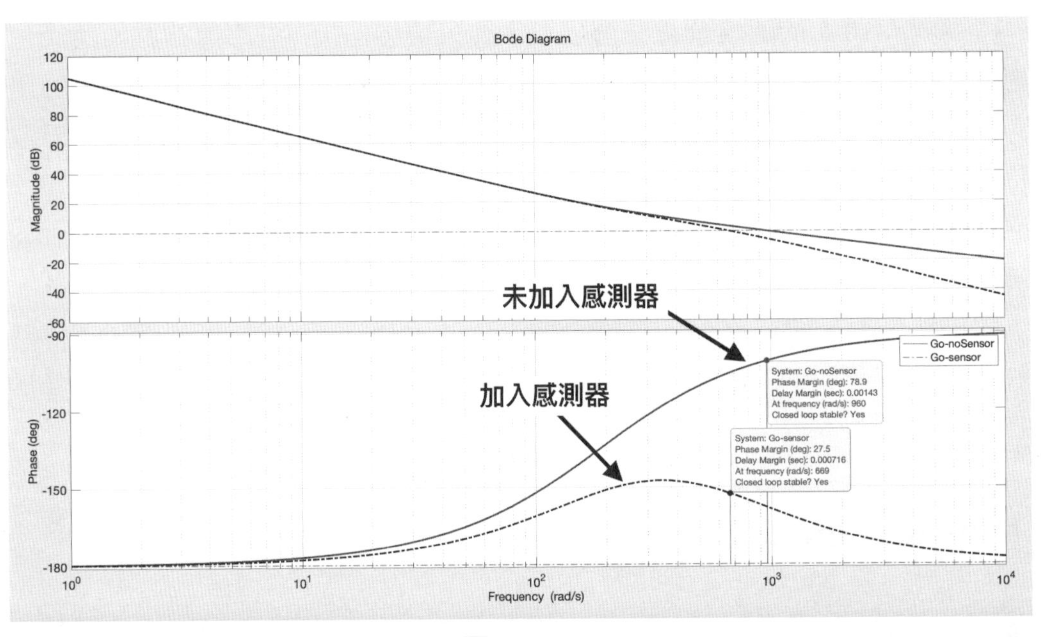

圖 5-10-8

STEP 2：

接下來我們加入 Luenberger 估測器來改善這個問題，將 Luenberger 估測器加入圖 5-10-6 的系統中，加入完成後如圖 5-10-9，如圖所示主速度回路不再使用傳感器輸出作爲速度回授值，而是使用估測器的估測狀態 $C_o(s)$ 作爲速度回授值，使用估測狀態 $C_o(s)$ 可以消除速度傳感器所帶來的相位延遲效應。

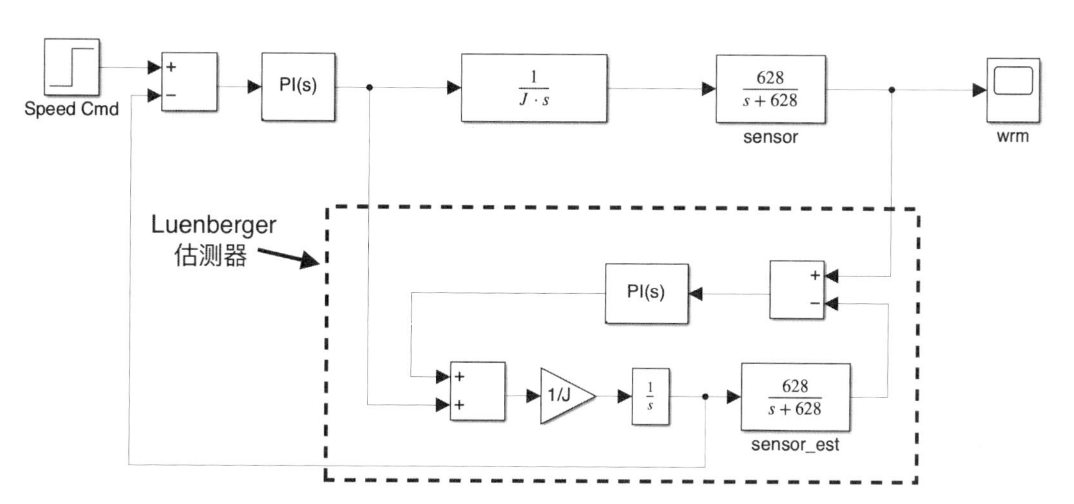

圖 5-10-9（範例程式：mdl_Luenberger_1.slx）

接下來我們需要設計估測補償器 $G_{co}(s)$，在此由於受控廠爲單積分系統，因此只需要使用 PI 控制器即可，可參考圖 5-10-3 的控制架構並使用 2.3.2 節考慮時間延遲效應的速度回路 PI 控制器來設計估測補償器 $G_{co}(s)$，先將激勵信號 $R(s)$ 設爲 0，可將 Luenberger 估測器的開環轉移函數 $G_{L\_open}(s)$ 可以表示成

$$G_{L\_open}(s)=\left(K_{p\_co}+\frac{K_{i\_co}}{s}\right)\times e^{-sT_{LPE}}\times\frac{1}{Js} \tag{5.10.2}$$

其中，K_{p_co} 與 K_{i_co} 爲估測補償器 $G_{co}(s)$ 的比例增益與積分增益，T_{LPE} 爲速度傳感器的延遲時間，即$T_{LPE}=\frac{1}{628}=0.0016$（s），轉動慣量 $J=0.00016$。

接著使用（2.3.18）～（2.3.20）式來設計 PI 控制器參數，可選擇 $\alpha=2$，根據（2.3.19）式，可將則估測器閉環帶寬 ω_{Lc} 設計爲

$$\omega_{Lc} = \frac{1}{\alpha T_{LPE}} = 312.5 \tag{5.10.3}$$

對應的 PI 控制器參數如下

$$K_{p\_co} = \frac{1}{\alpha T_{LPE}} = 0.05、K_{i\_co} = \frac{K_{p\_co}}{\alpha^2 T_{LPE}} = 7.8125 \tag{5.10.4}$$

利用以上方式可以將估測器閉環帶寬 ω_{Lc} 設計爲 312.5（rad/s），但請注意，估測器回路還包含前饋輸入 $R(s)$，這個前饋量 $R(s)$ 可以有效提升估測器的響應速度並且抑制估測器的暫態超調（若不太理解，可以回顧第二章前饋補償的內容），接著請將（5.10.4）式的估測補償器 PI 參數輸入至圖 5-10-9 的系統，並執行 SIMULINK 仿眞。

STEP 3：

圖 5-10-10 顯示三種情況下的速度響應波形，分別是：理想未加入傳感器（圖 5-10-4）、加入傳感器（圖 5-10-6）、使用 Luenberger 估測器，從波形可知，傳感器固有相位滯後會侵蝕系統相位邊限造成振盪，而使用 Luenberger 估測器的響應速度較慢，但可以很大限度的消除傳感器所造成的相位延遲所造成的振盪現象。

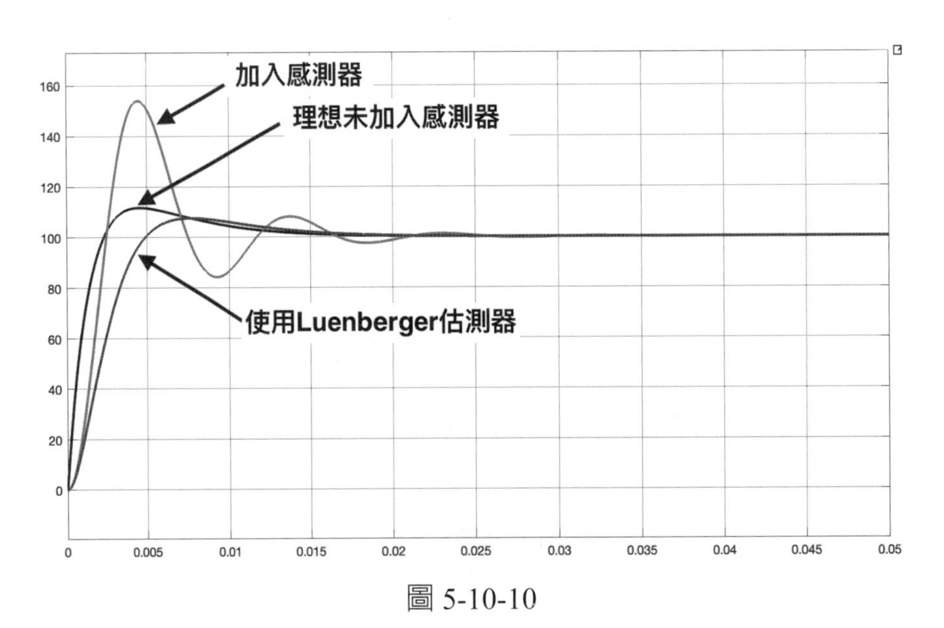

圖 5-10-10

本節重點歸納如下：

- 本節範例所使用的控制對象是馬達速度回路的機械受控廠$\frac{1}{Js}$，此爲單積分器，因此估測補償器只需要 PI 控制器即可穩定估測器回路，在下一節筆者將介紹另一個 Luenberger 的經典應用：使用光學編碼器位置信號來進行電機速度估測，此應用的受控廠爲雙積分器形式，因此將會需要設計 PID 型式的估測補償器來穩定估測器回路。
- 本節使用 2.3.2 節的方法來設計估測補償器，可有效設計估測補償器的帶寬，而估測器回路還包含前饋輸入 $R(s)$，前饋路徑可以有效提升估測器的響應速度並且抑制估測器的暫態超調。

5.11 電機轉速與擾動的 Luenberger 估測器設計

在 5.10 節，我們探討了 Luenberger 估測器的一般型式及其估測補償器的設計方法，在本節中，筆者將介紹 Luenberger 估測器在電機控制的經典應用：利用編碼器的位置信號來即時估測電機轉速 [1, 4]，我們將使用狀態空間的極點配置法來設計 Luenberger 估測器，由於本方法是基於馬達機械方程式發展而來的，因此具有通用性，不只可運用於永磁同步馬達，也可以應用於其它如感應電機或磁阻電機等配備編碼器的運動系統。

■狀態估測器方程式推導

首先，考慮線性非時變系統的狀態方程式如下

$$\dot{\boldsymbol{x}} = \boldsymbol{A}\boldsymbol{x} + \boldsymbol{B}\boldsymbol{u} \tag{5.11.1}$$

其中，$\boldsymbol{x}$ 代表系統狀態矢量，$\boldsymbol{A}$ 爲系統矩陣，$\boldsymbol{B}$ 爲輸入矩陣，$\boldsymbol{u}$ 代表系統輸入矢量。

假設系統狀態可觀測，則此線性非時變系統的狀態估測器可以表示成

$$\dot{\hat{\boldsymbol{x}}} = \boldsymbol{A}\hat{\boldsymbol{x}} + \boldsymbol{B}\boldsymbol{u} \tag{5.11.2}$$

其中，$\hat{x}$代表系統狀態 x 的估測值，若可以精確得到系統狀態 x 的初始值 $x(0)$，同時 A、B 矩陣完全正確，則在任意時間都可以透過（5.11.2）式來估測出正確的系統狀態值$\hat{x}$，但現實中，這是難以達成的，因爲系統的初始值 $x(0)$ 是難以得知的，就算得知系統的初始值，A、B 矩陣也存在誤差，因此估測出的狀態$\hat{x}$會偏離實際狀態 x，因此需定義估測誤差$\tilde{x}$

$$\tilde{x} = x - \hat{x} \tag{5.11.3}$$

利用（5.11.1）與（5.11.2）式可以得到

$$\dot{\tilde{x}} = A\tilde{x} \tag{5.11.4}$$

若系統是穩定的，則$\tilde{x}$估測誤差會隨著時間收斂到零，這也代表矩陣 A 的所有特徵值都在左半平面，而誤差收斂的速度取決於特徵值的大小，我們可透過設計狀態回授矩陣的方式來決定誤差收斂的速度，因此可以估測器設計如圖 5-11-1。

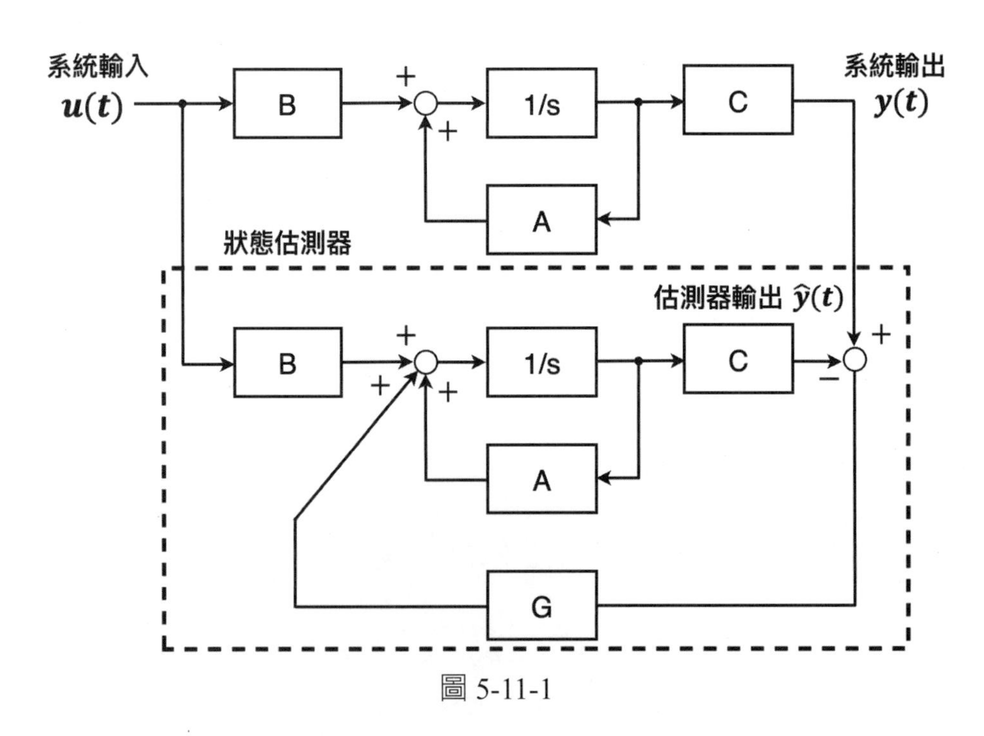

圖 5-11-1

如圖 5-11-1 所示，虛線方框爲狀態估測器，在不失一般性的情況下，我們可以引入輸出矩陣 $\boldsymbol{C}$，它可以將系統狀態轉換成輸出，$\boldsymbol{G}$ 爲狀態回授增益矩陣，藉由設計 $\boldsymbol{G}$ 矩陣可以讓估測器滿足我們想要的性能。

可將加入狀態回授增益矩陣 $\boldsymbol{G}$ 的估測器狀態方程式爲

$$\dot{\hat{\boldsymbol{x}}} = \boldsymbol{A}\hat{\boldsymbol{x}} + \boldsymbol{B}\boldsymbol{u} + \boldsymbol{G}(\boldsymbol{y} - \boldsymbol{C}\hat{\boldsymbol{x}}) \tag{5.11.5}$$

將（5.11.1）式減去（5.11.5）式，可得

$$\dot{\tilde{\boldsymbol{x}}} = (\boldsymbol{A} - \boldsymbol{G}\boldsymbol{C})\tilde{\boldsymbol{x}} \tag{5.11.6}$$

（5.11.6）式的特徵方程式可由（5.11.7）式求得

$$\det[sI - (\boldsymbol{A} - \boldsymbol{G}\boldsymbol{C})] = 0 \tag{5.11.7}$$

其中，det[*] 代表矩陣 * 的行列式。

因此我們可以藉由設計狀態回授增益矩陣 $\boldsymbol{G}$ 來讓估測誤差 $\tilde{\boldsymbol{x}}$ 用所需的速度以收斂到零，在實務上即使 $\boldsymbol{A}$、$\boldsymbol{B}$、$\boldsymbol{C}$ 矩陣存在合理誤差，通過設計回授增益矩陣 $\boldsymbol{G}$ 都可讓估測誤差 $\tilde{\boldsymbol{x}}$ 收斂到零。

■ 基於馬達機械模型的狀態估測器設計

接下來我們可以將上述的估測器模型應用到馬達速度控制系統中，考慮馬達機械方程式如下

$$T_e = J\frac{d\omega_{rm}}{dt} + B\omega_{rm} + T_L \tag{5.11.8}$$

我們選擇系統狀態 $\boldsymbol{x} = [\theta_{rm} \quad \omega_{rm} \quad T_L]^T$，其中 θ_{rm} 爲馬達的機械角度，在此可由編碼器量測得到，因此可將馬達機械方程式轉換成狀態方程式如下

$$\frac{d}{dt}\begin{bmatrix}\theta_{rm}\\ \omega_{rm}\\ T_L\end{bmatrix}=\begin{bmatrix}0 & 1 & 0\\ 0 & -\frac{B}{J} & -\frac{1}{J}\\ 0 & 0 & 0\end{bmatrix}\begin{bmatrix}\theta_{rm}\\ \omega_{rm}\\ T_L\end{bmatrix}+\begin{bmatrix}0\\ \frac{1}{J}\\ 0\end{bmatrix}T_e \quad (5.11.9)$$

在此設定$\frac{dT_L}{dt}=0$，即假設負載轉矩對時間的變化相對於角度與速度的時間變化慢得多，根據（5.11.9）的系統狀態方程式，我們可以設計對應的狀態估測器如（5.11.10）式所示

$$\frac{d}{dt}\begin{bmatrix}\hat{\theta}_{rm}\\ \hat{\omega}_{rm}\\ \hat{T}_L\end{bmatrix}=\begin{bmatrix}0 & 1 & 0\\ 0 & -\frac{\hat{B}}{\hat{J}} & -\frac{1}{\hat{J}}\\ 0 & 0 & 0\end{bmatrix}\begin{bmatrix}\hat{\theta}_{rm}\\ \hat{\omega}_{rm}\\ \hat{T}_L\end{bmatrix}+\begin{bmatrix}0\\ \frac{1}{\hat{J}}\\ 0\end{bmatrix}T_e+\begin{bmatrix}g_1\\ g_2\\ g_3\end{bmatrix}\left(\theta_{rm}-[1 \quad 0 \quad 0]\begin{bmatrix}\hat{\theta}_{rm}\\ \hat{\omega}_{rm}\\ \hat{T}_L\end{bmatrix}\right) \quad (5.11.10)$$

其中，狀態回授增益矩陣 $\boldsymbol{G}=[g_1 \quad g_2 \quad g_3]^T$，輸出矩陣 $\boldsymbol{C}=[1 \quad 0 \quad 0]$。

我們可以利用極點配置法（Pole placement）來設計狀態回授增益矩陣 $\boldsymbol{G}$，首先，根據（5.11.7）與（5.11.10）式，可將系統的特徵方程式列出

$$\det[sI-(\boldsymbol{A}-\boldsymbol{GC})]=s^3+\frac{g_1\hat{J}+\hat{B}}{\hat{J}}s^2+\frac{g_2\hat{J}+g_1\hat{B}}{\hat{J}}s-\frac{g_3}{\hat{J}}=0 \quad (5.11.11)$$

接著可以將特徵方程式設計成三重根形式，即

$$\delta(s)=(s-\beta)^3=s^3-3\beta s^2+3\beta^2 s-\beta^3=0 \quad (5.11.12)$$

在此假設忽略摩擦力，即$\hat{B}=0$，利用（5.11.11）與（5.11.12）式，可得狀態回授增益值為

$$g_1=-3\beta$$
$$g_2=3\beta^2$$
$$g_3=\hat{J}\beta^3$$

（5.11.13）

一般來說，估測器的帶寬要遠大於使用估測狀態的控制回路的帶寬，當使用極點配置法設計估測器時，極點的位置對估測器的性能有很大的影響。若極點配置在虛軸的左側（即極點為負），估測器會是穩定的，這是設計估測器時所期望的。以下是極點愈遠離虛軸時的影響：

- 響應速度：極點愈遠離虛軸（即極點的絕對值愈大），估測器的響應速度愈快，即帶寬愈大。換句話說，當觀測到的輸入或狀態有所變化時，估測器的輸出會更快地追蹤這些變化。
- 抗干擾性：極點愈遠離虛軸，估測器對輸入或測量雜訊的敏感度也會增加。因此，在考慮估測器的響應速度時，也需要考慮其對雜訊的抗干擾性。
- 穩定性邊界：配置極點較遠離虛軸可以提供更大的穩定性邊界，這意味著估測器在不同的系統參數變動下更有可能保持穩定。
- 過度響應：極點離虛軸太遠可能導致估測器的過度響應，這可能不利於某些應用。

在此利用特徵方程式的三重根形式來設計狀態回授增益矩陣，而 β 的選擇會決定估測器的帶寬與性能，若 β 選擇太大，可能會導致振盪或不穩定，若 β 選擇太小，則估測器易受雜訊的影響，因此為了方便設計估測器帶寬，可以將特徵方程式配置成三階 Butterworth 濾波器的特徵方程式形式，如此估測器的帶寬就可由 Butterworth 濾波器的截止頻率來決定。

■ 基於 Butterworth 濾波器的回授增益矩陣設計

考慮一個三階的 Butterworth 低通濾波器通式

$$\frac{\omega_N}{s+\omega_N}\left(\frac{\omega_N^2}{s^2+\omega_N s+\omega_N^2}\right) \tag{5.11.14}$$

其中，ω_N 為濾波器截止頻率。

（5.11.14）式的特徵方程式可以表示為

$$s^3+2\omega_N s^2+2\omega_N^2 s+\omega_N^3 \tag{5.11.15}$$

CHAPTER 5

在此假設忽略摩擦力，即$\hat{B}=0$，利用（5.11.11）與（5.11.15）式，狀態回授增益值可設計爲

$$g_1 = 2\omega_N$$
$$g_2 = 2\omega_N^{\,2}$$
$$g_3 = -\hat{J}\,\omega_N^{\,3} \tag{5.11.16}$$

因此，利用（5.11.16）式，我們可將估測器的極點配置問題轉換成估測器的帶寬設計問題，即估測器的帶寬就可由 Butterworth 濾波器的截止頻率來決定。

■狀態估測器之 Luenberger 估測器架構

我們可以將（5.11.10）式等號右方乘開並整理如下：

$$\frac{d}{dt}\begin{bmatrix}\hat{\theta}_{rm}\\ \hat{\omega}_{rm}\\ \hat{T}_L\end{bmatrix}=\begin{bmatrix}\hat{\omega}_{rm}+g_1(\theta_{rm}-\hat{\theta}_{rm})\\ -\dfrac{\hat{B}}{\hat{J}}\hat{\omega}_{rm}-\dfrac{1}{\hat{J}}\hat{T}_L+\dfrac{1}{\hat{J}}T_e+g_2(\theta_{rm}-\hat{\theta}_{rm})\\ g_3(\theta_{rm}-\hat{\theta}_{rm})\end{bmatrix} \tag{5.11.17}$$

方程式（5.11.17）可以化成圖 5-11-2 的控制方塊圖。

圖 5-11-2 的控制方塊與圖 5-10-3 的 Luenberger 控制方塊相當相似，因此我們已將基於狀態空間模型的估測器成功的轉換成 Luenberger 估測器的一般形式，如圖所示，增益 g_3 可等效爲積分增益，增益$g_2\times\hat{J}$可等效爲比例增益，而前饋增益 g_1 可轉換爲微分器增益$g_1\times\hat{J}$，因此我們可將圖 5-11-2 的控制方塊等效爲圖 5-11-3 的控制方塊。

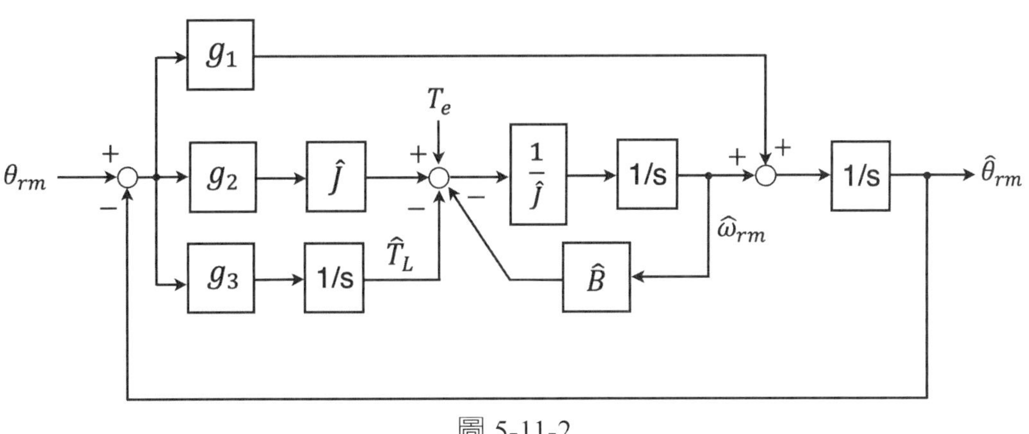

圖 5-11-2

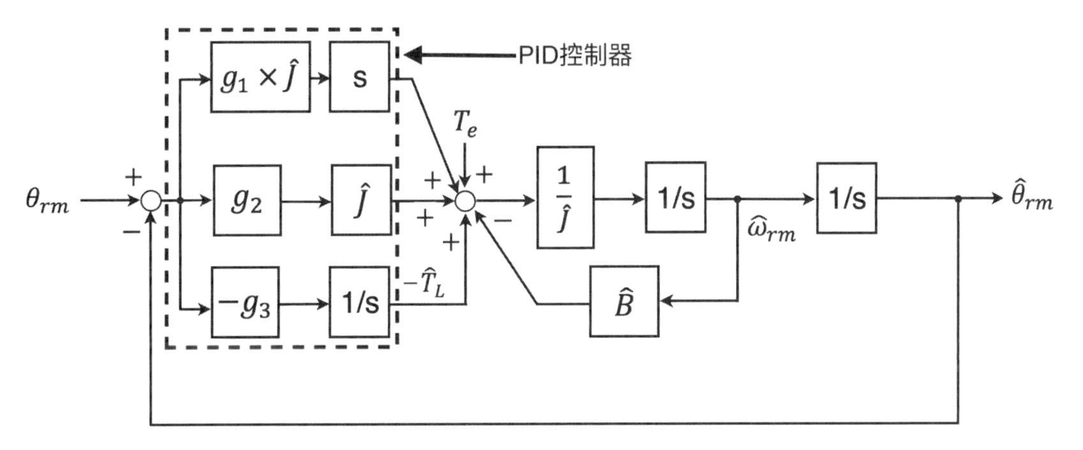

圖 5-11-3

由圖 5-11-3 可知，當忽略摩擦係數時，即$\hat{B}=0$，受控廠會變成雙積分形式，因此爲了穩定控制回路，需要使用 PID 控制器進行補償，所得到的 PID 控制器參數如下：

$$\text{估測器比例增益 } K_p = g_2 \times \hat{J}$$
$$\text{估測器積分增益 } K_i = -g_3$$
$$\text{估測器微分增益 } K_d = g_1 \times \hat{J} \quad (5.11.18)$$

實務上為了避免微分操作會放大雜訊，一般會使用圖 5-11-2 進行實作，配合（5.11.16）式，可將估測器的 PI 控制器參數與前饋增益 g_1 設計如下：

$$\text{估測器比例增益 } K_p = 2\omega_N^2 \times \hat{J}$$
$$\text{估測器積分增益 } K_i = \hat{J}\omega_N^3$$
$$\text{估測器前饋增益 } g_1 = 2\omega_N$$

（5.11.19）

■MATLAB/SIMULINK 仿真

STEP 1：

我們依然使用 5-10 節的馬達速度回路進行仿眞驗證，在此依然忽略摩擦係數時，即$\hat{B}=0$，並且可使用編碼器來獲得馬達角度資訊，由於 5-10 的馬達速度回路帶寬已被設計成 942（rad/s），而估測器帶寬需遠大於控制回路帶寬，因此選擇三階 Butterworth 濾波器截止頻率 $\omega_N = 3 \times 942 = 2826$（rad/s），因此估測器的 PID 控制器參數設計如下：

$$\text{估測器比例增益 } K_p = 2\omega_N^2 \times \hat{J} = 2555.6$$
$$\text{估測器積分增益 } K_i = \hat{J}\omega_N^3 = 3.61e06$$
$$\text{估測器前饋增益 } g_1 = 2\omega_N = 5652$$

（5.11.20）

各位可以使用範例程式 m5_11_1 將估測器的特性根列出，以本例來說，使用三階 Butterworth 低通濾波器特性方程式的特性根分別為 −2826、1413 + i2447.4、−1413 − i2447.4。

MATLAB 範例程式 m5_11_1.m：

```
wn=2826;
roots([1 2*wn 2*wn^2 wn^3])
```

STEP 2：

請開啓範例程式 mdl_Luenberger_2.slx，開啓後如圖 5-11-4 所示，（5.11.20）式所設計的估測補償器參數已更新至仿眞 PID 控制器模塊，圖中上方爲使用 Luenberger 估測器的馬達速度控制系統，而下方爲理想的速度控制回路，二個控制回路的速度 PI 控制器參數皆爲一致，執行仿眞後，可以得到二個系統的速度響應波形，如圖 5-11-5 所示。

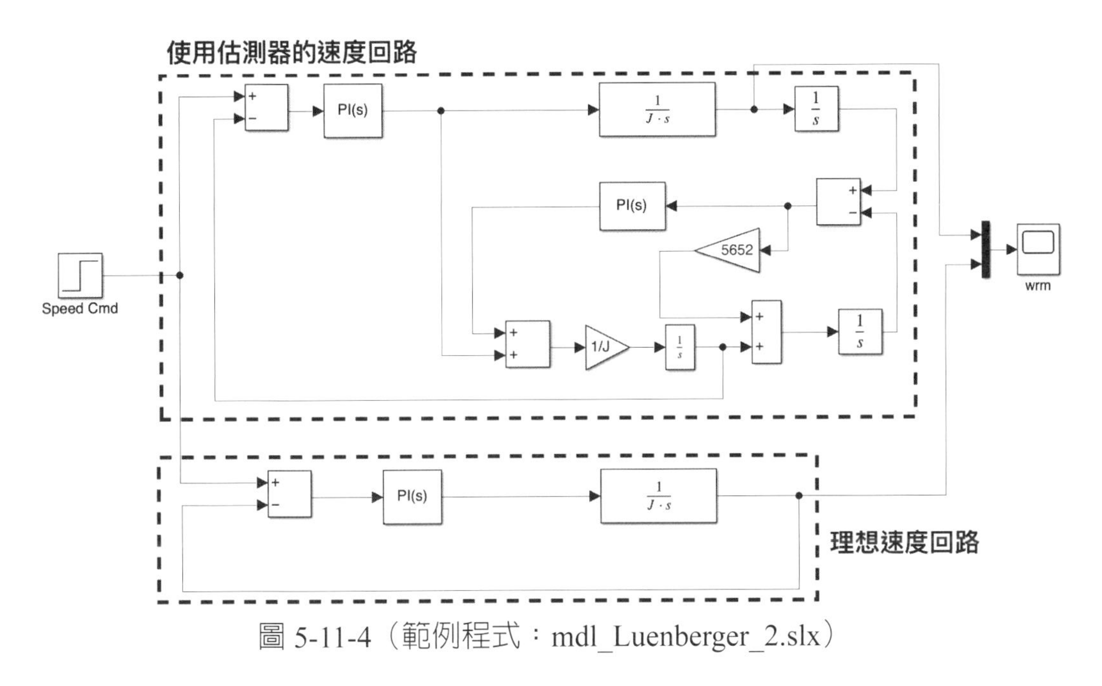

圖 5-11-4（範例程式：mdl_Luenberger_2.slx）

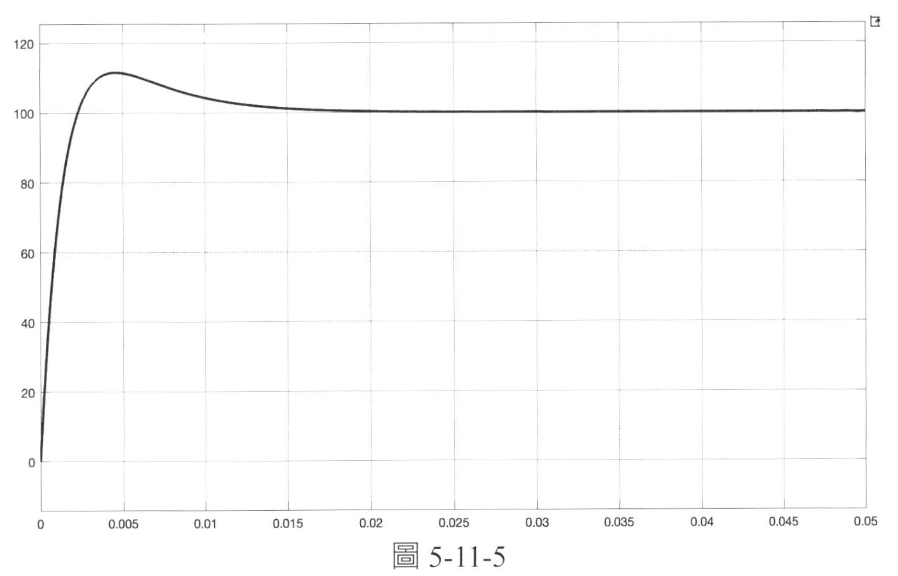

圖 5-11-5

STEP 3：

由圖 5-11-5 的速度波形可以，二個系統的速度響應交疊在一起，證明了基於編碼器信號的 Luenberger 速度估測器理論上可以提供近似理想速度傳感器的性能效果，但這是理想情況，在仿眞系統中，Luenberger 估測器中使用的馬達慣量與眞實系統一致，但現實上估測器所使用的受控廠參數與眞實值必定存在誤差，

STEP 4：

若故意將估測補償器中的前饋增益 g_1 設爲 0，再執行一次仿眞，各位會發現系統最終會變得不穩定而發散，證明雙積分受控廠必須使用 PID 控制器來提供足夠的穩定裕度。〔說明：前饋增益 g_1 等效於微分控制器增益〕

STEP 5：

接下來我們進行估測器的抗擾動性測試，請參考圖 5-11-3，可以發現積分器輸出量可以等效爲估測的負載轉矩$\hat{T}_L$，因此本 Luenberger 估測器也可以當作負載轉矩估測器使用，請開啓範例程式 mdl_Luenberger_3.slx，開啓後如圖 5-11-6 所示，圖中上方爲加入擾動估測的速度回路，由於積分器輸出爲負的估測擾動$-\hat{T}_L$，因此需將其乘上 -1 再加入速度 PI 控制器的輸出；而下方速度回路則未加入擾動估測，執行仿眞後可以得到圖 5-11-7 的速度響應波形比較。

從圖 5-11-7 可以看出，當 0.1 秒加入衝擊性負載 0.5（Nm）後，有加入擾動估測的速度回路的抗擾動能力明顯優於未加入擾動估測的速度回路。因此本 Luenberger 估測器的積分器輸出量可以當作系統的擾動估測器使用，讓系統的抗擾動能力有所提升。

STEP 6：

由於圖 5-11-6 中的估測擾動量是積分器的輸出信號，可能響應速度可能較緩慢，各位也可以再創再一個 Luenberger 估測器單獨作爲擾動估測器使用，如圖 5-11-8 的 SIMULINK 方塊，如圖所示，擾動估測器的輸入依然是馬達實際角度，但其 PI 控制器的輸出可作爲估測擾動，並輸入給速度回路的 PI 控制器輸出控制量，而本擾動估測器中的控制器參數與速度估測器完全一致，執行 SIMULINK 仿眞，可以得到圖 5-11-8 的速度響應波形。

CHAPTER 5

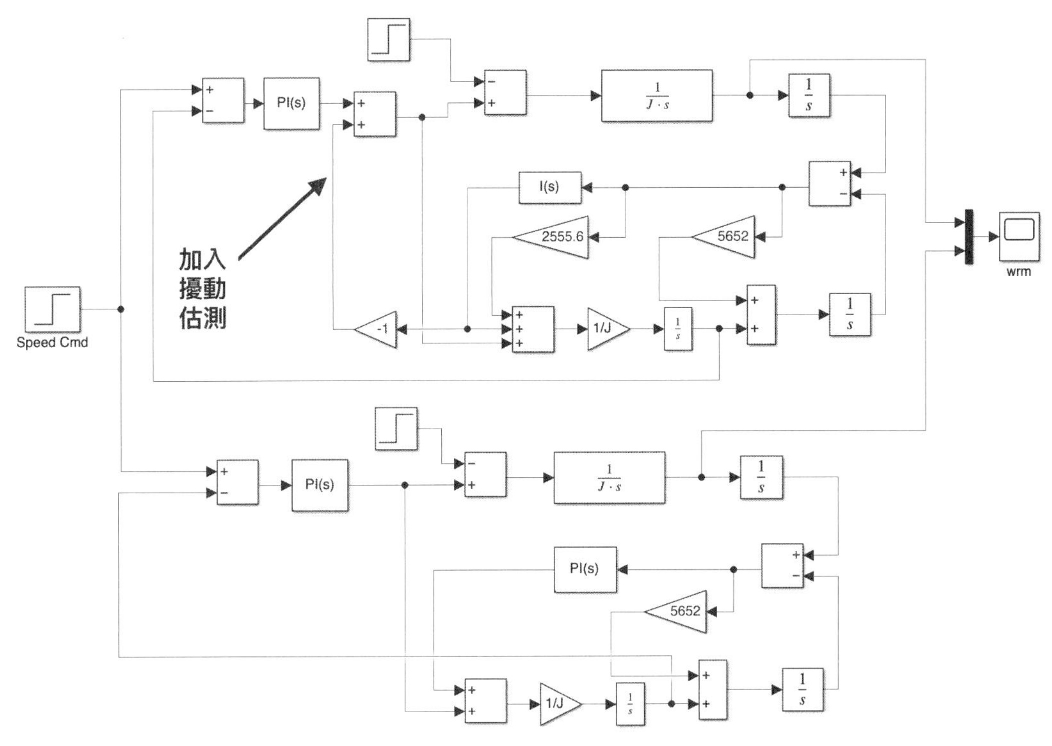

圖 5-11-6（範例程式：mdl_Luenberger_3.slx）

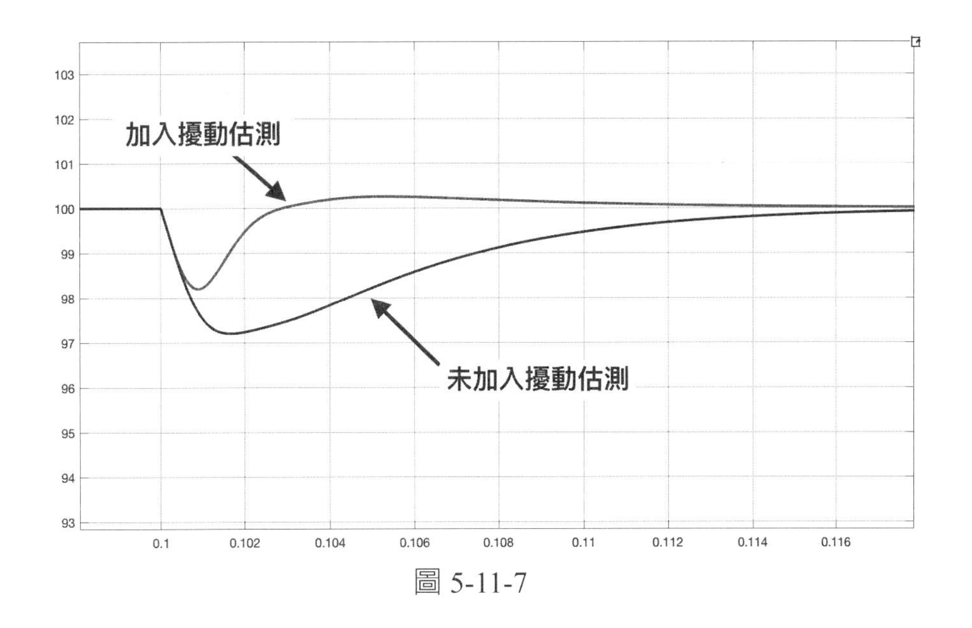

圖 5-11-7

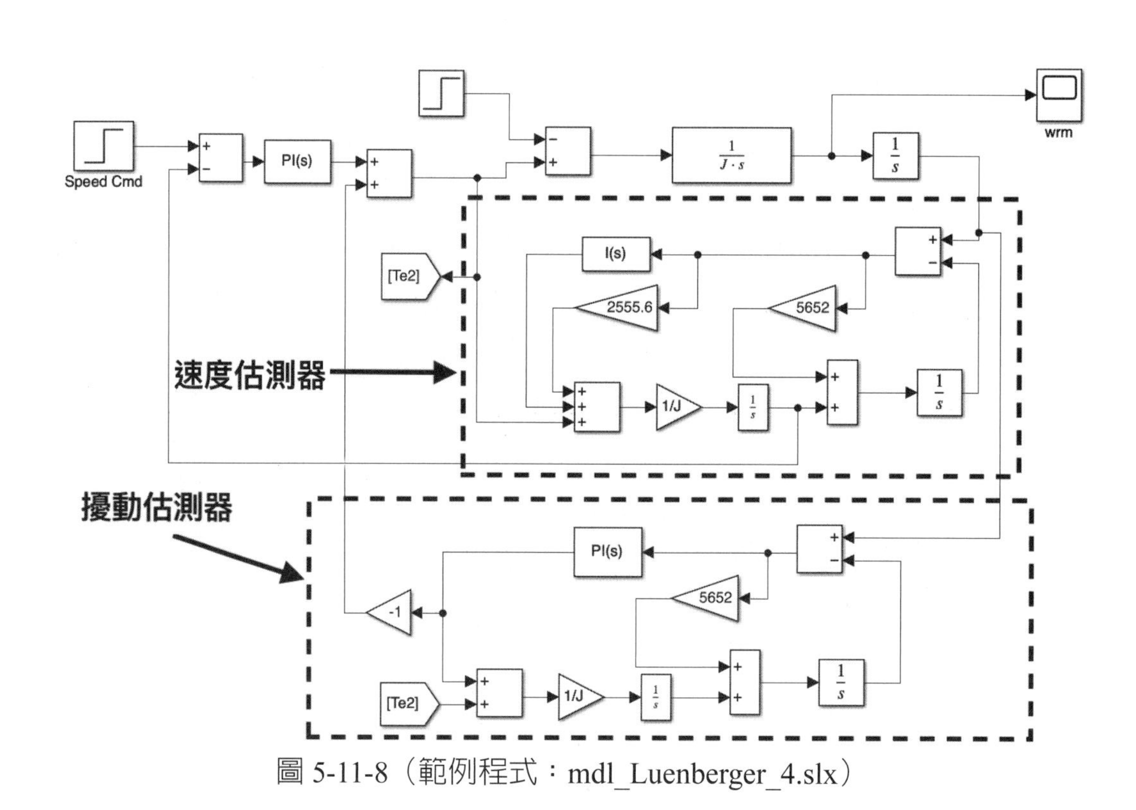

圖 5-11-8（範例程式：mdl_Luenberger_4.slx）

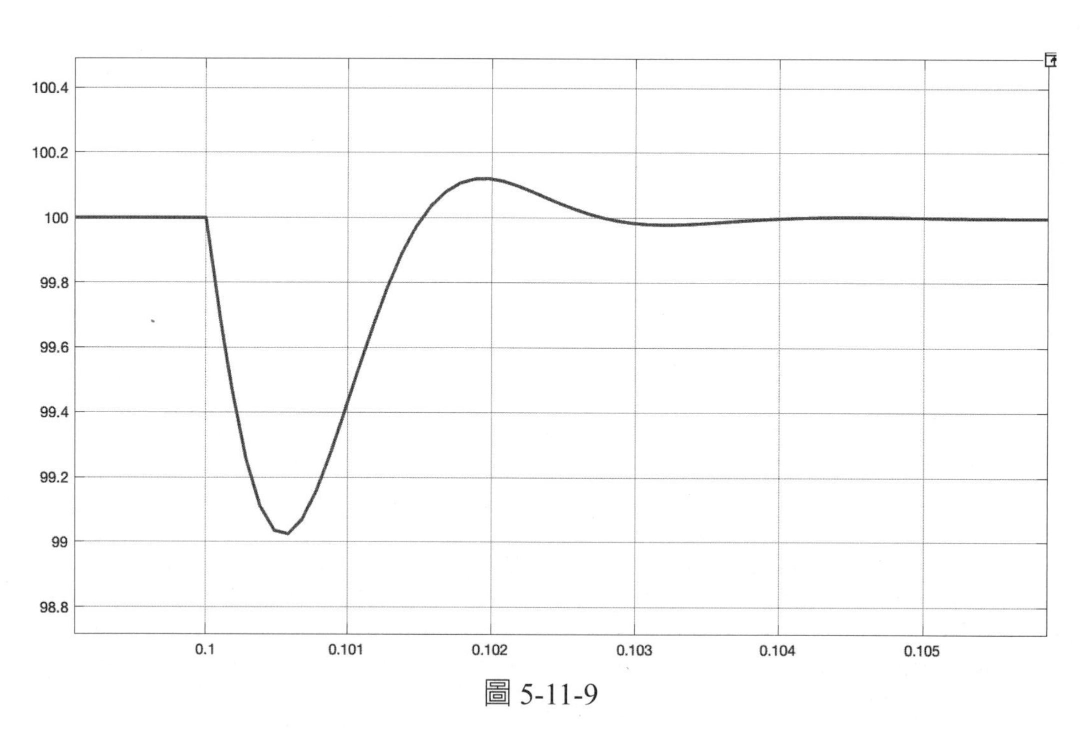

圖 5-11-9

STEP 7：

如圖 5-11-9 所示，獨立運作的擾動估測器表現的更好，當 0.1 秒時衝擊性負載加入，最大下降速度不到 1（rad/s），相較於圖 5-11-7，若只有使用速度估測器的積分器輸出作爲擾動估測量，獨立運作的擾動估測器的抗擾動能力增加一倍，這相當值得參考，另外一個使用獨立擾動估測器的優勢是，可以獨立調整擾動估測器中的控制器參數，讓擾動估測器的得到優化，進一步增加系統的抗擾動能力。

本節重點歸納如下：

- 一般來說，估測器的帶寬要遠大於使用估測狀態的控制回路的帶寬，而極點的位置對估測器的性能有很大的影響。若極點配置在虛軸的左側（即極點爲負），估測器會是穩定的，當極點愈遠離虛軸，則估測器的響應速度愈快（即帶寬愈大），穩定性愈好，但對雜訊的抗干擾能力會下降；相對的，當極點愈靠近虛軸，則估測器的響應速度愈慢，穩定性會降低，但對雜訊的抗干擾能力會增加。
- 若控制對象是單積分器受控廠，如$\frac{1}{Js}$，估測補償器只需要 PI 控制器即可穩定估測器回路，若控制對象是雙積分器受控廠，如$\frac{1}{Js^2}$，則估測補償器需要 PID 控制器才可穩定估測器回路，原因是當受控廠爲雙積分器形式時，其固有 180 度的相位滯後很難穩定，若僅使用 PI 型式的估測補償器，將不足以創造正的相位邊限（Phase Margin, PM），須使用 PID 型式的估測補償器才能創造足夠的相位邊限，讓估測回路穩定。
- 本節的估測器回路還包含前饋輸入 T_e，前饋路徑可以有效提升估測器的響應速度並且抑制估測器的暫態超調量。

5.12 使用滑模估測器的永磁同步馬達無感測器控制

在本章我們將介紹使用滑模估測器（Sliding Mode Observer，SMO）的永磁同步馬達速度無感測器（Speed sensorless）控制[7]，這是一個基於馬達模型（Model-based）轉子電氣角 θ_r 與電氣角頻率 ω_r 的估測器，滑模估測器（SMO）主要用於估測永磁同步馬達的反電動勢，再由反電動勢估算出轉子電氣角 θ_e

與電氣角頻率 ω_e，相較於傳統的 PI 控制器，使用滑模控制的優勢在於需要調整的參數較少，並且可以保證系統的穩定性並具備相當好的魯棒性（Robustness）。

■永磁同步馬達滑模估測器設計

考慮表面貼磁型（SPM）永磁同步馬達在二軸靜止座標下（α-β）的數學模型 [3-4] 如下：

$$\frac{d}{dt}\begin{bmatrix} i_{s\alpha} \\ i_{s\beta} \end{bmatrix} = \begin{bmatrix} -\frac{R_s}{L_s} & 0 \\ 0 & -\frac{R_s}{L_s} \end{bmatrix}\begin{bmatrix} i_{s\alpha} \\ i_{s\beta} \end{bmatrix} + \frac{1}{L_s}\begin{bmatrix} v_{s\alpha} - e_{s\alpha} \\ v_{s\beta} - e_{s\beta} \end{bmatrix} \quad (5.12.1)$$

其中，$v_{s\alpha}$ 與 $v_{s\beta}$ 爲二軸靜止座標下（α-β）的馬達定子電壓，$i_{s\alpha}$ 與 $i_{s\beta}$ 爲二軸靜止座標（α-β）下的馬達定子電流，$e_{s\alpha}$ 與 $e_{s\beta}$ 爲二軸靜止座標下（α-β）的馬達定子反電動勢，L_s 爲馬達定子繞組電感值。

二軸靜止座標下（α-β）的馬達定子反電動勢 $e_{s\alpha}$ 與 $e_{s\beta}$ 可以表示如下 [3-4]：

$$e_{s\alpha} = -\lambda_f \omega_f \sin(\theta_r) \quad (5.12.2)$$

$$e_{s\beta} = -\lambda_f \omega_f \sin(\theta_r) \quad (5.12.3)$$

從（5.12.2）與（5.12.3）式可以推導（5.1.4）與（5.1.5）式分別得到轉子位置與轉速資訊

$$\theta_r = \tan^{-1}\frac{-e_{s\alpha}}{e_{s\beta}} \quad (5.12.4)$$

$$\omega_r = \frac{\sqrt{{e_{s\alpha}}^2 + {e_{s\beta}}^2}}{\lambda_f} \quad (5.12.5)$$

因此二軸靜止座標（α-β）下的馬達反電動勢資訊對於轉子位置與轉速的估測相當關鍵，爲了估測馬達反電動勢，我們需要建構一個估測器模型如下：

$$\frac{d}{dt}\begin{bmatrix}\hat{i}_{s\alpha}\\ \hat{i}_{s\beta}\end{bmatrix}=\begin{bmatrix}-\frac{R_s}{L_s} & 0\\ 0 & -\frac{R_s}{L_s}\end{bmatrix}\begin{bmatrix}\hat{i}_{s\alpha}\\ \hat{i}_{s\beta}\end{bmatrix}+\frac{1}{L_s}\begin{bmatrix}v_{s\alpha}-z_{\alpha}\\ v_{s\beta}-z_{\beta}\end{bmatrix} \quad (5.12.6)$$

其中，$\hat{i}_{s\alpha}$、$\hat{i}_{\alpha\beta}$爲馬達定子電流的估測值，z_{α}、z_{β} 爲滑模控制量（SMO control effort）。

估測器中定子電流是唯一需要考慮的狀態，且可以經由量測得到，因此滑動面 $s_{\alpha\beta}$ 可用定子電流狀態來定義

$$\boldsymbol{s}_{\alpha\beta}=\begin{bmatrix}s_{\alpha}\\ s_{\beta}\end{bmatrix}=\tilde{i}_{\alpha\beta}=\hat{i}_{\alpha\beta}-i_{\alpha\beta}=\begin{bmatrix}\hat{i}_{s\alpha}-i_{s\alpha}\\ \hat{i}_{s\beta}-i_{s\beta}\end{bmatrix} \quad (5.12.7)$$

其中，$\hat{i}_{\alpha\beta}=[\hat{i}_{s\alpha}\quad \hat{i}_{s\beta}]^T$，$i_{\alpha\beta}=[i_{s\alpha}\quad i_{s\beta}]^T$，而$\tilde{i}_{\alpha\beta}$代表馬達估測電流與實際電流的誤差，若要讓系統狀態進入滑動面，則滑模控制量可以被設計成

$$z_{\alpha\beta}=K_{\alpha\beta}\text{sgn}\,(\tilde{i}_{\alpha\beta}) \quad (5.12.8)$$

其中，滑模增益$K_{\alpha\beta}=[K_{\alpha}\quad K_{\beta}]^T$。

利用（5.12.5）式與（5.12.6）式，我們可以得到定子電流誤差方程式爲

$$\frac{d}{dt}\begin{bmatrix}\tilde{i}_{s\alpha}\\ \tilde{i}_{s\beta}\end{bmatrix}=\begin{bmatrix}-\frac{R_s}{L_s} & 0\\ 0 & -\frac{R_s}{L_s}\end{bmatrix}\begin{bmatrix}\tilde{i}_{s\alpha}\\ \tilde{i}_{s\beta}\end{bmatrix}+\frac{1}{L_s}\begin{bmatrix}e_{s\alpha}-z_{\alpha}\\ e_{s\beta}-z_{\beta}\end{bmatrix} \quad (5.12.9)$$

接著我們對此滑模估測器進行穩定度分析，首先定義 Lyapunov 函數如下

$$\boldsymbol{V}_{\alpha\beta}=\frac{1}{2}\boldsymbol{s}^{\boldsymbol{T}}{}_{\alpha\beta}\,\boldsymbol{s}_{\alpha\beta}=\frac{1}{2}\,(s_{\alpha}^2+s_{\beta}^2) \quad (5.12.10)$$

由（5.12.10）式可知，$\boldsymbol{V}_{\alpha\beta}$永遠爲正，可將$\boldsymbol{V}_{\alpha\beta}$看成是誤差的能量函數，因此若系統要達成漸近穩定（asymptotically stable），當$\boldsymbol{V}_{\alpha\beta}>0$時，需滿足

$\dfrac{d\boldsymbol{V}_{\alpha\beta}}{dt}<0$。

$d\boldsymbol{V}_{\alpha\beta}/dt$ 可以表示成

$$\frac{d\boldsymbol{V}_{\alpha\beta}}{dt}=\left(s_\alpha\frac{ds_\alpha}{dt}+s_\beta\frac{ds_\beta}{dt}\right) \tag{5.12.11}$$

將（5.12.7）式代入（5.12.11）式，可以得到

$$\begin{aligned}\frac{d\boldsymbol{V}_{\alpha\beta}}{dt}&=\tilde{i}_{s\alpha}\cdot\frac{d\tilde{i}_{\alpha\beta}}{dt}+\tilde{i}_{s\beta}\cdot\frac{d\tilde{i}_{s\beta}}{dt}\\&=\tilde{i}_{s\alpha}\left(-\frac{R_s}{L_s}\tilde{i}_{s\alpha}+\frac{1}{L_s}(e_{s\alpha}-z_\alpha)\right)+\tilde{i}_{s\beta}\left(-\frac{R_s}{L_s}\tilde{i}_{s\beta}+\frac{1}{L_s}(e_{s\beta}-z_\beta)\right)\end{aligned} \tag{5.12.12}$$

爲了要滿足$\dfrac{d\boldsymbol{V}_{\alpha\beta}}{dt}<0$，（5.12.12）式可以拆解爲以下二個部分

$$\begin{aligned}&-\frac{R_s}{L_s}(\tilde{i}_{s\alpha}^2+\tilde{i}_{s\beta}^2)<0\\&\frac{\tilde{i}_{s\alpha}}{L_s}(e_{s\alpha}-K_\alpha\text{sgn}(\tilde{i}_{s\alpha}))+\frac{\tilde{i}_{s\beta}}{L_s}(e_{s\beta}-K_\beta\text{sgn}(\tilde{i}_{s\beta}))<0\end{aligned} \tag{5.12.13}$$

從（5.12.13）式可知，滑模增益 $K_{\alpha\beta}$ 需滿足以下條件

$$\begin{aligned}K_\alpha&>\max(|e_{s\alpha}|)\\K_\beta&>\max(|e_{s\beta}|)\end{aligned} \tag{5.12.14}$$

根據以上分析，若滑模增益 $K_{\alpha\beta}$ 滿足（5.12.14）式的條件，則系統狀態將能到達（5.12.7）式所定義的滑動面，當系統狀態到達滑動面後，則將保持在滑動面上。

當系統狀態到達滑動面時，即 $s_{\alpha\beta}=0$ 時，根據（5.12.9）式，可知

$$e_{s\alpha}=z_\alpha=K_\alpha\text{sgn}(\tilde{i}_{s\alpha})$$

$$e_{s\beta}=z_{\beta}=K_{\beta}\text{sgn}\,(\tilde{i}_{s\beta})$$
（5.12.15）

因此我們可以知道，當系統狀態到達滑動面後，滑模控制量 $z_{\alpha\beta}$ 等於馬達的反電動勢$e_{\alpha\beta}=[e_{s\alpha}\quad e_{s\beta}]^T$，由於實際的滑模控制量是一個不連續的高頻切換信號，因此在實際使用時，需要一個低通濾波器對其進行濾波，即

$$\hat{e}_{\alpha\beta}=\frac{\omega_{cut-off}}{s+\omega_{cut-off}}z_{\alpha\beta} \tag{5.12.16}$$

其中，$\hat{e}_{\alpha\beta}$為濾波後的反電動勢估測值，反電動勢估測值$\hat{e}_{\alpha\beta}$經由（5.12.4）與（5.12.5）式可以得到估測永磁同步馬達的轉子位置與轉速資訊，即

$$\hat{\theta}_r=-\tan^{-1}\frac{\hat{e}_{s\alpha}}{\hat{e}_{s\beta}} \tag{5.12.17}$$

$$\hat{\omega}_r=\frac{\sqrt{\hat{e}_{s\alpha}^2-\hat{e}_{s\beta}^2}}{\lambda_f} \tag{5.12.18}$$

由於使用低通濾波器會造成轉子角度誤差，因此可以使用一補償量 ε 來補償低通濾波器所造成的相位延遲

$$\varepsilon=\tan^{-1}\frac{\hat{\omega}_r}{\omega_{cut-off}} \tag{5.12.19}$$

因此（5.12.17）式可修改爲

$$\hat{\theta}_r=-\tan^{-1}\frac{\hat{e}_{s\alpha}}{\hat{e}_{s\beta}}+\varepsilon=-\tan^{-1}\frac{\hat{e}_{s\alpha}}{\hat{e}_{s\beta}}+\tan^{-1}\frac{\hat{\omega}_r}{\omega_{cut-off}} \tag{5.12.20}$$

以上完成了永磁同步馬達的滑模估測器（SMO）的設計過程，接下來我們將使用 SIMULINK 來進行系統仿眞。

Tips：

爲了讓公式推導較爲簡潔，本節特意使用表面貼磁型（SPM）同步馬達進行滑模估測器的設計，各位也可以將滑模估測器（SMO）應用於 IPM 永磁同步馬達上，IPM 永磁同步馬達的二軸靜止座標（α-β）數學模型可以表示成[7]：

$$\frac{d}{dt}\begin{bmatrix} i_{s\alpha} \\ i_{s\beta} \end{bmatrix} = \begin{bmatrix} -\frac{R_s}{L_s} & \frac{\omega_r L_\Delta}{L_d} \\ -\frac{\omega_r L_\Delta}{L_d} & -\frac{R_s}{L_s} \end{bmatrix} \begin{bmatrix} i_{s\alpha} \\ i_{s\beta} \end{bmatrix} + \frac{1}{L_d}\left(\begin{bmatrix} v_{s\alpha} \\ v_{s\beta} \end{bmatrix} - e_{s\alpha\beta} \right)$$

其中，

$L_\Delta = L_q \cdot L_d$，$e_{s\alpha\beta} = E_{ex}\begin{bmatrix} -\sin(\theta_r) \\ \cos(\theta_r) \end{bmatrix}$，

$E_{ex} = (L_d - L_q)\left(\omega_r i_d - \frac{di_q}{dt}\right) + \omega_r \lambda_f$，

〔說明：i_d、i_q 爲定子 d、q 軸電流〕

各位可以使用以上的 IPM 數學模型取代（5.12.1）式來設計適用於 IPM 馬達的滑模估測器（SMO）。

■ MATLAB/SIMULINK 仿眞

STEP 1：

由於本節使用 SPM 永磁同步馬達進行設計與推導，因此需要使用 SPM 馬達參數進行仿眞，筆者直接修改表 2-1-3 的馬達參數，簡單將定子 q 軸電感 L_q 設定爲 5.7（mH）即可，讓 $L_d = L_q$，其它參數不變，因此表 2-1-3 的 IPM 馬達參數就變成了 SPM 馬達參數，如表 5-12-1 所示，請先執行本節的 MATLAB 範例程式 spm_params.m 載入馬達參數。

表 5-12-1　SPM 永磁同步馬達參數與帶寬設計規格

馬達參數	值
定子電阻 Rs	1.2（Ω）
定子 d 軸電感 $L_d = L_s$	5.7（mH）
定子 q 軸電感 $L_q = L_s$	5.7（mH）
轉子磁通鏈 λ_f	0.03（Wb）
馬達極數 pole	4
轉動慣量 J 〔在此將摩擦系數 B 設爲零〕	0.00016（kg · m^2）
電流帶寬規格 $\omega_d = \omega_q$	1000（rad/s）
速度帶寬規格 ω_s	100（rad/s）

STEP 2：

接下來我們將使用 SIMULINK 自帶的 Simscape 馬達與逆變器模塊進行仿眞，請開啓範例程式 mdl_SMO_spm_foc_inv.slx，開啓後如圖 5-12-1 所示。

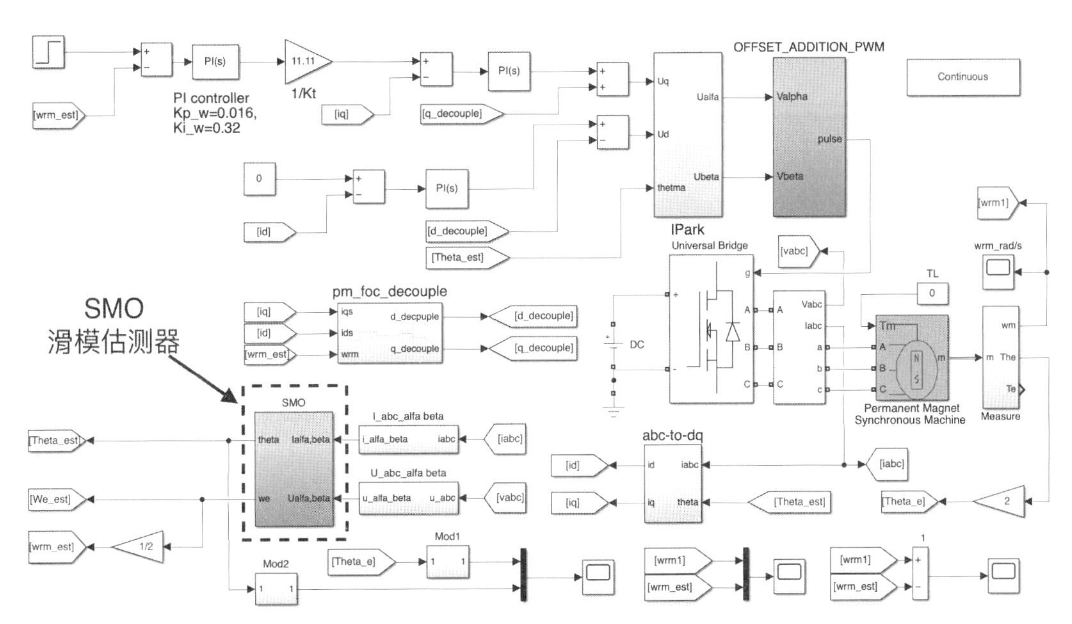

圖 5-12-1（範例程式：mdl_SMO_spm_foc_inv.slx）

圖 5-12-1 中的虛線方框即爲滑模估測器（SMO），雙擊後可以看到如圖 5-12-2 的方塊，可以發現滑模估測器（SMO）由二個方塊組成，一個是 SMO 方塊，另一個是 Arctan_function 方塊，其中，SMO 方塊主要進行（5.12.9）式與（5.12.16）式的計算，而 Arctan_function 方塊主要進行（5.12.17）～（5.12.20）式的運算，來得到估測的轉子位置$\hat{\theta}_r$與轉速$\hat{\omega}_r$。

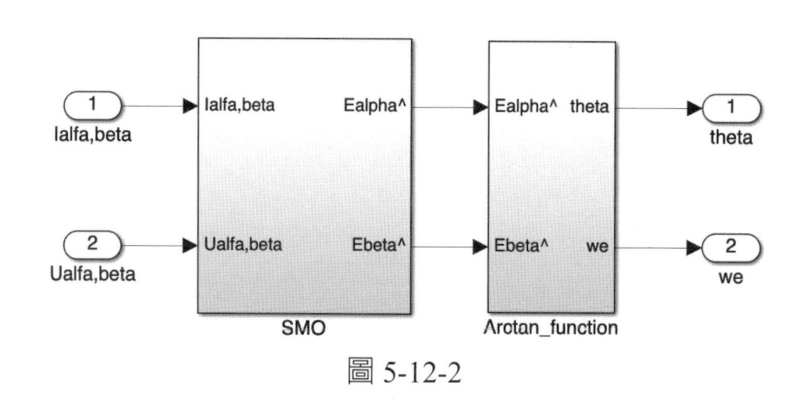

圖 5-12-2

STEP 3：

請再雙擊 SMO 方塊，可以看到如圖 5-12-3 的系統方塊，圖中的上半部分負責估測反電動勢$\hat{e}_\alpha$，下半部分則負責估測反電動勢$\hat{e}_\beta$，在此我們使用帶寬爲 2000（rad/s）的低通濾波器對滑模控制量 $z_{\alpha\beta}$ 進行濾波，由於電流回路的帶寬已被設計成 1000（rad/s），而一般估測器帶寬需高於使用估測值回路的帶寬，在此筆者使用 2000（rad/s）的估測器帶寬應可滿足仿眞需求，在實際應用中估測器帶寬可視需求增加。

STEP 4：

從圖 5-12-3 中，也可得知本 SMO 所使用的滑模增益 $K_{\alpha\beta}$ 爲 24，要如何決定滑模增益呢？我們需要參考（5.12.14）式，我們已知（5.12.14）式是 SMO 估測器穩定的必要條件，即滑模增益 $K_{\alpha\beta}$ 的大小必須大於最大的反電動勢，我們可以回到表 5-12-1 的馬達規格，馬達的轉矩常數 K_T 可以計算如下：

$$K_T = \frac{3}{2}\frac{P}{2}\lambda_f = 0.09\ (\mathrm{Nm/A})$$

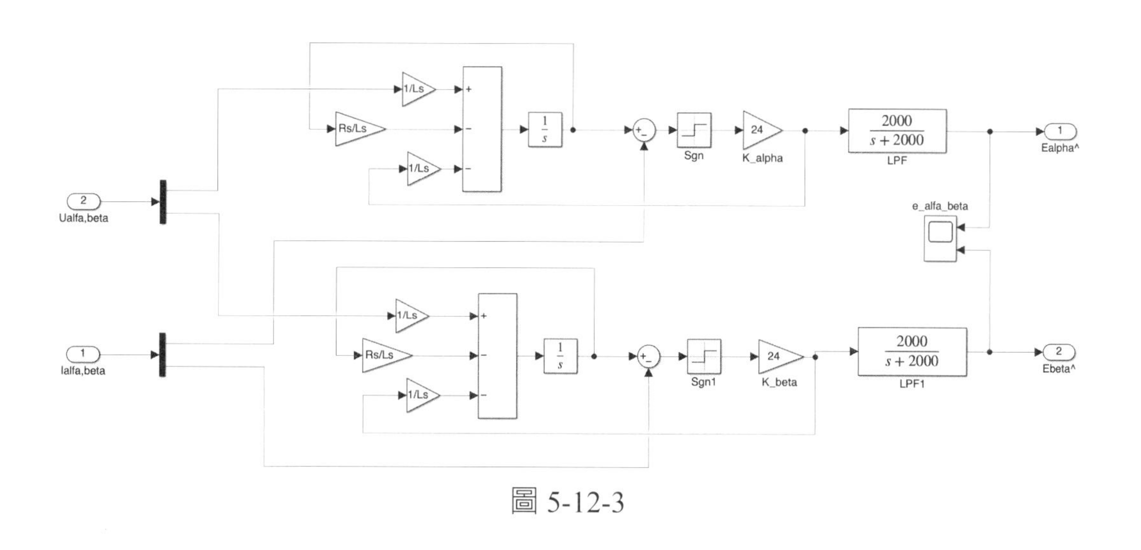

圖 5-12-3

由於在 SI 單位下，馬達的轉矩常數 $K_T = K_e$，而 K_e 爲馬達的反電動勢常數，單位爲$\frac{\text{V}}{\text{rad/s}}$，本範例中，速度命令最高爲 100（rad/s），因此馬達最高的反電動勢大小爲 9（V），因此本例中選擇滑模增益 $K_{\alpha\beta}$ 爲 24，可以確保在速度 260（rad/s）以內，SMO 滑模估測器能夠穩定運行。

STEP 5：

接著打開 Arctan_function 方塊，可以看到如圖 5-12-4 的系統方塊，如圖所示，Arctan_function 方塊利用（5.12.17）式計算轉子電氣角$\hat{\theta}_r$，而 delta_theta 則是補償量 ε，用來補償低通濾波器所造成的相位延遲，而（5.12.18）式則被用來計算轉子電氣角速度$\hat{\omega}_r$。

STEP 6：

執行本範例程式的 SIMULINK 系統仿眞，可以得到圖 5-12-5 的速度響應波形與圖 5-12-6 的估測角度波形，此二張波形圖皆同時繪出馬達實際值與 SMO 估測量，由圖可知，滑模估測器運作良好，所估測的角度與速度皆與馬達實際值相當吻合。

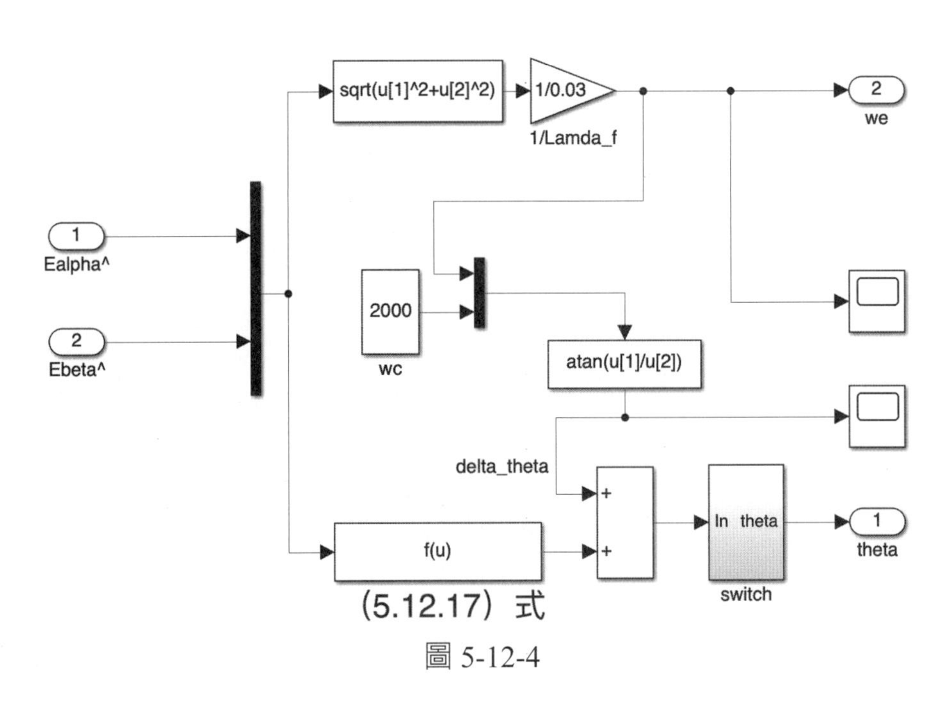
sqrt(u[1]^2+u[2]^2)
1/0.03
1/Lamda_f
2
we
1
Ealpha^
2
Ebeta^
2000
wc
atan(u[1]/u[2])
delta_theta
+
+
In theta
switch
1
theta
f(u)
(5.12.17) 式

圖 5-12-4

圖 5-12-5

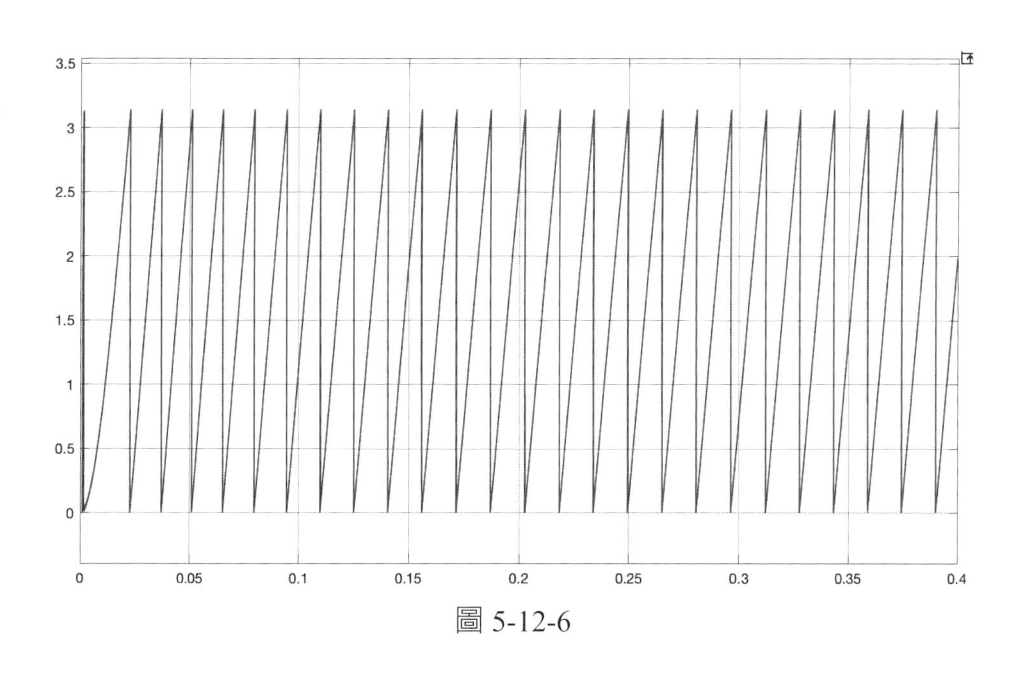

圖 5-12-6

STEP 7：

圖5-12-7爲估測的反電動勢波形，上方爲反電動勢$\hat{e}_\alpha$，下方爲反電動勢$\hat{e}_\beta$，由波形可知，低通濾波器已將高頻的切換信號完全濾除。

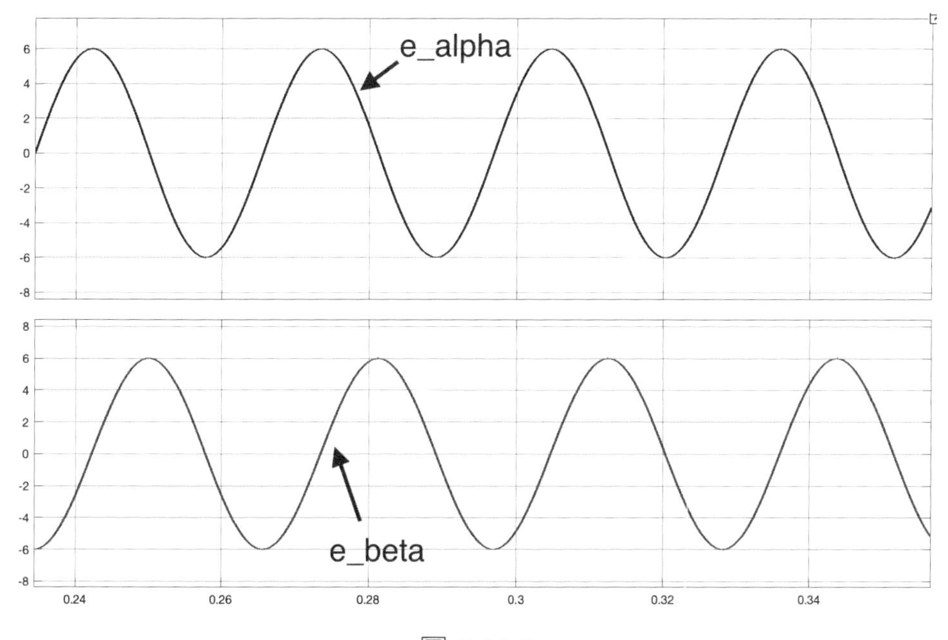

圖 5-12-7

STEP 8：

本範例程式所用的機械速度命令 ω_{rm}^{*} 為 100（rad/s），馬達為 4 極，因此同步轉速 $\hat{\omega}_r = 200$（rad/s），我們可以計算低通濾波器所造成的相位延遲如下：

$$\angle\frac{\omega_{cut-off}}{s+\omega_{cut-off}} = \angle\frac{1}{\dfrac{s}{\omega_{cut-off}}+1} = \angle\frac{1}{j\dfrac{\omega}{\omega_{cut-off}}+1} \approx \angle -\tan^{-1}\left(\frac{\omega}{\omega_{cut-off}}\right) \qquad (5.12.21)$$

當 $\omega = 200$ 與 $\omega_{cutt\text{-}off} = 2000$ 代入（5.12.21）式，可得

$$\angle -\tan^{-1}\left(\frac{\omega}{\omega_{cut-off}}\right) = \angle -\tan^{-1}\left(\frac{200}{2000}\right) = \angle -5.7^{\circ} \qquad (5.12.22)$$

從（5.12.22）式可知低通濾波器所造成的相位延遲為 $-5.7°$，因此，我們需要（5.12.19）式，即相位補償量 $\varepsilon = \tan^{-1}\dfrac{\hat{\omega}_r}{\omega_{cut-off}} = 5.7°$，進行相位延遲補償。

圖 5-12-8 為補償量 ε 的波形，由圖可知穩態的相位補償量為 5.7°，與計算結果吻合。

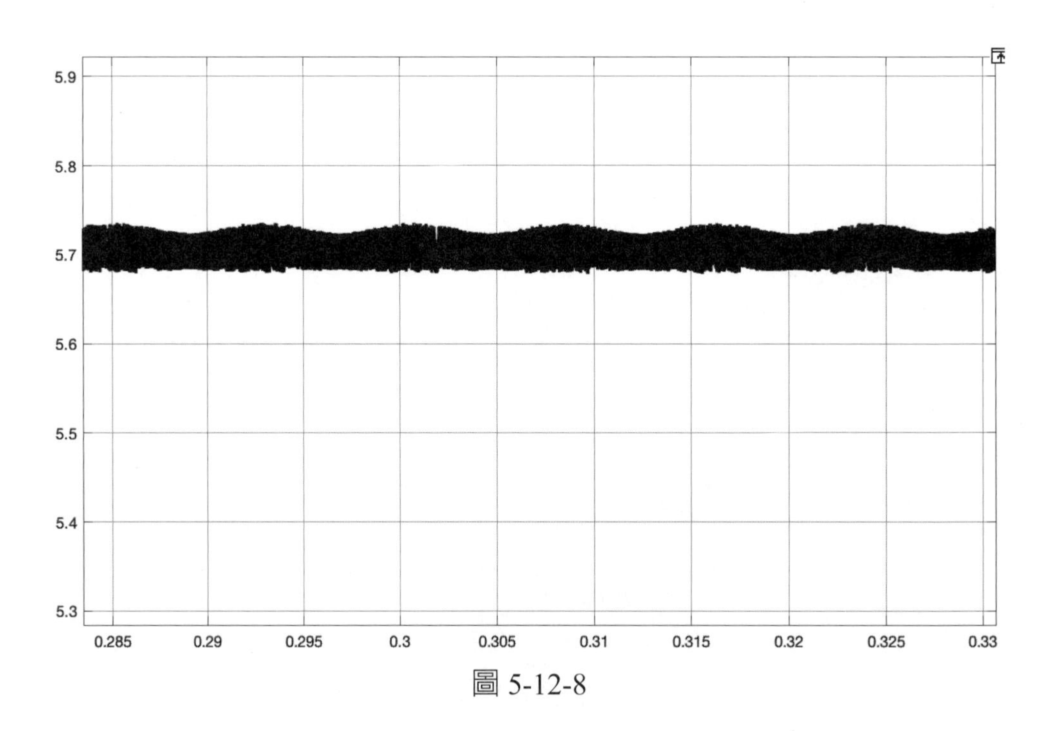

圖 5-12-8

STEP 9：

若不加入相位補償量 ε，再執行一次 SIMULINK 仿真，觀察馬達實際角度與估測角度的波形，如圖 5-12-9 所示，會發現 SMO 估測角度與馬達實際角度之間產生誤差，而且可以明顯看出 SMO 估測角度落後於馬達實際角度，這個角度落後就是由低通濾波器所產生，而相位延遲會隨著轉速增加而變得更大，因此在實務上相位延遲補償是非常必要的。

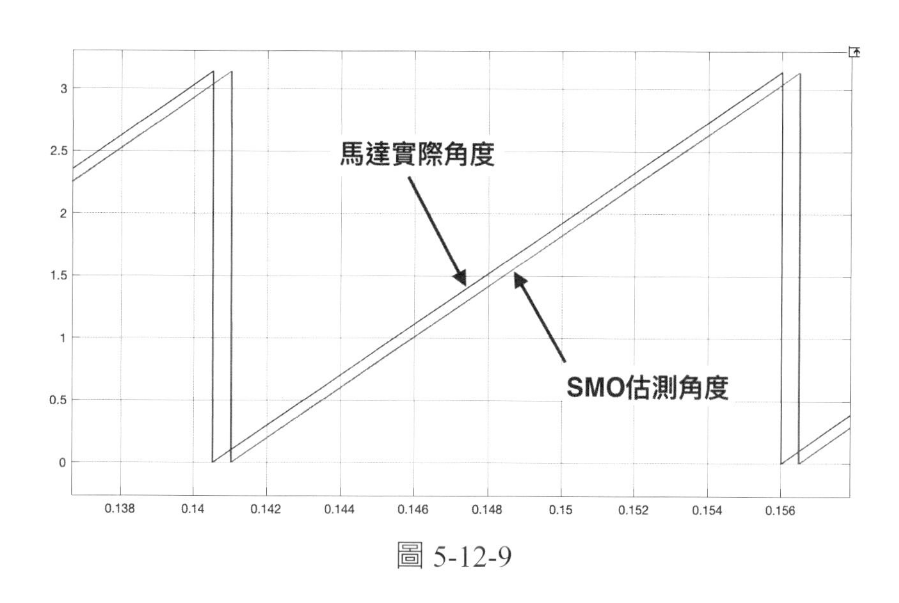

圖 5-12-9

本節重點歸納如下：

- 本節所介紹的滑模估測器在永磁同步馬達 sensorless 控制應用中相當普遍，由於需要調整的參數只有二個（滑模增益 $K_{\alpha\beta}$ 與低通濾波器帶寬 $\omega_{cut\text{-}off}$），而此二參數可以經由設計完成，因此此算法相當具有通用性。
- 本節了讓公式推導較爲簡潔，特意使用表面貼磁型（SPM）永磁同步馬達模型進行估測器設計，各位也可以將此滑模估測器（SMO）應用於 IPM 永磁同步馬達上，設計與推導方式相同。

參考文獻

[1]（韓）薛承基，電機傳動系統控制，北京：機械工業出版社，2013。

[2] 劉昌煥，交流電機控制：向量控制與直接轉矩控制原理，台北：東華書局，2001。

[3] 葉志鈞，交流電機控制與仿真技術：帶你掌握電動車與變頻技術核心算法，台北：五南出版社，2023。

[4] George Ellis, Control System Design Guide: Using Your Computer to Understand and Diagnose Feedback Controllers, Butterworth-Heinemann, 2016.

[5] J. Bocker, S. Beineke, and A. Bahr, "On the control bandwidth of servo drives," in Proc. Eur. Conf. Power Electron. Appl., pp. 1–10, 2009.

[6] 葉志鈞，物聯網高手的自我修練，台灣：博碩文化股份有限公司，2023。

[7] Ying Zuo, Chunyan Lai and K. Lakshmi Varaha Iyer, "A Review of Sliding Mode Observer Based Sensorless Control of PMSM Drive," IEEE Trans. On Power Electronics, Vol. 38, No. 9, pp. 11352-11366, Sept., 2023.

CHAPTER 6

經典控制理論回顧

「克服困難會引導我們至勇氣、自尊和自我認知之路。」

—— 阿德勒

6.1 經典控制理論中穩定度的本質

對於控制系統而言，系統穩定度是系統是否能夠被使用的最重要前提條件，若系統不穩定，則沒有使用的價值，若系統穩定，我們也需要知道它有多穩定？是否滿足規格要求？在現代控制理論中，系統的穩定度與系統矩陣（即 A 矩陣）的特徵值有關，當特徵值的實部皆小於零（即位於左半平面），則系統穩定，當特徵值愈遠離虛軸則系統穩定度愈高，也代表系統狀態或是狀態誤差隨著時間收斂的速度愈快，但在經典控制理論中，穩定度的分析對象通常爲一單輸入單輸出（SISO）的負回授系統，對穩定度有另一種不同的詮釋方式，在經典控制理論中，通常會使用相位裕度（Phase Margin，PM）與增益裕度（Gain Margin，GM）來衡量系統穩定度[1]，而對於不穩定的定義也非常明確，在介紹穩定度之前，筆者有必要先爲各位講解一個常使人們感到迷惑的重要觀念：開環轉移函數與閉環轉移函數的差別，先了解這個重要的觀念，將會對穩定度的理解有相當大的幫助。

■ 開環轉移函數與閉環轉移函數的差別

圖 6-1-1 爲一個典型的負回授控制系統，其中，$G(s)$ 爲順向路徑轉移函數，$H(s)$ 爲回授路徑轉移函數，$R(s)$ 爲系統的輸入，$Y(s)$ 爲系統的輸出。

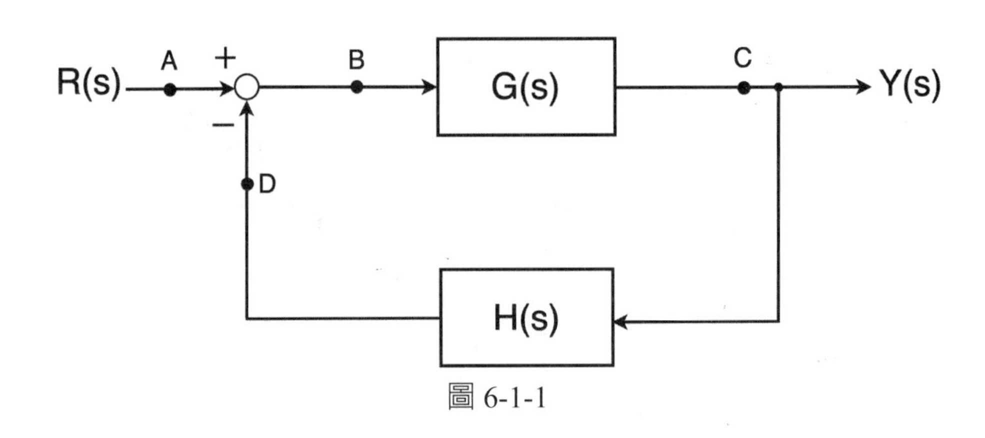

圖 6-1-1

若要完整的表達此負回授系統的輸入 $R(s)$ 到輸出 $Y(s)$ 的特性，則需求出其閉環轉移函數 $C_{close}(s)$，即

$$G_{close}(s)=\frac{Y(s)}{R(s)}=\frac{G(s)}{1+G(s)H(s)} \tag{6.1.1}$$

（6.1.1）式也有它自己的大小與相位特性，當我們使用閉環轉移函數時，探討的是輸入 $R(s)$ 與輸出 $Y(s)$ 之間的大小與相位的關係，或是當需要設計或量測系統帶寬（bandwidth）時，用的也是閉環轉移函數。

當我們使用閉環轉移函數時，是把系統看成一個整體，但看不到細節，若要探討閉環系統的穩定度時，則需要知道回授節點的輸入與回授量之間的大小與相位關係，即圖 6-1-1 中的 A 點與 D 點，因此需定義開環轉移函數如下

$$G_{open}(s)=G(s)H(s) \tag{6.1.2}$$

開環轉移函數 $G(s)H(s)$ 的物理意義是當信號從 A 點進入控制回路後，經過 B 點、C 點再回到 D 點所經歷的增益與相位的改變，因此開環轉移函數可以幫助我們觀察系統輸入量與回授量之間的大小與相位關係，但為何要觀察輸入量與回授量的大小與相位呢？要回答這個問題，我們需先探討經典負回授系統的不穩定的現象。

■經典負回授系統的不穩定的現象

如圖 6-1-1 的經典負回授系統，此系統不穩定有二個必要條件：

- 以輸入信號的相位爲基準，回授信號的相位延遲爲 180°。
- 增益 $G(s) \times H(s)$ 的大小大於或等於 1。

若同時滿足以上二個條件，則系統將會變得不穩定，首先筆者使用文字來描述此不穩定的現象：假設輸入 $R(s)$ 爲標準弦波輸入，當輸入信號從 A 進入 B，產生輸出 C 後，再將輸出信號回授到 D 點，與輸入信號 $R(s)$ 相減，假設輸入信號經過回路轉移函數 $G(s) \times H(s)$ 並無衰減，即滿足上述不穩定的第二個條件，但相位延遲了 180°，以一個弦波輸入來說，當其相位延遲了 180°，並透過回授節點與自身相減時，則相當於原來弦波輸入的正半週減去自己的負半週，這等同於弦波輸入的正半週與自己的正半週相加，因此系統的負回授變成了正回授，讓輸入持續與同相位的自身信號相加，讓輸出響應發散（divergence），造成系統的不穩定。

以上爲不穩定性的文字描述，接下來我們可以使用 SIMULINK 來進行驗證，首先請開啓範例程式 mdl_6_1_1.slx，開啓後如圖 6-1-2 所示。

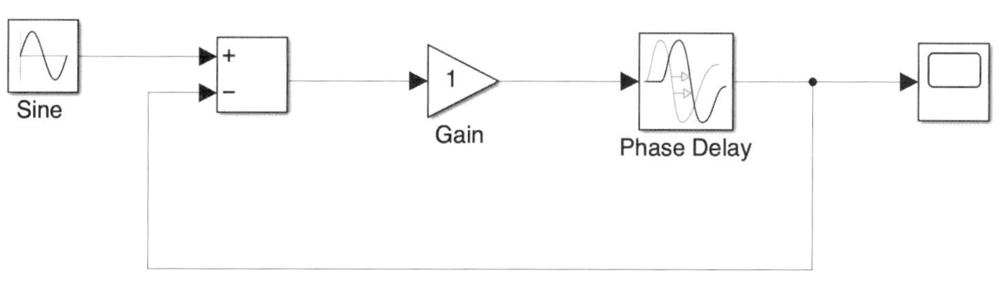

圖 6-1-2（範例程式 mdl_6_1_1.slx）

如圖所示，範例程式使用的輸入如下：

$$R(s) = \sin(2 \times \pi \times 50) \quad (6.1.3)$$

程式中的 Phase Delay 方塊爲 SIMULINK 中自帶的 Transport Delay 模塊，程式中已將 Phase Delay 方塊的延遲時間設爲 (1/50)*0.5，對應的相位延遲正好爲 180°。

接著將增益 Gain 設爲 1，執行 SIMULINK 仿眞，可以得到圖 6-1-3 的輸出波形。

CHAPTER 6

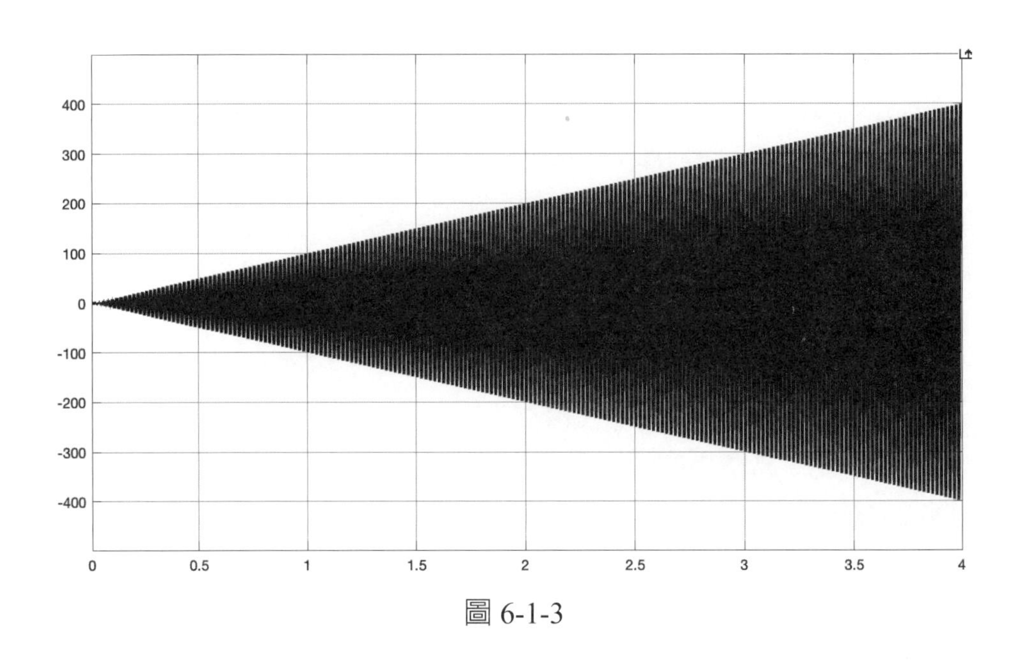

圖 6-1-3

如圖 6-1-3 所示，當回路增益為 1 且相位延遲為 180° 時，由於輸入持續與同相位的自身信號相加，造成輸出響應發散（divergence）。

接著將增益 Gain 設為 0.9，再執行 SIMULINK 仿眞，可以得到圖 6-1-4 的輸出波形，如圖所示，系統輸出呈現有界（Bounded）振盪，但未發散，因此可知雖然輸出響應振盪，但系統並未進入不穩定狀態。

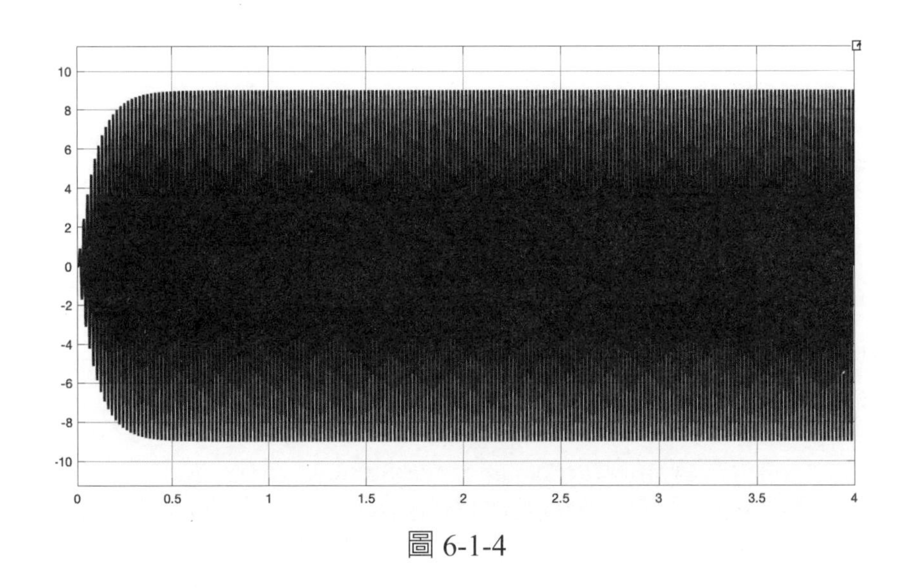

圖 6-1-4

■再探開環轉移函數 $G(s)H(s)$

從以上分析與驗證可以得知，負回授系統不穩定必須滿足以下二個必要條件：

- 以輸入信號的相位爲基準，回授信號的相位延遲爲 180°。
- 增益 $G(s) \times H(s)$ 的大小大於或等於 1

而第一個條件中的回授信號相位延遲即爲開環轉移函數 $G(s)H(s)$ 的相位延遲，因此可知爲何在經典控制理論中，除了閉環轉移函數外，還需定義系統的開環轉移函數，藉由分析開環轉移函數的大小與相位特性，除了可以得知系統是否穩定之外，同時也可以知道系統的穩定程度，即穩定指標：相位裕度（Phase Margin，PM）與增益裕度（Gain Margin，GM），二者的物理內涵如下：

- 相位裕度（Phase Margin，PM）：當開環轉移函數 $G(s)H(s)$ 的增益爲 1 時，此時所對應的相位 φ 離 $-180°$ 還有多少距離，當相位裕度爲正時，系統才爲穩定，相位裕度的數學定義如下：

$$\text{PM} = \angle G_{open}(j\omega_{gc}) - (-180°) \tag{6.1.4}$$

其中，ω_{gc} 爲開環轉移函數 $G(s)H(s)$ 增益爲 1 時所對應的角頻率，又稱爲增益交越頻率（gain-crossover frequency）。

- 增益裕度（Gain Margin，GM）：當開環轉移函數 $G(s)H(s)$ 的相位爲 $-180°$ 時，對應的增益大小離增益 1（或 0dB）還有多少距離，當增益裕度爲正，系統才爲穩定，增益裕度的數學定義如下：

$$\text{GM} = \frac{1}{|G_{open}(j\omega_{pc})|} \tag{6.1.5}$$

其中，ω_{pc} 爲開環轉移函數 $G(s)H(s)$ 的相位爲 $-180°$ 時所對應的角頻率，又稱爲相位交越頻率（phase-crossover frequency），也可以將（6.1.5）式用 dB 來表示

$$\text{GM in dB} = 20\log(\text{GM}) = 20\log\left(\frac{1}{|G_{open}(j\omega_{pc})|}\right) \tag{6.1.6}$$

從以上二個穩定性指標定義中，可以發現它們與上述的二個不穩定條件是一體的二面，這二個穩定性指標要傳達的意義是離不穩定條件的距離愈遠，系統愈穩定，而這個不穩定條件即為：開環轉移函數 $G(s)H(s)$ 的增益為 1 同時相位為 −180°。

■利用伯德圖來理解穩定度

接著我們使用伯德圖來幫助我們理解穩定度指標，假設圖 6-1-1 中的順向路徑轉移函數$G(s)=\dfrac{1}{s^3+2s^2+s}$，$H(s) = 1$，我們可以計算系統的閉環轉移函數為

$$G_{close}(s)=\frac{G(s)}{1+G(s)H(s)}=\frac{1}{s^3+2s^2+s+1} \tag{6.1.7}$$

其中，特性方程式為 s^3+2s^2+s+1，可利用 MATLAB 的 roots 指令求出特性方程式的根如下：

$$-1.7549,\ -0.1226+0.7449i,\ -0.1226-0.7449i$$

從特性方程式的根可以得知，它們都在左半平面，因此可判定此系統為穩定，但無法得知系統有多穩定，因此我們需要繪出系統的開環轉移函數伯德圖來協助我們求出穩定度。

可使用 MATLAB 畫出開環轉移函數 $G(s)H(s)$ 伯德圖，如圖 6-1-5 所示。

如圖所示，當 $G(s)H(s)$ 的增益為 1 時所對應的增益交越頻率（gain-crossover frequency）ω_{gc} = 0.682（rad/s），此時的相位離 −180° 還有 21.4°，即系統的相位裕度（Phase Margin，PM）為 21.4°。而當開環轉移函數 $G(s)H(s)$ 的相位為 −180° 時所對應的相位交越頻率（phase-crossover frequency）ω_{pc} = 1（rad/s），此時的增益離 0dB 還有 6.02（dB）的距離，即系統的增益裕度（Gain Margin，GM）為 6.02（dB）。

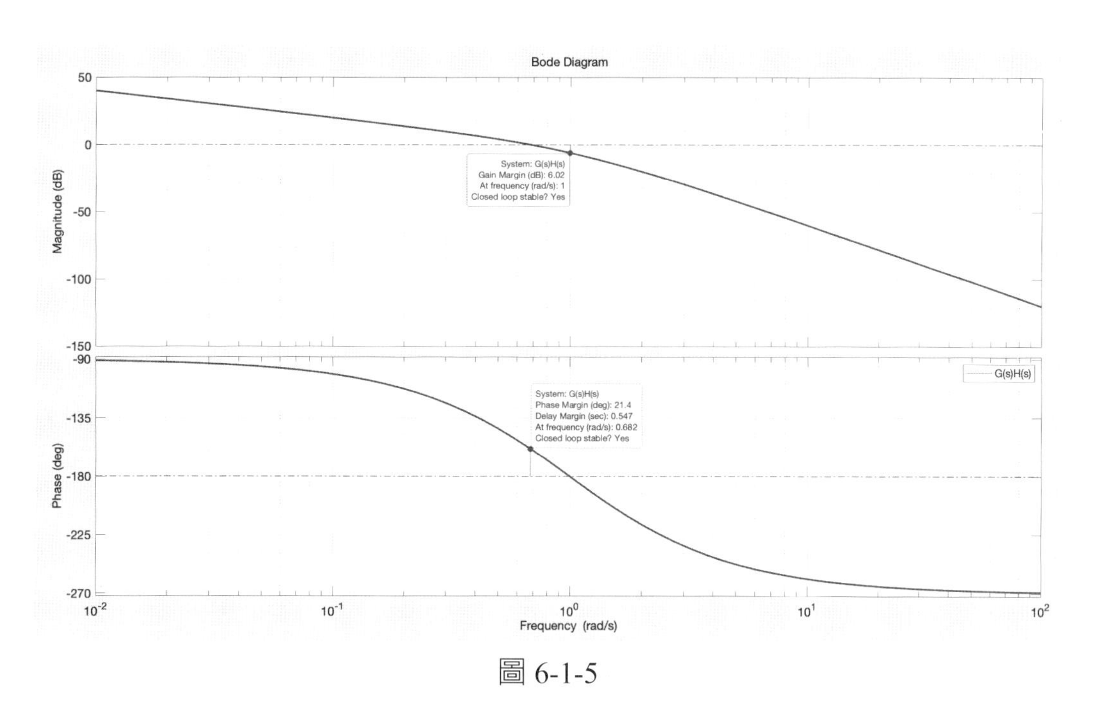

圖 6-1-5

本節重點歸納如下：

- 在現代控制理論中，系統的穩定度與系統矩陣（即 A 矩陣）的特徵值有關，當特徵值的實部皆小於零（即位於左半平面），則系統穩定，當特徵值愈遠離虛軸則系統穩定度愈高，也代表系統狀態或是狀態誤差隨著時間收斂的速度愈快，但在經典控制理論中，穩定度的分析對象通常爲一單輸入單輸出（SISO）的負回授系統，對穩定度有另一種不同的詮釋方式，通常會使用相位裕度（Phase Margin，PM）與增益裕度（Gain Margin，GM）來衡量系統穩定度。
- 當使用閉環轉移函數時，當需要研究輸入與輸出之間的大小與相位的關係，或是評估系統帶寬（bandwidth）時，使用的是閉環轉移函數；當探討系統穩定度時，用的則是開環轉移函數。
- 對於最小相位系統來說〔說明：最小相位系統的定義是沒有任何零點或極點在右半平面或虛軸上（但不包括原點）的系統〕，其頻域幅值特性與相位特性之間存在唯一的對應關係，因此利用伯德圖來判斷穩定度是合理的。但對於非最小相位系統來說，其幅值特性與相位特性之間並不存在唯一的對應關係，因此若單純使用伯德圖來判斷非最小相位系統的穩定度，可能會發生誤判的情形，要精確判斷非最小相位系統的穩定度，請使用奈奎斯特圖（Nyquist Plot），若想了解非最小相位系統的物理意義，可以參考本書 6.7 節的內容。

6.2 拉氏轉換與轉移函數的差別

經典控制理論大量的使用轉移函數進行控制系統的設計與分析，轉移函數代表著一個單輸入單輸出的線性系統之輸入與輸出的關係，而轉移函數背後運作的機制是線性系統的微分方程式，利用拉氏轉換（Laplace transform）可以將線性系統的微分方程式轉換爲轉移函數[1, 2]，而控制系統可以由多個轉移函數構成，藉由拉氏轉換的數學特性，轉移函數之間可以進行簡單的加減乘除四則運算，而不再需要使用複雜的微積分運算，可大幅降低控制系統設計所需的工作量與運算量，因此拉氏轉換（Laplace transform）是經典控制理論的重要數學基礎，那麼拉氏轉換與轉移函數之間有何差別呢？二者是否可以畫上等號呢？本節筆者就爲各位釐清二者的微妙差異。

■常微分方程式與拉氏轉換

在此筆者使用一個簡單的 RL 串聯電路作爲例了，如圖 6-2-1 所示。

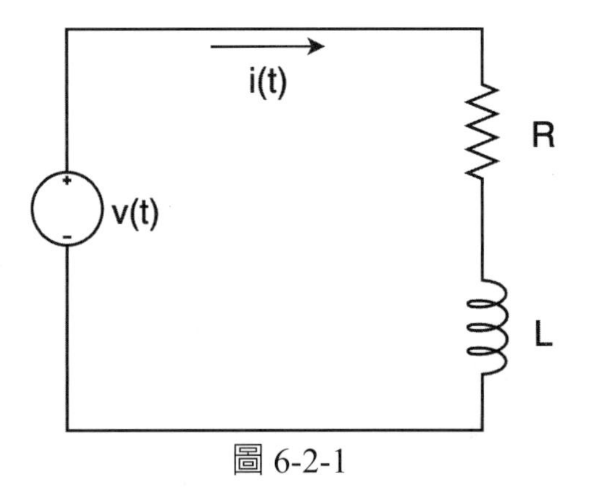

圖 6-2-1

其中，$v(t)$ 爲輸入電壓，R 爲電路電阻值，L 爲電路電感值，$i(t)$ 爲輸入電流，

這樣的電路系統可以使用以下的微分方程式來描述

$$v(t)=Ri(t)+L\frac{di(t)}{dt} \tag{6.2.1}$$

若要對此微分方程式求解，需要使用一些微分方程式的求解技巧，在此先行忽略，利用微分方程式的求解技巧，（6.2.1）式的通解可以表示成

$$i(t)=\frac{v(t)}{R}+ce^{-(R/L)t} \tag{6.2.2}$$

其中，常數 c 與電路的初始值有關，假設初始電流值不為零，即 $i(0)\neq 0$，則 $c=i(0)-\frac{v(0)}{R}=\frac{R(0)-v(0)}{R}$，假設輸入電壓 $v(t)$ 為直流電壓 E，即 $v(t)=E$，則 $c=\frac{Ri(0)-E}{R}$，（6.2.2）式可以表示如下

$$i(t)=\frac{E}{R}+\left[\frac{Ri(0)-E}{R}\right]e^{-(R/L)t} \tag{6.2.4}$$

（6.2.4）式即為此微分方程式的特解，所謂的特解就是微分方程式根據特定條件與系統初始值所得之解。

以上為此微分方程式的求解步驟，若利用拉氏轉換求解則更為簡單，可將複雜的微積分運算以簡單的四則運算取代，首先對 $f(t)$ 的 n 階導數的拉氏轉換通式可以表示如下

$$Laplacep\,[f^{(n)}]=s^{n}L\{f\}-\Sigma_{i=1}^{n}s^{n-1}f^{(i-1)}(0) \tag{6.2.5}$$

其中，$Laplace\{*\}$ 代表對函數 * 求拉氏轉換，s 為拉氏運算子，利用（6.2.5）式，可將（6.2.1）式求其拉氏轉換，可得

$$V(s)=R\times I(s)+L\,[sI(s)-i(0)] \tag{6.2.6}$$

CHAPTER 6

其中，$V(s)$ 與 $I(s)$ 爲 $v(t)$ 與 $i(t)$ 的拉氏轉換，在此若要求解 $i(t)$，因此可將（6.2.6）式整理成

$$V(s) = (R+Ls)\times I(s) - L\times i(0) \tag{6.2.7}$$

由於輸入電壓 $v(t)$ 爲直流電壓，即 $v(t)=E$，因此其拉氏轉換$V(s)=\frac{E}{s}$，將其代入（6.2.7）式，可得

$$I(s) = \frac{E}{s}\times\frac{1}{(R+Ls)}+\frac{L}{(R+Ls)}\times i(0) \tag{6.2.8}$$

若對（6.2.8）式求取反拉氏轉換，可得

$$i(t) = \frac{E}{R}+\left[\frac{Ri(0)-E}{R}\right]e^{-(R/L)t} \tag{6.2.9}$$

由（6.2.9）式可知，使用拉氏轉換所求的微分方程式解與使用微積分技巧所求得的解（6.2.4）式相同，並且二者都同時考慮系統初始條件，即初始電流值 $i(0)$。

■ 拉氏轉換與轉移函數

接下來求取圖 6-2-1 系統的轉移函數，其中輸入爲電壓 $v(t)$，輸出爲電流 $i(t)$，因此我們要求輸出對輸入的轉移函數，爲了求取轉移函數，我們依然需要對（6.2.1）式求拉氏轉換，求得的拉氏轉換與（6.2.7）式相同，如下所示

$$V(s) = (R+Ls)\times I(s) - L\times i(0) \tag{6.2.10}$$

爲了得到輸出 $I(s)$ 對輸入 $V(s)$ 的轉移函數，必須將 $i(0)$ 設爲零，因此當 $i(0)=0$ 時，輸出 $I(s)$ 對輸入 $V(s)$ 的轉移函數爲

$$\frac{I(s)}{V(s)} = \frac{1}{R+Ls} \tag{6.2.11}$$

由以上步驟可以知道，拉氏轉換與轉移函數的主要差別在於，若使用拉氏轉換求解微分方程式，系統的初始值是可以納入考慮的，但若是使用轉移函數求解微分方程式，則必須將系統的初始值設定爲零，若不將系統的初始值設定爲零，則線性微分方程式無法轉換爲轉移函數。

本節重點歸納如下：

- 轉移函數代表著一個單輸入單輸出的線性系統之輸入與輸出的關係，而轉移函數背後運作的機制是線性系統的微分方程式。
- 拉氏轉換與轉移函數的主要差別在於，若使用拉氏轉換求解微分方程式，系統的初始值是可以納入考慮的，但若是使用轉移函數求解微分方程式，則必須將系統的初始值設定爲零，若不將系統的初始值設定爲零，則線性微分方程式無法轉換爲轉移函數。

6.3 數字控制系統中採樣、*Z* 轉換與零階保持器的本質

在本書中，我們大量的使用拉氏轉換的轉移函數進行馬達控制系統的設計與仿眞，在實務上，若要實現基於拉氏轉換的轉移函數控制器，則須使用模擬元件，如運算放大器、電阻、電感、電容等，但模擬控制系統存在成本高昂與修改困難的缺點，因此目前主流的方式是使用數字控制系統，即利用計算機來實現基於拉氏轉換轉移函數的控制器[3]，若要使用計算機來實現基於拉氏轉換轉移函數的控制器，則需要使用積分近似的方法來逼近拉氏轉換的連續時間轉移函數，這也是 Z 轉換的由來，Z 轉換的本質就是拉氏轉換的積分近似方法，此外，由於計算機是以採樣時間爲基本時間單位來處理信息，當採樣時間愈短，則 Z 轉換逼近拉氏轉換轉移函數的能力也愈好，對於輸入信號而言，計算機也是以採樣時間爲單位對輸入信號進行模擬轉數字（A/D）轉換，模擬轉數字（A/D）轉換包含採樣（Sampler）與量化（Quantizer），當輸入信號經由 A/D 轉換成數字信號並且運算完成後，可以經由數字轉模擬（D/A）模塊輸

出，此時輸出的信號爲模擬量，而最常見的數字轉模擬（D/A）模塊就是零階保持器（zero-order-hold，ZOH），以下就針對數字控制系統中的重要機制[3]：採樣、Z 轉換與零階保持器進行深入的探討並爲各位釐清常讓人混淆的觀念。

■信號的採樣（Sampling）

一個典型的數字控制系統架構如圖 6-3-1 所示，其中，輸入命令 Cmd 與感測器輸出信號相減產生誤差信號 $e(t)$，而此誤差信號在被數字控制器運算之前，會先進行 A/D 轉換，即採樣與量化，所謂採樣（Sampling）是以均勻的採樣時間間隔 T，採集輸入信號，即 $e(t)$，經過採樣後的信號不再是連續時間信號，而是離散時間信號 $e[k]$，如圖 6-3-2 所示。

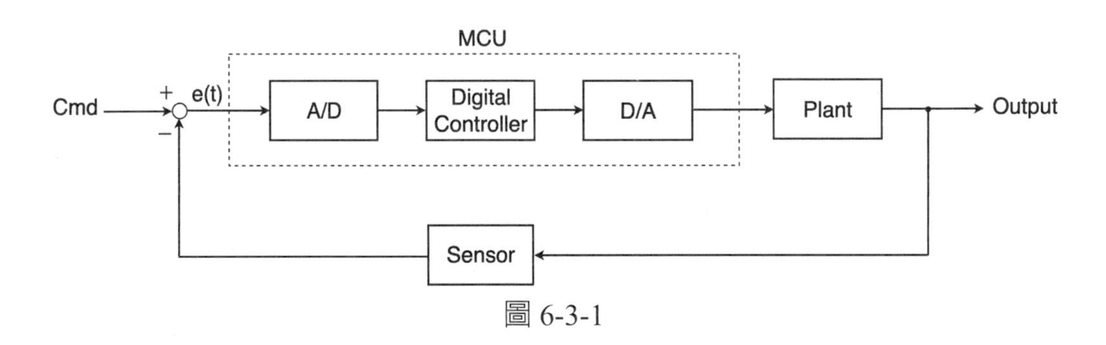

圖 6-3-1

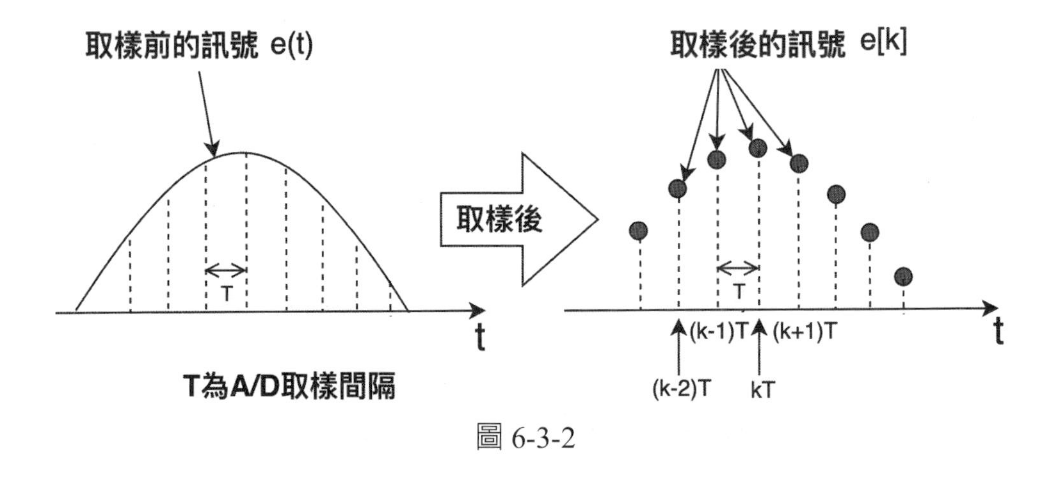

圖 6-3-2

如圖 6-3-2所示，未被採樣的連續時間信號 $e(t)$，與採樣後的離散時間信號 $e[k]$，有著本質的不同，可以使用數學級數的方式來表示離散時間信號

$e[k]$，即

$$e[k] = \Sigma_{k=0}^{\infty} e(kT)e^{-skT} \qquad (6.3.1)$$

其中，e^{-skT}爲延遲 kT 時間的拉氏轉換，若使用$z = e^{sT}$代入（6.3.1）式，則等同於對連續時間信號 $e(t)$ 進行 Z 轉換，即

$$Z\{e(t)\} = E(z) = \Sigma_{k=0}^{\infty} e(kT)z^{-k} \qquad (6.3.2)$$

我們可以將（6.3.2）式展開，可得

$$E(z) = e(0) + e(T)z^{-1} + e(2T)z^{-2} + e(3T)z^{-3} + \cdots \qquad (6.3.3)$$

從以上推導可以了解，Z 轉換的本質是對連續時間信號離散化後的一種數學形式的描述，而 z^{-1} 所描述的物理意義即爲延遲 T 時間的拉氏轉換 e^{-sT}，若數字系統要處理模擬信號，則該信號必須被採樣，而信號只要經過採樣，就不再是連續時間信號，因此就不再適合用拉氏轉換來表達，取而代之的是使用 Z 轉換來描述採樣後的信號與其運算行爲，因此對離散信號的運算也需使用 Z 轉換來描述，接下來的內容將會爲各位詳述之。

Tips：
事實上信號採樣後還會經過量化，根據 A/D 模塊的解析度，每個採樣後的信號點都會被轉換至對應的數字值，由於此機制相對單純，在此不加贅述。

■信號採樣的延遲

我們重新檢視信號採樣前與採樣後的差異，如圖 6-3-2 所示，當信號被均勻的採樣時間間隔 T 採樣後，會形成 $e[k]$ 的離散信號，但每一個離散信號點 $e[k]$ 都會作用在該採樣週期內，換句話說，計算機在第 k 個採樣週期內進行運

算的採樣信號 $e(kT)$，即爲在第 k 個採樣週期之初所採集的信號，直到第 $k+1$ 個採樣週期才會採集新的輸入信號，因此整體來說計算機所計算的信號 $e[k]$ 會落後於眞實的連續時間信號 $e(t)$，那麼此延遲的時間爲多少呢？可以參考圖 6-3-3，若 T 爲採樣週期，圖中 $e(t-T/2)$ 則爲 $e[k]$ 的平均波形，因此可知計算機所使用的信號 $e[k]$ 會落後於眞實的連續時間信號 $\frac{T}{2}$ 時間，這也是爲何在第二章中，會將採樣延遲等效爲二分之一個採樣週期，即採樣延遲轉移函數 $e^{-sT_{SH}}=e^{-s\times\frac{T_s}{2}}$，其中，$T_s$ 爲第二章中所使用的採樣週期變數，同本節的採樣時間間隔 T。

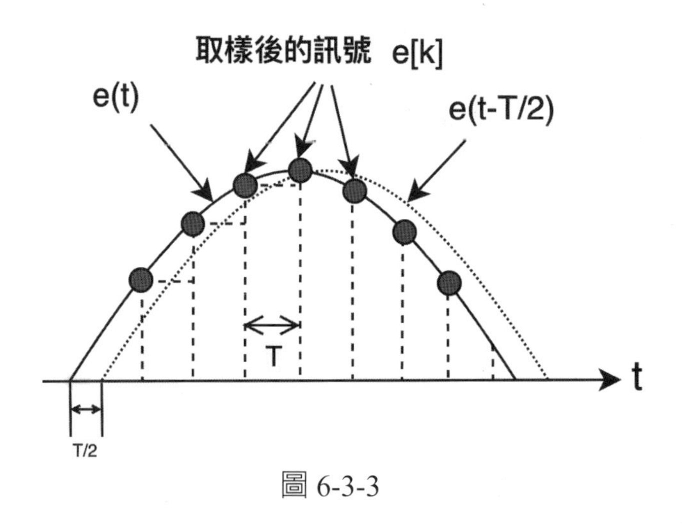

圖 6-3-3

■ *Z* 轉換的本質

在（6.3.2）與（6.3.3）式我們已經初步了解何謂 Z 轉換，Z 轉換的本質是對連續時間信號離散化後的一種數學形式的描述，但（6.3.2）與（6.3.3）式其實是 Z 轉換的級數形式，一般來說需要將 Z 轉換的級數形式轉換成封閉形式才易於使用，若知道輸入信號的形式，則可以利用 Z 轉換表來查找出對應的 Z 轉換結果，在此不加贅述，讀者可以參考數字控制的相關書籍。

在此筆者要強調的是，在控制系統設計的實務面，習慣上會先設計基於拉氏轉換的連續時間轉移函數，再利用採樣時間 T 將連續時間轉移函數作 Z 轉換，舉例來說，假設設計完成的 PI 控制器的拉氏轉換式爲

$$C(s)=K_p+\frac{K_i}{s}=0.16+\frac{0.73}{s} \quad (6.3.4)$$

假設採樣時間 T = 0.001（s），並利用雙線性（bilinear）轉換來近似，雙線性（bilinear）轉換近似如下

$$s\cong\frac{2}{T}\left(\frac{z-1}{z+1}\right) \quad (6.3.5)$$

可以利用以下的 MATLAB 程式來得到（6.3.4）式的 Z 轉換形式

```
tf_pi = tf([0.16 0.73],[1 0]);
tf_pi_z=c2d(tf_pi, 0.001, 'tustin');
```

得到的 Z 轉換如下

$$C(z)=\frac{0.1604z-0.1596}{z-1} \quad (6.3.6)$$

得到（6.3.6）式的 Z 轉換後，我們需要將其整理成以下形式

$$H(z)=\frac{Y(z)}{X(z)}=\frac{b_0+b_1z^{-1}+b_2z^{-2}+\cdots}{1+a_1z^{-1}+a_2z^{-2}+\cdots} \quad (6.3.7)$$

因此請將（6.3.6）式的分子與分母同除 z 的最高階數

$$C(z)=\frac{P(z)}{E(z)}=\frac{0.1604-0.1596z^{-1}}{1-z^{-1}} \quad (6.3.8)$$

其中，假設 PI 控制器的輸入為誤差信號 $E(z)$，PI 控制器的輸出為 $P(z)$，則利用交叉相乘可得

$$P(z) - P(z)z^{-1} = 0.1604E(z) - 0.1596E(z)z^{-1} \quad (6.3.9)$$

可以將（6.3.9）式轉換成時間序列形式的差分方程式如下

$$p[n] = p[n-1] + 0.1604 \times e[n] - 0.1596 \times e[n-1] \quad (6.3.10)$$

得到（6.3.10）式的差分方程式後，即可利用微控制器實作此數字 PI 控制器，而（6.3.10）式中的 $e[n]$ 與 $e[n-1]$ 代表對誤差信號的採樣值，因此並不存在一個獨立的「採樣」轉移函數，當你將拉氏轉移函數轉成 Z 轉換形式後，就已經包含了採樣行爲，因爲 Z 轉換的本質就是「採樣」。而且因爲數字系統是對採樣信號進行運算，因此才會形成如（6.3.10）式的差分方程式。

■ 零階保持器（zero-order-hold，ZOH）

在每個採樣週期，計算機都會根據控制器的差分方程式，如（6.3.10）式，計算出輸出控制量 $p[n]$，但此時 $p[n]$ 爲數字值，爲離散狀態，若要將其輸出使其成爲受控廠的輸入控制量，則需利用數字轉模擬（D/A）模塊將數字值 $p[n]$ 轉換成模擬量 $p[t]$，零階保持器是最常見的 D/A 模塊的轉換方式，圖 6-3-4 顯示數字控制器的輸出值 $p[n]$ 利用零階保持器（ZOH）轉換成模擬量 $p(t)$ 的示意圖，其中，假設 D/A 模塊所使用的採樣時間爲 T，則圖中的階梯狀信號 $p(t)$ 即爲零階保持器（ZOH）所轉換的模擬量，在此筆者不對零階保持器進行過多的數學推導，有興趣的讀者可以參考數字控制的相關書籍，筆者在此要強調的是零階保持器（ZOH）所輸出的模擬量信號 $p(t)$ 的輸出延遲特性與採樣所造成的延遲效應類似，模擬量信號 $p(t)$ 會落後 $p[n]$ 信號$\frac{T}{2}$時間，這也是爲何在第二章中，會將電流回路的電壓命令輸出延遲 T_o 等效爲二分之一個採樣週期，即$T_o = \frac{T_s}{2}$，其中，T_s 爲第二章中所使用的採樣週期變數，同本節的採樣時間間隔 T。

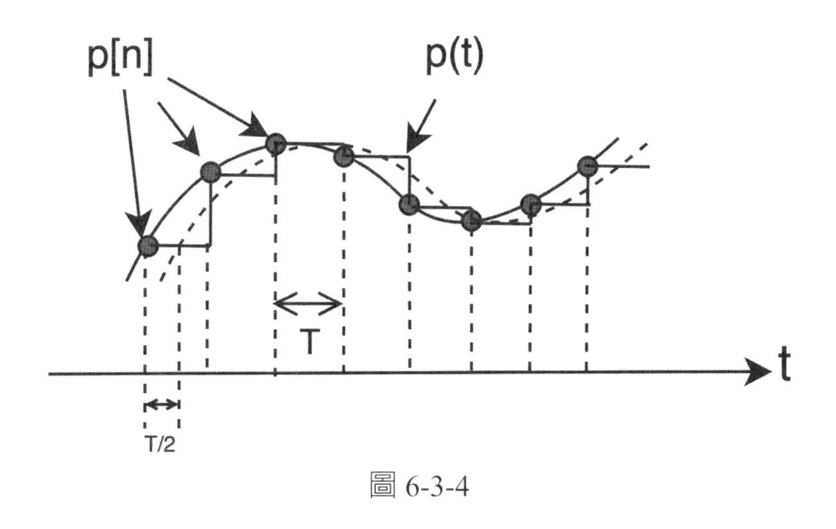

圖 6-3-4

零階保持器（ZOH）的轉移函數 $T(z)$ 如下

$$T(s)=\frac{1-e^{-Ts}}{s}=\frac{1-z^{-1}}{s}=\frac{z-1}{z}\left(\frac{1}{s}\right) \qquad (6.3.11)$$

其中，$z=e^{sT}$，爲了使其直流增益爲 1，將 $T(z)$ 乘上$\frac{1}{T}$，得到

$$T(z)=\frac{z-1}{Tz}\left(\frac{1}{s}\right) \qquad (6.3.12)$$

（6.3.12）式爲零階保持器（ZOH）的轉移函數，也常作爲使用 ZOH 的數模轉換器（D/A）的轉移函數。

若考慮弦波穩態，可使用 $s=j\omega$ 代入（6.3.12）式，得

$$T(z)=\frac{z-1}{Tz}\left(\frac{1}{s}\right)=\left(\frac{\sin(\omega T/2)}{\omega T/2}\right)\angle-\frac{\omega T}{2} \qquad (6.3.13)$$

從（6.3.13）式可知，從轉移函數的角度也可證明零階保持器（ZOH）會造成$\frac{T}{2}$的時間延遲。

各位可以開啓範例程式 m6_3_1 來畫出（6.3.12）式的波德圖，如圖 6-3-5

所示，其中，採樣時間 T 設爲 0.001（s）。

MATLAB 範例程式 m6_3_1.m：

```
s=tf('s');
T=0.001;
tf_ZOH=(1-exp(-T*s))/(T*s);
h=bodeoptions;
h.PhaseMatching='on';
h.Title.FontSize = 14;
h.XLabel.FontSize = 14;
h.YLabel.FontSize = 14;
h.TickLabel.FontSize = 14;
bodeplot(tf_ZOH,'-b',{1,2*pi*1000/2},h);
legend('tf-ZOH');
h = findobj(gcf,'type','line');
set(h,'linewidth',2); grid on;
```

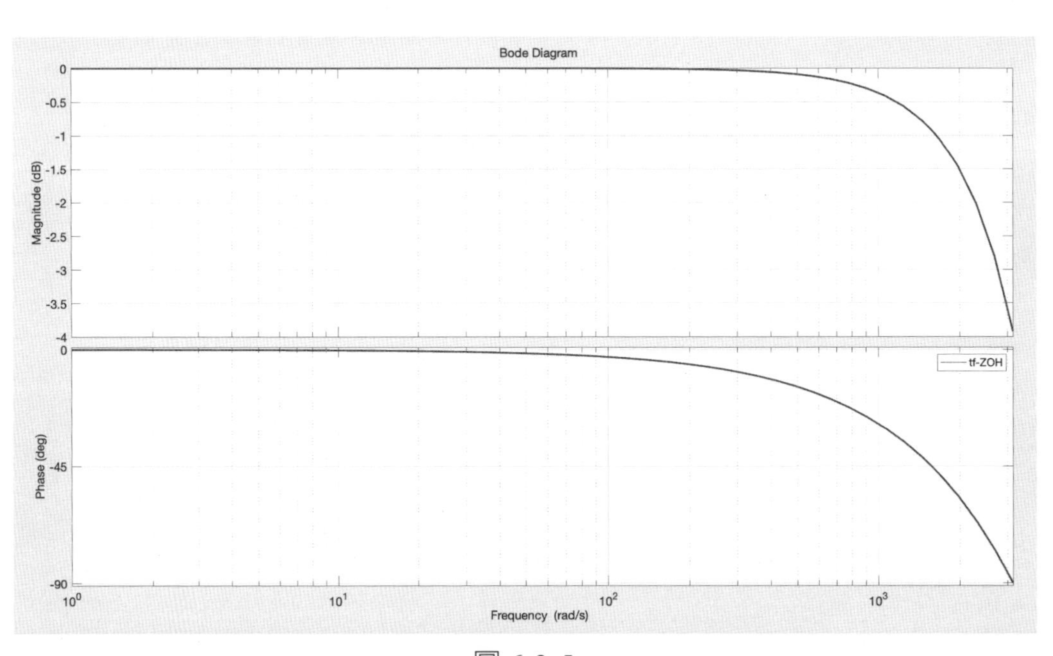

圖 6-3-5

如圖 6-3-5 所示，當信號頻率遠低於採樣頻率的一半，即$\frac{2\times\pi\times1000}{2}$（rad/s），此時信號經過零階保持器（ZOH）後，幅值並不會有明顯的衰減，但隨著信號頻率愈往採樣頻率的一半接近時，幅值衰減的愈嚴重，而採樣頻率的一半即爲我們所熟知的奈氏頻率。相位也有類似的特性，隨著信號頻率 ω 增大，（6.3.13）式所揭示的相位延遲$-\frac{\omega T}{2}$也將隨之增大，而相位延遲愈大，對控制系統的穩定性的侵蝕也愈大，因此設計合理且高性能的數字控制系統的前提條件是，需充分理解控制回路帶寬與採樣頻率之間的關係，即奈奎斯特定理（Nyquist-Shannon sampling theorem）所揭示的基本原則。

說明：

控制回路的帶寬和採樣頻率之間的關係可以從奈奎斯特定理（Nyquist-Shannon sampling theorem）來理解。奈奎斯特定理是信號處理領域的一個基本原則，它指出爲了能夠完全重建原始信號，採樣頻率（以 Hz 爲單位）需要至少是原始信號中最高頻率成分的兩倍。

當輸入信號頻率大於採樣頻率的一半時，採樣點將不足以表示輸入信號，此時將會發生混疊（Aliasing）現象，此時觀測到的信號並不是輸入的高頻信號，而是某個低頻的混疊信號。

在控制系統中，帶寬通常表示系統可以有效控制的信號頻率範圍。例如，一個具有寬帶寬的控制系統可以快速響應並跟蹤高頻變化。在實際應用中，控制器的帶寬受到採樣頻率的限制，因爲控制器需要對輸入信號進行採樣以生成控制命令。

根據奈奎斯特定理，爲了確保控制回路能夠正確跟蹤並控制系統，採樣頻率應至少是控制回路帶寬的兩倍。然而，在實際應用中，通常建議將採樣頻率設置爲控制回路帶寬的 5 倍到 10 倍甚至更高，爲了提高控制性能和信號重建品質。

本節重點歸納如下：

- 數字控制系統所產生的採樣、運算與 D/A 等延遲是模擬控制系統與數字控制系統之間的最主要差異。

- 信號只要經過採樣，就不再是連續時間信號了，因此就不再適合用拉氏轉換來表達，取而代之的是使用 Z 轉換來描述採樣後的信號與其運算行為。
- Z 轉換轉移函數的波德圖與其連續時間轉移函數波德圖二者只是接近，並非完全一樣，原因是 Z 轉換只是拉氏轉換的積分近似，因此需檢視 Z 轉換轉移函數的波德圖，評估數字控制器在不同採樣時間下可能造成的大小衰減與相位延遲，整體的考量數字控制系統的性能與穩定度。

6.4 S 域與 Z 域的 P、I、D 控制器實現

在典型的馬達控制系統中，P、I、D 控制器是使用最普遍的控制器類型，其中，P 代表比例控制器、I 代表積分控制器、D 代表微分控制器，它們各自有各自的增益值，其中，比例控制器的增益為比例增益，可用 K_p 表示；積分控制器的增益為積分增益，可用 K_i 表示；微分控制器的增益為微分增益，可用 K_d 表示，一個典型的 PID 控制器的時域表示法如下：

$$PID\ output = K_p \times e(t) + K_i \times \int e(t)dt + K_d \times \frac{de(t)}{dt} \tag{6.4.1}$$

其中，$e(t)$ 為誤差信號，即命令減去回授的值。可將（6.4.1）式作拉氏轉換，得到 PID 控制器的拉氏轉換式為

$$PID\ output = \left(K_p + K_i \times \frac{1}{s} + K_d \times s\right) \times E(s) \tag{6.4.2}$$

其中，$E(s)$ 為誤差信號 $e(t)$ 的拉氏轉換。

接下來筆者將分別介紹 P、I、D 控制器在 S 域與 Z 域的表示方法，並且利用波德圖來檢視不同的 Z 轉換近似法所造成的差異[1, 2]。

■ 比例控制器

我們可將（6.4.2）式中的比例控制器項獨立出來，如下

$$P\ control\ output = K_p \times E(s) \qquad (6.4.3)$$

如（6.4.3）式所示，比例控制器的作用方式是直接將誤差信號乘上一個比例增益 K_p，若將（6.4.3）式轉換成 Z 轉換，可得

$$P\ control\ output = K_p \times E(z) \qquad (6.4.4)$$

將（6.4.4）式轉換成差分方程式可得

$$p[n] = K_p \times e[n] \qquad (6.4.5)$$

其中，$p[n]$ 為比例控制器的輸出，$e[n]$ 為比例控制器的輸入，從（6.4.5）式可知，比例控制器的作用方式相當單純，在每個採樣週期中，僅將輸入信號乘上比例增益 K_p 後即為控制器的輸出，因此比例控制器在 S 域與 Z 域的作用方法並無明顯差別。

■ 積分控制器

我們可將（6.4.2）式中的積分控制器項獨立出來，如下

$$I\ control\ output = K_i \times \frac{1}{s} \times E(s) \qquad (6.4.6)$$

如（6.4.6）式所示，積分控制器的作用方式是將誤差信號積分後乘上一個積分增益 K_i，對於如何近似（6.4.6）式中的積分運算，筆者介紹二種常見的近似方法，第一種為歐拉積分（Euler's integration）近似，可以表示如下：

$$c[n] = c[n-1] + T \times r[n] \qquad (6.4.7)$$

其中，$c[n]$ 為第 n 次採樣週期的積分器輸出，$c[n-1]$ 為第 $n-1$ 次採樣週期的積分器輸出，$r[n]$ 為第 n 次採樣週期的積分器輸入，T 為採樣週期。

可將（6.4.7）式作 Z 轉換，可得

$$C(z) = C(z) \times z^{-1} + TR(z) \tag{6.4.8}$$

從（6.4.8）式可得歐拉積分（Euler's integration）的積分器 Z 轉換為

$$\frac{C(z)}{R(z)} = \frac{Tz}{z-1} \tag{6.4.9}$$

可以開啓範例程式 m6_4_1 來畫出（6.4.9）式的波德圖，並與 S 域的積分器作比較，如圖 6-4-1 所示。

MATLAB 範例程式 m6_4_1.m：

```
T=0.001;
z=tf('z', T);
s=tf('s');
tf_euler_integrator = T*z/(z-1);
tf_s_integrator = 1/s;
h=bodeoptions; h.PhaseMatching='on';
h.Title.FontSize = 14;
h.XLabel.FontSize = 14;
h.YLabel.FontSize = 14;
h.TickLabel.FontSize = 14;
bodeplot(tf_s_integrator,'-b',tf_euler_integrator,'-.k',{0.01,10000},h);
legend('tf-s-integrator','tf-euler-integrator');
h = findobj(gcf,'type','line');
set(h,'linewidth',2); grid on;
```

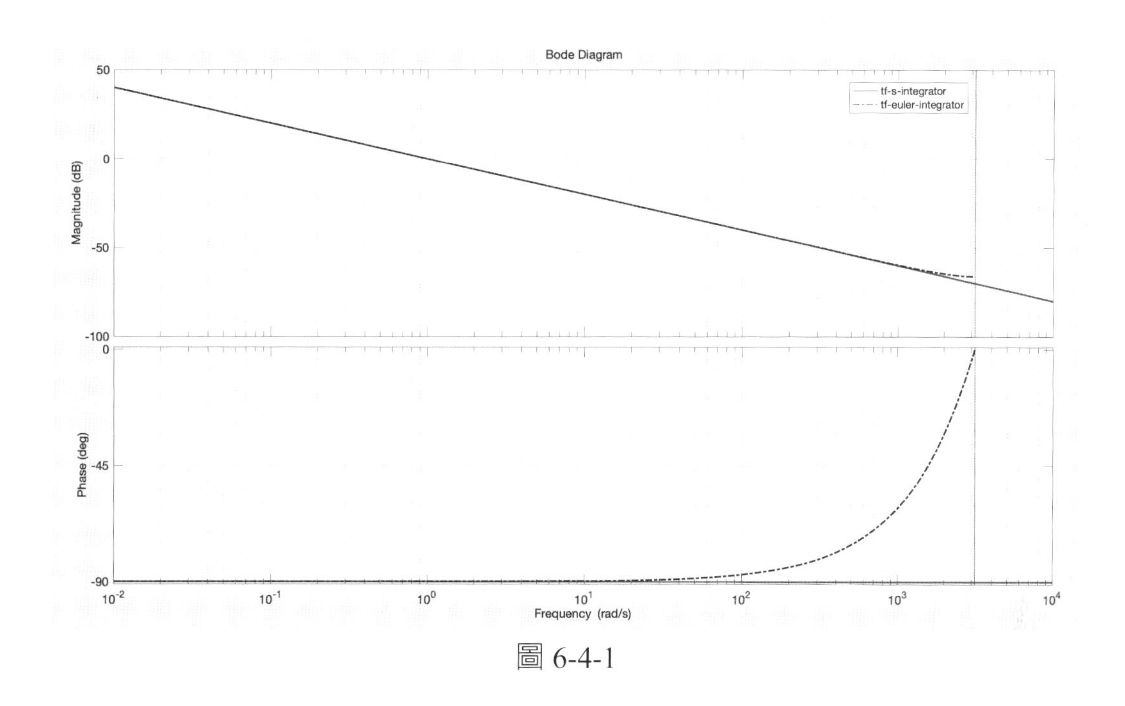

圖 6-4-1

如圖 6-4-1 所示，歐拉積分（Euler's integration）的積分器在頻率遠低於採樣頻率的一半（即爲奈氏頻率），即$\frac{2\times\pi\times1000}{2}$（rad/s）時，頻域幅值特性與 S 域積分器幾乎重合，因此幅值的近似效果相當不錯，對於相位特性來說，S 域積分器由於其固有的極點會造成 −90° 的相位滯後，但歐拉積分器在高頻區的相位會隨著頻率增加而減少，這代表能在高頻區提供控制系統更多的相位裕度，因此歐拉積分器對控制系統來說具有增加穩定度的額外效果。

第二種常見的積分器爲梯形積分器（Trapezoidal integrator），可以表示如下：

$$c[n]=c[n-1]+\frac{T}{2}\times(r[n]+r[n-1]) \tag{6.4.10}$$

其中，$c[n]$ 爲第 n 次採樣週期的積分器輸出，$c[n-1]$ 爲第 $n-1$ 次採樣週期的積分器輸出，$r[n]$ 爲第 n 次採樣週期的積分器輸入，$r[n-1]$ 爲第 $n-1$ 次採樣週期的積分器輸入，T 爲採樣週期。

可將（6.4.10）式作 Z 轉換，可得梯形積分器的 Z 轉換爲

$$\frac{C(z)}{R(z)}=\frac{T}{2}\left(\frac{z+1}{z-1}\right) \qquad (6.4.11)$$

從（6.4.11）與（6.3.5）式可以得知，梯形積分器即為雙線性轉換積分器。

可以開啓範例程式 m6_4_2 來畫出（6.4.11）式的波德圖，並與 S 域的積分器作比較，如圖 6-4-2 所示。

MATLAB 範例程式 m6_4_2.m：

```
T=0.001;
z=tf('z', T);
s=tf('s');
tf_trapezoidal_integrator = (T/2)*(z+1)/(z-1);
tf_s_integrator = 1/s;
h=bodeoptions; h.PhaseMatching='on';
h.Title.FontSize = 14;
h.XLabel.FontSize = 14;
h.YLabel.FontSize = 14;
h.TickLabel.FontSize = 14;
bodeplot(tf_s_integrator,'-b',tf_trapzoidal_integrator,'-.k',{0.01,10000},h);
legend('tf-s-integrator','tf-trapezoidal-integrator');
h = findobj(gcf,'type','line');
set(h,'linewidth',2); grid on;
```

如圖 6-4-2 所示，梯形積分器（Trapezoidal integrator）在頻率遠低於採樣頻率的一半（此為奈氏頻率），即$\frac{2\times\pi\times 1000}{2}$（rad/s）時，頻域幅值特性與 S 域積分器幾乎重合，因此幅值的近似效果與歐拉積分器相當接近，對於相位特性來說，梯形積分器在整個頻率範圍內的相位都與 S 域積分器一致，即 $-90°$ 的相位滯後，而未能在高頻區提供控制系統額外的相位裕度，因此梯形積分器對控制系統來說並不具備增加穩定度的額外效果。

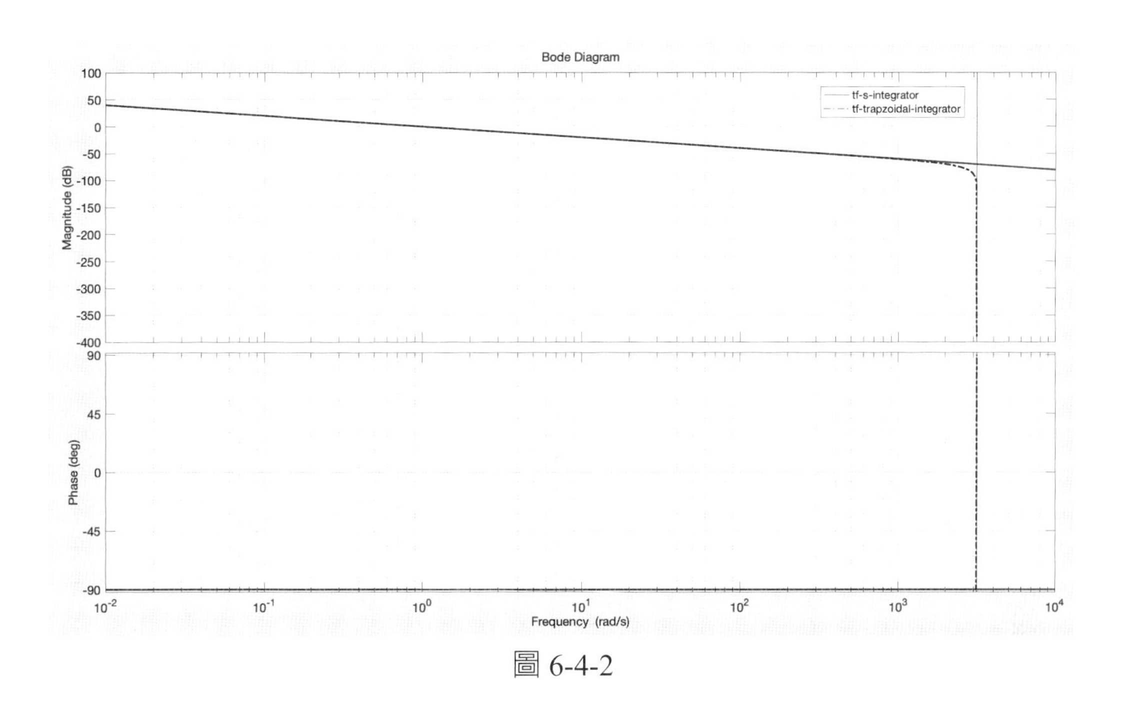

圖 6-4-2

■微分控制器

我們可將（6.4.2）式中的微分控制器項獨立出來，如下

$$D\ control\ output = K_d \times s \times E(s) \tag{6.4.12}$$

如（6.4.12）式所示，微分控制器的作用方式是將誤差信號微分後乘上一個微分增益 K_d，對於如何近似（6.4.12）式中的微分運算，筆者介紹二種常見的近似方法，第一種爲歐拉微分（Euler's differentiation），可以表示如下：

$$c[n] = \frac{r[n] - r[n-1]}{T} \tag{6.4.13}$$

其中，$c[n]$ 爲第 n 次採樣週期的微分器輸出，$r[n]$ 爲第 n 次採樣週期的微分器輸入，$r[n-1]$ 爲第 $n-1$ 次採樣週期的微分器輸入，T 爲採樣週期。

可將（6.4.13）式作 Z 轉換，可得歐拉微分（Euler's differentiation）的 Z

轉換為

$$\frac{C(z)}{R(z)}=\frac{z-1}{Tz} \tag{6.4.14}$$

可以開啓範例程式 m6_4_3 來畫出（6.4.14）式的波德圖，並與 S 域的微分器作比較，如圖 6-4-3 所示。

MATLAB 範例程式 m6_4_3.m：

```
T=0.001;
z=tf('z', T);
s=tf('s');
tf_euler_differentiator = (z-1)/(T*z);
tf_s_differentiator = s;
h=bodeoptions; h.PhaseMatching='on';
h.Title.FontSize = 14;
h.XLabel.FontSize = 14;
h.YLabel.FontSize = 14;
h.TickLabel.FontSize = 14;
bodeplot(tf_s_differentiator,'-b',tf_euler_differentiator,'-.k',{0.01,10000},h);
legend('tf-s-differentiator','tf-euler-differentiator');
h = findobj(gcf,'type','line');
set(h,'linewidth',2); grid on;
```

如圖 6-4-3 所示，歐拉微分器（Euler's differentiator）在頻率遠低於採樣頻率的一半（此為奈氏頻率），即$\frac{2\times\pi\times1000}{2}$（rad/s）時，頻域幅值特性與 S 域積分器幾乎重合，因此幅值的近似效果相當不錯，對於相位特性來說，S 域微分器由於其固有的零點可提供 90° 的相位超前，但歐拉積分器在中高頻區的相位會隨著頻率增加而減少，這代表能在中高頻區歐拉積分器無法提供控制系統 90° 的相位超前，因此其對穩定度的貢獻會隨著頻率而遞減。

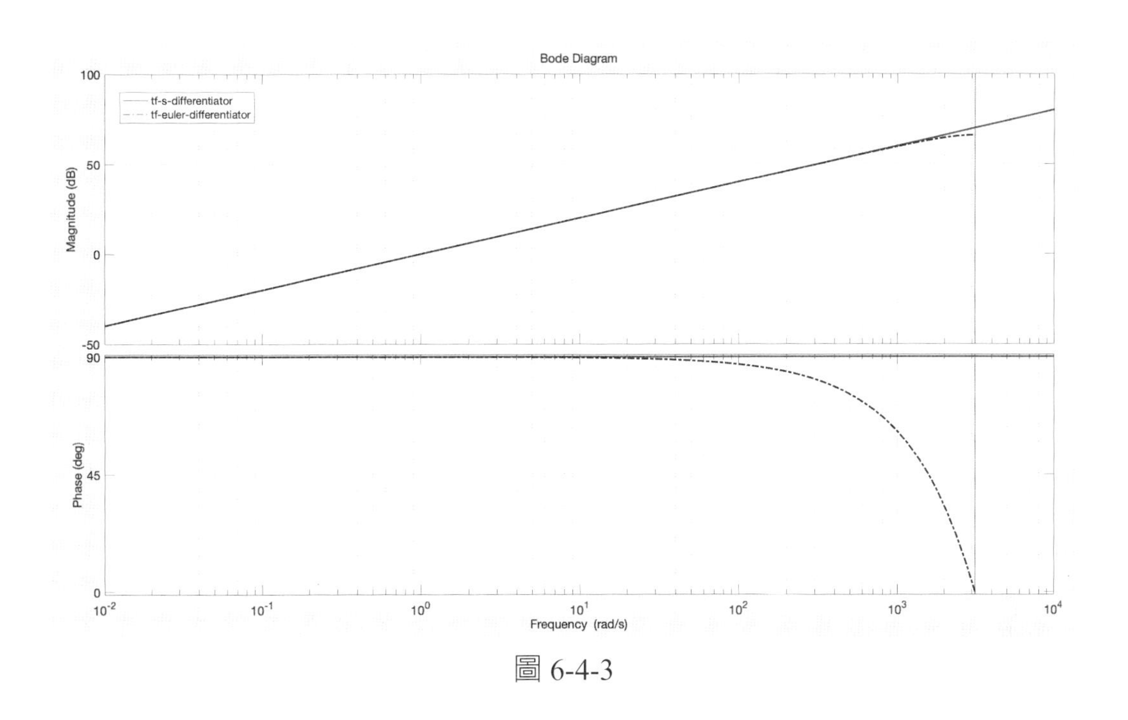

圖 6-4-3

第二種常見的微分爲梯形微分（Trapezoidal differentiation），可以表示如下：

$$c[n] = -c[n-1] + \frac{2}{T}(r(n) - r[n-1]) \tag{6.4.15}$$

其中，$c[n]$ 爲第 n 次採樣週期的微分器輸出，$c[n-1]$ 爲第 $n-1$ 次採樣週期的微分器輸出，$r[n]$ 爲第 n 次採樣週期的微分器輸入，$r[n-1]$ 爲第 $n-1$ 次採樣週期的微分器輸入，T 爲採樣週期。

可將（6.4.15）式作 Z 轉換，可得梯形微分（Trapezoidal differentiation）的 Z 轉換爲

$$\frac{C(z)}{R(z)} = \frac{2}{T}\left(\frac{z-1}{z+1}\right) \tag{6.4.16}$$

（6.4.16）式即爲梯形積分 Z 轉換的倒數，即（6.4.11）式的倒數，但單純的梯形微分有其固有的問題，我們可以觀察（6.4.15）式，當 $r[n]$ 與 $r[n-1]$

同時為零時，輸出 $c[n]$ 會改變正負號，這可能會造成控制系統的不穩定，因此需將（6.4.15）式修改為

$$c[n]=-\alpha\times c[n-1]+\frac{1+\alpha}{T}(r[n]-r[n-1]),\ \alpha<1 \tag{6.4.17}$$

將（6.4.17）式作 Z 轉換，可得修改後的梯形微分（Trapezoidal differentiation）的 Z 轉換式如下

$$\frac{C(z)}{R(z)}=\frac{1+\alpha}{T}\left(\frac{z-1}{z+\alpha}\right),\ \alpha<1 \tag{6.4.18}$$

當 $\alpha=0$，則修改後的梯形微分器就會變成歐拉微分器，α 值愈大，則在高頻區微分器造成的相位損失愈少，但 α 必須小於 1。

可以開啓範例程式 m6_4_4 來畫出（6.4.18）式的波德圖，並與 S 域的微分器作比較，如圖 6-4-4 所示。

MATLAB 範例程式 m6_4_4.m：

```
T=0.001;
Alpha=0.9;
z=tf('z', T);
s=tf('s');
tf_trapezoidal_differentiator = (1+alpha)/T*(z-1)/(z+alpha);
tf_s_differentiator = s;
h=bodeoptions; h.PhaseMatching='on';
h.Title.FontSize = 14;
h.XLabel.FontSize = 14;
h.YLabel.FontSize = 14;
h.TickLabel.FontSize = 14;
bodeplot(tf_s_differentiator,'-b',tf_trapezoidal_differentiator,'-.k',{0.01,10000},h);
```

```
legend('tf-s-differentiator','tf-trapezoidal-differentiator');
h = findobj(gcf,'type','line');
set(h,'linewidth',2); grid on;
```

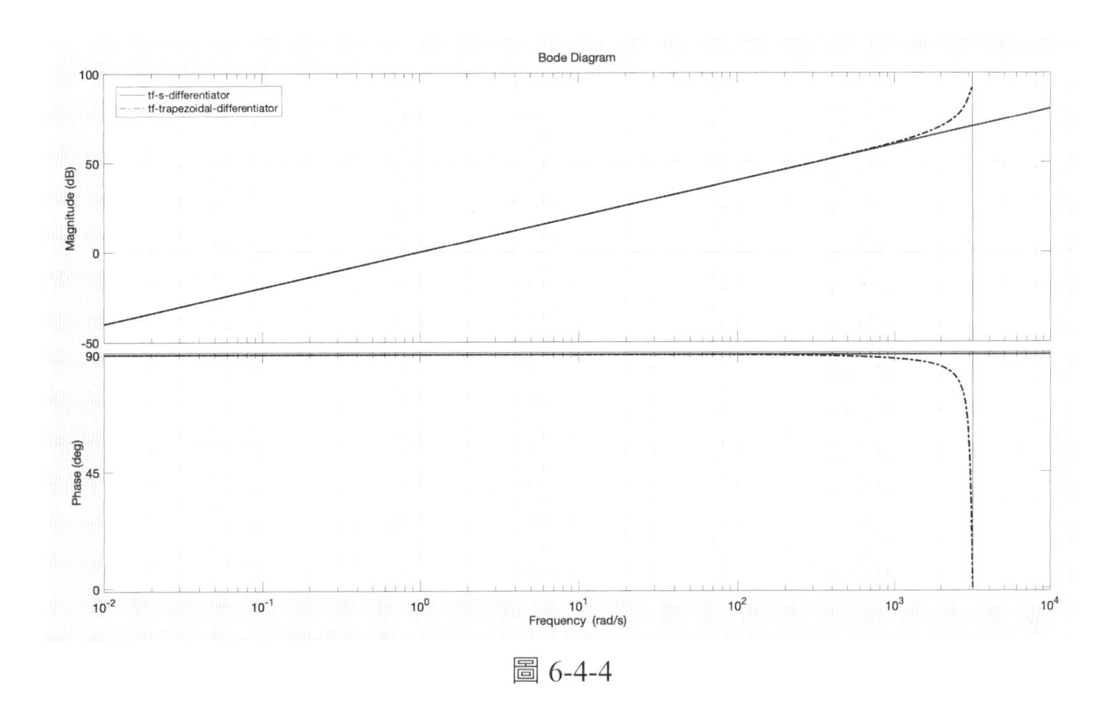

圖 6-4-4

如圖 6-4-4 所示，修改後的梯形微分器在頻率遠低於採樣頻率的一半（此爲奈氏頻率），即$\frac{2\times\pi\times1000}{2}$（rad/s）時，頻域幅值特性與 S 域積分器幾乎重合，因此幅值的近似效果與歐拉微分器相當接近，對於相位特性來說，藉由將 α 值設成 0.9，使得梯形微分器在中高頻的相位特性接近 S 域微分器，因此修改後的梯形微分器可大幅增進其對控制系統的穩定度的貢獻。

本節重點歸納如下：

- 當使用不同的近似方法將 S 域的轉移函數轉換成 Z 域轉移函數時，需檢視在不同採樣頻率下的 Z 域轉移函數的波德圖，觀察數字控制系統所產生的相位滯後，再根據穩定度需求調整採樣頻率與近似方法。
- 從數值分析的角度，梯形法的近似準確性會優於歐拉法，但對控制系統設計而言，準確性只是評估控制器性能的因素之一，相位特性也是另一個評估重點，由於相位特性會直接影響系統穩定度，在很多情況下，控制器的相位特性可能更受重視。

6.5 標準二階系統的本質與基本特性

在經典控制理論中，除了一階系統外，主要探討與研究的對象爲標準二階系統 [1, 2]，一個標準二階系統控制方塊如圖 6-5-1 所示。

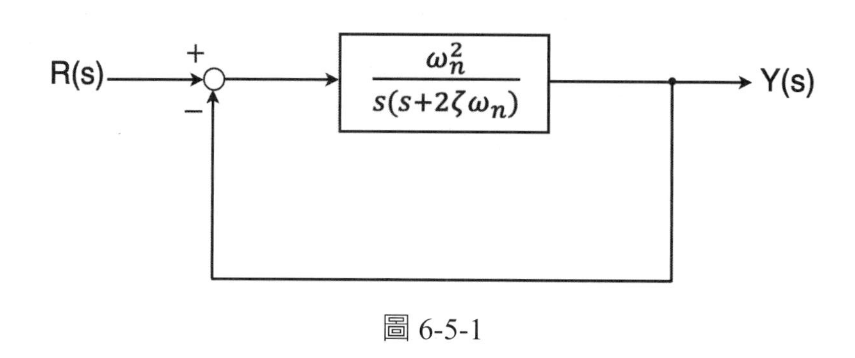

圖 6-5-1

其中，ω_n 爲系統的自然頻率，ξ 爲系統的阻尼比，如圖 6-5-1 所示，標準二階系統的順向增益 $G(s)$ 爲$\frac{\omega_n^2}{s(s+2\xi\omega_n)}$，回授增益 $H(s)$ 爲 1，因此標準二階系統的閉環轉移函數爲

$$\frac{Y(s)}{R(s)}=\frac{G(s)}{1+G(s)H(s)}=\frac{\omega_n^2}{s^2+2\xi\omega_n s+\omega_n^2} \tag{6.5.1}$$

從（6.5.1）式可知系統的特性方程式爲

$$\Delta(s)=s^2+2\xi\omega_n s+\omega_n^2 \tag{6.5.2}$$

標準二階系統的二個特性根可以表示如下

$$s_1, s_2=-\xi\omega_n\pm j\omega_n\sqrt{1-\xi^2} \tag{6.5.3}$$

從（6.5.3）式可知，當系統阻尼比 $\xi = 0$ 時，此時二個根 $s_1, s_2 = \pm j\omega_n$，代表系統會以自然頻率 ω_n 進行振盪，此時稱作無阻尼，系統會處於持續振盪的狀態，因此系統的自然頻率 ω_n 又可稱爲無阻尼頻率。

當 $0 < \xi < 1$ 時，根爲複數形式，但二個根都在左半平面，此時系統雖有阻尼但仍會產生超調，因此稱作欠阻尼。

當 $\xi \geq 1$ 時，根爲實數形式，並無虛數成分，並且二個根在負實數軸。其中，當 $\xi = 1$ 時，此時的阻尼可讓系統輸出響應無超調量，由於阻尼比 $\xi = 1$ 爲欠阻尼與過阻尼的分界線，因此被稱爲臨界阻尼，此時二個特性根爲重根，即 $s_1, s_2 = -\omega_n$，此時標準二階系統可以看成是二個一階低通濾波器的串聯。

當 $\xi > 1$ 時，稱作過阻尼，不管是臨界阻尼還是過阻尼，系統的輸出響應都不會產生超調量，但一般傾向於將系統設計爲過阻尼，目的是爲參數變動留有餘裕，若是將系統設計爲臨界阻尼，系統可能因爲參數變化而變成欠阻尼，而產生超調。

在本書的 5.6 節有探討 Butterworth 低通濾波器，從 5.6 節的內容可知任意階數的 Butterworth 低通濾波器都是由一階與標準二階系統組合而成，對於二階的 Butterworth 低通濾波器可以看成是阻尼比 $\xi = 0.707$ 的標準二階系統，如下所示

$$T(s) = \frac{\omega_n^2}{s^2 + 2 \times 0.707 \times \omega_n s + \omega_n^2} \quad (6.5.4)$$

另外，若控制系統可以等效爲如（6.5.1）式的標準二階系統，則系統的帶寬（Bandwidth）可以透過（6.5.5）式計算出來

$$BW = \omega_n \times \sqrt{(1 - 2\xi^2) + \sqrt{4\xi^4 - 4\xi^2 + 2}} \quad (6.5.5)$$

當阻尼比 $\xi = 0.707$ 時，系統帶寬正好等於 ω_n，即 $BW = \omega_n$。

當阻尼比 $\xi \leq 0.707$ 時，（6.5.1）式的伯德圖會產生凸峰，即共振峰值 M_r

$$M_r = \frac{1}{2\xi\sqrt{1-\xi^2}} \qquad (6.5.6)$$

對應的共振頻率 ω_r 爲

$$\omega_r = \omega_n\sqrt{1-2\xi^2} \qquad (6.5.7)$$

從（6.5.7）式可知，只有當阻尼比 $\xi \leq 0.707$ 時，才存在共振頻率 ω_r，若不存在共振頻率 ω_r，自然也不存在共振峰值 M_r。

本節重點歸納如下：

- 對於某些二階系統，即使轉移函數的分母與（6.5.1）式的分母相同，若分子存在零點，則不可使用（6.5.5）式來計算帶寬，只有符合（6.5.1）式的標準二階系統才可使用（6.5.5）式計算帶寬。
- 本節的內容主要幫各位複習經典控制理論中標準二階系統的重要內容，由於標準二階系統的相關內容衆多，在此不加贅述，有興趣的讀者可以參考經典控制理論書籍。
- 經典控制理論能夠系統化分析的轉移函數最高階數爲二階，因此在實務上，若要使用經典控制理論中的轉移函數分析技術，需將眞實物理系統近似成標準二階系統進行分析。
- 對於使用 PI 控制器的馬達速度控制系統，其閉環轉移函數如（2.3.25）式，由於（2.3.25）式含有零點，就算（2.3.25）式設計爲過阻尼，系統響應還是會因爲分子的零點而產生振盪，而利用 IP 控制器可將（2.3.25）式的分子零點消去，成爲（2.3.26）式的標準二階系統。

6.6 穩態誤差的本質與分析：以馬達速度控制回路為例

在控制系統的時域分析中，除了關注暫態響應的性能外，穩態誤差也是一個評估控制系統性能的重要指標，穩態誤差的定義是：「在穩態下，命令減去輸出的誤差值」，理想上我們希望穩態誤差爲零，即系統的輸出值能緊密的跟隨命令值，但實際上由於存在系統建模誤差與許多非線性的效應，因此幾乎都存在穩態誤差，但在控制系統的設計上，則需要盡可能降低穩態誤差，或使穩態誤差低於某個容忍值。另外，系統的穩態誤差會隨著輸入命令的形式與系統的型式而改變，例如某些系統對步階命令不存在穩態誤差，但對斜坡輸入則會產生穩態誤差，因此有必要對穩態誤差作完整且詳細的系統化分析與建模，本節將對經典控制理論中關於穩態誤差的內容作一重點式的回顧，並且以馬達速度控制系統爲例，對其穩態誤差進行詳細的分析 [1]。

■穩態誤差的定義

一個典型的單位負回授系統可以表示如圖 6-6-1。

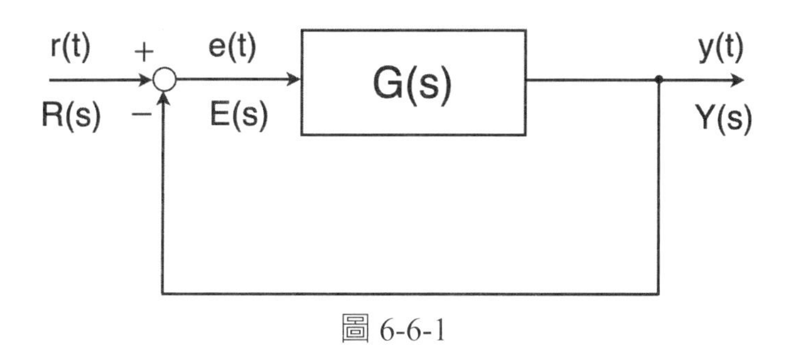

圖 6-6-1

其中，r(t) 爲系統命令的時域函數，R(s) 爲系統命令的拉氏轉換，y(t) 爲系統輸出的時域函數，Y(s) 爲系統輸出的拉氏轉換，e(t) 爲系統誤差的時域函數，E(s) 爲系統誤差的拉氏轉換。

典型的單位負回授系統的穩態誤差 e_{ss} 定義爲

$$e_{ss} = \lim_{t\to\infty} e(t) = \lim_{s\to 0} sE(s) \qquad (6.6.1)$$

對於單位回授系統來說，（6.6.1）式可以進一步表示成

$$e_{ss} = \lim_{s\to 0} sE(s) = \lim_{s\to 0} s\left(\frac{1}{1+G(s)}\right)R(s) \qquad (6.6.2)$$

■ 考慮干擾的穩態誤差

穩態誤差並非單純只由輸入產生，干擾也會對穩態誤差有所影響，一個考慮干擾的負回授控制系統可以表示如圖 6-6-2，其中 $D(s)$ 代表干擾信號的拉氏轉換。

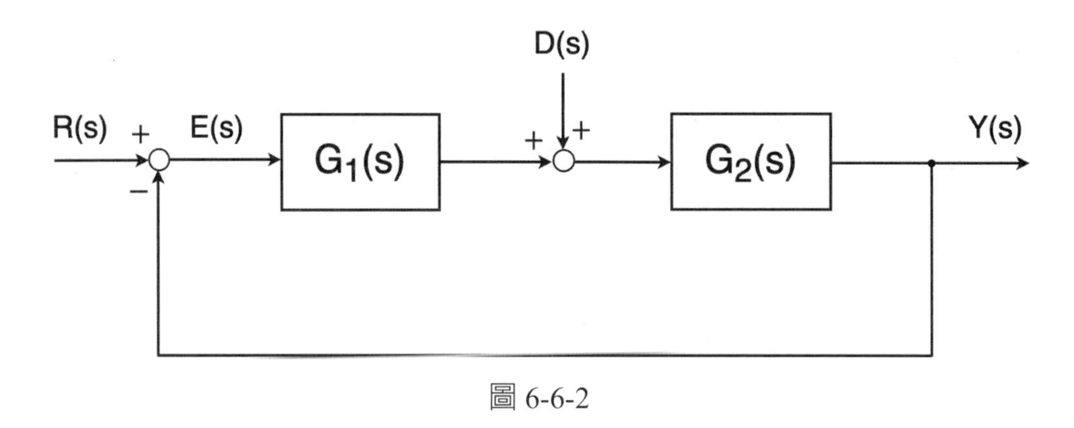

圖 6-6-2

利用重疊原理，我們可以求出輸入 $R(s)$ 與干擾 $D(s)$ 所產生的誤差信號

$$E(s)=\left(\frac{1}{1+G_1(s)G_2(s)}\right)R(s)+\left(\frac{-G_2(s)}{1+G_1(s)G_2(s)}\right)D(s) \tag{6.6.3}$$

系統的穩態誤差 e_{ss} 被定義為

$$e_{ss}=\lim_{s\to 0}sE(s)=\lim_{s\to 0}s\left(\frac{1}{1+G_1(s)G_2(s)}\right)R(s)+\lim_{s\to 0}s\left(\frac{-G_2(s)}{1+G_1(s)G_2(s)}\right)D(s) \tag{6.6.4}$$

從（6.6.4）式可知，輸入 $R(s)$ 與干擾 $D(s)$ 分別都會產生穩態誤差，影響系統性能。

■ 控制系統的型式

在此先考慮圖 6-6-1 中由輸入 $R(s)$ 所產生的穩態誤差

$$e_{ss}(t)=\lim_{s\to 0} sE(s)=\lim_{s\to 0} s\left(\frac{1}{1+G(s)}\right)R(s) \qquad (6.6.5)$$

其中，$G(s)$ 爲系統的順向轉移函數。

由於系統的穩態誤差與系統的順向轉移函數的型式（Type）有關，所謂的型式（Type）被定義爲系統的順向轉移函數 $G(s)$ 在 $s = 0$ 處的極點數目，一般來說，系統的順向轉移函數 $G(s)$ 可以表示成以下通式

$$G(s)=\frac{K(s+z_1)(s+z_2)\cdots}{s^i(s+p_1)(s+p_2)\cdots} \qquad (6.6.6)$$

其中，i 代表 $G(s)$ 在 $s = 0$ 處的極點數目，同時 i 的數目也爲系統的型式（Type），若 $i = 0$，則系統爲 Type 0，若 $i = 1$，則系統爲 Type 1，以此類推。

■輸入信號爲步階命令的穩態誤差

假設輸入信號爲步階命令，即 $R(s) = R/s$，則系統由輸入 $R(s)$ 產生的穩態誤差爲

$$e_{ss}=\lim_{s\to 0} s\left(\frac{1}{1+G(s)}\right)\frac{R}{s}=\lim_{s\to 0}\frac{R}{\lim\limits_{s\to 0} G(s)}$$

其中，$\lim\limits_{s\to 0} G(s)$被定義爲步階誤差常數 K_p，即$K_p=\lim\limits_{s\to 0} G(s)$，因此上式可以表示成

$$e_{ss}=\lim_{s\to 0}\frac{R}{1+K_p} \qquad (6.6.7)$$

若要使穩態誤差 e_{ss} 爲零，則步階誤差常數 K_p 須爲無限大，而滿足 $K_p = \infty$的條件是系統的型式必須至少爲 1，若系統型式爲 0，則 K_p 必不可能無限大，因此存在穩態誤差。

■輸入信號爲斜坡命令的穩態誤差

假設輸入信號爲斜坡命令，即 $R(s) = R/s^2$，將其代入（6.6.2）式可得系統由輸入 $R(s)$ 產生的穩態誤差爲

$$e_{ss} = \lim_{s\to 0} s\left(\frac{1}{1+G(s)}\right)\frac{R}{s^2} = \lim_{s\to 0}\frac{R}{s+sG(s)} = \frac{R}{\lim\limits_{s\to 0} sG(s)} \qquad (6.6.8)$$

其中，$\lim\limits_{s\to 0} sG(s)$被定義爲斜坡誤差常數 K_v，即$K_v = \lim\limits_{s\to 0} sG(s)$，因此（6.6.8）式可以表示成

$$e_{ss} = \lim_{s\to 0}\frac{R}{K_v} \qquad (6.6.9)$$

若要使穩態誤差 e_{ss} 爲零，則斜坡誤差常數 K_v 須爲無限大，而滿足 $K_v = \infty$的條件是系統的型式必須至少爲 2，若系統型式爲 1，則 e_{ss} 爲一常數，因此存在穩態誤差，若系統型式爲 0，則 e_{ss} 爲無限大，系統在穩態時誤差將趨於無限大。

■輸入信號爲拋物線命令的穩態誤差

假設輸入信號爲拋物線命令，即 $R(s) = R/s^3$，將其代入（6.6.2）式可得系統由輸入 $R(s)$ 產生的穩態誤差

$$e_{ss} = \lim_{s\to 0} s\left(\frac{1}{1+G(s)}\right)\frac{R}{s^3} = \lim_{s\to 0}\frac{R}{s^2+s^2G(s)} = \frac{R}{\lim\limits_{s\to 0} s^2G(s)} \qquad (6.6.10)$$

其中，$\lim\limits_{s\to 0} s^2G(s)$被定義爲拋物線誤差常數 K_a，即$k_a = \lim\limits_{s\to 0} s^2G(s)$，因此（6.6.10）式可以表示成

$$e_{ss} = \lim_{s\to 0}\frac{R}{K_a} \qquad (6.6.11)$$

若要使穩態誤差 e_{ss} 爲零，則拋物線誤差常數 K_a 須爲無限大，而滿足 $K_a = \infty$的條件是系統的型式必須至少爲 3，若系統型式爲 2，則 e_{ss} 爲一常數，因此存在穩態誤差，若系統型式爲 0 或 1，則 e_{ss} 爲無限大，系統在穩態時誤差將趨於無限大。

■ 以馬達速度控制回路爲例，分析穩態誤差

在此，筆者以永磁同步馬達速度控制回路爲例來分析穩態誤差，圖 6-6-3 爲第二章所使用的永磁同步馬達 PI 控制器速度回路（同圖 2-3-11），其中，由於延遲效應並不影響穩態誤差，在此忽略之以簡化數學推導。

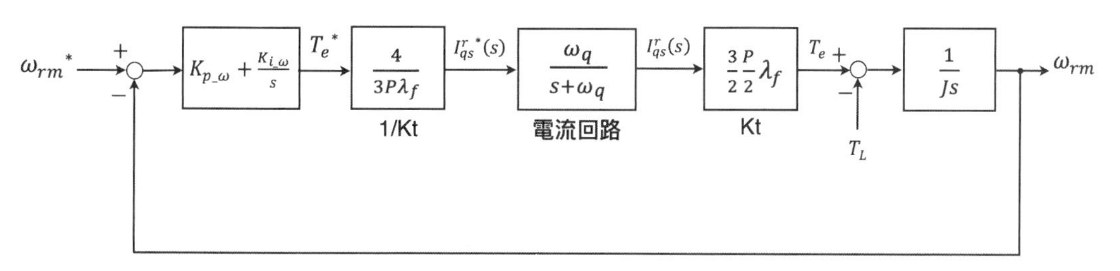

圖 6-6-3

由於速度回路帶寬遠低於電流回路帶寬，在此可以將電流回路轉移函數等效爲單位增益，即

$$\frac{\omega_q}{s+\omega_q} \cong 1 \tag{6.6.12}$$

接著將圖 6-6-3 與圖 6-6-2 進行比較，得到以下對應關係：

$$G_1(s) = \frac{K_{p\_\omega}s + K_{i\_\omega}}{s} \tag{6.6.13}$$

$$G_2(s) = \frac{1}{Js} \tag{6.6.14}$$

$$D(s) = -T_L(s) \tag{6.6.15}$$

利用（6.6.4）式，可求得穩態誤差爲

$$\begin{aligned}
e_{ss} &= \lim_{s\to 0} s\left(\frac{1}{1+G_1(s)G_2(s)}\right)\omega_{rm}^*(s) + \lim_{s\to 0} s\left(\frac{G_2(s)}{1+G_1(s)G_2(s)}\right)T_L(s) \\
&= \lim_{s\to 0} s\left(\frac{1}{1+\frac{K_{p_\omega}s+K_{i_\omega}}{s}\times\frac{1}{Js}}\right)\omega_{rm}^*(s) + \lim_{s\to 0} s\left(\frac{\frac{1}{Js}}{1+\frac{K_{p_\omega}s+K_{i_\omega}}{s}\times\frac{1}{Js}}\right)T_L(s) \\
&= \lim_{s\to 0} s\left(\frac{Js^2}{Js^2+K_{p_\omega}s+K_{i_\omega}}\right)\omega_{rm}^*(s) + \lim_{s\to 0} s\left(\frac{s}{Js^2+K_{p_\omega}s+K_{i_\omega}}\right)T_L(s)
\end{aligned} \tag{6.6.16}$$

假設速度命令爲步階信號，則 $\omega_{rm}^* = R/s$，則由命令 $\omega_{rm}^*(s)$ 產生的穩態誤差爲

$$\lim_{s\to 0} s\left(\frac{Js^2}{Js^2+K_{p\_\omega}s+K_{i\_\omega}}\right)\times\frac{R}{s}=0 \tag{6.6.17}$$

假設速度命令 $\omega_{rm}^*(s)$ 爲斜坡信號，則 $\omega_{rm}^*(s) = R/s^2$，則由命令產生的穩態誤差爲

$$\lim_{s\to 0} s\left(\frac{Js^2}{Js^2+K_{p\_\omega}s+K_{i\_\omega}}\right)\times\frac{R}{s^2}=0 \tag{6.6.18}$$

由（6.6.17）與（6.6.18）式可知，不管是步階命令還是斜坡命令，使用 PI 控制器的速度回路穩態誤差皆爲零，這是由於馬達受控廠$\frac{1}{Js}$本身就是 Type 1 系統，再加上 PI 控制器轉移函數，讓系統的順向轉移函數成爲 Type 2 的系統，因此可讓系統面對步階命令與斜坡命令時，都能保持穩態誤差爲零，但對於拋物線命令，則系統會產生穩態誤差。

接下來分析由干擾所產生的穩態誤差，假設負載轉矩 $T_L(s)$ 爲步階信號，即 $T_L(s) = R/s$，則由干擾產生的穩態誤差爲

$$\lim_{s\to 0} s\left(\frac{s}{Js^2+K_{p\_\omega}s+K_{i\_\omega}}\right)\times\frac{R}{s}=0 \tag{6.6.19}$$

由（6.6.19）式可知，當系統面對步階負載時，由干擾所產生的穩態誤差也為零。

由以上分析得知，積分控制器可增加馬達速度控制回路中順向轉移函數的型式（Type），若僅有比例控制器而無積分控制器時，當系統面對步階干擾時，比例控制器將無法有效消除由步階干擾所造成的穩態誤差，而積分器能夠增加系統的型式，進而有效消除穩態誤差，這也是為何大部分的控制回路中都需具備積分控制器的原因。

本節重點歸納如下：

- 實際上由於真實物理系統具有許多非線性的效應並且普遍存在建模誤差，因此穩態誤差是普遍存在的，因此盡可能降低穩態誤差，或使穩態誤差低於某個容忍值，就成為重要且必要的設計目標。
- 實務上常見的作法是將馬達黏滯摩擦係數 B 所造成的摩擦轉矩歸類為馬達負載轉矩 T_L 的一部分，因此馬達機械受控廠常被簡化為$\frac{1}{Js}$，而簡化的馬達機械受控廠本身就是馬達機械方程式的一種近似，所以實際上仍有可能存在穩態誤差，但仍可藉由積分控制器或前饋技術來減少穩態誤差，使穩態誤差滿足規格要求。

CHAPTER 6

6.7 非最小相位系統的意義

在經典控制理論中，常會討論二種系統，一種為最小相位系統（minimum phase system），另一種為非最小相位系統（non-minimum phase system），最小相位系統的定義是沒有任何零點或極點在右半平面或虛軸上（但不包括原點）的系統[1]，反之，若轉移函數有任何零點或極點在右半平面或有延遲環節，則稱為非最小相位系統（說明：因為若將延遲元件用 Pade 近似展開後，會發現它有正實部的零點，例如延遲$e^{-0.001s}$的一階 Pade 近似為$\frac{-s+2000}{s+2000}$，其有正實部零點）。

以上對最小相位系統與非最小相位系統的定義對開環系統與閉環系統皆適用，其中，對於閉環系統而言，若存在右半平面的極點，則爲不穩定系統，因此一般並不討論存在右半平面極點的閉環系統。

非最小相位系統一詞源於對系統頻域特性的描述，即爲在正弦信號作用下，具有相同幅值特性的系統中，最小相位系統的相位移最小，而非最小相位系統的相位移則大於最小相位系統，從轉移函數的角度來看，由於最小相位系統的所有零點與極點都在左半平面，因此當頻率 ω 從 0 變化到∞時，相位變化程度最小。然而對於非最小相位系統來說，由於其有零點在右半平面，因此相位變化程度大於最小相位系統。

最小相位系統是擁有最小相位變化的系統，假設其轉移函數的零點數量爲 m，極點數量爲 n，則其波德大小圖的斜率將遵守 -20dB*(n-m) dB/dec，同時其相位將趨近於 -90*(n-m) 度，舉例來說，以下二個系統分別是最小相位系統與非最小相位系統，它們具有相同頻域幅值特性。

$$\text{小相位系統：}\frac{s+1}{s^2+s+1} \tag{6.7.1}$$

$$\text{非最小相位系統：}\frac{-s+1}{s^2+s+1} \tag{6.7.2}$$

圖 6-7-1 爲此二系統的波德圖，如圖所示，二者擁有相同的頻域幅值特性，但是相位變化卻相差極大，其中最小相位系統的相位變化幅度最小，故其名曰「最小相位」，而非最小相位系統的相位變化幅度則大於最小相位系統。

■ 全通濾波器

信號處理領域有一種濾波器，稱爲全通濾波器，它可以讓通過的信號增益響應在各頻率都相同，而相位響應則根據不同頻率而有差異，由於全通濾波器其頻域幅值特性爲常數，而相位特性可以根據需求而設計，因此常應用於系統的相位校正使用，以下列出二個全通濾波器的例子：

$$\text{全通濾波器 1：}\frac{0.3-s}{s+0.3} \tag{6.7.3}$$

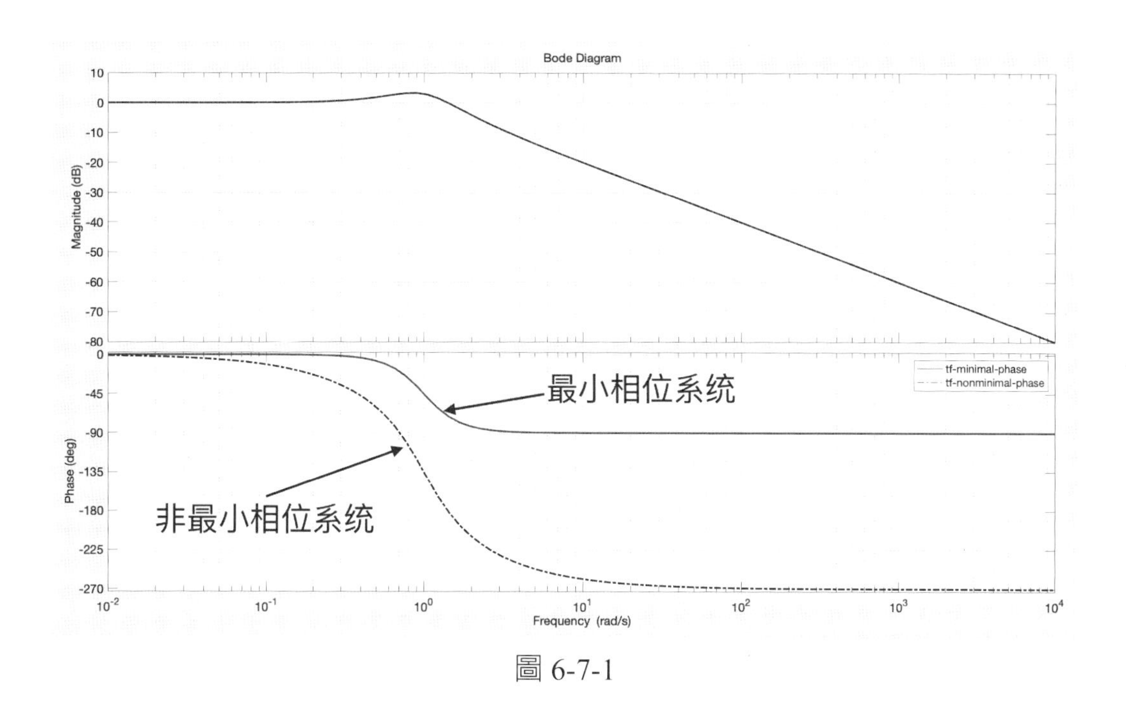

圖 6-7-1

$$全通濾波器 2：\frac{0.9-s}{s+0.9} \tag{6.7.4}$$

由（6.7.3）與（6.7.4）式可知，全通濾波器有右半平面的零點，因此全通濾波器是非最小相位系統，可使用 MATLAB 畫出以上二個全通濾波器的波德圖，如圖 6-7-2 所示。

如圖 6-7-2 所示，全通濾波器 1 與全通濾波器 2 都擁有相同的頻域幅值，但二者的相位響應不同。

■頻域的幅值與相位關係

假設有一最小相位系統開回路轉移函數 $G_m(s)$

$$G_m(s)=\frac{s+3}{s^2+2s+1} \tag{6.7.5}$$

接著，分別將全通濾波器 1 與全通濾波器 2 與最小相位系統 $G_m(s)$ 串聯，可得以下二個系統轉移函數 $G_1(s)$ 與 $G_2(s)$

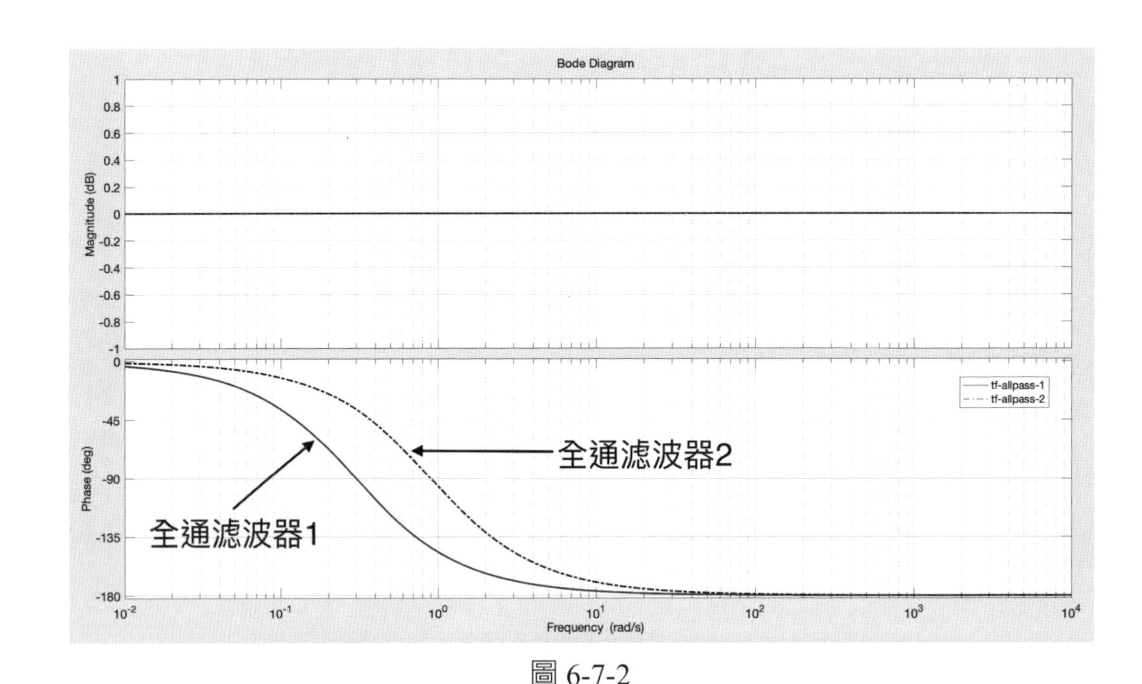

圖 6-7-2

$$G_1(s)=\left(\frac{0.3-s}{s+0.3}\right)\frac{s+3}{s^2+2s+1} \tag{6.7.6}$$

$$G_2(s)=\left(\frac{0.9-s}{s+0.9}\right)\frac{s+3}{s^2+2s+1} \tag{6.7.7}$$

由於 $G_m(s)$ 爲最小相位系統，因此擁有最小的相位移，而 $G_1(s)$、$G_2(s)$ 都有右半平面的零點，因此二者皆爲非最小相位系統，因此 $G_1(s)$、$G_2(s)$ 的相移會大於 $G_m(s)$，但二者都與全通濾波器串聯，因此三個系統都有相同的頻域幅值特性，可使用 MATLAB 畫出三個系統的波德圖，如圖 6-7-3 所示。

如圖 6-7-3 所示，三個系統都有相同的頻域幅值特性，但非最小相位系統 $G_1(s)$、$G_2(s)$ 的相移大於最小相位系統 $G_m(s)$，由於三個系統皆爲開環系統，因此也可使用圖 6-7-3 來評估穩定度，如圖所示，最小相位系統 $G_m(s)$ 所顯示的相位裕度爲 93.2°，穩定度相當不錯，但非最小相位系統 $G_1(s)$ 與 $G_2(s)$ 所顯示的相位裕度分別爲 −64.8° 與 −26.2°，因此 $G_1(s)$ 與 $G_2(s)$ 是不穩定系統。

最小相位系統的幅值特性與相位特性之間存在唯一的對應關係，只要一個確定，另一個也就被唯一確定，但對於非最小相位系統，則不存在這樣的關

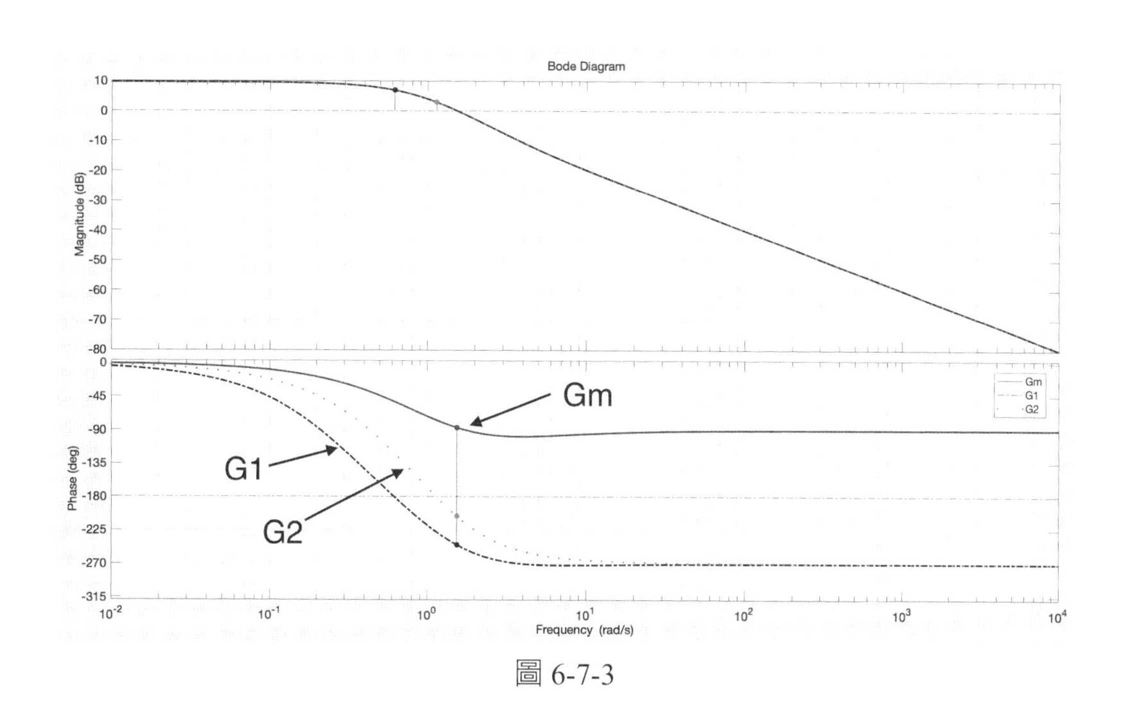

圖 6-7-3

係，可由圖 6-7-2 與 6-7-3 得到證實。

■使用波德圖判斷非最小相位系統穩定度

接著考慮一個單位回授系統，其順向轉移函數為 $G_3(s)$

$$G_3(s)=\frac{5(s+3)}{s(s-1)} \tag{6.7.8}$$

由（6.7.8）式可知 $G_3(s)$ 有一個右半平面的極點，因此它是一個非最小相位系統，接著考慮具有相同頻域幅值特性的最小相位系統 $G_{3m}(s)$

$$G_{3m}(s)=\frac{5(s+3)}{s(s+1)} \tag{6.7.9}$$

由（6.7.9）式可知 $G_{3m}(s)$ 的極零點皆未在右半平面，因此它是一個最小相位系統，我們可以使用 MATLAB 畫出以上二個系統的波德圖，如圖 6-7-4

所示。

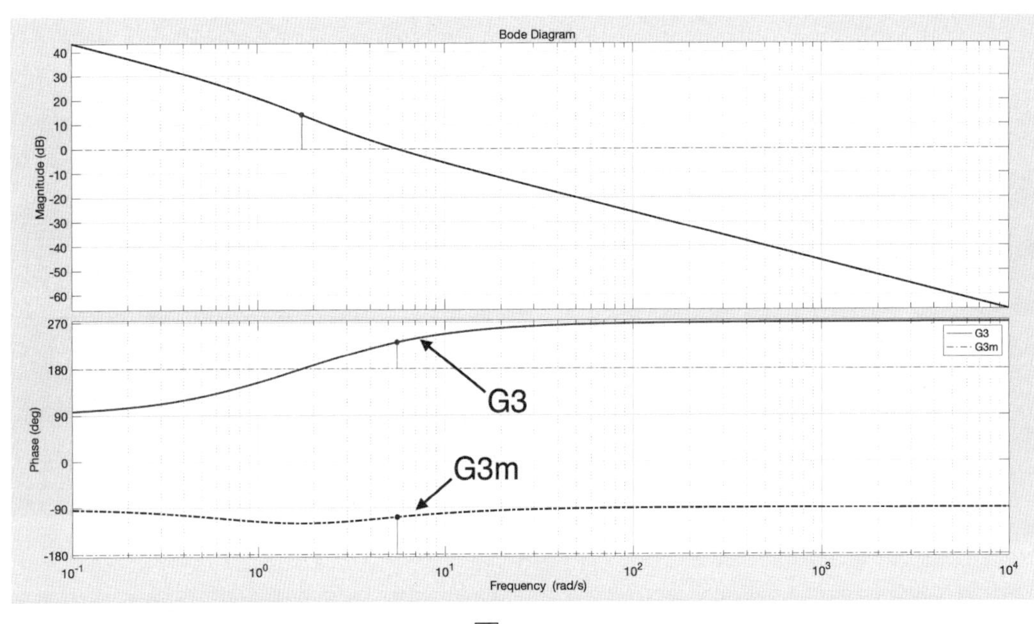

圖 6-7-4

從圖 6-7-4 的波德圖中，雖然最小相位系統 $G_{3m}(s)$ 與非最小相位系統 $G_3(s)$ 二者有相同的幅值特性，但二者的相位特性相差極大，若使用波德圖來判斷系統的穩定度，最小相位系統 $G_{3m}(s)$ 的相位裕度爲 71.9°，增益裕度爲 $+\infty$，而非最小相位系統 $G_3(s)$ 的相位裕度爲 51.6°，增益裕度則爲 −14dB，若使用經典控制系統的穩定度判斷準則，非最小相位系統 $G_3(s)$ 由於其增益裕度爲負值，將會被判斷爲不穩定系統，但若推導非最小相位系統 $G_3(s)$ 的閉環轉移函數 $G_{3c}(s)$ 可得

$$G_{3c}(s)=\frac{5(s+3)}{s^2+4s+15} \tag{6.7.10}$$

其二個極點皆位於左半平面，因此其閉環系統爲一穩定系統，很明顯由波德圖判斷的穩定度與事實不合，因此各位需了解，經典控制理論中使用波德圖對系統穩定度的判斷準則適合用於最小相位系統，因爲不管是相位裕度還是

增益裕度，都同時需要波德圖的幅值與相位搭配來判斷穩定度，而最小相位系統的幅值特性與相位特性之間存在唯一的對應關係，因此利用波德圖來判斷最小相位系統的穩定度是合理的。但對於非最小相位系統來說，其幅值特性與相位特性之間並不存在唯一的對應關係，因此若單純使用波德圖來判斷非最小相位系統的穩定度，可能會發生誤判的情形，要精確判斷非最小相位系統的穩定度，請使用奈奎斯特圖（Nyquist Plot）。

Tips：
也可以用 MATLAB 的 margin 指令來求出開環系統的 Phase Margin 與 Gain Margin。

■ 非最小相位系統的時域特性

接著我們考慮如（6.7.1）與（6.7.2）式的最小相位系統與非最小相位系統，假設此二系統皆爲系統的閉環轉移函數，它們的步階響應如圖 6-7-5 所示。

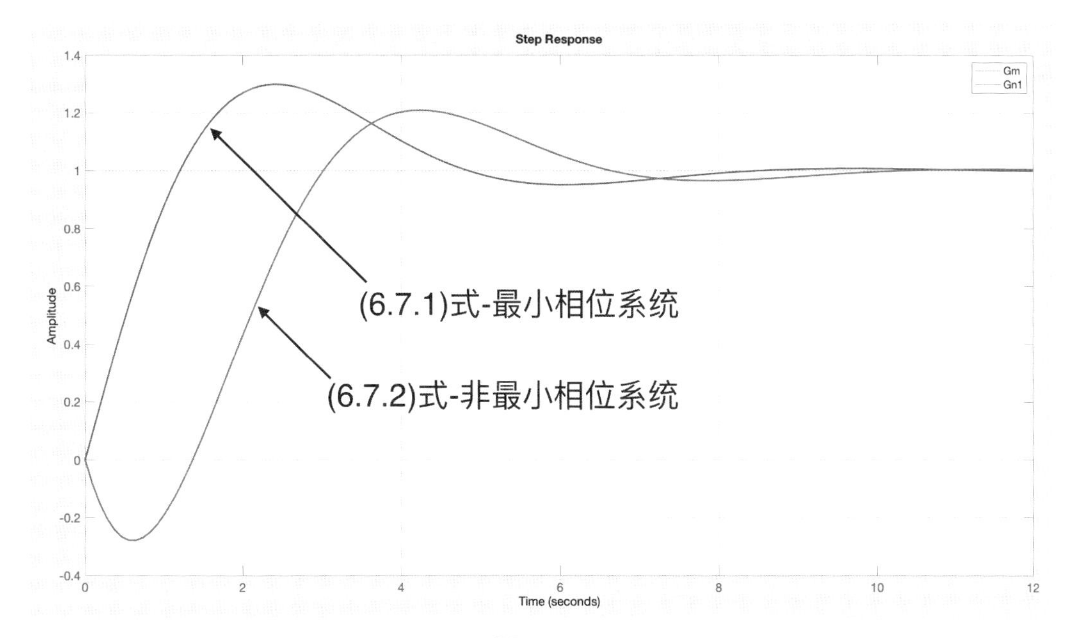

圖 6-7-5

由圖 6-7-5 可知，最小相位系統（6.7.1 式）由於相移最小，因此在時域的表現為輸出信號能夠很快的跟上輸入命令，而非最小相位系統的典型特色是在輸入命令與輸出響應之間存在延遲，如圖 6-7-5 所示，非最小相位系統（6.7.2 式）由於其頻域的相位滯後更大，表現在時域上即為在相同的步階命令下，上升時間和穩態時間更長，而過大的相位滯後甚至造成出現負的暫態響應。

也可以從轉移函數進行分析，對於最小相位系統轉移函數為$\frac{s+1}{s^2+s+1}$，可以看成是 $s+1$ 與$\frac{1}{s^2+s+1}$的串聯，假設輸入信號 $R(s)$ 先進行 $s+1$ 的運算，$s+1$ 運算會對輸入信號 $R(s)$ 進行進行以下運算：$\frac{d}{dt}r(t)+r(t)$，其中 $r(t)$ 為 $R(s)$ 的時域函數，若為步階命令，則$\frac{d}{dt}r(t)+r(t)$為一正脈衝加上輸入信號本身，因此 $s+1$ 運算所產生的輸出控制量為正，因此產生的系統響應也為正值。

但對於非最小相位系統轉移函數$\frac{-s+1}{s^2+s+1}$，可以看成是 $-s+1$ 與$\frac{1}{s^2+s+1}$的串聯，假設輸入信號 $R(s)$ 先進行 $-s+1$ 的運算，$-s+1$ 運算會對輸入信號 $R(s)$ 進行進行以下運算：$-\frac{d}{dt}r(t)+r(t)$，其中 $r(t)$ 為 $R(s)$ 的時域函數，若為步階命令，則$-\frac{d}{dt}r(t)+r(t)$的輸出為一負脈衝加上輸入信號本身，因此 $-s+1$ 運算的輸出在暫態會有一負脈衝出現，讓系統的暫態響應會出現負值。

另外，若系統開環轉移函數為非最小相位系統，則存在右半平面的零點，根據根軌跡原理，當回路增益變大時，系統的閉環極點將會移往零點，因此當回路增益變大時，系統可能會變得不穩定，而若要有效控制非最小相位系統，不可使用極零點對消的設計方法，因為它產生不穩定的系統狀態，建議使用預測控制器（predictive controller）或非線性控制器（nonlinear controller）來有效控制非最小相位系統，一般來說最簡單的控制方法也許是保持低回路增益讓系統保持穩定。

本節重點歸納如下：

➢ 不管是最小相位系統還是非最小相位系統，都可畫出波德圖，但對於最小相位系統來說，幅值與相位有唯一對應關係，而對於非最小相位系統，幅值與相位則無唯一對應關係，不同的非最小相位系統轉移函數，可能有相同的頻域幅值響應，但其相位響應完全不同。

- 對於最小相位系統來說，由於其相位延遲小，輸出信號能夠很快的跟上輸入命令，這種特性有利於控制器設計；相反的，非最小相位系統的相位變化大，可能造成上升時間和穩態時間更長，這種特性也增加了控制器設計的挑戰性。
- 若要精確判斷非最小相位系統的穩定度，請使用奈奎斯特圖（Nyquist Plot），若僅使用波德圖可能會發生誤判的情形。
- 延遲效應也是非最小相位系統，因爲若使用 Pade 近似將延遲轉移函數 e^{-sT} 線性化，則可發現近似後的轉移函數有右半平面的零點。

6.8 現代控制理論中極點配置法的本質與 MATLAB 實作

在 5.11 節中，我們曾經使用過極點配置法來設計 Luenberger 估測器的特性根，藉由設計狀態回授增益矩陣 $\boldsymbol{G}$ 來讓估測誤差 $\tilde{\boldsymbol{x}}$ 用所需的速度來收斂到零，本節筆者將爲各位完整介紹現代控制理論中極點配置法 [1] 的本質，並以實例配合 MATLAB 指令實際演練極點配置法，讓各位能實際感受極點配置法的本質與設計哲學。

經典控制理論中的轉移函數只能描述單輸入單輸出的線性系統，因此有其侷限性，若系統爲多輸入多輸出或是非線性，就無法使用轉移函數來表達，取而代之是使用現代控制理論的狀態空間法來描述系統，在現代控制理論中，是用 $\boldsymbol{A}$、$\boldsymbol{B}$、$\boldsymbol{C}$、$\boldsymbol{D}$ 四個矩陣來表達一個系統，如下所示

$$\dot{\boldsymbol{x}}(t)=\boldsymbol{A}\boldsymbol{x}(t)+\boldsymbol{B}\boldsymbol{u}(t) \tag{6.8.1}$$

$$\boldsymbol{y}(t)=\boldsymbol{C}\boldsymbol{x}(t)+\boldsymbol{D}\boldsymbol{u}(t) \tag{6.8.2}$$

其中，（6.8.1）式爲系統的狀態方程式，（6.8.2）式爲系統的輸出方程式，$\boldsymbol{x}(t)$ 爲系統狀態矢量，大小爲 $n\times1$；係數矩陣 $\boldsymbol{A}$ 的大小爲 $n\times n$；係數矩陣 $\boldsymbol{B}$ 的大小爲 $n\times p$；$\boldsymbol{u}(t)$ 代表系統輸入矢量，大小爲 $p\times1$；係數矩陣 $\boldsymbol{C}$ 的大小爲 $q\times n$；$\boldsymbol{y}(t)$ 爲系統輸出矢量，大小爲 $q\times1$；係數矩陣 $\boldsymbol{D}$ 的大小爲 $q\times p$。〔在

此先忽略干擾的影響〕

可將（6.8.1）式的狀態方程式與（6.8.2）式的輸出方程式化成系統方塊圖，如圖 6-8-1 所示。

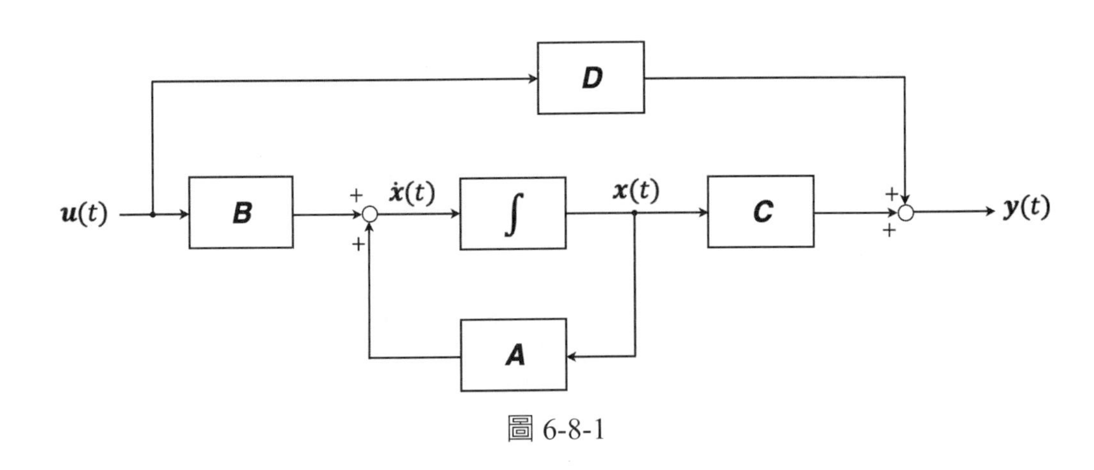

圖 6-8-1

現代控制理論對系統穩定性的定義與經典控制理論中基於轉移函數的穩定度定義不同，在現代控制理論中，一個系統的穩定性由狀態方程中矩陣 $\boldsymbol{A}$ 的特徵值決定，當矩陣 $\boldsymbol{A}$ 的特徵值的實部皆爲負時（即位於左半平面），則系統穩定，而當矩陣 $\boldsymbol{A}$ 有正實部特徵值時，則系統不穩定，此時可以藉由狀態回授重新設計新的矩陣 $\boldsymbol{A}$，並重新配置新的矩陣 $\boldsymbol{A}$ 的特徵值，讓系統穩定，此法即稱爲「極點配置法」，名曰「極點」是因爲矩陣 $\boldsymbol{A}$ 的特徵值即可等效爲系統特性方程式的極點。

圖 6-8-2 爲使用狀態回授的系統方塊圖，如圖所示，增益矩陣 $\boldsymbol{G}$ 爲狀態回授矩陣，狀態回授可將系統狀態回授至輸入端，在圖 6-8-1 中原輸入 $\boldsymbol{u}(t)$ 會被改變成 $\boldsymbol{r}(t)-\boldsymbol{G}\cdot\boldsymbol{x}(t)$，其中，$\boldsymbol{r}(t)$ 爲系統輸入矢量，因此使用狀態回授的系統狀態方程式可以表示成

$$\dot{\boldsymbol{x}}(t)=\boldsymbol{A}\boldsymbol{x}(t)+\boldsymbol{B}\,[\boldsymbol{r}(t)-\boldsymbol{G}\cdot\boldsymbol{x}(t)]=(\boldsymbol{A}-\boldsymbol{B}\boldsymbol{G})\boldsymbol{x}(t)+\boldsymbol{B}\boldsymbol{r}(t) \qquad (6.8.3)$$

從（6.8.3）式可以發現原來的矩陣 $\boldsymbol{A}$ 被置換成新的矩陣 $\boldsymbol{A}-\boldsymbol{B}\boldsymbol{G}$，透過設計增益矩陣 $\boldsymbol{G}$，可以自由配置系統的極點，即矩陣 $\boldsymbol{A}-\boldsymbol{B}\boldsymbol{G}$ 的特徵值，讓系統

滿足穩定度需求。

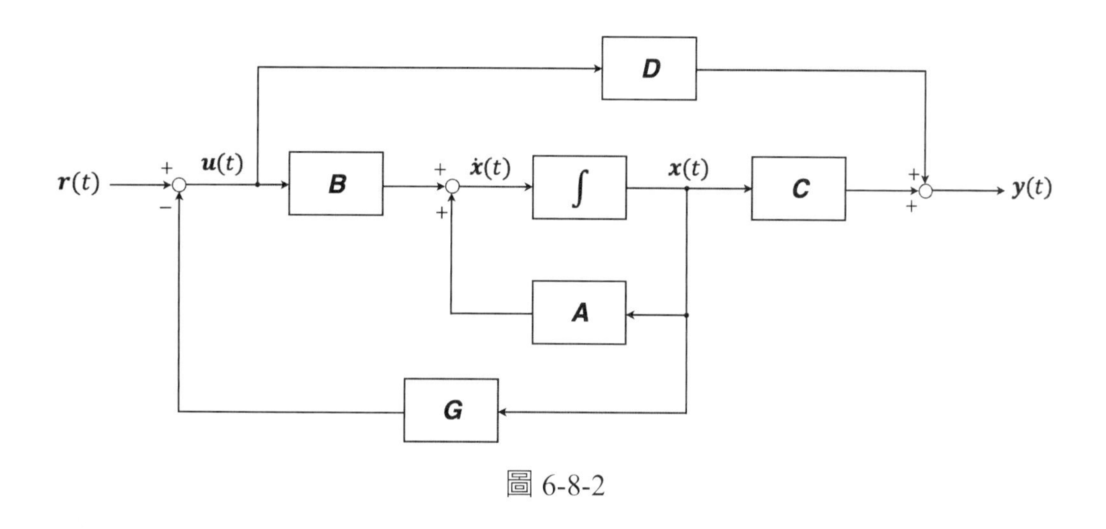

圖 6-8-2

■使用 MATLAB 實作極點配置法

接下來筆者帶領各位實際使用 MATLAB 指令來實作極點配置法，假設系統的 $\boldsymbol{A}$、$\boldsymbol{B}$、$\boldsymbol{C}$、$\boldsymbol{D}$ 矩陣如下

$$\boldsymbol{A}=\begin{bmatrix}-1 & -2\\ 1 & 0\end{bmatrix}，\boldsymbol{B}=\begin{bmatrix}2\\0\end{bmatrix}$$
$$\boldsymbol{C}=[0 \quad 1]，\boldsymbol{D}=0$$

目前矩陣 $\boldsymbol{A}$ 的特徵值為 $-0.5 \pm j1.3229$，假設目前特徵值未能滿足穩定性的規格需求，因此想利用極點配置法將特徵值設計為二個負實根：$-2, -3$，讓系統表現為過阻尼，則可以透過 MATLAB 指令自動幫我們將對應的狀態回授矩陣 $\boldsymbol{G}$ 求出，請開啓範例程式 m6_8_1，在程式中，分別定義了原來的 $\boldsymbol{A}$、$\boldsymbol{B}$、$\boldsymbol{C}$、$\boldsymbol{D}$ 矩陣，p1 即為想利用極點配置法設計的二個負實數根：$-2, -3$，再利用 MATLAB 的 place 指令即可求出對應的狀態回授矩陣 $\boldsymbol{G}$（即 G1 變數），new_A 變數為極點配置後的新狀態矩陣，new_sys 為極點配置後的狀態空間系統模型，new_poles 為極點配置後的特徵值，其值即為 $-2, -3$，最後利用 step 指令

畫出系統的步階響應。

MATLAB 範例程式 m6_8_1.m：

```
A = [-1,-2;1,0];
B = [2;0];
C = [0,1];
D = 0;
p1 = [-2,-3];
G1 = place(A,B,p1);
new_A = A-B*G1;
new_sys = ss(new_A,B,C,D);
new_poles = pole(new_sys);
step(new_sys);
```


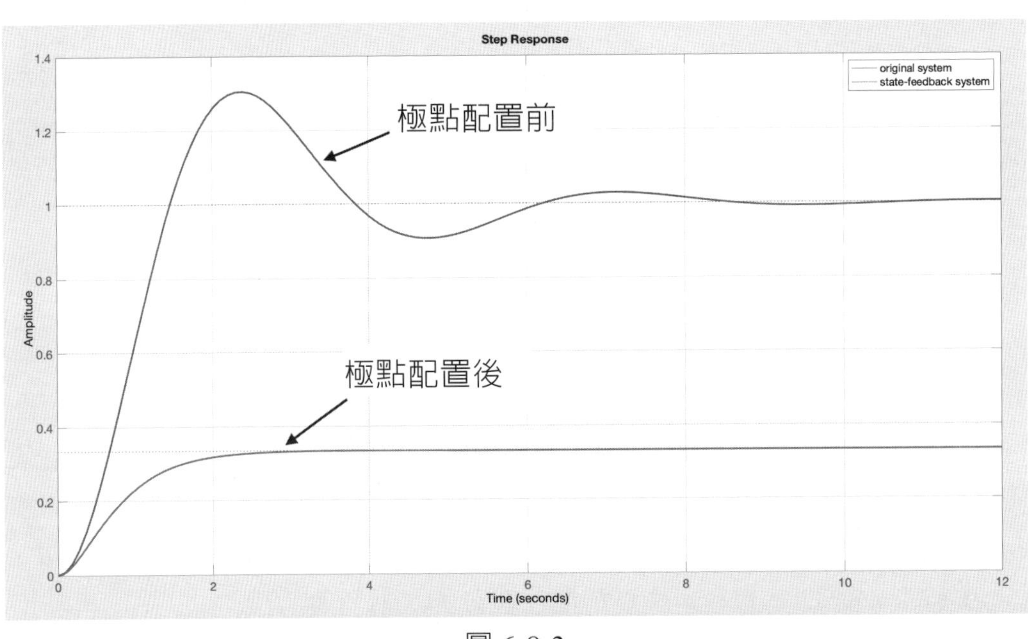

圖 6-8-3

圖 6-8-3 顯示極點配置後的系統步階響應波形，同與極點配置前的系統步

階響應波形作比較，如圖所示，雖然透過極點配置的方法可將系統設計爲過阻尼，但卻存在穩態誤差，原因是雖然極點配置法可以任意安置極點，讓系統滿足穩定度需求，但卻無法增加系統的型式，即 Type，在基於轉移函數的回路設計中，一般會使用積分器來增加系統的型式以消除穩態誤差，因此在基於狀態空間法的系統設計中，我們也需要引入積分器來增加系統的型式以消除穩態誤差。

我們可以稍微修改圖 6-8-2，加入積分器後的系統方塊如圖 6-8-4 所示，爲了消除穩態誤差，我們將輸出回授至輸入端，並將誤差輸入至積分器，積分器的輸出定義爲 x_i，積分器的輸入即爲誤差值 $\boldsymbol{e}(t)$，在此定義爲 $\dot{\boldsymbol{x}}_i$，積分器增益定義爲 k_{n+1}。

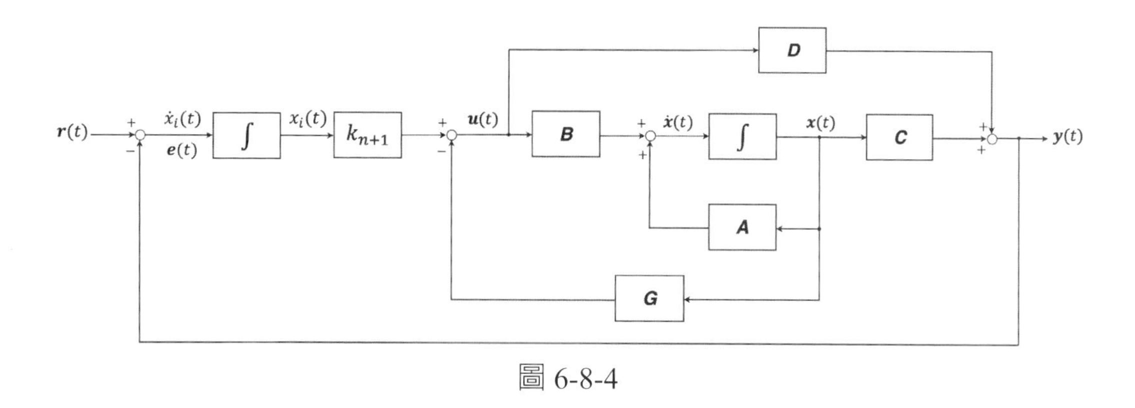

圖 6-8-4

接下來列出圖 6-8-4 的系統方程式（在此假設 $\boldsymbol{D}=\boldsymbol{0}$）

$$\boldsymbol{u}(t)=k_{n+1}\cdot x_i-\boldsymbol{G}\cdot\boldsymbol{x}(t)=\begin{bmatrix}-\boldsymbol{G} & k_{n+1}\end{bmatrix}\begin{bmatrix}\boldsymbol{x}(t)\\ x_i\end{bmatrix} \tag{6.8.4}$$

所形成的新狀態矢量爲$\begin{bmatrix}\boldsymbol{x}(t)\\ x_i\end{bmatrix}$，且

$$\dot{\boldsymbol{x}}(t)=\boldsymbol{r}(t)\cdot\boldsymbol{C}\cdot\boldsymbol{x}(t) \tag{6.8.5}$$

可將狀態方程式列出

CHAPTER 6

$$\begin{bmatrix}\dot{\boldsymbol{x}}(t)\\ \dot{x}_i\end{bmatrix}=\begin{bmatrix}\boldsymbol{A} & 0\\ -\boldsymbol{C} & 0\end{bmatrix}\begin{bmatrix}\boldsymbol{x}(t)\\ x_i\end{bmatrix}+\begin{bmatrix}\boldsymbol{B}\\ 0\end{bmatrix}[-\boldsymbol{G} \quad k_{n+1}]\begin{bmatrix}\boldsymbol{x}(t)\\ x_i\end{bmatrix}+\begin{bmatrix}0\\ 1\end{bmatrix}\boldsymbol{r}(t) \tag{6.8.6}$$

整理後，可得系統方程式爲

$$\begin{bmatrix}\dot{\boldsymbol{x}}(t)\\ \dot{x}_i\end{bmatrix}=\begin{bmatrix}\boldsymbol{A}-\boldsymbol{BG} & -\boldsymbol{B}k_{n+1}\\ -\boldsymbol{C} & 0\end{bmatrix}\begin{bmatrix}\boldsymbol{x}(t)\\ x_i\end{bmatrix}+\begin{bmatrix}0\\ 1\end{bmatrix}\boldsymbol{r}(t) \tag{6.8.7}$$

$$\boldsymbol{y}(t)=[\boldsymbol{C} \quad 0]\begin{bmatrix}\boldsymbol{x}(t)\\ x_i\end{bmatrix} \tag{6.8.8}$$

其中，形成的新的狀態矩陣爲

$$\boldsymbol{A}_{new}=\begin{bmatrix}\boldsymbol{A}-\boldsymbol{BG} & -\boldsymbol{B}k_{n+1}\\ -\boldsymbol{C} & 0\end{bmatrix} \tag{6.8.9}$$

CHAPTER 6

■使用 MATLAB 實作引入積分器的極點配置法

接下來依然使用 MATLAB 指令來實作引入積分器的極點配置法，假設系統的 ***A***、***B***、***C***、***D*** 矩陣與上例相同，如下所示

$$\boldsymbol{A}=\begin{bmatrix}-1 & -2\\ 1 & 0\end{bmatrix}，\boldsymbol{B}=\begin{bmatrix}2\\ 0\end{bmatrix}$$

$$\boldsymbol{C}=[0 \quad 1]，\boldsymbol{D}=0$$

目前矩陣 ***A*** 的特徵值爲 $-0.5\pm j1.3229$，前次例子中，利用極點配置法將系統的特徵值配置在 −2, −3，但由於存在穩態誤差，因此系統需重新設計並引入積分器，由於增加積分器會增加系統狀態 x_i，因此新的狀態矩陣 ***A*** 會增加一個維度，成爲 3×3 的矩陣，因此新的狀態矩陣 ***A*** 會有三個極點需配置，假設將此三個極點配置爲以下三個負實數：−6, −9, −60，則可以透過 MATLAB 指令自動幫我們將對應的狀態回授矩陣 ***G*** 求出〔此時矩陣 ***G*** 的維度爲 1×3〕，請開啓範例程式 m6_8_2，在程式中，依然定義了原來的 ***A***、***B***、***C***、***D*** 四個矩

陣，p1 即爲想利用極點配置法設計的三個負實數根：$-6, -9, -60$，由於未進行極點配置前，我們並不知道（6.8.7）式中的 $\boldsymbol{G}$ 與 k_{n+1} 是多少，因此將 $\boldsymbol{G} = \boldsymbol{0}$ 與 $k_{n+1} = \boldsymbol{0}$ 代入（6.8.7）式可得擴展維度的 $\boldsymbol{A}$、$\boldsymbol{B}$ 矩陣，程式中的 A_bar 與 B_bar 變數即爲擴展維度的 $\boldsymbol{A}$、$\boldsymbol{B}$ 矩陣，接著將擴展維度的 $\boldsymbol{A}$、$\boldsymbol{B}$ 矩陣與想要配置的極點位置作爲 place 指令的參數，MATLAB 即可自動幫我們算出對應的狀態回授矩陣 $\boldsymbol{G}$，得到狀態回授矩陣 $\boldsymbol{G}$ 後，則利用（6.8.7）與（6.8.8）式可以得出新的矩陣 $\boldsymbol{A}$、$\boldsymbol{B}$、$\boldsymbol{C}$、$\boldsymbol{D}$，最後利用 step 命令畫出系統的步階響應，如圖 6-8-5 所示。

MATLAB 範例程式 m6_8_2.m：

```
A = [-1,-2;1,0];
B = [2;0];
C = [0,1];
D = 0;
p1=[-6 -9 -60];
A_bar=[A zeros(2,1);-C 0];
B_bar=[B; 0];
G_new=place(A_bar,B_bar,p1);
A_new=A_bar-B_bar*G_new;
B_new=[zeros(2,1);1];
C_new=[C 0];
D_new=D;
new_sys = ss(A_new,B_new,C_new,D_new);
new_poles = pole(new_sys);
step(new_sys);
```

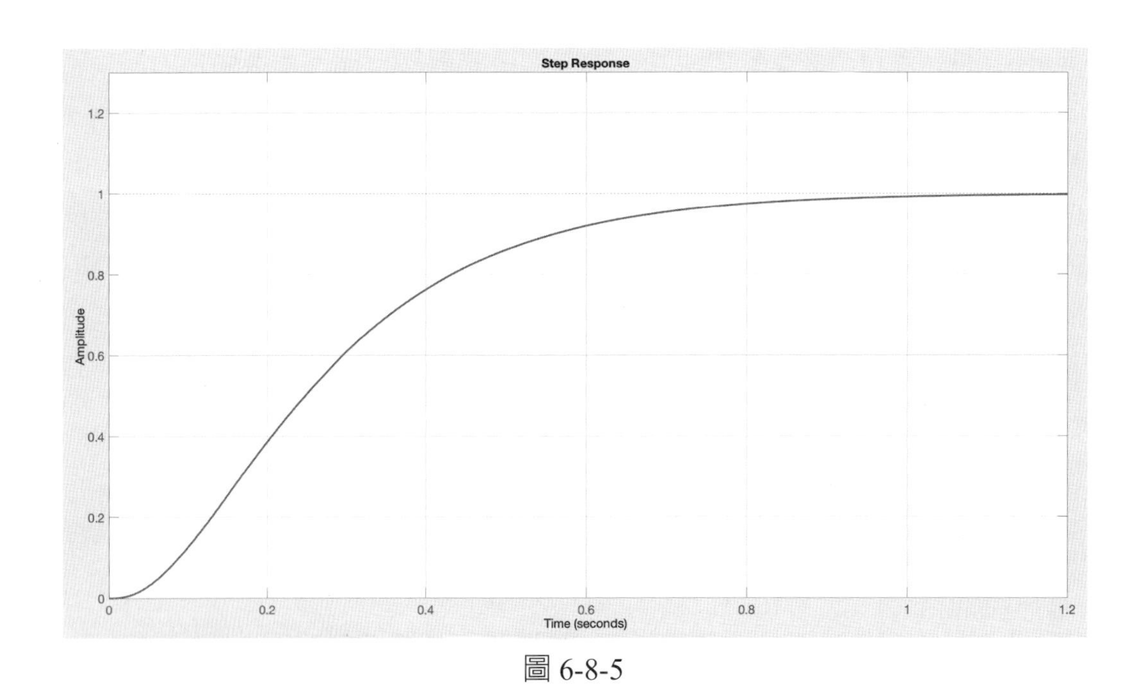

圖 6-8-5

由圖 6-8-5 的步階響應波形可知，利用極點配置的方法除了可將系統設計爲所需的穩定度要求，同時加入積分器後，系統的穩態誤差也被消除了，利用狀態空間的極點配置方法來設計控制系統與經典控制理論中基於轉移函數的設計方法不同，基於轉移函數的控制系統設計方法只能夠考慮單一輸出與單一輸出之間的關係，並配合標準二階系統的設計準則來進行，有其侷限性，而使用狀態空間的極點配置法的設計邏輯則是同時考慮系統的所有狀態，利用矩陣運算方法可一次性的計算所需的回授增益，並可推展至多輸入多輸出系統，這樣的設計模式可能更適合使用計算機進行標準化作業。

本節重點歸納如下：

- 狀態矩陣 A 的特徵值即爲系統特性方程式的根，即系統的極點，利用極點配置法可以任意配置系統的極點，但前提是系統須爲可控制的（controllable），關於系統的可控性可以參考現代控制理論的相關書籍。
- 當設計狀態回授時，通常會將輸入信號設爲零，這樣的目的在於希望以某種方式將系統的初始值以所想要的速度收斂至零，這類問題在理代控制理論中稱爲調整器（regulator）問題，但僅使用狀態回授的控制系統是無法滿足追蹤輸入信號的性能需求，因爲狀態回授無法增加系統的型式（Type），因此需加入積分器來改善命令的追蹤性能。

6.9 非線性系統線性化

經典控制理論是基於線性微分方程所發展出來的學科，並以轉移函數爲中心發展出各式各樣線性控制的方法與技巧，而轉移函數可以看成是眞實物理系統的線性化模型，但眞實世界中絕大部分的系統皆爲非線性系統，非線性系統是無法直接轉化成轉移函數，但可以透過非線性系統線性化的技術去求得非線性系統的轉移函數，因此本節將帶各位回顧經典控制理論中非線性系統線性化的觀念與方法 [1]。

非線性系統可以利用泰勒級數（Taylor series）展開的技巧，求取其線性化模型，但泰勒級數展開需要一個操作點，這個操作點至關重要，若這個操作點爲系統的平衡點（equilibrium point），則可求取系統的線性化模型，平衡點的定義爲「能使系統所有狀態的微分均爲零的操作點，即爲平衡點」，當非線性系統在平衡點利用泰勒級數展開後，若要求取系統線性化模型，則將展開後的泰勒級數取到一階導數項即可，二階以上項次可以忽略。

泰勒級數公式如下：

$$f(x)=f(x_o(t))+\frac{f'(x_o)}{1!}(x(t)-\boldsymbol{x}_o(t))+\frac{f''(x_o)}{2!}(x(t)-x_o(t))^2+\cdots \tag{6.9.1}$$

其中，$f(x)$ 爲非線性函數，$x_o(t)$ 爲操作點。

（6.9.1）式意義是使用泰勒級數公式對非線性函數 $f(x)$ 在某個操作點 x_o 展開，若 $\Delta x = x(t) - x_o(t)$ 值很小，則（6.9.1）式會收斂，則可利用（6.9.1）式等號右邊的前二項來取代非線性函數 $f(x)$，即

$$f(x)\approx f(x_0(t))+\frac{df(x_0(t))}{dt}(x(t)-x_0(t))=c_0+c_1\Delta x \tag{6.9.2}$$

CHAPTER 6

接下來我們使用一個實際的例子來演練一下非線性系統線性化的過程。

考慮一個單擺系統，如圖 6-9-1，此單擺質量為 m 並以長度 L 的桿子固定在 O 點，桿子質量可忽略，可利用力學公式與合力的觀念將此系統的微分方程式求出，如（6.9.3）式

$$\ddot{\theta}+\frac{g}{L}\sin\theta=0 \tag{6.9.3}$$

如（6.9.3）式所描述，當 $\theta=0$ 時，$\ddot{\theta}$ 也為 0，因此 $\theta=0$ 為系統平衡點，也可用物理概念來進行思考，當 $\theta=0$ 時，若沒有施加外力，則單擺受重力的作用會處於靜止的平衡狀態，此時單擺的速度與加速度皆為零。

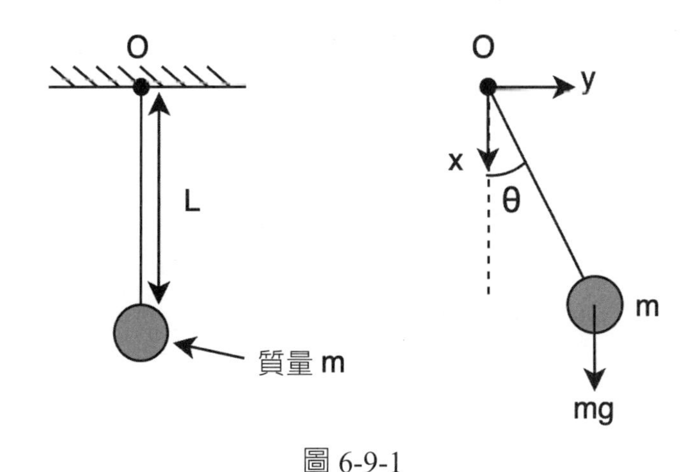

圖 6-9-1

接著我們可定義狀態變數如下

$$x_1=\theta，x_2=\dot{\theta} \tag{6.9.4}$$

可得

$$\dot{x}_1=x_2，\dot{x}_2=-\frac{g}{L}\sin\theta \tag{6.9.5}$$

接著對$\dot{x}_2$在平衡點 $\theta = 0$ 處展開，將泰勒級數取到一階導數項，並忽略二階以上項次，可得

$$\dot{x}_2 = f(x) = -\frac{g}{L}\sin\theta \approx f(\theta=0) + \frac{f'(x_0)}{1!}(\theta - 0) = 0 - \frac{g}{L}\cos(0)\times\theta = -\frac{g}{L}\theta \quad (6.9.6)$$

因此可將此單擺系統的線性化模型表示成

$$\begin{bmatrix}\dot{x}_1\\ \dot{x}_2\end{bmatrix} = \begin{bmatrix}0 & 1\\ \frac{-g}{L} & 0\end{bmatrix}\begin{bmatrix}x_1\\ x_2\end{bmatrix} \quad (6.9.7)$$

（6.9.7）式的狀態方程式即爲此單擺系統的線性化模型。

從（6.9.6）式可以發現，從函數的觀點看來，整個非線性系統線性化的過程可看看成是對正弦函數在操作點 $\theta = 0$ 處的線性近似，如圖 6-9-2 所示，當 $\Delta\theta = \theta - 0$ 的變化範圍很小時，正弦函數在操作點 $\theta = 0$ 處的線性近似爲 θ，即

$$\sin\theta \approx \theta\text{，當 } \theta \approx 0 \text{ 時} \quad (6.9.8)$$

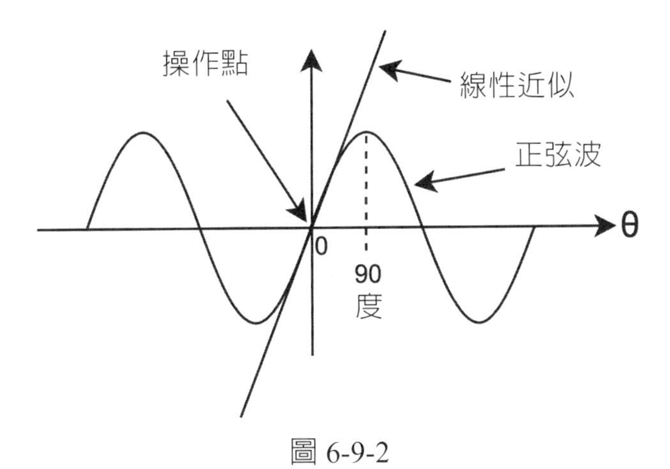

圖 6-9-2

各位或許會有個疑問，既然泰勒級數可在不同的操作點展開，爲何一定要在系統平衡點展開呢？若不在平衡點展開，是否能得到系統的線性化模型？

我們可以試著在操作點$\theta=\frac{\pi}{6}$處展開

$$\dot{x}_2=f(x)=\frac{g}{L}\sin\theta\approx f\left(\theta=\frac{\pi}{6}\right)+\frac{f'\left(\theta=\frac{\pi}{6}\right)}{1!}\left(\theta-\frac{\pi}{6}\right)$$
$$=-\frac{g}{L}\times\frac{1}{2}-\frac{g}{L}\cos\left(\frac{\pi}{6}\right)\times\left(\theta-\frac{\pi}{6}\right)=-\frac{g}{L}\left\{\frac{1}{2}+\frac{\sqrt{3}}{2}\left(\theta-\frac{\pi}{6}\right)\right\}$$

（6.9.9）

從（6.9.9）的結果可知，在操作點$\theta=\frac{\pi}{6}$處展開的泰勒級數模型帶有常數項，這個常數項在本例所代表的物理意義是單擺有個初始速度，這是由於操作點$\theta=\frac{\pi}{6}$並非系統平衡點所致，從圖 6-9-1 可以一目了然，當單擺處於$\theta=\frac{\pi}{6}$這個操作點時，必定會因爲重力而產生向下的速度，因此若泰勒級數在非系統平衡點處展開，其 $f(x_o(t))$ 項必不爲零，而從線性系統設計的角度出發，在非系統平衡點處所求得的系統模型，如（6.9.9）式，因其帶有常數項，並非線性模型，因此幾乎難以使用。

本節重點歸納如下：

- 眞實世界中絕大部分的系統皆爲非線性系統，非線性系統是無法直接轉化成轉移函數，但可以透過非線性系統線性化的技術去求得非線性系統的轉移函數。
- 非線性系統可以利用泰勒級數（Taylor series）展開的技巧，求取其線性化模型，但泰勒級數展開需要一個操作點，這個操作點至關重要，若這個操作點爲系統的平衡點（equilibrium point），則可求取系統的線性化模型，平衡點的定義爲「能使系統所有狀態的微分均爲零的操作點，即爲平衡點」。

參考文獻

[1] Farid Golnaraghi and Benjamin C. Kuo, Automatic Control System, Mc-Graw-Hill Education, 2017.

[2] George Ellis, Control System Design Guide: Using Your Computer to Understand and Diagnose Feedback Controllers, Butterworth-Heinemann, 2016.

[3] Charles L. Phillips and H. Troy Nagle, Digital Control System Analysis and Design, Prentice Hall, 1994.

國家圖書館出版品預行編目(CIP)資料

交流電機控制回路設計：帶你掌握電機控制系統設計的最關鍵技能！／葉志鈞著. --初版. --臺北市：五南圖書出版股份有限公司, 2024.06
面； 公分
ISBN 978-626-393-355-2(平裝)

1.CST: 交流發電機 2.CST: 自動控制

448.25 113006485

5DN2

交流電機控制回路設計：帶你掌握電機控制系統設計的最關鍵技能！

作　　者— 葉志鈞（322.3）
發 行 人— 楊榮川
總 經 理— 楊士清
總 編 輯— 楊秀麗
副總編輯— 王正華
責任編輯— 張維文
封面設計— 姚孝慈
出 版 者— 五南圖書出版股份有限公司
地　　址：106台北市大安區和平東路二段339號4樓
電　　話：(02)2705-5066　　傳　　真：(02)2706-6100
網　　址：https://www.wunan.com.tw
電子郵件：wunan@wunan.com.tw
劃撥帳號：01068953
戶　　名：五南圖書出版股份有限公司

法律顧問　林勝安律師

出版日期　2024年6月初版一刷
定　　價　新臺幣950元

經典永恆・名著常在

五十週年的獻禮——經典名著文庫

五南，五十年了，半個世紀，人生旅程的一大半，走過來了。
思索著，邁向百年的未來歷程，能為知識界、文化學術界作些什麼？
在速食文化的生態下，有什麼值得讓人雋永品味的？

歷代經典・當今名著，經過時間的洗禮，千錘百鍊，流傳至今，光芒耀人；
不僅使我們能領悟前人的智慧，同時也增深加廣我們思考的深度與視野。
我們決心投入巨資，有計畫的系統梳選，成立「經典名著文庫」，
希望收入古今中外思想性的、充滿睿智與獨見的經典、名著。
這是一項理想性的、永續性的巨大出版工程。
不在意讀者的眾寡，只考慮它的學術價值，力求完整展現先哲思想的軌跡；
為知識界開啟一片智慧之窗，營造一座百花綻放的世界文明公園，
任君遨遊、取菁吸蜜、嘉惠學子！